教育部高等学校电子信息类专业教学指导委员会规划教材

普通高等教育电子信息类专业系列教材

计算机控制技术
原理、方法与实现

李正军◎编著

清华大学出版社
北京

内 容 简 介

本书采用新体系、新内容、新技术，遵循"新工科"理念，避免烦琐、绕口的叙述，与时俱进，满足近几年新增专业（如机器人工程、人工智能等）或有关领域和行业对计算机控制新技术的迫切需求。本书是一本全面介绍计算机控制系统理论基础、设计原则、实践应用及未来发展方向的专业书籍。

全书共11章，主要内容包括绪论、微控制器与总线技术、集散控制系统、计算机控制系统的硬件设计、计算机控制中的新兴技术及应用、常规与复杂控制技术、先进控制技术、计算机控制系统软件设计、工业控制网络技术、计算机控制系统的电磁兼容与抗干扰设计、计算机控制系统设计实例。全书内容丰富，体系先进，结构合理，理论与实践相结合，尤其注重工程应用技术。

本书可作为高等院校自动化、机器人工程、自动检测、机电一体化、人工智能、电子与电气工程、计算机应用、信息工程等专业的本科生教材，也可作为相关专业的研究生教材，还适合从事计算机控制系统设计的工程技术人员参考和自学。

版权所有，侵权必究。举报：010-62782989，beiqinquan@tup.tsinghua.edu.cn。

图书在版编目（CIP）数据

计算机控制技术：原理、方法与实现 / 李正军编著. -- 北京：清华大学出版社，2025.2.
（普通高等教育电子信息类专业系列教材）. -- ISBN 978-7-302-68237-0

Ⅰ．TP273

中国国家版本馆 CIP 数据核字第 2025X6V326 号

策划编辑：盛东亮
责任编辑：吴彤云
封面设计：李召霞
责任校对：时翠兰
责任印制：沈　露

出版发行：清华大学出版社
　　　　网　　址：https://www.tup.com.cn，https://www.wqxuetang.com
　　　　地　　址：北京清华大学学研大厦 A 座　　邮　　编：100084
　　　　社　总　机：010-83470000　　　　　　　　邮　　购：010-62786544
　　　　投稿与读者服务：010-62776969，c-service@tup.tsinghua.edu.cn
　　　　质量反馈：010-62772015，zhiliang@tup.tsinghua.edu.cn
　　　　课件下载：https://www.tup.com.cn，010-83470236
印 装 者：三河市铭诚印务有限公司
经　　销：全国新华书店
开　　本：185mm×260mm　　印　张：22.75　　字　数：554 千字
版　　次：2025 年 4 月第 1 版　　　　　　　　　印　次：2025 年 4 月第 1 次印刷
印　　数：1～1500
定　　价：69.00 元

产品编号：106939-01

前言

在这个技术日新月异的时代,计算机控制系统作为现代工业自动化的脊梁,承担着提高生产效率、保障产品质量和促进技术创新的重任。计算机控制系统已经成为现代工业自动化和智能制造的核心。本书旨在提供一个系统的知识结构,帮助读者深入理解计算机控制系统的理论基础、设计原则、实践应用以及未来发展方向。

"计算机控制技术"课程是自动化、自动检测技术、机器人工程等专业的一门核心专业课,其课程体系已经沿用30多年,无论教学内容还是所讲技术,均已陈旧,既不能满足社会经济发展和现代教学的需要,也不能激发学生的学习热情。特别是在"新工科"的背景下,该课程的教学体系、教学内容、所讲技术迫切需要改革和更新。计算机控制的应用场景不再仅仅是流程工业中的温度、压力、液位等过程控制,现在非常热门的领域或行业,如工业机器人、智能制造、自动驾驶和边缘计算等,均需要计算机控制技术的支持。

本书的特点主要体现在以下几方面。

(1) 理论与实践相结合。本书在编写过程中注重理论知识与实际应用的结合,不仅系统地介绍了计算机控制系统的理论基础,还通过具体的设计案例展示了理论知识在实际工程中的应用,旨在培养读者的工程实践能力和创新思维。

(2) 内容全面系统。全书内容覆盖计算机控制系统设计的各个重要组成部分,从基础概念、硬件设计、软件设计到先进控制技术、工业网络通信技术及电磁兼容等,为读者提供了一个全面、系统的知识结构。

(3) 前沿技术介绍。本书着重介绍了计算机控制领域的新兴技术及应用,如工业机器人、智能制造、自动驾驶汽车技术、云计算和边缘计算等,反映了计算机控制技术的最新发展趋势,为读者打开了一扇了解未来技术发展的窗口。

(4) 丰富的学习资源。书中设置了大量的图表和案例,旨在帮助读者更好地理解和掌握计算机控制技术的相关知识。同时,本书提供了丰富的参考文献,便于读者深入研究和拓展知识。

(5) 专业性强。本书基于编者30多年的教学与科研实践经验编写,吸收了国内外计算机控制系统设计中的最新技术,专业性强,既适用于高等院校相关专业的本科生和研究生的教学,也可作为从事计算机控制系统设计的工程技术人员的参考书籍。

(6) 注重工程应用价值。本书在理论讲解和实践操作之间寻求平衡,强调每个知识点的工程应用价值,旨在帮助读者将所学知识应用于实际工程项目中,推动计算机控制技术的进步和工业自动化的发展。

全书共11章。第1章为绪论,从计算机控制理论的基础出发,回顾其发展历程,逐步引入计算机控制系统的基本概念,展开对其组成部分的阐述,并进行分类,探讨当前计算机控制系统采用的技术,并对未来的发展趋势进行预测,为读者提供一个宏观的视角理解这一领域。

第 2 章为微控制器与总线技术，讲述了微控制器技术的特点和内部/外部总线技术。这些是构成计算机控制系统的基础，理解这些技术对于深入掌握计算机控制系统至关重要。

第 3 章深入讲述了集散控制系统的基本概念、基本结构、体系结构以及构成示例，特别对 ECS-700 集散控制系统进行了案例分析，以便读者能够通过实例更好地理解理论。

第 4 章为计算机控制系统的硬件设计，详细讲解了传感器、变送器、执行器等硬件组件，以及它们在控制系统中的关键作用和设计要点。此外，本章还涵盖了量程自动转换、系统误差的自动校正、采样和模拟开关技术，以及模拟量/数字量输入/输出通道的设计，为读者提供硬件设计的全面知识。

第 5 章为计算机控制中的新兴技术及应用，讲述了工业机器人、智能制造、自动驾驶汽车技术、云计算和边缘计算等前沿技术。这些内容不仅反映了计算机控制技术的最新发展趋势，也为读者打开了一扇探寻未来可能技术发展的大门。

第 6 章为常规与复杂控制技术，从被控对象的数学模型出发，深入讨论性能指标的重要性，以及如何通过 PID 控制、数字 PID 算法等方法实现对系统的精确控制。本章不仅涵盖了控制理论的经典内容，也介绍了串级控制、前馈-反馈控制等复杂控制技术，为读者打开了一扇理解和应用高级控制策略的窗口。

第 7 章为先进控制技术，将视野拓展至模糊控制、模型预测控制、神经控制系统以及专家控制技术等领域。这些内容不仅体现了控制技术的最新研究成果，也为读者展示了如何将先进的控制理论应用于解决实际问题。

第 8 章为计算机控制系统的软件设计，引导读者了解计算机控制系统软件的核心概念，探讨实时多任务系统的设计与实现，以及如何利用 OPC 技术、Web 技术等实现系统的高效运行。

第 9 章为工业控制网络技术，讲述现场总线、工业以太网、工业互联网以及无线传感网络与物联网技术，这些内容是理解现代工业网络通信的基础，并为构建未来工业系统提供了必要的技术支持。

第 10 章为计算机控制系统的电磁兼容与抗干扰设计，讲述计算机控制系统设计中的电磁兼容问题，提供一系列硬件与软件的抗干扰措施，以确保系统的稳定性和可靠性。

第 11 章为计算机控制系统设计实例，通过具体的设计案例，将理论与实践相结合，展示计算机控制系统设计的综合应用。

本书旨在为工程师、学生以及所有对计算机控制系统感兴趣的读者提供一本全面的参考书籍。希望通过本书，读者能够获得宝贵的知识，激发创新思维，并在实践中应用所学，以推动计算机控制技术的进步和工业自动化的发展。

本书不仅适用于高等院校自动化、机器人工程、自动检测、机电一体化、人工智能、电子与电气工程、计算机应用、信息工程等相关专业的本科生和研究生的教学，而且可以作为从事计算机控制系统设计的工程技术人员的参考书。书中的内容力求覆盖最新的技术动态和工程实践，同时在理论讲解和实践操作之间寻求平衡，以培养读者的工程实践能力和创新思维。

在编写本书的过程中，编者努力确保每一章节的内容都准确、清晰、易于理解，同时注重每个知识点的工程应用价值。为了更好地服务于读者的学习和应用，书中设置了大量的图表和案例，并提供了丰富的参考文献，以便读者深入研究和拓展知识。

本书理论联系实际，突出工程应用，全面系统地介绍了计算机控制系统的各个重要组成部分，是在编者 30 多年教学与科研实践经验的基础上，吸收了国内外计算机控制系统设计中所用的最新技术编写而成的。

本书是编者教学和科研实践的总结，书中实例取自编者近几年的计算机控制系统的科研攻关课题。对本书中所引用的参考文献的作者，在此一并表示真诚的感谢。

由于编者水平有限，加上时间仓促，书中不妥之处在所难免，敬请广大读者不吝指正。

编　者

2024 年 10 月

目 录
CONTENTS

第 1 章　绪论 ⋯⋯⋯⋯⋯⋯⋯⋯⋯⋯⋯⋯⋯⋯⋯⋯⋯⋯⋯⋯⋯⋯⋯⋯⋯⋯⋯⋯⋯⋯⋯⋯⋯⋯ 1

　　▶ 微课视频 26 分钟
　　1.1　计算机控制系统的理论基础和发展过程 ⋯⋯⋯⋯⋯⋯⋯⋯⋯⋯⋯⋯⋯⋯⋯⋯⋯⋯ 1
　　　　1.1.1　计算机控制系统的理论基础 ⋯⋯⋯⋯⋯⋯⋯⋯⋯⋯⋯⋯⋯⋯⋯⋯⋯⋯⋯ 2
　　　　1.1.2　计算机控制系统的发展过程 ⋯⋯⋯⋯⋯⋯⋯⋯⋯⋯⋯⋯⋯⋯⋯⋯⋯⋯⋯ 3
　　1.2　计算机控制系统的概念 ⋯⋯⋯⋯⋯⋯⋯⋯⋯⋯⋯⋯⋯⋯⋯⋯⋯⋯⋯⋯⋯⋯⋯⋯⋯ 4
　　　　1.2.1　常规控制系统 ⋯⋯⋯⋯⋯⋯⋯⋯⋯⋯⋯⋯⋯⋯⋯⋯⋯⋯⋯⋯⋯⋯⋯⋯⋯ 4
　　　　1.2.2　计算机控制系统 ⋯⋯⋯⋯⋯⋯⋯⋯⋯⋯⋯⋯⋯⋯⋯⋯⋯⋯⋯⋯⋯⋯⋯⋯ 5
　　1.3　计算机控制系统的组成 ⋯⋯⋯⋯⋯⋯⋯⋯⋯⋯⋯⋯⋯⋯⋯⋯⋯⋯⋯⋯⋯⋯⋯⋯⋯ 6
　　　　1.3.1　计算机控制系统的硬件 ⋯⋯⋯⋯⋯⋯⋯⋯⋯⋯⋯⋯⋯⋯⋯⋯⋯⋯⋯⋯⋯ 6
　　　　1.3.2　计算机控制系统的软件 ⋯⋯⋯⋯⋯⋯⋯⋯⋯⋯⋯⋯⋯⋯⋯⋯⋯⋯⋯⋯⋯ 11
　　1.4　计算机控制系统的分类 ⋯⋯⋯⋯⋯⋯⋯⋯⋯⋯⋯⋯⋯⋯⋯⋯⋯⋯⋯⋯⋯⋯⋯⋯ 17
　　　　1.4.1　数据采集系统 ⋯⋯⋯⋯⋯⋯⋯⋯⋯⋯⋯⋯⋯⋯⋯⋯⋯⋯⋯⋯⋯⋯⋯⋯⋯ 17
　　　　1.4.2　直接数字控制系统 ⋯⋯⋯⋯⋯⋯⋯⋯⋯⋯⋯⋯⋯⋯⋯⋯⋯⋯⋯⋯⋯⋯⋯ 18
　　　　1.4.3　集散控制系统 ⋯⋯⋯⋯⋯⋯⋯⋯⋯⋯⋯⋯⋯⋯⋯⋯⋯⋯⋯⋯⋯⋯⋯⋯⋯ 19
　　　　1.4.4　监控与数据采集系统 ⋯⋯⋯⋯⋯⋯⋯⋯⋯⋯⋯⋯⋯⋯⋯⋯⋯⋯⋯⋯⋯⋯ 21
　　　　1.4.5　现场总线控制系统 ⋯⋯⋯⋯⋯⋯⋯⋯⋯⋯⋯⋯⋯⋯⋯⋯⋯⋯⋯⋯⋯⋯⋯ 22
　　　　1.4.6　网络控制系统 ⋯⋯⋯⋯⋯⋯⋯⋯⋯⋯⋯⋯⋯⋯⋯⋯⋯⋯⋯⋯⋯⋯⋯⋯⋯ 23
　　　　1.4.7　综合自动化系统 ⋯⋯⋯⋯⋯⋯⋯⋯⋯⋯⋯⋯⋯⋯⋯⋯⋯⋯⋯⋯⋯⋯⋯⋯ 24
　　1.5　计算机控制系统的发展趋势 ⋯⋯⋯⋯⋯⋯⋯⋯⋯⋯⋯⋯⋯⋯⋯⋯⋯⋯⋯⋯⋯⋯ 26

第 2 章　微控制器与总线技术 ⋯⋯⋯⋯⋯⋯⋯⋯⋯⋯⋯⋯⋯⋯⋯⋯⋯⋯⋯⋯⋯⋯⋯⋯⋯ 29

　　▶ 微课视频 13 分钟
　　2.1　微控制器技术 ⋯⋯⋯⋯⋯⋯⋯⋯⋯⋯⋯⋯⋯⋯⋯⋯⋯⋯⋯⋯⋯⋯⋯⋯⋯⋯⋯⋯⋯ 29
　　　　2.1.1　国外生产微控制器的厂商及其微控制器产品 ⋯⋯⋯⋯⋯⋯⋯⋯⋯⋯⋯⋯ 31
　　　　2.1.2　国内生产微控制器的厂商及其微控制器产品 ⋯⋯⋯⋯⋯⋯⋯⋯⋯⋯⋯⋯ 34
　　2.2　内部总线 ⋯⋯⋯⋯⋯⋯⋯⋯⋯⋯⋯⋯⋯⋯⋯⋯⋯⋯⋯⋯⋯⋯⋯⋯⋯⋯⋯⋯⋯⋯⋯ 36
　　　　2.2.1　PCI 总线 ⋯⋯⋯⋯⋯⋯⋯⋯⋯⋯⋯⋯⋯⋯⋯⋯⋯⋯⋯⋯⋯⋯⋯⋯⋯⋯⋯ 37
　　　　2.2.2　PCIe 总线 ⋯⋯⋯⋯⋯⋯⋯⋯⋯⋯⋯⋯⋯⋯⋯⋯⋯⋯⋯⋯⋯⋯⋯⋯⋯⋯ 37

         2.2.3　PC104 总线 ……………………………………………………………… 38
    2.3　外部总线 …………………………………………………………………………… 39
         2.3.1　RS-232C 串行通信接口 …………………………………………………… 39
         2.3.2　RS-485 串行通信接口 ……………………………………………………… 42

第 3 章　集散控制系统 ………………………………………………………………… 46

▶ 微课视频 16 分钟

    3.1　集散控制系统概述 ………………………………………………………………… 46
         3.1.1　集散控制系统定义 ………………………………………………………… 46
         3.1.2　DCS 与 PLC、SCADA 的区别 …………………………………………… 47
         3.1.3　集散控制系统特点 ………………………………………………………… 48
         3.1.4　工业生产行业分类及其对应的工业控制系统 …………………………… 51
    3.2　集散控制系统的基本结构 ………………………………………………………… 53
    3.3　集散控制系统的体系结构 ………………………………………………………… 55
         3.3.1　集散控制系统的各层功能 ………………………………………………… 55
         3.3.2　集散控制系统基本构成 …………………………………………………… 57
         3.3.3　集散控制系统的结构特征 ………………………………………………… 59
    3.4　集散控制系统的构成示例 ………………………………………………………… 61
         3.4.1　Experion PKS 系统 ………………………………………………………… 61
         3.4.2　Foxboro Evo 过程自动化系统 …………………………………………… 62
    3.5　ECS-700 集散控制系统 …………………………………………………………… 63
         3.5.1　ECS-700 neo ………………………………………………………………… 64
         3.5.2　ECS-700 的分散控制装置 ………………………………………………… 67

第 4 章　计算机控制系统的硬件设计 ………………………………………………… 69

▶ 微课视频 52 分钟

    4.1　传感器 ……………………………………………………………………………… 69
         4.1.1　传感器的定义、分类及构成 ……………………………………………… 70
         4.1.2　传感器的基本性能 ………………………………………………………… 71
         4.1.3　传感器的应用领域 ………………………………………………………… 71
         4.1.4　过程自动化常用传感器 …………………………………………………… 72
         4.1.5　工业机器人常用传感器 …………………………………………………… 74
         4.1.6　自动驾驶汽车常用传感器 ………………………………………………… 76
    4.2　变送器 ……………………………………………………………………………… 77
         4.2.1　变送器的构成原理 ………………………………………………………… 77
         4.2.2　差压变送器 ………………………………………………………………… 77
         4.2.3　温度变送器 ………………………………………………………………… 78

4.3 执行器 ··· 78
　　4.3.1 概述 ··· 78
　　4.3.2 执行机构 ·· 79
　　4.3.3 调节机构 ·· 80
4.4 量程自动转换与系统误差的自动校正 ·· 80
　　4.4.1 模拟量输入信号类型 ·· 81
　　4.4.2 量程自动转换 ·· 81
　　4.4.3 系统误差的自动校正 ·· 81
4.5 采样和模拟开关 ··· 82
　　4.5.1 信号和采样定理 ·· 83
　　4.5.2 模拟开关 ·· 85
　　4.5.3 32 通道模拟量输入电路设计实例 ·· 86
4.6 模拟量输入通道 ·· 88
4.7 12 位低功耗 ADC AD7091R ·· 89
　　4.7.1 AD7091R 引脚介绍 ·· 89
　　4.7.2 AD7091R 应用特性 ·· 90
　　4.7.3 AD7091R 数字接口 ·· 91
　　4.7.4 AD7091R 与 STM32F103 的接口 ·· 91
4.8 模拟量输出通道 ·· 92
4.9 12/16 位 4～20mA 串行输入 DAC AD5410/AD5420 ·· 93
　　4.9.1 AD5410/AD5420 引脚介绍 ·· 94
　　4.9.2 AD5410/AD5420 片内寄存器 ··· 95
　　4.9.3 AD5410/AD5420 应用特性 ·· 96
　　4.9.4 AD5410/AD5420 数字接口 ·· 96
　　4.9.5 AD5410/AD5420 与 STM32F103 的接口 ·· 96
4.10 数字量输入/输出通道 ··· 97
　　4.10.1 光电耦合器 ·· 98
　　4.10.2 数字量输入通道 ·· 99
　　4.10.3 数字量输出通道 ··· 101
　　4.10.4 脉冲量输入/输出通道 ··· 102

第 5 章 计算机控制中的新兴技术及应用 ·· 104

▶ 微课视频 50 分钟

5.1 工业机器人概述 ·· 104
　　5.1.1 工业机器人的定义 ··· 105
　　5.1.2 工业机器人的组成 ··· 106
　　5.1.3 工业机器人的主要特征与表示方法 ··· 107

5.2 工业机器人种类与前沿技术 … 108
5.2.1 工业机器人种类 … 108
5.2.2 工业机器人的前沿技术 … 109
5.3 工业机器人控制系统与软硬件组成 … 114
5.3.1 工业机器人控制系统的基本原理和主要功能 … 114
5.3.2 工业机器人控制系统的分层结构 … 116
5.3.3 工业机器人控制系统的特性、要求与分类 … 116
5.4 工业人工智能 … 118
5.5 智能制造 … 119
5.5.1 智能制造及其技术体系 … 119
5.5.2 智能制造技术 … 121
5.5.3 中国制造 2025 … 122
5.6 自动驾驶汽车技术概述 … 124
5.6.1 自动驾驶系统架构 … 125
5.6.2 自动驾驶功能体系架构 … 126
5.6.3 自动驾驶闭环控制系统 … 127
5.6.4 自动驾驶的行业案例 … 129
5.7 自动驾驶汽车技术架构与分级 … 132
5.7.1 自动驾驶汽车技术架构 … 132
5.7.2 NHTSA 与 SAE 自动驾驶分级 … 132
5.7.3 中国自动驾驶分级 … 133
5.8 汽车线控系统技术 … 134
5.8.1 汽车线控技术概述 … 134
5.8.2 车辆线控系统 … 135
5.9 汽车运动控制 … 137
5.9.1 汽车运动控制概述 … 137
5.9.2 预瞄跟随控制 … 137
5.9.3 横向控制 … 138
5.9.4 纵向控制 … 138
5.9.5 横纵向协同控制 … 140
5.10 云计算 … 141
5.10.1 云计算概述 … 141
5.10.2 云计算的基本特点 … 141
5.10.3 云计算的总体架构 … 142
5.10.4 云计算的总体分层架构 … 143
5.10.5 云计算的服务模式 … 145
5.11 边缘计算 … 147

5.11.1　边缘计算简介 149
　　　5.11.2　边缘计算的模型 150
　　　5.11.3　边缘计算的基本结构和特点 153
　　　5.11.4　边缘计算软件架构 155
　5.12　APAX-5580/AMAX-5580 边缘智能控制器 155
　　　5.12.1　APAX-5580 的边缘智能控制器 156
　　　5.12.2　AMAX-5580 的边缘智能控制器 156
　　　5.12.3　APAX-5580/AMAX-5580 边缘智能与 I/O 一体化控制器主要特点 157
　　　5.12.4　APAX-5580/AMAX-5580 边缘智能控制器的优势 158
　　　5.12.5　APAX-5580/AMAX-5580 的应用软件 158
　　　5.12.6　APAX-5580/AMAX-5580 的边缘智能控制器的应用 158

第 6 章　常规与复杂控制技术 160

▶ 微课视频 33 分钟

6.1　被控对象的数学模型与性能指标 160
　　6.1.1　被控对象的动态特性 161
　　6.1.2　数学模型的表达形式与要求 161
　　6.1.3　计算机控制系统被控对象的传递函数 162
　　6.1.4　计算机控制系统的性能指标 164
　　6.1.5　对象特性对控制性能的影响 166
6.2　PID 控制 167
　　6.2.1　PID 控制概述 167
　　6.2.2　PID 调节的作用 167
6.3　数字 PID 算法 169
　　6.3.1　PID 算法 170
　　6.3.2　PID 算法的仿真 172
　　6.3.3　PID 算法的改进 174
6.4　PID 参数整定 178
　　6.4.1　PID 参数对控制性能的影响 178
　　6.4.2　采样周期的选取 179
　　6.4.3　扩充临界比例度法 180
6.5　串级控制 182
　　6.5.1　串级控制算法 182
　　6.5.2　副回路微分先行串级控制算法 183
6.6　前馈-反馈控制 184
　　6.6.1　前馈控制的结构 184
　　6.6.2　前馈-反馈控制的结构 185

6.6.3 数字前馈-反馈控制算法 ········186
6.7 数字控制器的直接设计方法 ········187
   6.7.1 基本概念 ········187
   6.7.2 最少拍无差系统 ········188
   6.7.3 最少拍无纹波系统 ········195
6.8 大林算法 ········198
   6.8.1 大林算法的基本形式 ········198
   6.8.2 振铃现象的消除 ········199
   6.8.3 大林算法的设计步骤 ········202
6.9 史密斯预估控制 ········202
   6.9.1 史密斯预估控制原理 ········202
   6.9.2 史密斯预估控制举例 ········205

第7章 先进控制技术 ········206

▶ 微课视频 38 分钟

7.1 模糊控制 ········207
   7.1.1 模糊控制的数学基础 ········207
   7.1.2 模糊控制系统组成 ········212
   7.1.3 模糊控制器设计 ········217
   7.1.4 双输入单输出模糊控制器设计 ········220
7.2 模型预测控制 ········222
   7.2.1 动态矩阵控制 ········223
   7.2.2 模型算法控制 ········231
7.3 神经控制系统 ········237
   7.3.1 生物神经元和人工神经元 ········237
   7.3.2 人工神经网络 ········242
   7.3.3 神经控制系统概述 ········242
   7.3.4 神经控制器的设计方法 ········243
7.4 专家控制技术 ········248
   7.4.1 专家系统概述 ········248
   7.4.2 专家控制系统 ········249

第8章 计算机控制系统软件设计 ········254

▶ 微课视频 35 分钟

8.1 计算机控制系统软件概述 ········254
   8.1.1 计算机控制系统软件的分层结构 ········255
   8.1.2 计算机控制系统软件的设计策略 ········256

8.1.3　计算机控制系统软件的功能和性能指标 257
8.2　实时多任务系统 258
　　8.2.1　实时系统和实时操作系统 259
　　8.2.2　实时多任务系统的切换与调度 260
8.3　软件系统平台 262
　　8.3.1　软件系统平台的选择 263
　　8.3.2　μC/OS-Ⅱ内核调度基本原理 263
8.4　OPC 技术 264
　　8.4.1　OPC 技术概述 264
　　8.4.2　OPC 关键技术 265
　　8.4.3　工业控制领域中的 OPC 应用实例 265
8.5　Web 技术 267
　　8.5.1　Web 服务器端技术 268
　　8.5.2　Web 客户端技术 268
　　8.5.3　SCADA 系统中的 Web 应用方案设计 269
8.6　常用数字滤波算法与程序设计 270
　　8.6.1　程序判断滤波 270
　　8.6.2　中值滤波 271
　　8.6.3　算术平均滤波 271
　　8.6.4　加权平均滤波 271
　　8.6.5　低通滤波 272
　　8.6.6　滑动平均滤波 272
8.7　标度变换 272
　　8.7.1　线性标度变换 273
　　8.7.2　非线性标度变换 273

第 9 章　工业控制网络技术 275

▶ 微课视频 46 分钟

9.1　现场总线概述 276
　　9.1.1　现场总线的产生 276
　　9.1.2　现场总线的特点和优点 276
　　9.1.3　现场总线标准的制定 278
　　9.1.4　现场总线网络的实现 278
9.2　现场总线简介 280
　　9.2.1　FF 280
　　9.2.2　CAN 和 CAN FD 280
　　9.2.3　LonWorks 281

  9.2.4　PROFIBUS……281
9.3　工业以太网概述……282
  9.3.1　以太网技术……282
  9.3.2　工业以太网技术……282
  9.3.3　工业以太网通信模型……283
  9.3.4　工业以太网的优势……283
  9.3.5　实时以太网……284
  9.3.6　实时工业以太网模型分析……284
  9.3.7　几种实时工业以太网的对比……285
9.4　工业以太网简介……286
  9.4.1　EtherCAT……286
  9.4.2　PROFINET……287
  9.4.3　EPA……288
9.5　工业互联网技术……290
  9.5.1　工业互联网概述……290
  9.5.2　工业互联网的内涵与特征……291
  9.5.3　工业互联网技术体系……292
  9.5.4　工业互联网平台……292
9.6　无线传感器网络与物联网……294
  9.6.1　无线传感器网络……294
  9.6.2　物联网……296

第10章　计算机控制系统的电磁兼容与抗干扰设计……299

▶ 微课视频 12 分钟

10.1　电磁兼容技术与抗干扰设计概述……299
  10.1.1　电磁兼容技术的发展……300
  10.1.2　电磁噪声干扰……300
  10.1.3　电磁噪声的分类……301
  10.1.4　构成电磁干扰问题的三要素……301
  10.1.5　电磁兼容与抗干扰设计研究的内容……302
10.2　抗干扰的硬件措施……303
  10.2.1　抗串模干扰的措施……304
  10.2.2　抗共模干扰的措施……306
  10.2.3　采用双绞线……307
  10.2.4　地线连接方式与PCB布线原则……308
10.3　抗干扰的软件措施……310
  10.3.1　数字信号输入/输出中的软件抗干扰措施……310

10.3.2　CPU 软件抗干扰技术 ………………………………………………… 311

第 11 章　计算机控制系统设计实例 …………………………………………… 313

11.1　基于现场总线与工业以太网的集散控制系统的总体设计 ……………… 314
　　11.1.1　集散控制系统概述 ……………………………………………………… 314
　　11.1.2　现场控制站的组成 ……………………………………………………… 316
　　11.1.3　集散控制系统通信网络 ………………………………………………… 317
　　11.1.4　集散控制系统控制卡的硬件设计 ……………………………………… 318
　　11.1.5　集散控制系统控制卡的软件设计 ……………………………………… 320
　　11.1.6　控制算法的设计 ………………………………………………………… 324
11.2　集散控制系统的测控板卡设计 …………………………………………… 325
　　11.2.1　8 通道模拟量输入板卡（8AI）的设计 ………………………………… 325
　　11.2.2　8 通道热电偶输入板卡（8TC）的设计 ………………………………… 327
　　11.2.3　8 通道热电阻输入板卡（8RTD）的设计 ……………………………… 329
　　11.2.4　4 通道模拟量输出板卡（4AO）的设计 ………………………………… 331
　　11.2.5　16 通道数字量输入板卡（16DI）的设计 ……………………………… 332
　　11.2.6　16 通道数字量输出板卡（16DO）的设计 ……………………………… 333
　　11.2.7　8 通道脉冲量输入板卡（8PI）的设计 ………………………………… 334
11.3　集散控制系统软件系统的关键技术 ……………………………………… 336
　　11.3.1　集散控制系统的图形用户界面 ………………………………………… 336
　　11.3.2　分布对象技术 …………………………………………………………… 336
　　11.3.3　集散控制系统监控软件中的开放式数据库接口技术 ………………… 338
　　11.3.4　B/S 体系结构的监控软件 ……………………………………………… 339
　　11.3.5　实时数据库系统 ………………………………………………………… 340
　　11.3.6　历史数据库系统 ………………………………………………………… 342

参考文献 …………………………………………………………………………… 344

视频目录
VIDEO CONTENTS

视频名称	时长/min	位置
第1集 计算机控制系统的概念	7	1.2节
第2集 计算机控制系统的组成	7	1.3节
第3集 计算机控制系统的分类	12	1.4节
第4集 内部总线	5	2.2节
第5集 外部总线	8	2.3节
第6集 集散控制系统概述	6	3.1节
第7集 集散控制系统的体系结构	10	3.3节
第8集 传感器	13	4.1节
第9集 采样和模拟开关	6	4.5节
第10集 模数转换器	9	4.6节
第11集 模数转换器 AD7091R	7	4.7节
第12集 数模转换器	9	4.8节
第13集 数模转换器 AD5410/AD5420	8	4.9节
第14集 工业机器人概述	12	5.1节
第15集 自动驾驶汽车技术概述	10	5.6节
第16集 云计算	15	5.10节
第17集 边缘计算	13	5.11节
第18集 PID控制	8	6.2节
第19集 数字PID算法	5	6.3节
第20集 PID参数整定	9	6.4节
第21集 串级控制	8	6.5节
第22集 前馈-反馈控制	3	6.6节
第23集 模糊控制	9	7.1节
第24集 模型预测控制	8	7.2节
第25集 神经控制系统	11	7.3节
第26集 专家控制技术	10	7.4节
第27集 计算机控制系统软件概述	10	8.1节
第28集 OPC技术	7	8.4节
第29集 Web技术	13	8.5节
第30集 数字滤波算法	5	8.6节
第31集 现场总线概述	8	9.1节
第32集 工业以太网概述	11	9.3节
第33集 工业互联网技术	13	9.5节
第34集 无线传感网络与物联网	14	9.6节
第35集 电磁兼容技术与抗干扰设计概述	12	10.1节

第 1 章

CHAPTER 1

绪　　论

随着工业自动化和信息技术的飞速发展,计算机控制系统已成为现代工业控制不可或缺的一部分。从最初的简单机械控制到今天的高度复杂和智能化系统,计算机控制理论经历了快速的发展过程。

计算机控制技术的应用极大地提高了生产和工作效率,保证了产品和服务质量,节约了能源,减少了材料的损耗,减轻了劳动和工作强度,改善了人们的生活条件。计算机控制技术已成为信息时代推动技术革命的重要动力,实现了人类诸多的梦想。

本章深入讲述计算机控制系统的理论基础、发展过程、基本概念、组成部分、各种分类以及未来技术的应用。

首先探讨计算机控制系统的理论基础,涵盖控制理论、系统理论、信号处理、信息论和计算机科学等领域,为后续的深入讨论奠定了基础;讲述计算机控制系统的发展历程,从早期的简单机械控制到如今的高度复杂和网络化控制系统,展示技术进步和应用领域的扩展。

其次对计算机控制系统的概念进行阐述,区分常规控制系统和计算机控制系统,突出计算机控制系统在处理能力、灵活性和智能化方面的优势;并详细介绍计算机控制系统的两大组成部分——硬件和软件,分别讲述它们的功能和在系统中的作用。

在对计算机控制系统的分类进行讨论时,讲述了数据采集系统(DAS)、直接数字控制系统(DDC)、集散控制系统(DCS)、监控与数据采集系统(SCADA)、现场总线控制系统(FCS)和网络控制系统(NCS),以及综合自动化系统的实现。这一部分展示了计算机控制系统的多样性和适用于不同场景的系统类型。

最后探讨计算机控制系统未来可能采用的技术,包括人工智能、大数据分析、云计算和物联网等前沿技术,预示着计算机控制系统将继续朝着更加智能化、网络化和高效化的方向发展。整体而言,本章为读者提供了计算机控制系统的全面概述,帮助理解其在现代工业和科技领域的重要性和应用前景。

1.1　计算机控制系统的理论基础和发展过程

计算机控制系统的理论基础和发展过程是一个复杂且深入的领域,它融合了控制理论、计算机科学、电子工程和信息技术等多个学科的知识。

1.1.1　计算机控制系统的理论基础

计算机控制系统也称为数字控制系统,是使用计算机或数字处理器执行控制算法的系统。这些系统的设计和分析基于下面的理论基础。

(1) 控制理论。控制理论提供了用于分析和设计控制系统的数学基础,包括经典控制理论(如 PID 控制)、现代控制理论(如状态空间方法)、鲁棒控制以及最优控制等。

(2) 系统理论。系统理论关注动态系统的建模、分析和设计,特别是线性系统、非线性系统和时变系统的理论。

(3) 信号处理。数字信号处理为计算机控制系统提供了处理、分析和重构信号的方法,包括滤波、采样和量化等。

(4) 采样理论。计算机控制系统中的信号是以离散时间间隔采样的,采样理论(如奈奎斯特采样定理)对于理解如何正确采样连续时间信号以避免混叠现象至关重要。

(5) 离散时间系统理论。与连续时间系统不同,离散时间系统理论处理的是时间离散的信号和系统,这是计算机控制系统设计的核心。

(6) 稳定性理论。稳定性理论用于判断一个控制系统在受到干扰或参数变化时是否能维持其性能,包括线性系统的鲁棒稳定性和非线性系统的李雅普诺夫稳定性等。

(7) 最优控制理论。最优控制理论涉及设计控制策略以最小化或最大化某个性能指标,如最小化能量消耗或最大化路径跟踪精度。

(8) 鲁棒控制理论。鲁棒控制理论专注于在面对模型不确定性和外部扰动时保持系统性能的控制器设计。

(9) 实时系统理论。计算机控制系统必须在严格的时间约束下运行,实时系统理论提供了保证响应时间和处理时间符合要求的方法。

(10) 软件工程。软件工程的原则和实践对于开发可靠、可维护和可扩展的控制系统软件至关重要。

(11) 人工智能和机器学习。随着智能控制的发展,人工智能和机器学习提供了自适应控制和学习控制策略,以应对复杂和不确定的环境。

计算机控制系统的设计通常还需要考虑实际工程问题,如硬件限制、安全要求、环境条件以及成本效益等。因此,虽然理论基础为计算机控制系统的设计提供了指导,但实际应用还需要综合考虑多方面的因素。

实际上,计算机控制系统的理论基础是控制论、信息论、系统论(通常被称为"三论")和工程控制论,而工程控制论是与"三论"相关联的一个领域。下面简单介绍计算机控制系统理论基础的创始人和它们的基本内容。

(1) 控制论(Cybernetics)。诺伯特·维纳(Norbert Wiener)是控制论的创始人,他在 1948 年出版了《控制论:或关于动物和机器中控制和通信的科学》(*Cybernetics: Or Control and Communication in the Animal and the Machine*)一书,正式提出了控制论这个概念。控制论是一个跨学科领域,涉及系统、控制、通信和反馈的研究,无论是在生物体还是在机器中。它强调了通过反馈机制实现目标导向的控制和稳定性,并在生物学、工程学、计算机科学等多个领域产生了影响。

(2) 信息论(Information Theory)。克劳德·香农(Claude E. Shannon)是信息论的创

始人,他在1948年发表了《通信的数学理论》(*A Mathematical Theory of Communication*)一文,奠定了信息论的基础。

信息论主要研究信息的度量、存储和通信。它包括了信息熵的概念(这是衡量信息不确定性的量度),以及信道容量、编码、解码和信号处理等内容。信息论对于现代通信系统和数据压缩技术有着深远的影响。

(3) 系统论(General Systems Theory)。路德维希·冯·贝塔兰菲(Ludwig von Bertalanffy)是系统论的主要倡导者,他在20世纪中叶提出了这一理论。

系统论是一个跨学科理论框架,它强调不同学科中系统的共通性,推崇整体性和相互作用的研究。系统论认为,系统的整体行为不是其组成部分行为的总和,而是由部分之间的相互作用所决定的。

(4) 工程控制论。工程控制论没有特定的创始人,它是一门工程学科,由许多科学家和工程师的贡献逐渐发展而来。

工程控制论专注于实际工程系统中的控制问题,包括自动控制系统的设计、分析和实现。它利用数学模型设计控制器,以便系统能够达到预期的性能。工程控制论在机械、电子、航空航天、化工等众多工程领域都有应用。

这4个理论虽然有所交叉,但各自侧重点不同,共同构成了现代科技和工程设计的重要理论基础。

(5) 代数系统理论。代数系统理论对线性系统理论有了更好的理解,并应用多项式方法解决特殊问题。

(6) 系统辨识与自适应控制。系统辨识和自适应控制是控制工程领域的两个重要概念,它们在改善系统性能和适应性方面扮演着关键角色。

(7) 先进控制技术。先进控制技术主要包括模糊控制技术、神经网络控制技术、专家控制技术、预测控制技术、内模控制技术、分层递阶控制技术、鲁棒控制技术、学习控制技术、非线性控制技术、网络化控制技术等。先进控制技术主要解决传统的、经典的控制技术难以解决的控制问题,代表控制技术最新的发展方向,并且与多种智能控制算法是相互交融、相互促进发展的。

1.1.2 计算机控制系统的发展过程

计算机控制系统的发展过程是一段跨越数十年的历史,涉及技术革新和工业应用的不断扩展。计算机控制系统发展的大致过程如下。

1. 早期阶段(20世纪50—60年代)

在这个阶段,计算机控制系统主要是基于大型计算机的,用于特定的科学研究和军事应用。这些系统昂贵、体积庞大,且主要依赖于硬件控制逻辑。

2. 数字控制系统的引入(20世纪70年代)

20世纪70年代,随着微处理器的发明,数字控制系统开始出现。这标志着从模拟控制向数字控制的转变。数字控制系统使得控制逻辑可以通过软件实现,提高了系统的灵活性和可靠性。

3. 个人计算机革命(20世纪80年代)

20世纪80年代,个人计算机(Personal Computer,PC)的普及为计算机控制系统带来了新的可能性。PC 的引入使得计算机控制系统更加经济实惠,且易于编程和维护,这促进了计算机控制技术在各种工业和商业应用中的广泛应用。

4. 可编程逻辑控制器的兴起(20 世纪 80—90 年代)

可编程逻辑控制器(Programmable Logic Controller,PLC)在这一时期变得极其流行。PLC 设计用于工业环境,具有良好的可靠性和抗干扰能力,简化了控制系统的设计和实现,使得自动化控制在制造业中得到了广泛应用。

5. 网络化和信息化(20 世纪 90 年代—21 世纪)

随着互联网和局域网技术的发展,计算机控制系统开始实现网络化。这一变革使得远程监控和控制成为可能,同时促进了信息集成和管理决策的自动化。

6. 物联网和智能控制(21 世纪 10 年代至今)

近年来,物联网(Internet of Things,IoT)技术的发展为计算机控制系统带来了新的维度。通过将传感器、设备和控制系统连接起来,可以实现更高级别的自动化和智能化。此外,人工智能和机器学习技术的集成使得控制系统能够实现自我优化和预测性维护。

随着技术的不断进步,未来的计算机控制系统将更加智能、灵活和安全。边缘计算、5G 通信技术、数字孪生技术和增强现实(Augment Reality,AR)等新兴技术将在控制系统中发挥重要作用,推动工业自动化和智能制造向更高质量发展。

1.2 计算机控制系统的概念

第 1 集
微课视频

计算机控制系统(Computer Control System)是利用计算机技术实现对各种设备或生产过程的自动控制的系统。这些系统通常包括硬件(如传感器、执行器、通信设备和计算机本身)和软件(如控制算法、数据处理程序和用户接口)两个主要部分。

根据控制策略的不同,计算机控制系统可以分为开环控制系统和闭环控制系统。

开环控制系统(Open Loop Control System)的控制器的输出不受系统输出的影响。它根据预先设定的程序或指令来操作,不会根据反馈调整其行为。例如,一个简单的由定时器控制的灌溉系统就是一种开环控制系统。

闭环控制系统(Closed Loop Control System)也称为反馈控制系统。在闭环系统中,系统的输出会通过传感器被监测,并将信息反馈给控制器,控制器根据这些信息调整输入,以保证输出达到所需的目标或设定值。这种系统能够自动纠正任何由于外部扰动或系统内部变化导致的偏差。例如,温度控制系统会监测并调节温度,以保持设定的温度范围。

1.2.1 常规控制系统

工业生产过程中的自动控制系统因被控对象、控制算法及采用的控制器结构的不同而有所区别。

从常规来看,控制系统为了获得控制信号,要将被控量 y 与给定值 r 相比较,得到偏差信号 $e=r-y$。然后,利用 e 直接进行控制,使系统的偏差减小直到消除偏差,被控量接近或等于给定值。对于这种控制,由于控制量是控制系统的输出,被控量的变化值又反馈到控制系统的输入端,与作为系统输入量的给定值相减,所以称为闭环控制系统,其结构如图 1-1 所示。

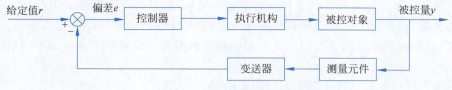

图 1-1　闭环控制系统结构

控制系统的另一种结构如图 1-2 所示,该系统为开环控制系统。

图 1-2　开环控制系统结构

1.2.2　计算机控制系统

计算机控制系统的控制过程可简单地归纳为 3 个过程:信息的获取、信息的处理、信息的输出。

计算机控制系统包括硬件和软件两大部分。硬件由计算机、接口电路、外部设备组成,是计算机控制系统的基础;软件是安装在计算机中的程序和数据,它能够完成对其接口和外部设备的控制,以及对信息的处理。软件包括维持计算机工作的系统软件和为完成控制而进行信息处理的应用软件两大部分,是计算机控制系统的关键。

计算机控制系统由工业控制计算机主体(包括硬件、软件与网络结构)和被控对象两大部分组成。

把图 1-1 和图 1-2 中的控制器用计算机系统来代替,就构成了计算机控制系统,其典型结构如图 1-3 所示。

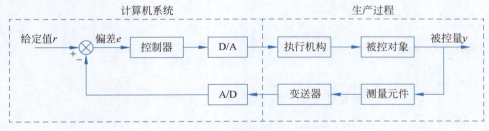

图 1-3　计算机控制系统的典型结构

计算机控制系统在结构上也可以分为开环控制系统和闭环控制系统两种。

在控制系统中引入计算机,就可以充分利用计算机强大的计算、逻辑判断和记忆等信息处理能力。运用微处理器或微控制器的丰富指令,就能编制出满足某种控制规律的程序,执行该程序,就可以实现对被控参数的控制。

计算机控制系统执行控制程序的过程如下。

(1) 实时数据采集。对被控参数在一定的采样间隔进行测量,并将采样结果输入计算机。

(2) 实时运算。对采集到的被控参数进行处理后,按一定的预先规定的控制规律进行控制率的运算,或称为决策,决定当前的控制量。

(3) 实时控制。根据实时计算结果,将控制信号送往控制的执行机构。

(4) 信息管理。随着网络技术和控制策略的发展,信息共享和管理也介入控制系统中。

上述测量、运算、控制、管理的过程不断重复,使整个系统能够按照一定的动态品质指标进行工作,并且对被控参数或控制设备出现的异常状态及时监督并迅速作出处理。

1.3 计算机控制系统的组成

计算机控制系统由两大部分组成,一部分为计算机及其输入/输出通道,另一部分为工业生产对象(包括被控对象与工业自动化仪表)。

1.3.1 计算机控制系统的硬件

计算机控制系统的硬件是指构成该系统的物理设备和组件,它们共同工作以执行特定的控制任务,如数据采集、处理、决策制定和执行动作。

计算机控制系统的硬件主要包括微处理器或微控制器、存储器(ROM/RAM)、数字 I/O 接口通道、模数转换器(ADC)与数模转换器(DAC)接口通道、人机接口设备(如显示器、键盘、鼠标等)、网络通信接口、实时时钟和电源等。它们通过微处理器或微控制器的地址总线、数据总线和控制总线(也称为系统总线)构成一个系统,其硬件框图如图 1-4 所示。

第 2 集
微课视频

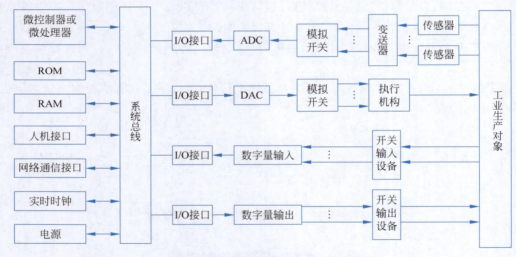

图 1-4 计算机控制系统硬件框图

1. 工业控制计算机

工业控制计算机(Industrial Control Computer,IPC)是专为工业环境设计的计算机,它们在工业自动化和控制系统中扮演着核心角色。与普通办公室或家用计算机相比,工业控制计算机具有以下特点。

(1) 耐用性和可靠性。工业控制计算机通常有坚固的外壳,能够适应灰尘、湿气、震动、高温、低温和其他恶劣的工业环境条件。

(2) 扩展性。这些计算机通常配备有多种接口,如 PCI、PCIe、USB、串行端口和以太网端口,以便连接各种工业设备和模块。

(3) 实时操作系统。工业控制计算机可能运行实时操作系统(Real-Time Operating

System,RTOS),以确保对工业过程的及时响应和精确控制。

(4) 长期供货。工业应用通常需要长期稳定的供应链,因此工业控制计算机的生产商会保证长期供应相同型号的产品。

(5) 可维护性。工业控制计算机易于维护和升级,以最小化生产线的停机时间。

(6) 能源效率。由于工业环境对能源消耗有严格要求,工业控制计算机通常设计为低功耗设备。

(7) 集成能力。这些计算机能够与各种工业通信协议和标准无缝集成,如 Modbus、PROFIBUS、CANopen 和 EtherCAT 等。

工业控制计算机可以是基于 PC 的系统,也可以是嵌入式系统,依据应用场景的不同而有所不同。它们可以执行各种任务,包括数据采集和处理、机器视觉分析、PLC 功能、运动控制、SCADA 系统的一部分,以及作为制造执行系统(Manufacturing Execution System,MES)或企业资源规划(Enterprise Resource Planing,ERP)系统的接口。

在选择工业控制计算机时,需要考虑的关键因素包括计算能力、I/O 需求、网络连接、软件兼容性、环境耐受性和预算。正确选择和配置工业控制计算机对于确保工业自动化系统的稳定性、效率和生产力至关重要。

2. 过程输入通道和过程输出通道

在计算机控制系统中,过程输入通道和过程输出通道是连接现场设备和控制计算机的关键组成部分。它们分别处理从现场设备到计算机的数据流(输入)和从计算机到现场设备的控制命令(输出)。以下是对这两种通道的详细解释。

1) 过程输入通道

过程输入通道包含了一系列组件和步骤,用于将现场测量数据转换为控制计算机可以处理的数字信号。这些组件和步骤通常如下。

(1) 传感器:在现场安装的设备,用于测量过程变量,如温度、压力、流量等。

(2) 变送器:将传感器的模拟信号(如 4~20mA 电流环路或 0~10V 电压信号)转换为数字信号,或者直接输出适用于数字采集的信号。

(3) 信号调理:包括滤波、放大、隔离等步骤,以确保信号的质量,并保护计算机免受电气噪声和干扰的影响。

(4) 模数转换:如果变送器输出的是模拟信号,则模数转换器将其转换为数字信号。

(5) 数据采集卡或模块:将处理后的信号送入控制计算机。这些设备通常具有多个输入通道,可以同时处理来自多个传感器的信号。

(6) 通信接口:数据采集卡或模块与控制计算机之间的连接,可能通过 USB、PCI、PCIe、Ethernet 等接口实现。

2) 过程输出通道

过程输出通道负责将控制计算机的指令转换为可以影响现场设备操作的信号。这些步骤通常如下。

(1) 控制算法:控制计算机中运行的软件,根据输入数据和预定的控制策略生成输出指令。

(2) 数模转换:如果输出设备需要模拟信号,控制计算机的数字指令将通过数字模拟转换器转换为模拟信号。

(3) 信号调理：将数模转换器输出的信号调整到适合现场设备操作的电平，并确保信号的质量。

(4) 执行器或驱动器：接收来自控制计算机的信号，并将其转换为物理动作，如开启阀门、启动电机等。

(5) 通信接口：与输入通道类似，输出通道也可能通过各种通信接口与控制计算机连接。

在设计过程输入和输出通道时，需要考虑信号的兼容性、电气隔离、噪声抑制、响应时间和精确度等因素。此外，还需确保系统的安全性和可靠性，以防止故障或异常情况对过程控制造成不利影响。

3. 外部设备

计算机控制系统通常需要与多种外部设备进行交互，以便监控和控制各种过程和机械。以下是一些常见的外部设备类型，它们可以与计算机控制系统相连。

(1) 传感器：用于测量温度、湿度、压力、流量、电平、速度、位置等物理参数，并将这些参数转换为电信号，以便计算机系统可以读取和处理。

(2) 执行器：接收计算机系统的指令并执行相应的物理动作，如电动机、伺服驱动器、液压或气动缸、继电器和阀门等。

(3) 人机界面(Human-Machine Interface, HMI)：包括触摸屏、按钮、开关、指示灯和显示器等，允许操作员与控制系统进行交互，监控系统状态并输入控制命令。

(4) 数据采集系统：用于收集、转换和存储传感器信号，以便于计算机系统对数据进行分析和处理。

(5) 工业摄像头：用于机器视觉系统，进行质量检查、物体识别、位置检测等。

(6) 打印机和标签机：用于生成生产报告、打印条形码和射频识别(Radio Frequency Identification, RFID)标签等。

(7) 网络设备：包括路由器、交换机、防火墙等，用于建立和维护计算机控制系统的网络连接。

(8) 存储设备：如固态硬盘(Solid State Disk, SSD)、硬盘驱动器(Hard Disk Drive, HDD)和网络附加存储(Network Attached Storage, NAS)，用于数据备份和记录。

(9) 电源管理设备：如不间断电源(Uninterrupted Power Supply, UPS)和电源分配单元(Power Distribution Unit, PDU)，确保控制系统在电源故障时仍能保持运行。

(10) PLC：可编程逻辑控制器，用于执行自动化任务和过程控制。

(11) 远程 I/O 模块：用于在控制系统和现场设备之间扩展信号。

(12) 机器人：在自动化生产线中，机器人可以执行复杂的搬运、组装、焊接、喷涂等任务。

(13) 通信模块：如 GSM、3G、4G、5G 模块或卫星通信设备，用于远程数据传输。

这些外部设备的选择和集成对于计算机控制系统的性能和效率至关重要。设备的选择通常基于应用需求、成本、兼容性和系统的可扩展性；还需要确保设备之间的通信协议和接口标准统一，以便于系统集成和数据交换。

4. 操作控制台

计算机控制系统的操作控制台（通常称为控制室或操作室）是一个用于监视和管理工业

过程、设施运营或信息系统的关键环境。在控制台中，操作员可以监控系统的状态，对系统进行控制和干预，以确保运行效率、安全性和可靠性。以下是操作控制台的组成部分。

（1）显示屏幕：操作控制台通常配备多个显示屏幕，用于显示实时数据、系统图形、监控摄像头画面、报警状态和操作指南。这些显示屏幕可以是计算机监视器、大型显示墙或专用的操作界面。

（2）控制设备：操作员通过键盘、鼠标、触摸屏、操纵杆或专用按钮和开关控制系统。这些设备允许操作员输入命令、调整设置或响应系统事件。

（3）通信设备：控制台可能包含电话、对讲机、无线电和其他通信工具，以便操作员可以与现场人员、其他控制室或紧急服务进行沟通。

（4）控制软件：控制台通常运行专业的控制软件，这些软件提供用户界面、数据处理、自动控制逻辑和报警管理。软件可能包括监控和数据采集系统、集散控制系统或其他专业的工业控制系统。

（5）数据记录：控制系统通常会记录操作日志、事件日志和历史数据，以便进行事后分析、故障诊断和合规性审计。

（6）安全措施：控制台可能包括访问控制、视频监控和其他安全措施，以确保系统的安全和防止未经授权的访问。

（7）紧急控制：在紧急情况下，控制台应该能够快速响应，执行紧急停机或切换到安全模式，以保护人员和设备安全。

（8）人体工程学设计：操作控制台的设计应考虑操作员的舒适性和效率，包括适当的座椅、照明、空间布局和环境控制（如温度和噪声水平）。

控制室的设计和功能可能因应用领域的不同而有很大差异，从电力调度中心、化工厂、制造车间到交通管理中心和数据中心，每个领域都有其特定的需求和标准。

5. 网络通信接口

计算机控制系统的网络通信接口是指允许这些系统与其他设备或网络进行数据交换的硬件和软件组件。这些接口对于实现远程监控、数据采集、设备控制和系统集成至关重要。以下是一些常见的网络通信接口和协议。

（1）以太网（Ethernet）：这是最常见的网络接口，用于连接计算机、工业设备和控制系统。以太网支持高速数据传输，通常使用 TCP/IP。

（2）串行通信接口（Serial Communication）：包括 RS-232、RS-422 和 RS-485 等标准，它们是早期计算机控制系统中常用的通信方式，通常用于连接传感器、仪表和控制器。

（3）无线通信（Wireless Communication）：无线技术如 Wi-Fi、蓝牙、ZigBee 和蜂窝网络（如 LTE、5G），可以用于在没有物理连接的情况下进行设备通信。

（4）工业以太网协议（Industrial Ethernet Protocols）：如 Modbus/TCP、EtherCAT、PROFINET、Ethernet/IP 等，它们在标准以太网的基础上添加了适合工业应用的功能，如实时性和冗余性。

（5）现场总线（Fieldbus）：如 CANopen、Modbus RTU、PROFIBUS 等，用于工业环境中的设备级通信。

（6）互联网协议（Internet Protocols）：TCP/IP 是一组用于互联网通信的协议，包括传输控制协议（Transmission Control Protocol，TCP）和互联网协议（Internet Protocol，IP）。

这些协议支持不同网络设备之间的数据交换。

（7）光纤通信（Fiber Optic Communication）：在需要长距离传输或电磁干扰严重的环境中，光纤提供了一种高速且可靠的通信手段。

（8）虚拟专用网络（Virtual Private Network，VPN）：用于通过公共网络（如互联网）创建安全的远程连接，允许安全访问控制系统。

（9）OPC（OLE for Process Control）：OPC 是一个工业通信标准，允许不同制造商的设备和控制系统之间进行互操作。

（10）MQTT（Message Queuing Telemetry Transport）：MQTT 是一个轻量级的消息协议，设计用于低带宽和不可靠网络，常用于物联网（IoT）设备。

每种通信接口和协议都有其特定的特点、优势和应用场景。在设计计算机控制系统时，需要根据系统的性能要求、网络环境和设备兼容性选择合适的通信接口和协议。此外，安全性也是设计网络通信接口时必须考虑的关键因素，以确保数据的完整性和系统的抗干扰能力。

6. 实时时钟

计算机控制系统的运行需要一个时钟，用于确定采样周期、控制周期及事件发生时间等。

实时时钟（Real-Time Clock，RTC）是一种计时装置（通常是一个集成电路），用于持续跟踪当前的时间，即使在主电源断开的情况下也能保持运作。为了能够在没有主电源的情况下继续工作，实时时钟通常会有一个备用电源，如一个小型的纽扣电池。

实时时钟在很多场合都是不可或缺的，如在服务器、嵌入式系统、家电、安全系统以及任何需要时间记录的场合。在一些应用中，实时时钟还需要与网络时间协议（Network Time Protocol，NTP）服务器同步，以确保其时间的准确性。

在设计计算机控制系统时，实时时钟可以作为一个独立的集成电路加入，也可以集成在微处理器或微控制器中的某些芯片上。这些集成电路通常会包括一个晶体振荡器，并可能包含其他特性，如温度补偿，以提高时间的精确性。

常用的实时时钟（RTC）集成电路有多种，它们由不同的半导体公司生产。一些广泛使用的 RTC 芯片型号有 D/1302、DS12887、PCF8563、MCP7940N 等。有些嵌入式控制器内嵌 RTC，如 STM32 系列微控制器等。

这些 RTC 芯片通常都支持基本的时钟功能，如小时、分钟、秒、日、月、年，并且很多都有闹钟、定时器和中断功能。选择哪种 RTC 芯片通常取决于项目的具体需求，如所需的准确度、功耗、接口类型以及额外的功能等。

7. 工业生产过程

根据工业生产过程状态，工业可以分为流程工业和离散工业。

流程工业的特点是工业生产过程连续，生产一旦建立，需不间断地将原材料进行输送加工，并对生产过程进行连续控制以保证产成品的质量。在对生产的连续控制中，典型的被控参数为温度、压力、流量、液位、转速等。这类参数的特点是它们的数值随时间连续变化，一旦控制中断，可能会由于压力过大、转速过快等参数异常导致生产事故发生。典型的流程工业有核电、火电、热电、新能源、石化、化工、冶金、建材、制药、食品、造纸等。

离散工业的特点是工业生产过程可间断，生产建立后可以根据需求停止在某一阶段，并不会对产成品的质量产生影响。离散过程控制的参数一般为数量、位置、状态等。典型的离散工业有皮革业、汽车制造业、楼宇自动化、半导体业、木制业、橡胶制造业、印刷出版业等。

生产过程包括被控对象、传感器、变送器、执行机构、开关装置、脉冲装置等环节。这些环节都有各种类型的标准产品,在设计计算机控制系统时,根据需要可合理选型。

(1) 被控对象的种类:温度、压力、液位、流量、浓度、位移、转角、速度等。

(2) 输入通道的传感器、变送器(又称为工业自动化仪表):传感器的输出是信号调理电路能够接收的弱小电压模拟信号。DDZ-Ⅱ型变送器的输出为 0~10mA DC/0~5V DC(四线制,电源为 220V AC),DDZ-Ⅲ型变送器的输出为 4~20mA DC/1~5V DC(两线制,电源为 24V DC)。它是被控对象与过程通道发生联系的设备,有测量仪表(包括传感器和变送器)、显示仪表(包括模拟和数字显示仪表)、调节设备、执行机构和手动-自动切换装置等。手动-自动切换装置在计算机故障或调试程序时,可由操作人员从自动切换到手动,实现无扰动切换,确保生产安全。

(3) 输出通道的执行机构:对于电动执行机构,DDZ-Ⅱ型执行器的输入为 0~10mA DC(四线制,电源为 220V AC),DDZ-Ⅲ型执行器的输入为 4~20mA DC(两线制,电源为 24V DC)。对于气动执行机构,执行器的输入为 0.02~0.1MPa(气源压力为 0.14MPa)。

在计算机控制系统中,被控对象(也称为受控系统或控制过程)通常是指需要被监控和调节的实际物理过程或设备。这些对象可以是各种各样的工业设备、机械或生产流程。

常见的被控对象如下。

(1) 工业机器人:在自动化生产线中执行焊接、装配、涂装等任务。

(2) 化工反应器:在化学工业中用于控制化学反应的条件,如温度、压力、搅拌速度等。

(3) 热交换器:用于控制流体之间热量交换的过程。

(4) 泵和压缩机:用于控制流体的流动和压力。

(5) 电动机:在各种应用中提供动力,其速度和扭矩可能需要控制。

(6) 炉窑和加热系统:在金属加工、陶瓷生产等工业中用于加热物料。

(7) 输送带系统:用于物料搬运,速度和方向可能需要控制。

(8) CNC 机床:用于精确加工金属、塑料或木材等材料。

(9) 发电机组:在电力产生中控制电压和频率。

(10) 空调和通风系统:在建筑和工业环境中控制温度、湿度和空气流动。

(11) 水处理设施:用于控制水质处理过程,如 pH 值调整、沉淀、过滤等。

(12) 包装机械:在产品包装过程中控制速度、填充量、封装等。

计算机控制系统通过使用传感器监测这些被控对象的关键参数(如温度、压力、流量、位置等),并利用执行器(如阀门、开关、电机等)调节这些参数,以保持过程在预定的操作条件下运行。控制系统的核心通常是一个或多个微处理器或计算机,它们运行专门设计的软件实施控制策略。

1.3.2 计算机控制系统的软件

计算机控制系统的硬件是完成控制任务的设备基础,而计算机的操作系统和各种应用程序是履行控制系统任务的关键,通称为软件。软件的质量关系计算机运行和控制效果的好坏,影响硬件性能的充分发挥和推广应用。计算机控制系统软件的组成如图 1-5 所示。

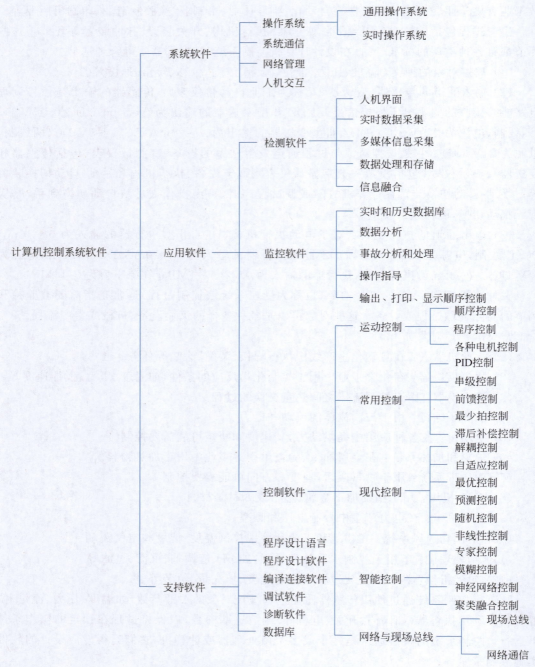

图 1-5 计算机控制系统软件的组成

1. 计算机控制系统软件的分类

计算机控制系统的软件是实现特定控制任务的关键,根据其职能可以分为系统软件、应用软件和支持软件。以下是这3类软件的综述。

1)系统软件

计算机控制系统的系统软件用于组织和管理计算机控制系统的硬件,为应用软件提供基本的运行环境，并为用户提供基本的通信和人机交互方法。

系统软件是用于管理计算机硬件和软件资源的计算机程序。它为应用软件提供基础支持，使计算机能够正常运行。

（1）操作系统（Operating System）。

操作系统是管理计算机硬件和软件资源的核心系统软件，如 Windows、MacOS、Linux 等。它们负责任务管理、内存管理、设备管理、文件系统管理等，提供用户与计算机硬件交互的接口。

（2）系统通信（System Communication）。

系统通信涉及计算机系统内外部的通信和数据交换机制，如消息传递系统、协议栈、数据总线等。它们确保不同部分间的信息传输顺畅、安全。常见的协议包括 TCP/IP，用于网络通信。

（3）网络管理（Network Management）。

网络管理软件用于监控、维护和管理计算机网络，确保网络高效运行，如网络流量监控系统、网络配置管理工具等。它们帮助网络管理员检测问题、优化性能并确保网络安全。

（4）人机交互（Human-Computer Interaction）。

人机交互系统软件是用户与计算机交互的界面和工具，如图形用户界面（GUI）、命令行界面（CLI）、语音识别系统等。这些系统改善了用户体验，使用户可以更容易地使用计算机。

2）应用软件

计算机控制系统的应用软件是面向生产过程的程序，用于完成计算机监测和控制任务。应用软件一般由计算机控制系统的设计人员编写，针对特定生产过程定制。

应用软件是旨在帮助用户完成特定任务的软件程序。它直接为用户提供功能和服务，相比于系统软件，应用软件通常与用户的日常需求更为直接相关。以下是对几种类型应用软件的概述：

（1）检测软件（Diagnostic Software）。

检测软件是一类用于收集、分析和报告系统或设备状态的应用程序。其功能模块相互配合，为全面、准确的检测提供支持。以下是对检测软件各个组成部分的概述。

① 人机界面（HMI）。人机界面是用户与检测系统的交互途径，如图形用户界面（Graphical User Interface，GUI）、触摸屏界面等。HMI 模块通过可视化的方式展示实时数据、检测结果和系统状态，并允许用户通过简单的操作控制检测流程和参数设置，提高了系统的易用性和用户体验。

② 实时数据采集（Real-Time Data Acquisition）。实时数据采集模块负责在系统或设备运行过程中连续收集各种数据。这些数据可能来自传感器、输入设备或其他数据源。实时性确保数据反映当前的系统状态和性能，为之后的分析和决策提供可靠的基础。

③ 多媒体信息采集（Multimedia Information Acquisition）。多媒体信息采集模块旨在获取图像、视频、音频等多种格式的信息。例如，摄像头可以采集视觉数据，麦克风可以采集音频。多媒体数据丰富了检测的维度，特别是在需要进行视觉检测、行为识别或声学分析等复杂任务时尤为重要。

④ 数据处理和存储（Data Processing and Storage）。数据处理和存储模块对采集到的数据进行初步处理和长期存储。例如，数据清洗、归一化、压缩等处理步骤，以及将处理后的数据存储在数据库或云存储中。该模块保证数据的完整性和可用性，使其在稍后阶段的详细分析和报告生成中可以被高效利用。

⑤ 信息融合（Information Fusion）。信息融合模块通过整合来自不同来源和形式的数据，生成更加全面和准确的检测结果。技术手段包括时间同步、空间对齐和多传感器数据融合。信息融合提高了检测系统的鲁棒性和准确性，生成的综合信息能够提供更深层次的洞察力和准确的决策支持。

（2）监控软件（Monitoring Software）。

监控软件是一类用于监控和管理系统或设备运行状况的综合性软件。其功能模块涵盖实时数据处理、历史数据存储、数据分析、事故处理以及操作指导等方面，确保系统能够稳定、高效地运行。以下是对这些功能模块的详细概述：

① 实时和历史数据库（Real-Time and Historical Database）。这一模块负责收集和管理系统的实时数据和历史数据。实时数据库记录当前系统的运行状态、性能指标等信息，确保数据更新及时、准确。历史数据库则存储过去的运行数据，用于后续的分析和趋势预测。实时和历史数据库为数据分析和决策提供了可靠的数据支撑。

② 数据分析（Data Analysis）。数据分析模块通过对收集到的实时数据和历史数据进行处理和挖掘，揭示系统的运行规律与潜在问题。采用各种统计方法和机器学习算法，数据分析可以进行故障诊断、性能评估、趋势预测等任务。该模块提高了系统监控的智能化程度，帮助用户做出更加精准的决策。

③ 事故分析和处理（Accident Analysis and Handling）。事故分析和处理模块主要针对系统运行过程中的异常情况或故障进行检测和管理。当系统出现异常时，模块快速识别并分析事故原因，提供自动或手动的处理措施以恢复正常运行。该模块的目标是减少事故影响，保障系统的安全性和可靠性。

④ 操作指导（Operational Guidance）。操作指导模块为用户提供实时的操作建议和指导，以优化系统的运行。例如，当检测到系统参数偏离正常范围时，该模块会提示用户采取相应的调整措施。操作指导模块帮助提升操作的准确性和有效性，特别是在复杂系统中尤为重要。

⑤ 输出、打印、显示顺序控制（Output，Printing，Display Sequence Control）。这一模块负责管理和呈现信息，包括数据的输出格式、打印设置和显示顺序，目的在于将关键信息以直观、易懂的方式展示出来，确保用户能够快速获取并理解系统状态和分析结果。例如，生成报表、打印操作日志、实时显示关键性能指标等。这个模块确保用户能够高效访问和使用数据资源。

（3）控制软件（Control Software）。

控制软件是用于管理和协调工业、机械、电子等系统的各个方面的综合性工具。它包含多个不同类别的控制功能模块，涵盖传统控制理论、现代控制方法及智能控制技术，确保系统能够按照预期的方式运行。以下是各个模块的概述。

① 运动控制（Motion Control）包括以下内容。

顺序控制（Sequential Control）：按照预定的次序和逻辑条件控制系统的各个部件，常用于自动化生产线等需要依步骤执行的场景。

程序控制（Program Control）：通过预先编制的程序控制设备和系统的操作步骤，适用于复杂且高度重复的操作任务。

各种电机控制（Various Motor Controls）：包括对直流电机、交流电机、步进电机、伺服电机等各种电机的控制，涵盖启停控制、速度控制、位置控制等。

② 常用控制（Common Control）包括以下内容。

PID 控制（PID Control）：一种经典的反馈控制方法，通过比例、积分和微分调节系统输出，以达到期望的控制效果，广泛应用于温度控制、速度控制等领域。

串级控制（Cascade Control）：采用两个或多个控制回路级联的方式，一个主回路控制主变量，而次回路控制中间变量，提升系统的精度和响应速度。

前馈控制（Feedforward Control）：通过对扰动变量的即时调整补偿系统的变化，目的是在扰动影响系统之前进行修正，从而提高控制效果。

最少拍控制（Deadbeat Control）：旨在在最少的时间步骤内使控制系统达到期望状态，通常用于数字控制系统中。

滞后补偿控制（Lag Compensation Control）：通过补偿系统内部或外部的时间滞后，提升系统稳定性和响应速度。

③ 现代控制（Modern Control）包括以下内容。

解耦控制（Decoupling Control）：旨在消除多变量系统内部变量之间的耦合效应，使每个控制回路能够独立调节对应的变量，提高系统的整体控制性能。

自适应控制（Adaptive Control）：能够根据系统的动态变化自动调整控制参数，确保在不同环境和负载条件下保持最佳控制效果。

最优控制（Optimal Control）：通过优化某个性能指标（如能量消耗、时间等），令系统在一定约束条件下达到最佳控制效果。

预测控制（Predictive Control）：通过预先计算未来系统状态，基于预测结果进行当前控制决策，常用于需要提前干预的复杂系统中。

随机控制（Stochastic Control）：用于处理系统中的随机扰动和不确定性，通过概率和统计方法优化控制策略。

非线性控制（Nonlinear Control）：应对系统中存在的非线性特性，采用专门的方法和算法实现精确控制，适用于非线性系统。

④ 智能控制（Intelligent Control）包括以下内容。

专家控制（Expert Control）：利用人类专家的经验和规则进行系统控制，常用于知识密集型和非结构化的控制问题。

模糊控制（Fuzzy Control）：通过模糊逻辑处理过程变量，适合处理复杂和不确定系统，实现柔性控制。

神经网络控制（Neural Network Control）：使用人工神经网络进行自我学习和优化，能够处理高度非线性和复杂的控制任务。

聚类融合控制（Clustering and Fusion Control）：利用数据聚类和信息融合技术，提升对系统状态的理解和控制精度，适用于大数据和多源信息场景。

⑤ 网络与现场总线（Networking and Fieldbus）包括以下内容。

现场总线（Fieldbus）：现场总线是用于工业自动化系统中的通信协议，连接传感器、执行器和控制器，实现数据传输和控制指令的快速响应。

网络通信（Network Communication）：网络通信模块涵盖无线和有线网络，为分布式系统提供稳定、高效的数据交换和远程控制能力。

3）支持软件

计算机控制系统的支持软件是系统的设计工具和设计环境，用于为设计人员提供软件的设计接口，并为计算机控制系统提供功能更新的途径。

支持软件包括程序设计语言、程序设计软件、编译连接软件、调试软件、诊断软件和数据库 6 部分，用户使用程序设计语言和程序设计软件设计计算机控制软件，通过编译连接和调试进行软件测试。数据库软件为程序提供必要的运行支持，并为软件的更新和维护提供参考依据。

计算机控制系统的软件组件紧密协作，确保系统的稳定性、可靠性和效率。随着技术的发展，软件在控制系统中的作用日益重要，特别是在提高灵活性、易用性和智能化水平方面。

2. 计算机控制系统软件的开发与运行环境

计算机控制系统软件对操作系统有特定的要求，其中稳定性和实时性是主要要求。计算机控制系统要求操作系统长时间无故障运行，对系统异常和恶意程序具备较好的处理能力，并可长时间运行无须更新系统补丁。除此之外，操作系统还需要对实时性较高的任务提供支持，以确保控制任务的正常进行。

计算机控制系统软件的开发与运行环境是确保软件能够正确执行其控制任务的关键因素。

3. 计算机控制系统软件开发技术

计算机控制系统的软件开发技术可分为软件设计规划、软件设计模式、软件设计方法和软件开发工具 4 个类别。

1）软件设计规划

软件设计规划包括软件开发基本策略、软件开发方案和软件过程模型 3 部分，软件开发中的 3 种基本策略是复用、分而治之、优化与折中。

2）软件设计模式

为增强计算机控制系统软件的代码可靠性和可复用性，增强软件的可维护性，在计算机软件的发展过程中，代码设计经验经过实践检验和分类编目，形成了软件设计模式。软件设计模式一般可分为创建型、结构型和行为型 3 类。

3）软件设计方法

计算机控制系统中软件的设计方法主要有面向过程的方法、面向数据流的方法和面向对象的方法，分别对应不同的应用场景。

4）软件开发工具

计算机控制系统软件的开发过程中常用到的软件开发工具有程序设计语言、程序编译器、集成开发环境、数据库软件和分布式编程模型等。

编程语言是用来定义计算机程序的标准化形式语言，可分为机器语言、汇编语言和高级语言。

1.4 计算机控制系统的分类

计算机控制系统与其所控制的生产对象密切相关,控制对象不同,控制系统也不同。根据应用特点、控制方案、控制目标和系统构成,计算机控制系统一般可分为以下几种类型。

1.4.1 数据采集系统

20世纪70年代,人们在测量、模拟和逻辑控制领域率先使用了数字计算机,从而产生了集中式控制。

数据采集系统(Data Acquisition System,DAS)是一种用于收集信息以供进一步处理的系统。在工业、科研、监测和其他许多领域中,数据采集是获取必要信息的重要手段。

1. 数据采集系统的组成

数据采集系统通常包括以下几个关键组成部分。

(1)传感器:用于检测和测量物理参数,如温度、压力、流量、电压,将物理量转换为电信号。

(2)信号调理:调整传感器输出的信号,使之适合于下一步的处理,包括放大、过滤、线性化、隔离等。

(3)模数转换器(ADC):将模拟信号转换为数字信号,确定系统的采样率和分辨率。

(4)数据采集硬件:包括数据采集卡或模块,实现信号的采集、转换和传输,可以是独立的设备,如数据记录器,或集成在计算机中的板卡。

第3集
微课视频

(5)数据传输:将数字化的数据传输到计算机或其他处理设备,可以通过有线(如USB、以太网)或无线方式(如Wi-Fi、蓝牙)进行。

(6)计算机系统:用于存储和处理采集到的数据,可以是IPC(工业控制计算机)、服务器或嵌入式系统。

(7)软件:用于配置采集硬件、显示采集数据、分析和存储数据,可以是专门的数据采集软件或定制的应用程序。

2. 数据采集系统的主要应用领域

数据采集系统主要应用在以下领域。

(1)工业自动化:监测和控制生产线上的机器和工艺过程。

(2)环境监测:跟踪环境参数,如空气质量、水质、噪声水平等。

(3)医疗设备:收集病人的生理信号,如心电图、血压等。

(4)科学研究:收集实验数据,用于分析和验证科学假设。

(5)能源管理:监测能源消耗,优化能源使用。

(6)结构健康监测:评估桥梁、建筑物、飞机等结构的完整性。

数据采集系统是连接现实世界与数字世界的桥梁,它的设计和实现对于确保数据的准确性和及时性至关重要。随着技术的发展,数据采集系统变得越来越智能,能够提供更加高效和精确的数据处理能力。

数据采集系统如图1-6所示。

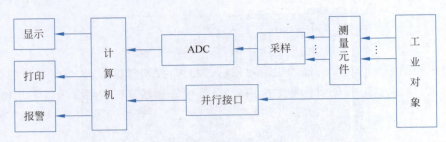

图 1-6 数据采集系统

1.4.2 直接数字控制系统

直接数字控制（Direct Digital Control，DDC）系统是一种利用数字计算机或微处理器实现对工业过程或建筑管理系统中的设备进行直接控制的技术。这种控制系统通常用于自动化和监控应用，如温度控制、湿度控制、照明控制、能源管理等。

DDC 系统的核心优势在于其精确控制、灵活性和可编程性。与传统的模拟控制系统相比，DDC 系统可以提供更高的精度和更复杂的控制策略。

1. DDC 系统的关键组成

DDC 系统通常包括以下几个关键组成部分。

（1）传感器：用于测量环境参数，如温度、压力、湿度等，将测量值转换为电信号，供 DDC 系统处理。

（2）控制器：通常是一个微处理器或计算机系统，执行预先编程的控制算法，根据传感器的输入信号和预设的控制逻辑，计算出控制命令。

（3）执行器：接收控制器的命令，直接作用于被控制的设备，如开关阀门、调节风扇速度等，负责实际执行控制决策的物理动作。

（4）通信网络：将传感器、控制器和执行器连接在一起，可以是有线网络（如 RS-485、以太网）或无线网络（如 Wi-Fi、ZigBee）。

（5）用户界面：提供给操作员或维护人员的界面，用于监控系统状态、修改控制参数和查看历史数据，可以是本地的控制面板，也可以是远程的计算机界面。

2. DDC 系统的应用

DDC 系统是计算机用于工业生产过程控制的一种最典型的系统，在热工、化工、机械、建材、冶金等领域已获得广泛应用。DDC 系统主要应用在以下领域。

（1）建筑自动化：控制建筑内的暖通空调系统，实现室内舒适度和能效的优化。

（2）工业控制：在制造过程中实现对机器和设备的精确控制，提高生产效率和产品质量。

（3）能源管理：监控和控制能源使用，减少浪费，降低运营成本。

（4）设施管理：集中控制和监视建筑或园区内的各种设施和系统。

随着物联网（IoT）技术的发展，DDC 系统正变得更加智能和互联，能够提供更高的数据分析能力和更加优化的控制策略。这些进步为提高能效、降低运营成本和提升用户体验提供了新的可能性。

DDC 系统是计算机在工业中应用最普遍的一种方式。它是用一台计算机对多个被控参数进行巡回检测，将检测结果与给定值进行比较，并按预定的数学模型（如 PID 控制规律）进行运算，其输出直接控制被控对象，使被控参数稳定在给定值上，如图 1-7 所示。

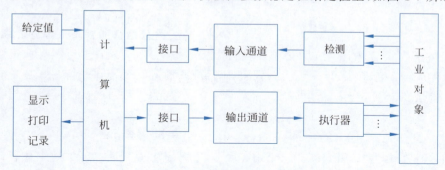

图 1-7　直接数字控制系统

1.4.3　集散控制系统

集散控制系统（Distributed Control System，DCS）又称为分布式控制系统，它将控制元素分散布置在整个工厂或过程中，但通过一个中央操作员监控界面进行统一管理。DCS 主要用于连续或批量生产过程，如化工、石油炼制、纸浆和纸张、电力、食品和饮料制造等。这些系统的设计旨在提供高度的过程控制，确保生产效率、产品质量和安全。

DCS 的组成部分如下。

（1）分布式控制。控制任务在多个控制单元之间分散，这些单元通常接近过程控制点，减少了布线复杂度，并提高了可靠性和可维护性。

（2）中央操作员控制台。尽管控制任务是分散的，但操作员可以从中央控制室通过图形用户界面（GUI）监控和控制整个过程。这些界面提供实时数据、报警管理、过程视图和操作控制。

（3）通信网络。DCS 中的各个组件通过高速通信网络连接，确保了数据的实时传输和系统的整体协调。

（4）工程站。工程站允许工程师配置、诊断和维护系统。它们是用于系统设计和更改控制策略的工作站。

（5）数据记录和报告。DCS 提供历史数据记录功能，用于趋势分析、性能评估和合规性报告。

DCS 的设计和实现旨在提供高效、可靠和灵活的控制解决方案，以满足工业过程控制的严格要求。随着技术的发展，DCS 继续集成新的技术，如物联网（IoT）、大数据分析和人工智能（AI），以进一步提高其性能和功能。

世界上许多国家都已大批量生产各种型号的 DCS。虽然它们型号不同，但其结构和功能都大同小异，均是由以微处理器为核心的基本数字控制器、高速数据通道、CRT 操作站和监督计算机等组成的，其结构如图 1-8 所示。

DCS 具有如下特点。

（1）分散式控制。控制功能在整个系统中分散布置，每个控制节点通常负责系统中的一个特定部分或过程，并且能够独立运行。

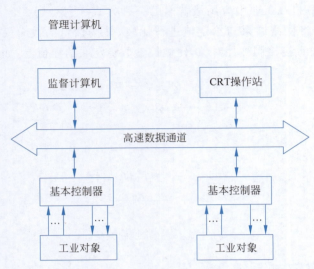

图 1-8　集散控制系统

（2）集中监控。尽管控制功能是分布式的，但 DCS 通常包括一个或多个集中的操作员监控站，用于过程监控、操作和干预。

（3）高度集成。DCS 集成了多种控制功能，如闭环控制、开环控制、数据采集、报警管理和人机界面。

（4）冗余配置。DCS 设计中经常包含冗余硬件和软件，以提高系统的可靠性和可用性，确保关键过程在组件故障时能够持续运行。

（5）模块化和可扩展性。系统的模块化设计允许容易地添加新的控制节点和界面，以适应生产过程的变化或扩展。

（6）实时操作和控制。DCS 提供实时的过程控制，允许操作员即时响应过程变化和潜在问题。

（7）用户友好的界面。图形用户界面（GUI）提供直观的操作和视觉反馈，帮助操作员理解和管理复杂的过程。

（8）先进的控制策略。支持先进的控制算法，如 PID 控制、模糊逻辑、先进的过程控制（APC）等，以优化过程性能。

（9）安全性。包括网络安全措施、用户权限管理和访问控制，以保护系统免受未授权访问和网络攻击。

（10）与企业系统集成。DCS 可以与其他企业级系统（如 ERP、MES）集成，以实现数据共享和业务流程集成。

（11）可靠性和维护性。DCS 的设计注重可靠性和易维护性，以缩短停机时间和降低维护成本。

（12）符合行业标准。遵循行业标准和规范，以确保设备和软件的兼容性和互操作性。

DCS 的这些特点使其成为大型工业环境中理想的控制解决方案，尤其是在需要精确和可靠控制连续或批量生产过程的场合。

1.4.4 监控与数据采集系统

监控与数据采集(Supervisory Control and Data Acquisition,SCADA)系统比较流行的定义是：一类功能强大的计算机远程监督控制与数据采集系统。它综合利用计算机技术、控制技术、通信与网络技术，完成了对测控点分散的各种过程或设备的实时数据采集、本地或远程的控制，以及生产过程的全面实时监控，可为安全生产、调度、优化和故障诊断提供必要和完整的数据及技术支持。

SCADA 系统是一种用于工业控制系统(ICS)的计算机系统，它监控和控制工业、基础设施或设施的过程。SCADA 系统的核心功能是收集现场数据，监控和控制自动化过程，并提供实时数据给操作员，使他们能够迅速做出决策和响应。

1. SCADA 系统的主要组成

SCADA 系统通常由以下主要部分组成。

(1) 现场仪表和传感器：用于监测和测量如温度、压力、流量、电压等过程变量。

(2) 远程终端单元(RTU)或可编程逻辑控制器(PLC)：这些设备位于现场，用于收集传感器数据，并可能执行一些本地控制逻辑。RTU 通常用于偏远或分散的位置，而 PLC 则常用于工厂或工业环境中。

(3) 通信系统：将 RTU 或 PLC 收集的数据传输回中央控制系统，可以通过有线、无线、卫星或其他通信技术实现。

(4) 主控制站：一般包括一个或多个服务器，运行 SCADA 系统软件，负责数据的汇总、处理和显示，提供给操作员的图形用户界面(GUI)，用于展示实时数据、趋势、报警和历史信息。

(5) 人机界面(HMI)：允许操作员与 SCADA 系统交互，监控过程状态，进行控制操作，设置报警点等。

2. SCADA 系统的应用

SCADA 系统广泛应用于多种行业和领域，具体如下。

(1) 电力：电厂和电网的监控与控制。

(2) 水和废水处理：监控水质和水位，控制泵站和处理设施。

(3) 石油和天然气：监控管道和远程井的状态，控制阀门和压缩机。

(4) 制造业：监控生产线和自动化设备，确保生产效率和质量。

(5) 交通：监控和控制铁路信号系统、隧道和高速公路管理系统。

SCADA 系统结构如图 1-9 所示。

SCADA 系统各组成部分的功能不同，但它们的有效集成构成了功能强大的 SCADA 系统，完成了对整个过程的有效监控。

SCADA 系统可广泛应用于供水工程、污水处理系统、石油和天然气管网、电力系统和轨道交通等系统中。

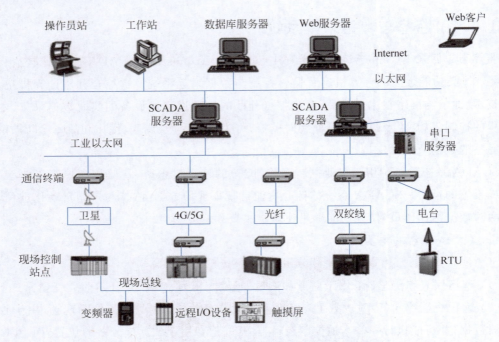

图 1-9　SCADA 系统结构

1.4.5　现场总线控制系统

现场总线控制系统(Fieldbus Control System,FCS)是一种工业自动化系统,它利用数字通信网络连接控制系统与现场设备,如传感器、执行器和控制器。现场总线控制系统是自动化技术中的一个重要组成部分,它代表了从传统的点对点(4～20mA 电流环)方式向基于数字通信的控制策略的转变。

现场总线控制系统的核心优势在于其通信协议,该协议允许多个设备共享相同的通信线路,从而减少了布线需求,降低了成本,并提高了数据交换的效率和可靠性。这种方式还支持双向通信,使得设备之间可以交换和共享更多的数据,包括状态信息、诊断信息和性能参数。

现场总线控制系统广泛应用于自动化和控制领域,具体如下。

(1) 工厂自动化:在装配线、机器人系统和制造过程中实现精确控制。

(2) 过程控制:在化工、石油和天然气、制药等行业中监控和控制复杂的过程。

(3) 楼宇自动化:用于控制供暖、通风、空调系统和照明系统。

(4) 交通系统:在铁路信号、智能交通系统(Intelligent Traffic System,ITS)和车辆控制中应用。

随着工业物联网(Industrial Internet of Things,IIoT)的发展,现场总线控制系统正逐渐融入更先进的技术,如无线通信、云计算和边缘计算,以实现更高效、更智能的工业自动化解决方案。

现场总线控制系统结构如图 1-10 所示。

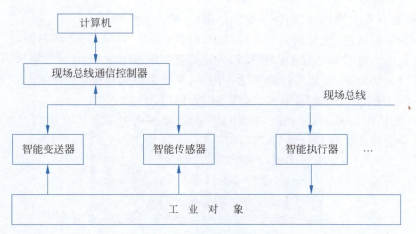

图 1-10　现场总线控制系统结构

1.4.6　网络控制系统

网络控制系统(Networked Control System,NCS)是一种控制系统架构,其中的控制器、传感器、执行器和其他控制系统组件通过通信网络连接。这种设置允许系统组件在物理位置上分散,同时通过网络进行实时数据交换和控制命令的传输。

1. NCS 的关键特点

NCS 的关键特点如下。

(1) 分布式元素:控制系统的组件(如传感器、控制器和执行器)可以分布在不同的地理位置。

(2) 通信网络:组件之间的通信依赖网络,可以是有线网络(如以太网)或无线网络(如 Wi-Fi、蓝牙或蜂窝网络)。

(3) 时间延迟:网络引入的通信延迟是 NCS 设计中的一个重要考虑因素,因为它可能影响系统的稳定性和性能。

(4) 数据丢失和噪声:在数据传输过程中可能发生数据包的丢失、延迟或损坏,这需要通过适当的设计来应对。

(5) 资源共享:网络资源(如带宽和计算能力)在系统组件之间共享,可能导致竞争和冲突。

2. NCS 的应用

NCS 的应用非常广泛,包括但不限于:

(1) 工业自动化和制造系统;

(2) 交通控制和智能交通系统;

(3) 电力系统监控和控制;

(4) 远程医疗和遥感;

(5) 环境监测;

(6) 机器人协作和无人机群。

随着物联网(IoT)和工业物联网(IIoT)的发展,NCS 变得越来越重要,因为它们提供了连接和控制各种设备和系统的基础。在设计 NCS 时,通常需要采用先进的控制理论、网络协议、调度算法和安全措施,以确保系统的稳定性、效率和安全性。

在网络控制系统中,被控对象与控制器以及控制器与驱动器之间是通过一个公共的网络平台连接的。这种网络化的控制模式具有信息资源能够共享、连接线数大大减少、易于扩展、易于维护、高效率、高可靠性及灵活等优点,是未来控制系统的发展模式。根据网络传输媒介的不同,网络环境可以是有线、无线或混合网络。

典型 NCS 结构如图 1-11 所示。其中,τ_{sc} 表示数据从传感器传输到控制器的时延,τ_{ca} 表示数据从控制器传输到执行器的时延。

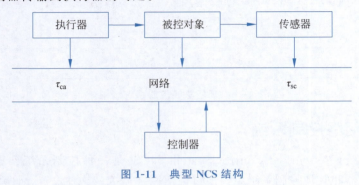

图 1-11　典型 NCS 结构

1.4.7　综合自动化系统

综合自动化系统(Integrated Automation System,IAS)是现代技术发展的产物,它融合了多种技术领域的进步,包括计算机技术、自动控制技术、信息处理技术和通信技术等,以达到对各种系统的高效管理和控制。

实现综合自动化系统需要跨学科团队的协作,包括工程师、IT 专家、系统集成商和操作人员。此外,管理层的支持和明确的项目管理流程对于确保项目的成功至关重要。随着技术的发展,如物联网(IoT)、云计算、大数据分析和人工智能的融入,综合自动化系统的实现将变得更加高效和智能。

1. 信息物理系统

信息物理系统(Cyber Physical System,CPS)是一个综合计算、网络和物理环境的多维复杂系统,通过 3C(Computing、Communication、Control)技术的有机融合与深度协作,实现大型工程系统的实时感知、动态控制和信息服务。CPS 实现计算、通信与物理系统的一体化设计,可使系统更加可靠、高效、实时协同,具有重要而广泛的应用前景。

CPS 的意义在于将物理设备连接到互联网上,让物理设备具有计算、通信、精确控制、远程协调和自治等 5 大功能。CPS 本质上是一个具有控制属性的网络,但它又有别于现有的控制系统。

CPS 包括以下两个主要的功能组件。

(1) 高级的互联功能,确保能够实时地从物理世界获取数据,以及从虚拟世界中获得信息反馈。

(2) 智能的数据管理、分析和计算能力,从而构建出一个网络空间。

CPS 的五层次结构则提供了一种逐步渐进的在制造行业中开发和部署 CPS 的指南,如图 1-12 所示。

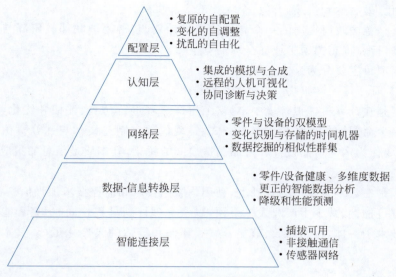

图 1-12　CPS 的五层次结构

1）智能连接层（Connection）

从设备及其零部件中获取准确可靠的数据是开发 CPS 的第 1 步。这些数据可以是直接通过传感器测量的数据，也可以是从控制器或企业管理系统（如 ERP、MES、SCM 和 CRM 等）中获得的数据。

2）数据-信息转换层（Conversion）

必须从数据中获得有意义的信息。目前，在数据-信息转换层上已经有不少可供使用的工具和方法。近年来，人们关注的焦点转向开发预测算法，通过计算，可给设备带来"自感知"（Self-Awareness）的能力。

3）网络层（Cyber）

网络层在这个结构中起着中央信息连接的作用。信息从每台连接的设备向它推送，从而构成了设备网络。在搜集了大量的信息之后，必须使用特定的分析技术从中抽取出有用的信息，从而对每台设备的状态进行更好地监控。

4）认知层（Cognition）

认知层会对被监控的系统产生完整的知识，并将获取的知识正确地展示给专家，支持他们做正确的决策。由于每台设备的状态和比较信息都可以获得，所以可以在此基础上对所执行的流程做出进行优化的决策。

5）配置层（Configuration）

配置层是网络空间对物理空间的反馈，其作用是监管控制，让设备自配置和自适应。这一层扮演着复原控制系统（Resilience Control System，RCS）的角色，执行正确的和具有预防性的决策。它所发出的信息可以作为供给业务管理系统的反馈。操作人员和工厂管理人员可以基于这些信息做出对应的决策。

CPS 的应用领域十分广阔，包括智能工厂、智能交通、能源节省、环境监控、航空航天、水电等基础设施、节能建筑等。

2．工业 4.0

工业 4.0 即第四次工业革命，是指利用信息物理系统将生产中的供应、制造、销售信息数据化、智慧化,最后达到快速、有效、个人化的产品供应。

工业4.0是德国政府提出的一个高科技战略计划,获得德国联邦教研部与联邦经济技术部联手资助,旨在提高德国工业在全球的竞争力。

工业4.0项目主要分为三大主题。

1) 数字工厂

数字工厂是在计算机虚拟环境中,对整个生产过程进行仿真、评估和优化,并进一步扩展到整个产品生命周期的新型生成组织方式,是现代数字制造技术与计算机仿真技术相结合的产物,主要作为沟通产品设计和产品制造之间的桥梁,其本质是信息的集成。

2) 智能工厂

智能工厂是在数字化工厂的基础上,利用物联网技术和监控技术加强信息管理和服务,提高生产过程可控性、减少生产线人工干预,以及合理计划排程。同时,集智能手段和智能系统等新兴技术于一体,构建高效、节能、绿色、环保和舒适的人性化工厂,其本质是人机有效交互。

3) 智能制造

智能制造系统在制造过程中能进行智能活动,如分析、推理、判断、构思和决策等。通过人与智能机器的合作,部分取代专家脑力劳动。智能制造系统不只是人工智能,它在突出人核心地位的同时,使智能机器和人能真正地结合在一起,其本质是人机一体化。

1.5 计算机控制系统的发展趋势

计算机控制系统的发展趋势被新兴技术和不断变化的工业需求所驱动,涉及多个关键技术领域。其未来的发展趋势如下。

1. 深度集成人工智能

深度集成人工智能技术在计算机控制系统中的应用,标志着工业自动化和智能化的新纪元。这些技术的应用不仅限于自适应控制和优化、智能诊断与预测维护,还扩展到了多个领域,进一步推动了生产效率和产品质量的提升。

(1) 自适应控制和优化。通过深度学习算法,计算机控制系统将能够实时自适应各种操作条件和环境变化,自动优化控制策略,提高生产效率和产品质量。

(2) 智能诊断与预测维护。利用机器学习进行故障诊断和预测维护,可以大幅减少意外停机时间,降低维护成本。系统能够从历史数据中学习,预测潜在的故障并在问题发生前采取措施。

2. 物联网的扩展应用

物联网(IoT)的发展正在推动计算机控制系统朝着更加智能化、互联化和自动化的方向发展。

(1) 增强的设备互联。IoT技术使得更多的设备和传感器能够连接到网络中,提供实时数据,从而实现更加详细和全面的系统监控。

(2) 智能决策支持。通过分析来自广泛设备的数据,IoT可以支持更智能的决策制定,优化资源分配和操作流程。

3. 边缘计算

边缘计算的应用是计算机控制系统发展趋势的关键驱动力之一。边缘计算的核心优势在于数据处理的去中心化以及对数据隐私和安全性的增强,这些特点对于计算机控制系统尤其重要。

(1) 数据处理的去中心化。边缘计算通过在数据产生的地点进行数据处理,可以减少数据传输的延迟,提高处理速度,特别是对于实时控制系统尤为重要。

(2) 提高数据隐私和安全性。通过在本地处理数据,边缘计算还可以增强数据的隐私保护和安全性。

4. 网络安全的重视

随着计算机控制系统在各个行业的广泛应用,网络安全成为一个日益突出的问题。这些系统往往控制着关键的基础设施和敏感的数据,因此保障其安全对于避免重大的经济损失和保护国家安全至关重要。

(1) 先进的加密技术。随着量子计算的发展,未来计算机控制系统可能需要采用量子加密技术来保护数据安全。

(2) 动态安全策略。采用基于 AI 的安全系统,能够实时监测网络活动,自动识别和响应安全威胁。

5. 数字孪生技术的广泛应用

数字孪生技术的广泛应用是计算机控制系统变革的核心之一。数字孪生技术是指通过软件模型来创建物理对象、过程、人或系统的虚拟表示。这种技术的应用不断扩大,正深刻影响着计算机控制系统的设计、运营和维护。

(1) 全生命周期管理。数字孪生技术不仅可以用于设计和测试阶段,还可以在产品的整个生命周期中持续优化操作和维护策略。

(2) 增强的用户体验。通过与 AR/VR 技术结合,数字孪生技术可以提供更加直观和交互式的用户体验。

6. 5G 和未来通信技术

在 5G 及未来通信技术的推动下,计算机控制系统正迎来前所未有的发展机遇。这些技术的关键特性——超高速的数据传输和极低的延迟,为计算机控制系统的应用提供了新的可能性。

(1) 超高速的数据传输。5G 和未来的通信技术将提供更高的数据传输速度和更低的延迟,使远程控制和协作成为可能。

(2) 更广泛的应用场景。高速通信技术将使得自动驾驶、远程手术等高要求应用成为现实。

7. 可持续性和节能

随着全球对环境保护和可持续发展的日益关注,计算机控制系统的发展也不可避免地受到了这一趋势的影响。可持续性和节能已成为该领域的重要发展方向。

(1) 智能节能算法。通过 AI 和机器学习,系统可以实时优化能源使用,降低能耗。

(2) 绿色技术的应用。采用更环保的材料和技术,减少计算机控制系统的环境足迹。

8. 人机交互的改进

在计算机控制系统的发展趋势中,人机交互(HCI)的改进是一个关键方向。随着技术的进步，HCI逐渐变得更加自然、直观和高效。

（1）自然语言处理（Natural Language Processing，NLP）。通过改进的NLP技术，用户可以通过自然语言与系统进行交互，提高操作的便捷性和效率。

（2）多模态交互。结合触觉、视觉和听觉等多种交互方式，提供更加丰富和直观的用户体验。

计算机控制系统的发展正朝着更智能、更高效、更安全和更可持续的方向快速进步。随着上述技术的不断成熟和融合，未来的计算机控制系统将在各个领域发挥更加关键的作用。

第 2 章 微控制器与总线技术
CHAPTER 2

微控制器(Microcontroller,MCU)是一种集成电路芯片,它将一个计算机的核心部件(如处理器、内存和输入/输出接口)集成在一块小芯片上。微控制器常用于嵌入式系统和物联网设备,用于执行单一任务或一系列特定的任务。

本章主要内容如下。

(1) 深入探讨微控制器技术,这是现代电子设备不可或缺的核心组成部分。微控制器(MCU)是集成了处理器核心、内存和可编程输入/输出外设的单片机,广泛应用于自动化控制、移动设备、汽车电子和物联网等领域。

(2) 介绍几家顶尖的微控制器生产商,包括德州仪器、微芯科技、意法半导体、恩智浦半导体、瑞萨电子、英飞凌科技、赛普拉斯半导体、模拟器件和美信集成。这些公司提供了各种类型的 MCU 产品,可满足不同的市场需求和应用场景。它们在技术创新、产品多样性和市场份额方面各有特色。

(3) 着重介绍国内的微控制器生产商,这些厂商正在迅速发展,推动着国内半导体产业的增长。

(4) 列举全球知名的半导体公司,这些公司的产品和服务在全球范围内都有影响力。

(5) 分别讲述中国、美国、欧洲、荷兰、日本、中国台湾和韩国的知名半导体公司。每个地区的公司都有其独特的优势和挑战,它们在全球半导体市场中扮演着重要角色。

(6) 内部总线。内部总线是计算机内部各个组件之间的通信渠道。它们的设计和性能对计算机的整体性能有着重要影响。内部总线包括 PCI 总线、PCIe 总线、PC104 总线。

(7) 外部总线。外部总线是连接计算机系统和外部设备的界面,主要用于数据通信。外部总线包括 RS-232C、RS-485 串行通信接口。

计算机控制系统的总线技术是实现高效数据传输和设备互联的关键。从微控制器到内部和外部总线,这些技术共同构成了现代自动化和控制系统的基础架构。随着技术的不断进步,我们可以预期将会有更高速度、更高效率和更加智能化的通信解决方案出现。

2.1 微控制器技术

计算机控制系统的实现涉及许多专门知识,包括计算机技术、自动控制理论、过程控制技术、自动化仪表、网络通信技术等。

因此,计算机控制系统的发展与这些相关学科的发展息息相关,相辅相成。众所周知,美国在1946年生产出了世界上第1台电子计算机,20世纪50年代中期便有人开始研究将计算机用于工业控制。1959年,世界上第1套工业过程控制系统在美国得克萨斯州的一个炼油厂正式投运。该系统控制了26个流量、72个温度、3个压力、3个成分。控制的主要目的是使反应器的压力最小,确定反应器进料量的最优分配,并根据催化作用控制热水流量以及确定最优循环。

在工业过程计算机控制方面所进行的这些开创性的工作引起了人们的广泛注意。工业界看到了计算机将成为提高自动化程度的强有力工具,制造计算机的厂商看到了一个潜在的市场,而控制界则看到了一个新兴的研究领域。然而,早期的计算机采用电子管,不仅运算速度慢、价格高,而且体积大、可靠性差,计算机平均无故障时间(Mean Time Between Failures,MTBF)只有50~100h。这些缺点限制了计算机测控系统在工业上的发展与应用。随着半导体技术的飞速发展,大规模及超大规模集成电路出现,计算机运算速度加快,可靠性提高。特别是近几年高性能、低价格微处理器、嵌入式微控制器及数字信号处理器的制造商越来越多,可选择背景机的数据运算宽度从8位到64位应有尽有,给设计者提供了广阔的选择空间。但由于有众多的选择,有时候又不知选什么背景机、选哪一个厂家的背景机。

在计算机控制系统中选择合适的微控制器(MCU)是一个关键的决策,因为它将直接影响系统的性能、成本、功耗和可扩展性。以下是选择微控制器时需要考虑的一些主要因素。

(1) 处理能力。根据应用需求,选择具有适当时钟速度和处理能力的微控制器。高性能的应用可能需要更快的MCU,而简单的任务则可以使用低功耗、低速度的MCU。

(2) 内存需求。考虑程序代码和数据存储的需要,确保MCU有足够的闪存(用于存储程序代码)和RAM(用于运行时数据处理)。

(3) 输入/输出(I/O)能力。根据所需连接的传感器、执行器和其他外围设备的数量和类型,选择具有足够I/O引脚的MCU。

(4) 通信接口。确定所需的通信接口类型(如UART、SPI、I2C、CAN、USB等),并选择提供这些接口的MCU。

(5) 电源要求。考虑MCU的电源要求,包括工作电压范围和功耗。对于便携式或电池供电的设备,低功耗MCU是一个好选择。

(6) 模拟功能。如果系统需要处理模拟信号,选择具有ADC和/或DAC的MCU。

(7) 时钟系统和定时器。对于需要精确时间控制的应用,选择具有高级定时器和时钟系统的MCU。

(8) 可编程性和开发工具。考虑开发环境的可用性和易用性,一些MCU提供广泛的开发工具和库,这可以加快开发过程。

(9) 封装和尺寸。根据产品设计的空间限制,选择合适封装和尺寸的MCU。

(10) 成本。成本是一个重要因素,需要平衡性能和预算。批量购买通常可以降低单个MCU的成本。

(11) 供应链和可用性。确保所选MCU的供应链稳定,避免未来生产中断风险。

(12) 未来的可扩展性和迁移路径。考虑未来可能的系统升级和扩展,选择一个有良好升级路径的MCU系列可以减少未来迁移的复杂性。

(13) 安全性和加密功能。对于需要数据保护和安全通信的应用，选择具有硬件加密和安全功能的 MCU。

在选择微控制器时，建议创建一个需求清单，并与不同制造商的产品规格进行比较。此外，考虑获取样品进行原型设计和测试，以验证所选 MCU 是否满足所有需求。

2.1.1 国外生产微控制器的厂商及其微控制器产品

下面就目前常用的微控制器制造公司及其推出的相关产品作简要介绍。

国内外有很多公司生产微处理器，以下是国外的主要微控制器厂商。

(1) 德州仪器(Texas Instruments)。
(2) 微芯科技(Microchip Technology)。
(3) 意法半导体(ST Microelectronics)。
(4) 恩智浦半导体(NXP Semiconductors)。
(5) 英飞凌科技(Infineon Technologies)。
(6) 模拟器件(Analog Devices)。

这些厂商都提供各种不同的微处理器系列，以满足不同应用和市场需求，无论是低功耗、高性能、无线通信还是精密测量，都可以找到适合的微控制器产品。

1. 德州仪器(Texas Instruments,TI)生产的微控制器

TI 是一家全球领先的半导体公司，生产了多个系列的微控制器。以下是 TI 公司生产的一些微控制器系列。

1) MSP430 系列

MSP430 系列是 TI 公司推出的一系列超低功耗、功能丰富的微控制器。MSP430 系列以其出色的低功耗特性而闻名，适用于电池供电的应用和需要长时间运行的系统。MSP430 系列具有多种不同的型号和配置，以满足不同应用的需求，被广泛应用于可穿戴设备、智能家居、传感器网络、医疗设备、工业自动化等领域。

2) C2000 系列

C2000 系列是 TI 公司生产的高性能实时控制微控制器系列，专注于工业控制和电机控制应用。C2000 系列微控制器具有高性能的 DSP 功能和丰富的外设，适用于工业驱动、太阳能、逆变器、各种工业控制和电机控制应用等领域。

C2000 系列采用了 C2000 内核，具有优异的实时性能和丰富的外设集成，适用于各种工业控制、电机控制和太阳能应用等领域。

2. 微芯科技(Microchip Technology)生产的微控制器

Microchip Technology 是一家领先的半导体公司，生产了多个系列的微控制器。以下是 Microchip Technology 生产的一些微控制器系列。

1) PIC 系列

PIC 系列是 Microchip Technology 推出的一系列低成本、低功耗和易于使用的微控制器产品，具有丰富的产品线、强大的外设集成和广泛的生态系统支持。它们适用于各种嵌入式系统和电子设备，包括家电、工业控制、汽车电子、医疗设备等领域。

2) AVR 系列

AVR 系列是 8 位微控制器系列，原为 Atmel 公司的产品，后被 Microchip Technology

收购。

AVR 系列是一系列高性能、低功耗和灵活性的微控制器产品，具有高性能、低功耗、灵活性、易于使用和开发以及强大的生态系统支持的特点，适用于各种嵌入式系统和电子设备，包括消费电子、工业控制、通信设备、医疗设备、物联网等各种嵌入式系统和电子设备中。

3) dsPIC 系列

dsPIC 系列是 Microchip Technology 推出的一系列数字信号控制器（Digital Signal Controller）产品。dsPIC 系列结合了微控制器和 DSP 的功能，具有高性能的数字信号处理能力、丰富外设、实时性和低延迟、多核处理和并行处理能力，以及强大的生态系统支持的数字信号控制器产品，易于使用和开发。dsPIC 系列适用于各种实时控制和信号处理应用，包括电机控制、音频处理、通信系统、工业自动化等领域。

3. 意法半导体（ST Microelectronics，ST）生产的微控制器

ST 是一家全球领先的半导体公司，生产了多个系列的微控制器。以下是 ST 公司生产的一些微控制器系列。

1) STM32 系列

STM32 系列是 ST 公司生产的 32 位 Arm Cortex-M 微控制器系列。该系列包括多种产品，如 STM32F 系列、STM32H 系列、STM32L 系列等，以满足不同应用的需求。

STM32 系列具有高性能、丰富外设、低功耗设计、安全性强、易于使用和开发等特点，以及强大的生态系统支持的 32 位 Arm Cortex-M 微控制器产品，适用于各种嵌入式系统和电子设备，包括工业自动化、物联网、智能家居、汽车电子等领域。

2) STM8 系列

STM8 系列是 ST 公司推出的一系列 8 位微控制器产品，该系列包括多种产品，如 STM8S 系列、STM8L 系列等。

STM8 系列具有高性能、丰富外设、低成本设计、低功耗、易于使用和开发等特点，以及强大的生态系统支持的 8 位微控制器产品，适用于各种嵌入式系统和电子设备，包括家电、消费电子、智能传感器、汽车电子等领域。

3) STM32MP 系列

STM32MP 系列是 ST 公司生产的多核处理器系列，结合了 Cortex-A 和 Cortex-M 内核，适用于高性能嵌入式应用。

STM32MP 系列具有强大处理能力、多核架构、丰富外设、灵活的软件生态系统，以及易于使用和开发的多核处理器产品，适用于各种嵌入式系统和电子设备，包括工业自动化、智能家居、物联网和人机界面等领域。

除了以上列举的系列，ST 公司还生产了其他一些微控制器系列，如 STM32F0 系列、STM32WB 系列等。这些微控制器系列具有不同的特性和应用领域，满足了广泛的市场需求。

4. 恩智浦半导体（NXP Semiconductors，NXP）生产的微控制器

NXP 是一家全球领先的半导体公司，生产了多个系列的微控制器。以下是 NXP 公司生产的一些微控制器系列产品。

1) LPC 系列

LPC 系列是 NXP 公司生产的 32 位 Arm Cortex-M 微控制器系列。该系列包括多个系列，如 LPC800 系列、LPC54000 系列等。

LPC 系列具有低功耗设计、强大性能、丰富外设、多种封装和存储容量选择，以及易于使用和开发的 32 位微控制器产品。它们适用于各种嵌入式系统和电子设备，包括便携式设备、工业自动化、物联网网关等领域。

2) Kinetis 系列

Kinetis 系列是 NXP 公司生产的 32 位 Arm Cortex-M 微控制器系列。该系列包括多个产品，如 Kinetis K 系列、Kinetis L 系列等。

Kinetis 系列具有多个系列和产品选择、强大性能、丰富外设、低功耗设计，以及易于使用和开发的 32 位微控制器产品。它们适用于各种嵌入式系统和电子设备，包括工业自动化、消费电子、汽车电子和医疗设备等领域。

5. 英飞凌科技（Infineon Technologies）生产的微控制器

Infineon Technologies 是一家全球领先的半导体解决方案提供商，生产了多个系列的微控制器，主要如下。

1) XMC 系列

XMC 系列是德国芯片制造商 Infineon Technologies 推出的 32 位微控制器产品，是具有 32 位 Arm Cortex-M 内核、丰富外设和接口以及高性能的微控制器产品，提供了高性能、丰富功能和安全性的解决方案，帮助开发人员实现应用的设计和开发。XMC 系列微控制器适用于工业自动化、电机控制、智能电网等应用。

2) AURIX 系列

AURIX 系列是 Infineon Technologies 推出的一系列高性能汽车微控制器产品，专为汽车电子应用而设计。

AURIX 系列具有高性能 TriCore 处理器内核、丰富外设和接口，以及高可靠性的汽车微控制器产品，适用于汽车电子系统中需要高性能和实时控制的应用，提供了高可靠性、丰富功能和安全性的解决方案，帮助开发人员实现汽车电子应用的设计和开发。AURIX 系列适用于车身电子、驱动控制、安全系统等汽车应用。

3) TLE 系列

Infineon Technologies 推出的 TLE 系列微控制器应用于汽车电子、工业自动化、消费电子、通信设备等领域，具有高性能、低功耗和可靠性，满足了不同应用领域的需求。

磁场定向控制（Field-Oriented Control，FOC）又称为矢量控制，是一种通过控制变频器输出电压幅值和频率进而控制三相交流电机的变频驱动控制方法。相较于方波控制和正弦波控制方法，采用 FOC 矢量控制能使电机转矩更加平稳、效率更高，因此近些年来受到广泛的应用。其基本思想是通过测量和控制电机的定子电流矢量，根据磁场定向原理分别对电机的励磁电流和转矩电流进行控制，从而将三相交流电机等效为直流电机进行控制。

TLE987x 系列可以应用于 FOC 无刷直流电机的控制。TLE9879 EvalKit FOC 评估板如图 2-1 所示。

图 2-1　TLE9879 EvalKit FOC 评估板

6. 模拟器件（Analog Devices，ADI）生产的微控制器

ADI 是一家领先的半导体公司，专注于模拟和数字信号处理技术。虽然 ADI 公司以其模拟器件和信号处理器而闻名，但也生产了一些微控制器产品。

ADI 公司的微控制器产品通常与其模拟和数字信号处理器相结合，提供了强大的信号处理和控制能力。它们广泛应用于各个领域，如工业自动化、医疗设备、通信等。ADI 还提供了丰富的软件和开发工具，以支持开发者设计和开发基于其微控制器的应用。

ADI 公司的微控制器产品主要包括以下几个系列。

1) Blackfin 系列

Blackfin 系列是 ADI 公司生产的 32 位混合信号微控制器系列，结合了数字信号处理和控制处理能力。

Blackfin 系列是高性能、低功耗的 32 位嵌入式处理器，适用于各种信号处理应用。其双核架构、高性能信号处理能力、低功耗设计和丰富的外设接口使其成为嵌入式系统设计的理想选择。Blackfin 系列微控制器适用于多媒体处理、工业控制、汽车电子等应用。

2) ADuC 系列

ADuC 系列是 ADI 公司的低功耗精密模拟微控制器系列。ADuC 系列微控制器集成了模拟和数字功能，因集成度高、低功耗设计和丰富的外设接口成为嵌入式系统设计的理想选择。ADuC 系列微控制器集成了模拟和数字外设，适用于传感器接口、工业控制、医疗设备、数据采集和控制等应用。

2.1.2　国内生产微控制器的厂商及其微控制器产品

1. 北京兆易创新科技股份有限公司

北京兆易创新科技股份有限公司主要业务为闪存芯片及其衍生产品、微控制器产品的研发、技术支持和销售。MCU 主要产品有基于 Arm Cortex-M3 和 Arm Cortex-M4 两种内核的微控制器产品，如 GD32F101/103 系列、GD32F105/107 系列、GD32F303/305/307 系列、GD32F470 系列、GD32F425/427 系列等。产品广泛应用于手持移动终端、消费类电子产品、个人计算机及周边、网络、电信设备、医疗设备、办公设备、汽车电子及工业控制设备等领域。

2. 华大半导体有限公司

华大半导体有限公司是一家集成电路设计及相关解决方案提供商，主要产品种类包括工控MCU、功率及驱动芯片、智能卡及安全芯片、电源管理芯片、新型显示芯片等,可以用于工业控制、安全物联网、新型显示等领域。

MCU主要产品有基于Arm Cortex-M0+内核的32位微控制器系列产品,如通用型HC32F003、HC32F176、HC32F460等。

3. 深圳国芯人工智能有限公司

深圳国芯人工智能有限公司(原深圳宏晶科技有限公司)负责STC系列微控制器的研发、生产,江苏国芯科技有限公司负责STC MCU的销售。MCU主要产品是8051的STC系列微控制器,8位8051MCU产品线是其主力产品(荣获电子工程专辑年度最佳MCU设计大奖)。

STC89C51是一款经典的8051单片机,具有8位CPU、64KB闪存、2KB RAM和32个I/O端口等基本特性。它的主频最高可以达到33MHz,支持ISP编程方式和多种通信接口,适用于各种控制、通信等应用场合。

STC8H8K64U则是一款新一代8051单片机,采用全新的架构和技术,具有更高的性能和功能特性。它的主频最高可以达到72MHz,支持USB 2.0、CAN、I2S等多种通信接口和高级功能模块,适用于高速数据处理、音频处理、工业自动化等应用场合。

32位8051 MCU产品线针对汽车电子和工控市场,如STC32G12K128。

STC单片机在汽车电子市场的主要应用如下:电动汽车刹车助力系统、汽车电动窗控制器、汽车座椅控制器、汽车空调温控器、车载净化器、汽车可燃气体检测仪、汽车电池充电器、电池管理系统、行车记录仪、倒车雷达、汽车防盗器、汽车功放、车灯、轮胎动平衡机控制器、电动汽车低速提示音系统(AVAS)、ETC设备、汽车充电桩、电动汽车充电站监控系统、汽车故障检测设备、汽车零部件试验台。

4. 深圳市赛元微电子有限公司

深圳市赛元微电子有限公司是一家基于市场需求,为电子产品开发者提供创新且有竞争力MCU平台的集成电路供应商,公司以核心技术、先进的设计能力及数字模拟整合技术能力为客户提供高抗干扰、高可靠性的8位和32位微控制器产品,公司产品全部拥有自主知识产权并在技术上处于领先地位。

赛元公司针对家电、工控等市场推出32位微控制器产品——SC32F10XX系列。这个系列产品采用Arm Cortex-M0+内核,有着非常出色的低功耗表现,可以让用户的产品以极低的功耗长时间运行。

SC95F是赛元8位MCU产品中最高性能的系列产品,具有高速高效的特点。产品简单易用,稳定可靠,可设计出更耐用、更可靠的产品,以满足工业控制、智能家电等需要运行在严苛环境中的应用需要,符合IEC 60730电器安全标准。

SC95F系列有两个子系列:触控TK系列产品具有高信噪比、高灵敏度等特点,全系列可以轻松通过10V动态CS,可以实现隔空触摸、接近感应、水位检测等复杂触摸应用场景;通用MCU系列产品具有宽电压、宽工作温度范围、管脚兼容、平滑升级等特点。

SC32F10XX系列产品覆盖32~48脚,5种封装形式,涵盖白色家电、工控产品所需的主要封装形式;按照白色家电对MCU的抗干扰要求进行设计,可以通过IEC 61000测试以及IEC 60730的安全认证;集成赛元在业内处于领先地位的高灵敏度触控电路,将赛元核心的优势带到32位产品当中,同时考虑到家电市场应用,加入了LCD/LED硬件的驱动模块。

5. 北京联盛德微电子有限责任公司

北京联盛德微电子有限责任公司成立于 2013 年 11 月,是一家基于 AIoT 芯片的物联网技术服务提供商,该公司专注于集成电路设计、制造和销售,提供各种集成电路产品和解决方案,产品涵盖模拟集成电路、数字集成电路、混合信号集成电路等。公司拥有自主的研发团队和生产工艺,致力于提供高性能、低功耗的集成电路产品。产品主要应用于智能家电、智能家居、行车定位、智能玩具、医疗监护、无线音视频、工业控制等物联网领域。

北京联盛德微电子有限责任公司生产的 W601 Wi-Fi MCU 是一款支持多功能接口的 SoC 芯片,可作为主控芯片应用于智能家电、智能家居、智能玩具、医疗监护、工业控制等物联网领域。该 SoC 芯片集成 Cortex-M3 内核,内置闪存,支持 SDIO、SPI、UART、GPIO、I2C、PWM、I2S、7816、LCD、ADC 等丰富的接口;支持多种硬件加解密协议,如 PRNG/SHA1/MD5/RC4/DES/3DES/AES/CRC/RSA 等;支持 IEEE 802.11b/g/n 国际标准;集成射频收发前端 RF Transceiver、功率放大器、基带处理器/媒体访问控制。

2.2 内部总线

第 4 集
微课视频

在计算机控制系统的设计中,除选择一种微处理器、微控制器自行设计硬件系统或选用现有的智能仪表、DCS 等系统外,设计者还可以根据不同的需要,选择微型计算机系统(如 PC 或工控 PC),再配以 I/O 扩展板卡,即可构成硬件系统。I/O 扩展板卡是插在微型计算机系统中总线上的满足控制系统需要的电路板。工控 PC 采用的结构是无源底板,在无源底板上具有多个 ISA 或 PCI 总线插槽,CPU 板卡为 ALL-IN-ONE 结构,采用工业级电源及特制的机箱,可靠性高,可连续 24h 运行,可与一般 PC 兼容。

在计算机控制系统中,一般将总线分为内部总线和外部总线两部分。

内部总线是计算机内部各功能模板之间进行通信的通道,又称为系统总线,它是构成完整计算机系统的内部信息枢纽。常用的内部总线如下。

(1) PCI (Peripheral Component Interconnect)。PCI 是一种较早的本地计算机总线,用于连接主板上的微处理器和外围设备。它是一种并行总线标准,支持 32 位或 64 位数据宽度,通常用于连接网络卡、声卡、显卡等设备。PCI 总线能够实现设备即插即用,系统自动配置中断请求(Interrupt Request,IRQ)和内存地址。

(2) PCIe (Peripheral Component Interconnect Express)。PCIe 是 PCI 的后续版本,采用了串行连接的方式,但通常仍被归类为并行总线技术,因为它可以通过多个串行连接(称为通道)并行传输数据。它提供了比 PCI 更高的数据传输速率,并且是点对点的连接,每个设备都有自己的专用连接。

(3) PC104。PC104 是一种嵌入式计算的总线标准,特点是小尺寸和自堆叠(即无需背板)。它基于工业标准体系结构(Industry Standard Architecture,ISA)总线标准,并且具有独特的 104 针的连接器,可以实现模块之间的堆叠。PC104 总线被设计用于小型或嵌入式应用,如工业控制、医疗设备、交通运输系统等。

下面详细介绍以上 3 种内部总线。

2.2.1　PCI 总线

制定 PCI 总线的目标是建立一种工业标准的、低成本的、允许灵活配置的、高性能局部总线结构。它既为今天的系统建立一个新的性价比,又能适应将来 CPU 的特性,能在多种平台和结构中应用。

PCI 局部总线是一种高性能、32 位或 64 位地址/数据线复用的总线。其用途是在高度集成的外设控制器器件、扩展板和处理器系统之间提供一种内部连接机制。

PCI 总线被应用于多种平台和体系结构中。PCI 局部总线的多种应用如图 2-2 所示。

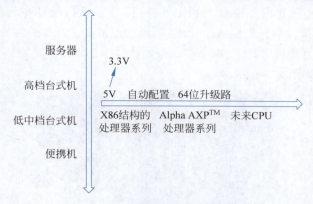

图 2-2　PCI 局部总线的多种应用

PCI 总线板卡的外形如图 2-3 所示。

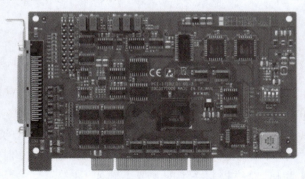

图 2-3　PCI 总线板卡的外形

2.2.2　PCIe 总线

PCI Express(简称 PCIe)是 Intel 公司提出的新一代总线接口,旨在替代旧的 PCI、PCI-X 和 AGP 总线标准,称为第三代 I/O 总线技术。

PCIe 在软件层面上兼容 PCI 技术和设备,支持 PCI 设备和内存模组的初始化,过去的驱动程序、操作系统可以支持 PCIe 设备。

PCIe 与 PCI 总线相比,主要有以下技术优势。

(1) PCIe 是串行总线,进行点对点传输,每个传输通道独享带宽。

(2) PCIe 总线支持双向传输模式和数据分通道传输模式。其数据分通道传输模式,即

PCIe 总线的 x1、x2、x4、x8、x12、x16 和 x32 多通道连接，x1 单向传输带宽即可达到 250MB/s，双向传输带宽更能够达到 500MB/s。

（3）PCIe 总线充分利用先进的点到点互连、基于交换的技术和基于包的协议实现新的总线性能和特征。电源管理、服务质量（Quality of Service，QoS）、热插拔支持、数据完整性和错误处理机制等也是 PCIe 总线所支持的高级特征。

（4）PCIe 与 PCI 总线良好的继承性可以保持软件的继承和可靠性。PCIe 总线关键的 PCI 特征，如应用模型、存储结构和软件接口等，与传统 PCI 总线保持一致，但是并行的 PCI 总线被一种具有高度扩展性的、完全串行的总线所替代。

（5）PCIe 总线充分利用先进的点到点互连，降低了系统硬件平台设计的复杂性和难度，从而大大降低了系统的开发制造设计成本，极大地提高了系统的性价比和鲁棒性。

PCIe 接口模式通常用于显卡、网卡等主板类接口卡。

PCIe 总线网卡如图 2-4 所示。

图 2-4　PCIe 总线网卡

2.2.3　PC104 总线

PC104 是一种专门为嵌入式控制而定义的工业控制总线，是 ISA（IEEE 996）标准的延伸。PC104 有 8 位和 16 位两个版本，分别与 PC 和 PC/AT 总线相对应。IEEE 将 PC104 定义为 IEEE-P996.1，其实际上就是一种紧凑型的 IEEE-P996 标准。它的信号定义和 PC/AT 总线基本一致，但电气和机械规范完全不同，是一种优化的、小型的、堆栈式结构的嵌入式控制系统。PC104 与普通 PC 总线控制系统的主要不同如下。

（1）小尺寸结构。标准模块的机械尺寸是 96mm×90mm。

（2）堆栈式连接。PC104 模块之间的总线是通过上层的针和下层的孔相互咬合相连，有极好的抗震性。

（3）低功耗。一般 4mA 总线驱动即可使模块正常工作，典型模块的功耗为 1~2W。

PC104 通常有 CPU 模块、数字 I/O 模块、模拟量采集模块、网络模块等功能模块，这些模块可以连接在一起，各模块之间连接紧固，不易松动，更适合在强烈振动的恶劣环境下工作。PC104 模块一般支持嵌入式操作系统，如 Linux、Windows CE 等嵌入式操作系统。

目前生产 PC104 卡或模块的公司有研华、研祥、磐仪等公司，其中，研华 PC104 主板 PCM-3365E-S3A1E 如图 2-5 所示。

PCM-3365E-S3A1E 采用 Intel 主流第四代凌动系列 Bay Trail 双核 E3825 处理器，最

大内存达到 8GB,2.5 英寸紧凑型尺寸依然拥有众多接口选择,最大的特点是同时拥有 PCI-104 和 PC104 两种扩展接口供用户选择。

图 2-5　研华 PC104 主板 PCM-3365E-S3A1E

2.3　外部总线

外部总线主要用于计算机系统之间或计算机系统与外部设备之间的通信。外部总线又分为两类:一类是各位之间并行传输的并行总线,如 IEEE-488;另一类是各位之间串行传输的串行总线,如 RS-232C、RS-485 等。

IEEE-488 并行总线的内容请参考相关资料,下面讲述 RS-232C、RS-485 串行总线及其应用。

RS-232C 是一个传统的串行通信协议,最初用于连接计算机和调制解调器。它支持较低速率的数据传输,通常在数千比特每秒。RS-232C 通常用于老式的串行端口通信,如 POS 终端、仪器控制等。

RS-485 是 RS-232C 的改进版,支持更高的数据传输速率和更长的通信距离。它是一种差分信号技术,可以在嘈杂的环境中可靠地传输数据。RS-485 可用于实现多设备网络,常见于工业自动化系统、楼宇自动化和其他需要长距离串行通信的应用。

第 5 集
微课视频

2.3.1　RS-232C 串行通信接口

RS-232C 标准(协议)的全称是 EIA-RS-232C 标准,定义是"数据终端设备(Data Terminal Equipment,DTE)和数通信设备(Digital Communication Equipment,DCE)之间串行二进制数据交换接口技术标准"。它是在 1970 年由美国电子工业协会联合贝尔系统、调制解调器厂家及计算机终端生产厂家共同制定的用于串行通信的标准。其中 EIA (Electronic Industry Association)代表美国电子工业协会,RS(Recommended Standard)代表推荐标准,232 是标识号,C 代表 RS-232 的最新一次修改。

1. RS-232C 端子

RS-232C 的连接插头用 9 针 EIA 连接插头座,如图 2-6 所示,其主要端子分配如表 2-1 所示。

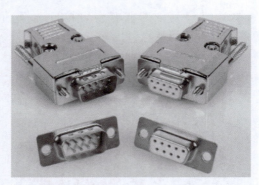

图 2-6 DB9 插头座

表 2-1 RS-232C 主要端子分配

端 子	方 向	符 号	功 能
3	输出	TXD	发送数据
2	输入	RXD	接收数据
7	输出	RTS	请求发送
8	输入	CTS	为发送清零
6	输入	DSR	数据设备准备好
5		GND	信号地
1	输入	DCD	数据信号检测
4	输出	DTR	
9	输入	RI	

1) 信号含义

(1) 从计算机到 MODEM 的信号。

DTR——数据终端(DTE)准备好(告诉 MODEM 计算机已接通电源,并准备好)。

RTS——请求发送(告诉 MODEM 现在要发送数据)。

(2) 从 MODEM 到计算机的信号。

DSR——数据设备(DCE)准备好(告诉计算机 MODEM 已接通电源,并准备好)。

CTS——为发送清零(告诉计算机 MODEM 已做好接收数据的准备)。

DCD——数据信号检测(告诉计算机 MODEM 已与对端的 MODEM 建立连接)。

RI——振铃指示器(告诉计算机对端电话已在振铃)。

(3) 数据信号。

TXD——发送数据。

RXD——接收数据。

2) 电气特性

RS-232C 的电气线路连接方式如图 2-7 所示。

接口为非平衡型,每个信号用一根导线,所有信号回路共用一根地线。信号速率限于 20kb/s 内,电缆长度限于 15m 之内。由于是单线,线间干扰较大。其电性能用 ±12V 标准脉冲。值得注意的是,RS-232C 采用负逻辑。

在数据线上,传号 Mark=−15~−5V,逻辑 1 电平;空号 Space=+5~+15V,逻辑 0 电平。

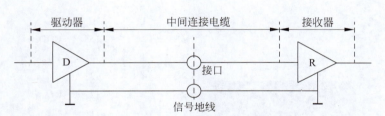

图 2-7　RS-232C 的电气线路连接方式

在控制线上,通 On=+5～+15V,逻辑 0 电平;断 Off=-15～-5V,逻辑 1 电平。RS-232C 的逻辑电平与 TTL 电平不兼容,为了与 TTL 器件相连,必须进行电平转换。RS-232C 采用电平传输,当通信速率为 19.2kb/s 时,其通信距离只有 15m。若要延长通信距离,必须以降低通信速率为代价。

2. 通信接口的连接

当两台计算机经 RS-232C 接口直接通信时,它们之间的联络线可用图 2-8 和图 2-9 表示。虽然不接 MODEM,图中仍连接着有关的 MODEM 信号线,这是由于 INT 14H 中断使用这些信号,假如程序中没有调用 INT 14H,在自编程序中也没有用到 MODEM 的有关信号,两台计算机直接通信时,只连接 2、3、7 端子(25 针 EIA)或 3、2、5(9 针 EIA)端子就可以了。

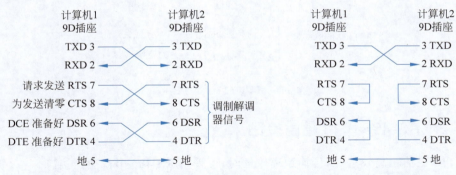

图 2-8　使用 MODEM 信号的 RS-232C 接口　　图 2-9　不使用 MODEM 信号的 RS-232C 接口

3. RS-232C 电平转换器

为了实现采用+5V 供电的 TTL 和 CMOS 通信接口电路能与 RS-232C 标准接口连接,必须进行串行口的输入/输出信号的电平转换。

目前常用的电平转换器有 Motorola 公司生产的 MC1488 驱动器、MC1489 接收器,TI 公司的 SN75188 驱动器、SN75189 接收器及 MAXIM 公司生产的单一+5V 电源供电、多路 RS-232 驱动器/接收器,如 MAX232A 等。

MAX232A 内部具有双充电泵电压变换器,把+5V 变换为±10V,作为驱动器的电源,具有两路发送器及两路接收器,使用相当方便。MAX232A 外形和引脚如图 2-10 所示,典型应用如图 2-11 所示。

单一+5V 电源供电的 RS-232C 电平转换器还有 TL232、ICL232 等。

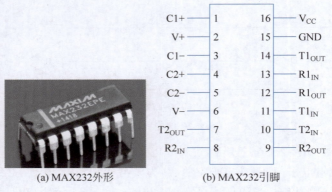

图 2-10 MAX232A 外形和引脚

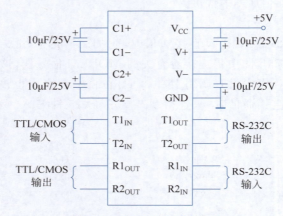

图 2-11 MAX232A 典型应用

2.3.2 RS-485 串行通信接口

RS-232C 通信距离较近，当传输距离较远时，可采用 RS-485 串行通信接口。

1. RS-485 接口标准

RS-485 接口采用二线差分平衡传输，其信号定义如下。

当采用+5V 电源供电时，若差分电压信号为 $-2500 \sim -200\mathrm{mV}$，为逻辑 0；若差分电压信号为 $+200 \sim +2500\mathrm{mV}$，为逻辑 1；若差分电压信号为 $-200 \sim +200\mathrm{mV}$，为高阻状态。

RS-485 的差分平衡电路如图 2-12 所示。其中一根导线上的电压是另一根导线上的电压值取反。接收器的输入电压为这两根导线电压的差值 $V_A - V_B$。

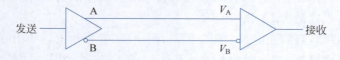

图 2-12 RS-485 的差分平衡电路

2. RS-485 收发器

RS-485 收发器种类较多，如 MAXIM 公司的 MAX485，TI 公司的 SN75LBC184、

SN65LBC184、高速型 SN65ALS1176 等。它们的引脚是完全兼容的，其中 SN65ALS1176 主要用于高速应用场合，如 PROFIBUS-DP 现场总线等。下面仅介绍 SN75LBC184。

SN75LBC184 为具有瞬变电压抑制的差分收发器，SN75LBC184 为商业级，其工业级产品为 SN65LBC184。SN75LBC184 外形和引脚如图 2-13 所示。

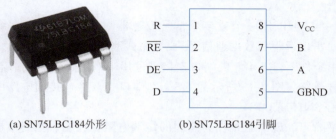

图 2-13　SN75LBC184 外形和引脚

各引脚介绍如下。
(1) R：接收端。
(2) $\overline{RE}$：接收使能，低电平有效。
(3) DE：发送使能，高电平有效。
(4) D：发送端。
(5) A：差分正输入端。
(6) B：差分负输入端。
(7) V_{CC}：+5V 电源。
(8) GND：地。

SN75LBC184 和 SN65LBC184 具有如下特点。
(1) 具有瞬变电压抑制能力，能防雷电和抗静电放电冲击。
(2) 限斜率驱动器，使电磁干扰减到最小，并能减少传输线终端不匹配引起的反射。
(3) 总线上可挂接 64 个收发器。
(4) 接收器输入端开路故障保护。
(5) 具有热关断保护。
(6) 低禁止电源电流，最大 $300\mu A$。
(7) 引脚与 SN75176 兼容。

3. 应用电路

RS-485 应用电路如图 2-14 所示。

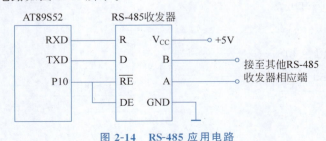

图 2-14　RS-485 应用电路

在图 2-14 中，RS-485 收发器可为 SN75LBC184、SN65LBC184、MAX485 等。当 P10 为低电平时，接收数据；当 P10 为高电平时，发送数据。

如果采用 RS-485 组成总线拓扑结构的分布式测控系统，在双绞线终端应接 120Ω 的终端电阻。

4. RS-485 网络互联

利用 RS-485 接口可以使一个或多个信号发送器与接收器互联，在多台计算机或带微控制器的设备之间实现远距离数据通信，形成分布式测控网络系统。

在大多数应用条件下，RS-485 的端口连接都采用半双工通信方式。有多个驱动器和接收器共享一条信号通路。图 2-15 所示为 RS-485 端口半双工连接的电路图，其中 RS-485 差分总线收发器采用 SN75LBC184。

图 2-15 中的两个 120Ω 电阻是作为总线的终端电阻存在的。当终端电阻等于电缆的特征阻抗时，可以削弱甚至消除信号的反射。

特征阻抗是导线的特征参数，它的数值随着导线的直径、在电缆中与其他导线的相对距离以及导线的绝缘类型而变化。特征阻抗值与导线的长度无关，一般双绞线的特征阻抗为 100～150Ω。

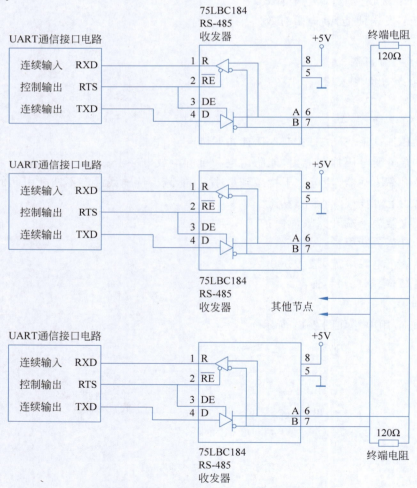

图 2-15　RS-485 端口半双工连接的电路图

RS-232C 和 RS-485 之间的转换可采用相应的转换模块，如图 2-16 和图 2-17 所示。

图 2-16　普通 RS-232C 转 RS-485 模块

图 2-17　工业级 RS-232C 转 RS-485 模块

第 3 章 集散控制系统

CHAPTER 3

集散控制系统(DCS)又称为分布式控制系统,是一种专用于复杂工业过程或生产流程控制的自动化系统。DCS 的核心特点是其分布式结构,其中控制功能被分散到多个子系统中,这些子系统在物理上分布于整个工厂,并通过一个高速通信网络连接起来。这种设计使得 DCS 非常适合大规模、连续或批量生产的工业应用,如石油炼制、化工、电力生产、造纸、食品加工等。

本章主要内容如下。

(1) 集散控制系统概述,包括集散控制系统定义,DCS 与 PLC、SCADA 的区别,集散控制系统特点,工业生产行业分类及其对应的工业控制系统。

(2) 集散控制系统的基本结构。DCS 的基本结构通常包括控制节点、操作员工作站、工程师工作站和通信网络。这些组件共同工作,确保了过程控制的高效和可靠性。

第 6 集
微课视频

(3) 集散控制系统的体系结构,包括集散控制系统的各层功能、集散控制系统基本构成和集散控制系统的结构特征。

(4) 集散控制系统的构成示例,包括 Experion PKS 系统、Foxboro Evo 过程自动化系统。

(5) ECS-700 集散控制系统,包括 ECS-700 neo、ECS-700 系统的分散控制装置。ECS-700 系统的分散控制装置包括用于执行控制任务的硬件和软件组件,如控制器、I/O 模块、操作界面等。

整体而言,集散控制系统为工业自动化提供了强大的支持,它们的设计和实施对于确保生产的连续性、效率和安全至关重要。随着技术的发展,DCS 正在变得更加智能化,集成了更多的数据分析和云计算功能,以适应工业 4.0 的趋势。

3.1 集散控制系统概述

DCS 是一种用于复杂工业过程和系统的自动化控制系统。它将控制元素分散在整个系统中,但仍然由中央计算机进行监督和协调。DCS 主要用于连续或批量生产的工厂,如石油炼制、化工、电力、造纸、金属加工等领域。

3.1.1 集散控制系统定义

ISA S5.1《仪表符号和标志》对集散控制系统的定义:一种仪表系统(输入/输出设备、控制设备和操作员接口设备),该系统除能够执行已确定的控制功能外,也允许通过通信总线从一个或多个用户指定的地点接收和发送、控制、测量及操作信息。

在我国石油化工行业标准《石油化工分散控制系统设计规范》(SH/T 3092—2013)中，分散控制系统术语定义为：控制功能分散，操作和管理集中，采用分级网络结构的以计算机和微处理器为核心的控制系统。

根据上述定义，可以认为集散控制系统是一类分散控制、集中管理的共用控制、共用显示的开放的仪表计算机控制系统。

3.1.2　DCS 与 PLC、SCADA 的区别

根据国际电工委员会的定义，可编程逻辑控制器(PLC)是一种专门为在工业环境下应用而设计的数字运算操作的电子装置。它采用可以编制程序的存储器，用来在其内部存储执行逻辑运算、顺序运算、计时、计数和算术运算等操作的指令，并能通过数字式或模拟式的输入和输出，控制各种类型的机械或生产过程。可编程控制器及其有关的外围设备都应按照易于与工业控制系统形成一个整体、易于扩展其功能的原则而设计。

监控和数据采集(SCADA)系统是一种采用计算机、网络数据通信和图形用户界面(GUI)进行高级过程监控管理的控制系统体系结构，使用可编程逻辑控制器和离散 PID 控制器等外围设备与过程或机械进行接口连接。通过 SCADA 系统，操作员可以监视过程并发出操作命令，如改变设定值、开大阀门等。这里，实时的控制逻辑或控制器的输出计算等是在网络上连接的控制功能模块完成的，控制功能模块连接变送器或传感器，也连接执行器。通常，SCADA 系统由多个用于现场采集数据的远程终端单元组成，它们与上位监控计算机用通信系统相连接，主要用于采集现场的数据，以保证控制过程平稳运行。

DCS 的控制由嵌入式系统(基于单片机或基于微处理器的控制单元及用于采集数据的设备或仪表)进行。其非常智能并具有对模拟量的控制功能，通过人机界面，操作员可对输出过程进行准确的监视和控制。PLC 是它应用初期的名称。随后，它的功能不断扩展，从离散的逻辑控制扩展到连续的模拟量控制，不仅扩展了通道能力，也提升了显示功能和可实现复杂的控制功能。因此，近年来，PLC 和 DCS 的区别越来越小，相互的结合使各自的功能相互交融，已经可实现 DCS 的共用显示、共用控制等功能。

从发展历程看，集散控制系统的主要应用场合是连续量的模拟控制，可编程控制器的主要应用场合是开关量的逻辑控制。因此，设计思想上有一定区别。

从应用目的看，在工厂自动化或计算机集成过程控制系统中，为了危险分散和功能分散，采用分散综合的控制系统结构。可编程控制器是分散的自治系统，它可以作为下位机完成分散控制功能，与直接数字计算机的集中控制比较，有质的飞跃。这种递阶控制系统也是集散控制系统的基础。因此，一些集散控制系统采用可编程控制器作为其分散过程控制装置，完成分散控制功能。

从工作方式看，早期可编程控制器按扫描方式工作，集散控制系统按用户程序的指令工作。因此，可编程控制器对每个采样点的采样频率是相同的，而集散控制系统中，可根据被检测对象的特性采用不同的采样频率。例如，流量点的采样频率是 1s，温度点的采样频率是 20s 等。此外，在集散控制系统中，可设置多级中断优先级，而早期可编程控制器通常不设置中断方式。

从存储器容量看，可编程控制器所需运算大多是逻辑运算，因此所需存储器容量较小，而集散控制系统需进行大量数字运算，存储器容量较大。在运算速度方面，模拟量运算速度可以较慢，而开关量运算需要较快的速度。在抗干扰和运算精度等方面，两者也有所不同，如开关量的抗扰性较模拟量的抗扰性要差，模拟量的运算精度要求较高等。

从通信流量看，DCS的分散过程装置和操作管理装置之间有大量的数据要交换。而可编程控制器通常可直接在控制器内部完成有关的逻辑运算，因此通信流量相对较少。

从工程设计和组态工作量看，集散控制系统的输入输出点数多，工程设计和组态的工作量相对较大，安装和维护的工作也比可编程控制器要复杂些。

从布局看，集散控制系统的分散过程控制装置安装在现场，需按现场的工作环境设计，而其操作管理装置通常根据安装在控制室的要求设计。可编程控制器是按现场工作环境的要求设计，因此需专门考虑元器件的可靠性，对环境的适应性也需专门考虑，以适应恶劣工作环境的需要。

随着时间的推移，DCS和SCADA、PLC系统之间的界限越来越模糊。许多PLC平台现在可以很好地表现为一个小型DCS；一些SCADA系统实际上也可管理远程的闭环控制。随着微处理器处理速度的不断提高和性能的提升，许多DCS产品都由一系列类似PLC的子系统组成，而在最初开发阶段，这些子系统并未提供。

3.1.3 集散控制系统特点

集散控制系统能被广泛应用的原因是它具有优良的特性。与模拟电动仪表比较，它具有连接方便、采用软连接方法使控制策略的更改容易、显示方式灵活、显示内容多样、数据存储量大等优点；与计算机集中控制系统比较，它具有操作监督方便、危险分散、功能分散等优点。因此，集散控制系统已经在越来越多的行业和领域获得应用。

1. 分级递阶控制

集散控制系统是分级递阶控制系统，在垂直方向和水平方向都是分级的。最简单的集散控制系统至少在垂直方向分为两级，即操作管理级和过程控制级。在水平方向上各过程控制级之间是相互协调的分级，它们把数据向上送达操作管理级，同时接收操作管理级的指令，各水平分级间也相互进行数据交换。这样的系统是分级递阶系统。集散控制系统的规模越大，系统的垂直和水平分级的范围也越广。MES、ERP系统是在垂直方向向上扩展的集散控制系统，FCS则是在垂直方向向下扩展的集散控制系统。

分级递阶系统结构的优点是各个分级具有各自的分工范围，相互之间由上一级协调，上下各分级的关系通常是下一分级将该级及它下层的分级数据送达上一分级，上一分级根据生产过程的要求进行协调，给出相应的指令即数据，通过数据通信系统，这些数据被送到下层的有关分级。分级递阶系统结构如图3-1所示。

集散控制系统中，分散过程控制级采集生产过程的各种数据信息，把它们转换为数字量，这些数据经计算获得作用到执行机构的数据输出量，并经转换后成为执行机构的输入信号，送至执行机构。生产过程的数据也被送到上级操作管理级，在操作管理级，操作人员根据各种生产过程采集的数据，进行分析和判断，做出合适的操作方案，并将其送达分散过程控制级。可见，集散控制系统中，各个分级具有各自的功能，完成各自的操作，它们之间既有分工又有联系，在各自工作中完成各自任务。同时，它们相互协调，相互制约，使整个系统在

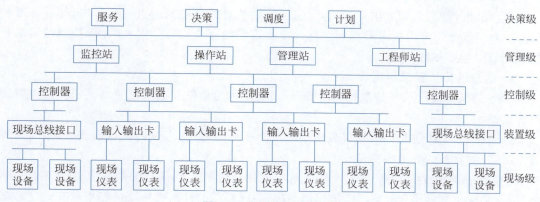

图 3-1　分级递阶系统结构

优化的操作条件下运行。

2. 分散控制

DCS 也可译为分散控制系统,原因是其将分散控制放在十分重要的位置。分散的含义并不单是分散控制,还包含其他意义,如人员分散、地域分散、功能分散、危险分散、设备分散和操作分散等。分散的目的是使危险分散,提高设备的可利用率。

分散是针对集中而言的。在计算机控制系统应用初期,控制系统是集中式的,即一个计算机完成全部的操作监督和过程控制,集中式的计算机控制系统是在中央控制室集中控制的基础上发展而来的。中央控制室集中控制方式是各种过程的参数经检测、变送后集中到中央控制室,并在控制室的仪表盘显示或记录,对需要控制的参数则通过控制器运算并输出信号到相应功能的执行机构。操作人员在中央控制室通过仪表盘上的仪表进行监视和操作。这种集中控制方式大大方便了操作,对过程参数信息的管理也有较好效果。

计算机的出现使人们自然而然地把它应用到过程的控制领域,集中控制式的计算机控制系统因此而产生。由于在一台计算机上将所有过程的信息显示、记录、运算、转换等功能集中在一起,因此产生了一系列问题。首先是安全问题,一旦计算机发生故障,就会造成过程操作的全线瘫痪,为此,危险分散的想法就被提出,冗余的概念也产生了。但要采用一个同样的计算机控制系统作为原系统的后备,无论从经济上还是从技术上都是行不通的。对计算机功能的分析表明,在过程控制级进行分散,把过程控制与操作管理进行分散是可能的,也是可行的。

随着生产过程规模的不断扩大,设备的安装位置也越来越分散,把大范围内的各种过程参数集中在一个中央控制室变得不经济,而且使操作不方便。因此,地域的分散和人员的分散也被提出。而人员的分散还与大规模生产过程的管理有着密切的关系,地域的分散和人员的分散也要求计算机控制系统与其相适应。在集中控制的计算机系统中,为了操作的方便,需要多个用于操作的显示屏,各操作人员在各自的操作屏操作。由于在同一个计算机系统内运行,系统的中断优先级、分时操作等要求也较高,系统还会出现因多个用户的中断而造成计算机死机。因此,操作的分散和多用户多进程计算机操作系统的要求被提出来。

通过分析和比较,人们认识到分散控制系统是解决集中计算机控制系统不足的较好途径。同时在实践中,人们也不断完善分散控制系统的性能,使它成为过程控制领域的主流。

为了分散控制，人们提出了现场总线技术，它是对分散控制的进一步扩展，即将分散控制扩展到现场级。危险的分散有利于整个控制系统的安全运行。因此，分散控制是集散控制系统的一个重要特点。

3. 信息的集中管理和集成

DCS 的名称突出了其分散控制的特点，而它被称为集散控制系统更是突出其集中管理的特点。

长期以来，生产过程的数据仅被用于对生产过程的控制，大量的信息被搁置，没有发挥其作用，如对设备的故障预测和诊断等。

信息集成表现为集散控制系统已从单一的生产过程控制信息的集成发展为管控一体化、信息集成化和网络化；不同集散控制系统、不同部门的计算机系统能够集成在一个系统中，它们能够实现信息的共享；不同设备的互操作和互连，使系统内的各种信息，包括从原料到产品之间的各种过程信息、管理信息能够相互无缝集成，实现企业资源的共享。信息集成也表明集散控制系统已经从单一的控制系统发展为开放的网络系统，可通过工业控制网络、互联网等实现对生产过程的访问、管理调度和对生产过程的指挥。

信息集成既包括横向集成，也包括纵向集成。这里，信息的集中管理和应用已经从过程控制的层面向更高层级发展。MES、ERP 系统和云端计算作为信息集成的层面，将对过程控制系统具有决策的功能。它从系统运行的角度出发，保证系统中每个部分在运行的每个阶段都能将正确的信息在正确的时间、正确的地点，以正确的方式传输给需要该信息的正确的人员。

4. 自治和协调

集散控制系统的各组成部分是各自为政的自治和协调系统。自治系统指它们各自完成各自的功能，能够独立工作。协调系统指这些组成部分用通信网络和数据库互相连接，相互间既有联系，又有分工，数据信息相互交换，各种条件相互制约，在系统协调下工作。

分散过程控制装置是一个自治系统，用以完成数据采集、信号处理、计算和数据输出等功能。操作管理装置是一个自治系统，它完成数据显示、操作监视、操纵信号的发送等功能。通信系统是一个自治系统，它完成操作管理装置与分散过程控制装置之间的数据通信。因此，集散控制系统的各部分都是各自独立的自治系统。

集散控制系统又是一个相互协调的系统，虽然各个组成部分是自治的，但是任何一个部分的故障都会对其他部分有影响。例如，操作管理装置的故障将使操作人员无法知道过程的运行情况；通信系统的故障使数据传输出错；分散过程控制装置的故障使系统无法获得生产数据。不同部件的故障对整个系统影响的大小是不同的，因此在集散控制系统选型和系统配置时应考虑在重要部位设置较高可靠性部件或采用冗余措施。

集散控制系统中，分散的内涵十分广泛，如分散数据库、分散控制功能、分散数据显示、分散通信、分散供电、分散负荷等。它们的分散是相互协调的分散，因此在分散中有集中的数据管理、集中的控制目标、集中的显示屏幕、集中的通信管理等，它们为分散而协调和管理各个分散的自治系统是在统一集中管理和协调下各自分散工作的。

分散的基础是被分散的系统应是自治的系统。递阶分级的基础是被分级的系统是相互协调的系统。

5. 开放系统

开放系统是以规范化与实际存在的接口标准为依据而建立的计算机系统、网络系统及相关的通信系统。这些标准可为各种应用系统的标准平台提供软件的可移植性、系统的互操作性、信息资源管理的灵活性和更大的用户可选择性。集散控制系统是开放系统,其开放性表现在以下方面。

(1) 可移植性(Portability)。可移植性是第三方应用软件能够在系统所提供的平台上运行的能力。从系统应用看,各制造商的集散控制系统具有可移植性,则第三方应用软件可方便地在该系统运行,因此它是系统易操作性的表现。从系统安全性看,第三方应用软件的方便移植也表明该系统的安全性存在问题。因此,设置可移植性标准,规范第三方软件的功能和有关接口标准十分必要。

可移植性能保护用户的已有资源,减少应用开发、维护和人员培训的费用。可移植性包括程序的可移植性、数据的可移植性和人员的可移植性。

(2) 互操作性(Interoperability)。开放系统的互操作性是指不同计算机系统与通信网络能互相连接起来,通过互连,它们之间能够正确、有效地进行数据互通,并能在数据互通的基础上协同工作,共享资源,完成应用的功能。

开放系统的互操作性可定义为:一个产品制造商的设备具有了解和使用来自另一个制造商设备的数据的能力,而不必理解子系统的类型或原来的功能,也不需要使用昂贵的网关或协议转换器。开放系统由多个厂商的符合统一工业标准的产品建立,能在统一的网络上提供全面的可操作性。

互操作性使网络上的各个节点,如操作监视站、分散过程控制装置等,能够通过网络获得其他节点的数据、资源和处理能力。随着云平台、移动终端等技术的发展,直接从移动终端监视过程,并将大量数据传输到云端成为可能。

现场总线控制系统的互操作性表现为符合标准的各种检测、变送和执行机构的产品可以互换和互操作,而不必考虑该产品是否是原制造商的产品。

(3) 可适宜性(Scalability)。可适宜性是指开放系统对系统的适应能力,即系统对计算机的运行环境要求越来越宽松,在某些较低级别的系统中能够运行的应用软件也能够在较高级别的系统中运行;反之,版本高的系统软件能应用在版本较低的系统中。

(4) 可用性(Availability)。可用性是指对用户友好的程度。它指技术能力能够容易和有效地被特定范围的用户使用,经特定培训和用户支持,在特定环境下完成特定范围任务的能力,即容易使用、容易学习、可在不同用户不同环境下正常运行的能力。

可用性使系统的用户在产品选择时,不必考虑所选产品能否能用于已有系统。由于系统是开放的,采用标准的通信协议,因此用户选择产品的灵活性增强。

此外,为实现系统的开放,对系统的通信系统有更高要求,即通信系统应符合统一的通信协议。

3.1.4 工业生产行业分类及其对应的工业控制系统

工业生产是创造社会财富、满足人们生产生活物质需求的主要方式。由于产品种类千差万别,因此工业生产行业及相关的企业众多。为了提高产品产量与质量,减少人工劳动,不同行业都在使用自动化系统解决其生产运行自动化问题。由于不同行业的生产加工方式有不同的特点,因此工业控制系统也有鲜明的行业特性。

由于不同行业的生产特点不同,其对自动化系统的要求自然也有所不同,有时甚至差别很大。显然,面对不同行业的不同生产特点和控制要求,不能只有一种工业控制系统解决方案。从工业控制系统的发展来看,各类工业控制系统在产生之初都依附一定的行业,从而产生了面向行业的各类工业控制系统解决方案。以制造业为例,根据制造业加工生产的特点,主要可以分为离散制造业、流程制造工业和兼具连续与离散特点的间歇过程(如制药、食品、饮料、精细化工等)。

由于工业控制系统服务于具体生产,因此要了解不同行业的生产特点,才能理解这类生产特点对自动化系统的需求,从而了解与其对应的工业控制系统。

1. 离散制造业及其控制系统的特点

典型的离散制造业主要从事单件/批量生产,适用于面向订单的生产组织方式。其主要特点是原料或产品是离散的,即以个、件、批、包、捆等为单位,多以固态形式存在。代表行业是机械加工、电子元器件制造、汽车、服装、家电、家具、烟草、五金、医疗设备、玩具、建材及物流等。离散制造业的主要特点如下。

(1) 离散制造业生产周期较长,产品结构复杂,工艺路线和设备配置非常灵活,临时插单现象多,零部件种类繁多。

(2) 面向订单的离散制造业的生产设备布置不是按产品,而是按照工艺进行布置的。

(3) 所用的原材料和外购件具有确定的规格,最终产品是由固定个数的零件或部件组成的,从而形成明确、固定的数量关系。

(4) 通过加工或装配过程实现产品增值,整个过程的不同阶段会产生若干独立、完整的部件、组件和产品。

(5) 产品种类变化多,非标产品多,要求设备和操作人员必须有足够灵活的适应能力。

(6) 通常情况下,由于生产过程可分离,因此订单的响应周期较长,辅助时间较多。

(7) 物料从一个工作地到另一个工作地的转移主要使用机器传动。

由于离散制造业具有上述生产特点,因此其控制系统具有以下特征。

(1) 检测的参数多数为数字量信号(如启动、停止、位置、运行、故障等参数),模拟量主要是电量信号(电压、电流)和位移、速度、加速度等参数。执行器多是变频器及伺服机构等。控制方式多表现为逻辑与顺序控制、运动控制。

(2) 通常情况下,工厂自动化被控对象的时间常数比较小,属于快速系统,其控制回路数据采集和控制周期通常小于1ms,因此,用于运动控制的现场总线的数据实时传输的响应时间为几百微秒,使用的现场总线大多是高速总线,如 EtherCAT 和 Powerlink 等。

(3) 在单元级设备大量使用数控机床,也广泛使用各类运动控制器。可编程控制器(PLC)是使用最为广泛的通用控制器。人机界面在生产线上也被大量使用,帮助工人进行现场操作与监控。

(4) 生产多在室内进行,现场的电磁、粉尘、震动等干扰较多。

2. 流程工业及其控制系统特点

流程工业一般是指通过物理上的混合、分离、成形或化学反应使原材料增值的行业,其重要特点是物料在生产过程中多是连续流动的,常常通过管道进行各工序之间的传递,介质多为气体、液体或气液混合。流程工业具有工艺过程相对固定、产品规格较少、批量较大等特点。流程工业的典型行业有石油、化工、冶金、发电、造纸、建材等。

流程工业的主要特点如下。

(1) 设备产能固定,计划的制订相对简单,常以日产量的方式下达任务,计划相对稳定。

(2) 对配方管理的要求很高,但不像离散制造业那样有准确的材料表(BOM)。

(3) 工艺固定,按工艺路线安排工作中心。工作中心专门用于生产有限的相似的产品,工具和设备是为专门的产品而设计的,专业化特色较显著。

(4) 生产过程中常常出现联产品、副产品、等级品。

(5) 流程工业通常流程长,生产单元和生产关联度高。

(6) 石油、化工等生产过程多具有高温、高压、易燃、易爆等特点。

由于流程工业具有上述生产特点,因此其控制系统具有以下特点。

(1) 检测的参数以温度、压力、液位、流量及分析参数等模拟量为主,以数字量为辅;执行器以调节阀为主,以开关阀为辅;控制方式主要采用定值控制,以克服扰动为主要目的。

(2) 通常情况下,流程工业被控对象的时间常数比较大,属于慢变系统,其控制回路数据采集和控制周期通常为100~1000ms,因此,一般流程工业所用的现场总线的数据传输速率较小。

(3) 生产多在室外进行,对测控设备的防水、防爆、防雷等级的要求较高。

(4) 为确保生产的连续性,要求自动化程度高;当生产过程中具有高温、高压等特点时,对于安全等级的要求较高。流程工业广泛使用集散控制系统和各类安全仪表系统。

3.2 集散控制系统的基本结构

集散控制系统(DCS)通常包含以下几个关键组成部分。

(1) 控制站(Controller Station)或处理单元(Process Unit)。这些是安装在工厂现场的控制节点,负责执行实时过程控制。每个控制节点通常包括处理器、存储器、输入/输出(I/O)模块和通信接口。它们直接连接到传感器、执行器和其他现场设备,以收集数据和执行控制命令。

(2) 输入/输出(I/O)子系统。I/O子系统是控制站和现场设备之间的接口,包括模拟输入(AI)、模拟输出(AO)、数字输入(DI)和数字输出(DO)模块。这些模块将现场设备的信号转换为数字信号供控制器处理,反之亦然。

(3) 人机界面(HMI)。HMI是操作员与DCS交互的界面,通常包括图形显示屏、键盘、鼠标和打印机。操作员可以通过HMI监控过程状态、输入控制指令、查看报警和历史趋势,以及进行系统配置和维护。

(4) 工程工作站(Engineering Workstation)。工程工作站用于系统配置、程序开发、系统维护和故障诊断。这些工作站通常配备有专门的软件工具,允许工程师编程控制策略、配置I/O点和进行系统测试。

(5) 数据通信网络。数据通信网络连接控制站、HMI、工程工作站以及其他可能的系统组件,如数据库服务器和其他应用服务器。这些网络使用工业标准的通信协议,如Ethernet、PROFIBUS、Modbus或Foundation Fieldbus,以确保数据的可靠传输。

(6) 服务器和数据库。高级DCS架构可能包含专门的服务器,用于数据存储、报警管理、趋势分析、历史记录和备份。数据库服务器存储过程数据,供操作员和其他企业系统查询和分析。

(7) 冗余系统。为了提高系统的可靠性和可用性,DCS 通常包括冗余组件,如冗余控制器、网络和电源。这些冗余系统可以在主系统发生故障时无缝接管控制任务,以确保过程的连续运行。

(8) 安全系统(Safety Systems)。在一些要求更高安全标准的应用中,DCS 可能与独立的安全仪表系统(Safety Instrumented System,SIS)集成,用于执行紧急停机(Emergency Shutdown,ESD)和其他安全相关的控制功能。

这些组件共同构成了 DCS 的基本结构,使其能够实现对复杂工业过程的高效、可靠和安全控制。

不同集散控制系统供应商的集散控制系统有不同的结构,但它们都有相同的特性,即由分散过程控制装置、操作管理装置和通信系统三大部分组成。集散控制系统的基本结构如图 3-2 所示。

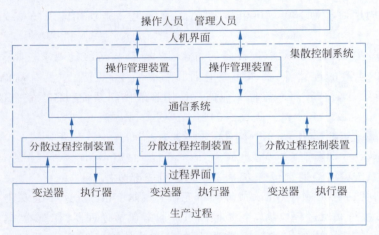

图 3-2　集散控制系统的基本结构

1. 分散过程控制装置

分散过程控制装置是集散控制系统与生产过程间的界面,即过程界面。生产过程的各种过程变量通过分散过程控制装置转换为操作监视的数据;各种操作信息也通过分散过程控制装置送到执行机构。分散过程控制装置中实现模拟量与数字量的相互转换,完成控制算法的各种运算,并对输入/输出量进行有关的信号处理和运算,如信号滤波、线性化、开方、限幅、报警处理等。

分散过程控制装置可细分为控制装置和输入/输出接口模块两部分,它们之间经专用通信总线或现场总线进行数据通信。输入/输出接口模块采集生产过程参数,并将控制命令发送到执行器。它们与现场的传感器、变送器和执行器进行信息交换。

现场总线技术的应用使分散过程控制装置从装置级分散控制分散到现场级分散控制。因此,现场总线控制系统中,分散控制装置经现场总线连接到现场总线仪表,包括现场总线变送器和检测元件、现场总线执行器和现场总线的其他辅助仪表。

2. 操作管理装置

操作管理装置是集散控制系统与操作人员、管理人员间的界面，即人机界面。操作、管理人员通过操作管理装置获得生产过程的运行信息，并通过它对生产过程进行操作和控制。生产过程中各种变量的实时数据在操作管理装置显示，便于操作管理人员对生产过程的操作和管理。

伴随企业网技术的发展和在工业控制系统中的应用，使操作管理装置的功能得到扩展和延伸，它将过程控制系统（Process Control System，PCS）与制造企业生产过程执行系统（MES）、企业资源计划（ERP）系统连接起来，组成扁平化的管理结构。其中，MES 也称为生产管理系统，它可以为企业提供制造数据管理、计划排产管理、生产调度管理、库存管理、质量管理、人力资源管理、工作中心/设备管理、工具工装管理、采购管理、成本管理、项目看板管理、生产过程控制、底层数据集成分析、上层数据集成分解等管理模块，为企业打造一个扎实、可靠、全面、可行的制造协同管理平台。ERP 系统是以系统化的管理思想，为企业决策层及员工提供决策运行手段的管理平台，是一种将物质资源、资金资源和信息资源集成一体化管理的企业信息管理系统。

3. 通信系统

通信系统贯穿整个集散控制系统，主要指分散过程控制装置与操作管理装置之间的数据通信；也包括现场总线的通信系统，用于现场总线仪表之间、现场总线仪表与分散过程控制装置之间的数据通信；还包括操作管理装置之间的数据通信，即 PCS 与 MES、MES 与 ERP 系统以及它们之间的数据通信。

随着网络技术的发展，集散控制系统的控制网络的结构更完善，实时性更强。除了集散控制系统内部的通信系统外，与第三方其他网络之间的数据通信也使集散控制系统的应用范围越来越广。

第 7 集
微课视频

无线通信也已经在集散控制系统的低层实现。而云平台及移动终端更使集散控制系统可方便地实现远程监测和大数据分析等。

3.3 集散控制系统的体系结构

随着大规模/超大规模集成电路技术、计算机数字技术、通信技术、控制技术、显示技术、软件技术、安装布线技术、网络技术等高新技术的应用，集散控制系统也不断发展和更新，各制造商相继推出和更新各自的集散控制系统产品，在系统的开放性、功能的综合性和先进性、操作的方便性和可靠性、危险的分散性等方面都有不同程度的改进和提高。现场总线控制系统是集散控制系统向现场的分散，连续控制、离散控制、批量控制和混合控制的综合和集成，信息的无缝集成和网络化、扁平化，使集散控制系统以崭新的面貌出现在工业控和企业管理的领域，并正向纵深发展，向综合自动化系统发展。已发布的集散控制系统产品多达百种以上，它们的硬件和软件千差万别，但从其基本构成方式和构成要素分析，却具有相同或相似特性。

3.3.1 集散控制系统的各层功能

集散控制系统（DCS）由多个层级组成，每个层级承担着特定的功能，以确保整个控制系统的高效、稳定和安全运行。

1. 现场控制级

现场总线控制系统设置现场控制级。现场控制级的特点与现场总线特性、智能设备特性等有关。现场控制级的功能如下。

(1) 实时采集过程数据,将数据转换为现场总线数字信号。
(2) 接收现场总线信号,经处理后输出过程操纵命令,实现对过程的操纵和控制。
(3) 进行直接数字控制,如实现单回路控制、串级控制等。
(4) 完成与过程装置控制级的数据通信。
(5) 对现场控制级设备进行监测和诊断。

2. 过程装置控制级

集散控制系统采用过程装置控制设备和 I/O 卡件组成过程装置控制级。过程装置控制级的功能如下。

(1) 实时采集过程数据,进行数据转换和处理。
(2) 数据的监视和存储。
(3) 实施连续、离散、批量、顺序和混合控制的运算,并输出控制作用。
(4) 数据和设备的自诊断,实施安全性功能。
(5) 数据通信。

3. 过程管理级

对生产过程进行管理,过程管理级的功能如下。

(1) 数据显示和记录,包括实时数据显示和存储及历史数据的压缩归档。
(2) 过程操作(含组态操作、维护操作)。
(3) 系统组态、维护和优化运算。
(4) 报表打印和操作画面复制。
(5) 数据通信。

4. 全厂优化调度管理级

根据全自动化集成系统的要求,将自动化系统信息化和扁平化。因此,在全厂优化调度管理级包含 MES 和 ERP 系统的主要或部分内容,主要特点如下。

(1) 实现整个工厂层的互操作,使用对各种集散控制系统、可编程控制器系统和其他职能装置的专用接口和相应的软件,实现开放系统互连。
(2) 实现与各业务经营管理软件的全开放,支持开放系统的各种标准,如 OPC、ISA SP95 等,并能够支持供应商提供的标准,组成该管理级的连接库。
(3) 支持资产的绩效管理,对全厂的资产进行优化和调度,对原材料到产品的信息链进行优化和调度,实现绩效管理,从生产过程闭环控制上升到经营业务的闭环控制。
(4) 提供统一的涵盖全厂各控制专业的工程环境,使集散控制系统、仪表安全系统、可编程控制器系统、人机界面、制造执行系统等的工程设计、组态都能够在统一的操作环境下进行,提高效益,降低成本。

工业过程的综合自动化是采用自动化技术,以计算机和网络技术为手段,将生产过程的生产工艺技术、设备运行技术和生产过程管理技术无缝集成,实现生产过程的控制、运行、管理的优化集成,实现管理的信息化、扁平化和网络化,实现产品质量、产量、成本、消耗相关的综合生产指标的优化。

3.3.2 集散控制系统基本构成

集散控制系统(DCS)的基本构成可以分为硬件构成和软件构成两个关键部分。

1. 硬件构成

集散控制系统产品纷繁,但从系统硬件构成分析,集散控制系统由三大基本部分组成,即分散过程控制装置、集中操作和管理系统及通信系统。

1) 分散过程控制装置

分散过程控制装置相当于现场控制级和过程控制装置级,通常由单回路或多回路控制器、可编程控制器、数据采集装置等组成。它是集散控制系统与生产过程的接口,具有以下特点。

(1) 适应恶劣的工业生产过程环境,如环境的温度、湿度变化,电网电压波动的变化,工业环境中电磁干扰的影响及环境介质的影响等。

(2) 分散控制,包括地域分散、功能分散、危险分散、设备分散和操作分散等。

(3) 实时性,及时将现场的过程参数上传到控制系统并实时显示,及时将操作员指令或控制器输出传输到执行器。

(4) 自治性和安全性。它应是一个自治系统,当与上一级的通信或上一级设备出现故障时仍能正常运行,保证生产过程的安全可靠运行。

2) 集中操作和管理系统

集中操作和管理系统集中各分散过程控制装置送来的信息,通过监视和操作,向各分散过程控制装置下达操作命令。信息被用于分析、研究、打印、存储,并作为确定生产计划、调度的依据,具有以下特点。

(1) 信息量大。除了各生产设备的运行参数外,还包括上级调度和计划信息等。

(2) 易操作性。具有良好的人机界面,便于操作员监视生产过程,并发送操作指令;可方便获得生产过程的各种信息,包括报警和警告信息、操作提示和有关其他设备的信息等,便于操作员判断和决策。

(3) 分层结构。为操作员组态工程师和维护工程师提供不同的分层结构,便于他们对各自工作范围进行操作和管理,设置操作权限和安全性密码,防止误操作等。对 MES、ERP 系统等的操作同样设置分层结构,防止相互之间影响。

3) 通信系统

通信系统指各级计算机、微处理器与外部设备的通信、级与级之间的通信。集散控制系统的通信系统的应用范围不断扩展,上至 ERP 系统、MES,下至现场总线;连接的设备除了计算机和附属设备外,还有现场总线设备;既可以是集散扩展供应商的产品,也可以连接第三方的硬件设备。因此,通信系统的开放性是重要的性能。目前,通信系统的参考模型仍是国际标准化组织的开放系统互连参考模型,但对系统采用的层级各有取舍。通信系统的特点如下。

(1) 对上层和下层的通信要求不同,因此有不同的传输速率、实时性、可靠性、安全性等要求。

(2) 通信系统的开放性是保证系统能够互联互操作的基础。

(3) 为保证通信系统的可靠,通常需要冗余设置。

2. 软件构成

集散控制系统的软件构成如下。

1) 系统软件

集散控制系统的软件是基于它所采用的操作系统。目前，绝大多数集散控制系统采用 Microsoft 公司的 Windows 操作系统；在虚拟化技术的基础上，可以运行在多个其他操作系统上。

集散控制系统的系统软件包括操作系统和一系列基本的工具。

（1）编译器。计算机只能对机器语言识别和执行，由组态软件提供的语言需要经编译器转换为机器语言。

（2）数据库管理。用于建立、使用和维护数据库的系统。

（3）存储器格式化。用于对存储器存储数据清除，并规定其存储地址、存储方式等。

（4）文件系统管理。用于管理各类文件，包括文件存储归档、文件使用权限、文件检索、自动存储加密和建立数据备份等。

（5）身份验证。集散控制系统中的用户身份验证除了常用的密码认证外，随着云计算、大数据分析等技术的应用，也对用户身份验证提出更高要求，如双因素和多因素身份验证、指纹识别、人脸识别等。

（6）驱动管理。指对计算机识别驱动程序的分类、更新和删除等操作。

（7）网络链接。将有关画面与其他画面直接建立调用关系的方法，包括计算机网络中一台计算机调用另一台计算机的资源等内容。

2) 应用软件

集散控制系统的应用软件包括系统配置、控制组态、过程操作、维护等软件。

（1）系统配置软件。根据集散控制系统的硬件架构，用软件表示它们的结构。软件用于确定集散控制系统的各节点在系统网络中的地址，并设置有关属性。

（2）控制组态软件。根据集散控制系统中有关控制方案，完成控制组态，包括各控制系统的输入/输出信号、控制规律和控制器参数等。对于检测和用于手动控制的执行器，一般可直接调用集散控制系统提供的操作细节画面，不需要用户进行组态。

（3）过程操作软件。用于建立用户的过程操作画面，并在该画面设置各传感器、执行器的显示点，提供控制回路的有关参数显示等。过程操作软件还用于建立各操作画面之间的调用关系。

（4）仪表面板软件。为便于操作人员的操作，有些集散控制系统供应商提供仪表面板画面。用户可根据应用项目的要求，将有关的仪表集中在该画面显示，便于操作员的监视和控制。哪些仪表集中在某一画面的设置，应与工艺技术人员、操作人员共同讨论确定。

（5）报警处理软件。这些软件用于设置报警点和确认方式，近年来，由于报警点设置过多造成的噪声污染引起集散控制系统供应商的重视，因此已经采用未运行设备的报警屏蔽、严重级报警等措施。

（6）历史数据文件的归档软件。为便于大数据分析，对历史数据需要归档处理，因此，对归档数据需要设置浓缩数据的时间（采样次数或采样周期等）、浓缩方式（浓缩时段的平均、冲量、最大或最小等）、总存储时间、需要归档变量等。

（7）报表生成软件。包括日常生产报表的生成和报警报表的生成，也包括为分析生产过程的历史数据分析报表的生成等。报表内容包括报表生成的变量、生成时间、变量描述等。一些集散控制系统供应商也提供报警溯源等功能。

（8）趋势曲线软件。用于生成所需过程参数的趋势曲线，设置所需显示变量、时间轴和变量显示范围；可以多个变量同时显示，也可隐藏有关变量的趋势，便于分析；可提供直方图等图标供用户分析变量的分布情况等。

（9）维护软件。维护软件已经不再只是提供故障代码等信息，随着大数据分析技术的应用，对故障诊断和可能发生原因处理措施等都有很好的总结。尤其对某些生产过程，如石化行业的一些生产过程，经大数据分析，已经获得了各种故障前预兆、故障现象、故障原因、处理方法等的详细描述。

3.3.3 集散控制系统的结构特征

集散控制系统既是递阶控制系统，也是分散控制系统和冗余控制系统。

1. 递阶控制系统

集散控制系统是递阶控制（Hierarchical Control）系统，其结构分为多层结构、多级结构和多重结构3类。

1）多层结构（Multilayer Structure）

按系统中决策的复杂性分类，集散控制系统的结构是多层结构。图3-3所示为按功能划分的多层结构。

与工业生产过程直接连接的是直接控制层，它采用单回路控制和常用的复杂控制。第2层是优化层，它按优化指标和被控对象的数学模型和参数，确定直接控制层的控制器设定值。第3层是自适应层，通过对大量生产过程数据的分析，进行自学习，修正所建立的数学模型，以适应实际生产过程的工况，使数学模型能够更正确地反映实际过程。第4层是自组织层，它根据总控制目标选择下层所用模型结构、控制策略等。当总目标变化时，能够自动改变优化层所用的优化性能指标。当辨识参数不能满足应用要求时，应能够自动修改自适应层的学习策略等。

2）多级结构（Multilevel Structure）

全厂的多级多目标结构如图3-4所示。

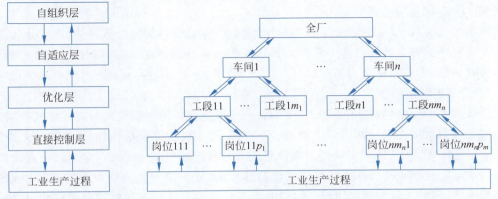

图3-3 按功能划分的多层结构　　图3-4 多级多目标结构

全厂与各车间、车间与各工段、工段与各操作岗位之间的结构是纵向的多级结构。上级协调器控制和管理各下级的决策器,每个决策都有各自的控制决策和控制目标。协调器通过对下层决策的干预,保证决策器能满足整个上层决策目标的要求。例如,车间级接收从各工段送来的操作决策和相应的性能信息,通过协调策略得到的干预信息再送达各工段。

3) 多重结构(Stratified Structure)

多重结构也称为层状结构,是指用一组模型从不同角度对系统进行描述的多级结构。层次的选择,即观察的角度受观察者的知识和观察者对系统兴趣的约束。例如,一个复杂的自动化生产过程可按下列三重层次进行研究:按一定物理规律变化的物理现象;一个受控系统;一个经济实体。

多重结构主要从建模考虑。多级结构主要考虑各子系统的关联,把决策问题进行横向分解。多层结构主要进行纵向分解。因此,这3种递阶结构并不相互排斥,可同时存在于一个系统中。

采用递阶控制结构,具有经典控制结构所不具有的优点,具体如下。

(1) 系统结构灵活,容易更改,系统容量可伸缩,能适应工业生产不同规模的应用要求。

(2) 控制功能增强,除了直接控制外,还具有优化控制、自学习、自适应和自组织等功能。

(3) 降低了信息存储量、计算量,缩短了计算时间。

(4) 可设置备用子系统,降低成本,提高可靠性。

(5) 各级的智能化进一步提高系统的性能。

2. 分散控制系统

分散控制系统与递阶控制系统的根本区别是它是一个自治(Autonomous)的闭环控制系统。

从结构看,分散控制系统可分为垂直型、水平型和复合型。从实际应用看,集散控制系统实现了组织人事的分散、地域的分散、功能的分散、负荷的分散,重点是危险的分散。

分散控制是建立在分散的、有一定相对独立性的子控制机构的基础上的,各子控制机构在各自的范围内各司其职,互不干涉,各自完成自己的目标。例如,集散控制系统中各控制器分别管理若干控制回路,采集生产过程参数并控制有关的执行器,各控制回路完成各自的控制目标,各检测点完成各自的参数检测和显示,各执行器完成各自的操作等,它们一起为实现整个生产过程的总目标而工作。

由于各自为政,又在总目标下分工合作,集散控制系统将危险分散,控制功能分散,同时对生产过程中的各参数进行集中管理,采用共同显示、共同控制的方式,使各自治的子系统能够协调一致,为总目标努力奋斗。

3. 冗余控制系统

设备的冗余化结构(Redundant Structure)可提高设备的可靠性。但组成集散控制系统的全部设备都采用冗余结构既不经济,也不合理。除了硬件冗余结构外,集散控制系统的软件冗余也已实现,并已经可实现整个软件系统的冗余配置和瞬时切换。常用冗余方式如下。

(1) 同步运转方式。对可靠性要求极高的系统,常用两台或两台以上的设备以相同方式同步运转,即输入信号相同,处理方法相同,各输出对应比较。如果输出一致,取其任一信号作为输出。如果输出不同,则判别其是否正确,取判别结果正确者输出,并报警等。这种冗余方式常用于紧急停车系统和安全联锁系统。根据冗余设备数量,有双重系统、多重系统之分。

(2) 待机运转方式。它是采用 N 台设备加一台相同设备后备的冗余方式。后备设备处于待机状态,一旦 N 台设备中某一台设备发生故障,能够自动启动后备设备并使其运转,即 N:1 备用系统。由于备用设备处于待机工作状态,因此称为热后备系统。该冗余方式要设置指挥装置,用于故障识别,并将工作识别的软件和数据等转移到备用识别,相应程序自动传输到备用设备,并使其运转。

(3) 后退运转方式。正常情况下,N 台设备各自分担各自功能并进行运转,当其中某台设备发生故障时,其他设备放弃部分不重要的功能,去完成故障设备的主要功能,这种冗余方式称后退运转方式。

(4) 多级操作方式。它是一种纵向冗余方式。例如,集散控制系统正常运行时采用全自动运行,一旦某一部分发生故障,将该部分装置切换到手动操作,逐级降级,直到最终的操作方式是执行器的现场手动操作和控制。

3.4 集散控制系统的构成示例

集散控制系统(DCS)的整体结构设计用于实现复杂工业过程的集中监控与分散控制。一个典型的 DCS 结构可以概括为以下几个层级。

(1) 现场层(Field Level):包括各种现场设备,如传感器(温度、压力、流量等)、执行器(阀门、电机)、变送器等。这些设备直接与物理过程相连,用于监测和影响过程变量。

(2) 控制层(Control Level):由分布式控制节点组成,每个控制节点通常包括一定数量的输入/输出(I/O)模块和一个或多个控制器(如 PLC 或专用处理器)。控制器执行实时控制逻辑,处理来自现场层的数据,并向执行器发送控制命令。

(3) 操作员层(Operator Level):人机界面(HMI)或操作员工作站,使操作员能够监控和控制过程,提供实时数据显示、报警管理、历史趋势分析和系统配置工具。

(4) 监控层(Supervisory Level):包括工程工作站和管理软件,用于进行系统配置、程序下载、维护和数据分析。可以实现对整个 DCS 的高级监控和优化,以及与 ERP 系统的集成。

(5) 网络层(Network Level):由多种通信网络组成,包括控制网络、数据网络和可能的安全网络。连接现场层、控制层、操作员层和监控层的所有组件,确保数据和控制命令的高效传输。

(6) 辅助系统:电源系统、冗余系统、数据备份和恢复系统等,以确保 DCS 的可靠性和稳定性。

整体上,DCS 通过这些层级实现了对工业过程的精确控制和高效管理,提高了生产效率、质量和安全性。

3.4.1 Experion PKS 系统

美国 Honeywell 公司自 1975 年推出第一代集散控制系统 TDCS-2000 以来,相继推出 TDC3000、TDCS-3000x 和 TPS 等集散控制系统。Experion PKS 系统自推出以来经多年扩展,于 2016 年推出 Experion PKS Orion 系统,它将高级自动化平台和应用软件集成,大大改善了对过程、业务和资产管理的融合,提升了生产能力,获得了明显经济效益。新的 IIoT 版本进一步优化了 LEAPTM 项目的自动调试执行,可在云中创建循环配置的设备,并能够动态绑定。

  Experion PKS 系统整体结构如图 3-5 所示。

  Experion PKS 系统采用分布式系统结构(Distributed System Architecture,DSA),它是 Experion 多服务器结构的基础。Experion PKS Orion 版本引入了最新的通用通道技术和虚拟化技术,因此超越了传统集散控制系统。

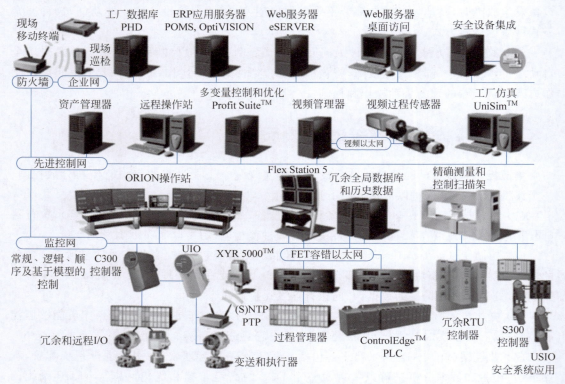

图 3-5 Experion PKS 系统整体结构

3.4.2 Foxboro Evo 过程自动化系统

  2014 年 7 月,施耐德(Schneider)公司收购英维思(Invensys)集团。英维思集团旗下 Foxboro 公司将集散控制系统 I/AS 集成 Triconex 技术后,推出 Evo 过程自动化系统,该系统是创新的、高可用的、容错的计算机控制系统。当前应用于 IIoT 的新型号为 EcoStruxure,这是一个系列容错的、高度可用的集散控制系统,以施耐德 PLC 为分散过程控制装置。

  Foxboro Evo 过程自动化系统包括新型的高速控制器、现场设备管理工具、维护响应中心、企业历史数据库、多层冗余及网络安全性强化系统,能够对历史数据提供卓越的能见度,以及提供实时和可预测的运营信息,从而帮助用户提高生产效率。

  Foxboro Evo 过程自动化系统的体系结构如图 3-6 所示。

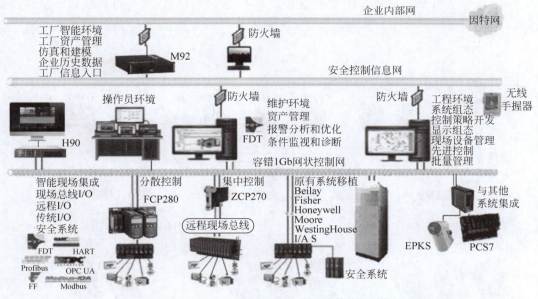

图 3-6　Foxboro Evo 过程自动化系统的体系结构

3.5　ECS-700 集散控制系统

ECS-700 集散控制系统按照提高可靠性原则进行设计,可以充分保证系统安全可靠。系统内部所有部件均支持冗余,在任何单一部件故障的情况下仍能稳定正常地工作。同时,ECS-700 集散控制系统具备故障安全功能,模块在网络故障的情况下进入预设的安全状态,保证人员、工艺设备的安全。

此外,ECS-700 集散控制系统还具备完善的工程管理功能,包括多工程师协同工作、组态完整性管理、单点组态在线下载等,并提供完善的操作记录以及故障诊断记录。全系统包括电源模块、控制器、I/O 模块和通信总线等,均实现冗余。

ECS-700 集散控制系统是浙大中控公司的 InPlant 整体解决方案的核心平台,如图 3-7 所示。

该系统具有 OPC/ODBC 等与上位信息系统的数据交换接口,能够满足企业对过程控制和管理的各种信息需要,系统支持在线扩展,保护用户投资。系统特点如下。

(1) 可靠性高。ECS-700 集散控制系统采用冗余供电系统、冗余通信系统、互为备用的操作员站、冗余的控制器及可全冗余的 I/O 模块,保证了系统连续正常运行。此外,系统采用高可靠性的部件,可安装在 G3 的苛刻环境中。

(2) 扩展性强。ECS-700 集散控制系统支持在线扩容和并网,保护用户投资。

(3) 先进性。ECS-700 集散控制系统采用多人协同技术,允许多个工程师在统一组态平台同时进行组态和维护,保证组态的一致和完整性,大大缩短了工程周期。该系统在功能性、易用性、可调试性等方面进行了深入设计,可实现连续控制、顺序控制、批量控制。采用图形化编程工具,节省组态时间,便于在线调试和监控。

(4) 开放性。ECS-700 集散控制系统采用 Windows 操作系统,可通过 Excel、VBA 语言、OPC 数据交互协议、TCP/IP 等开放接口与 DCS 进行信息交互,可构成现场总线控制系统。

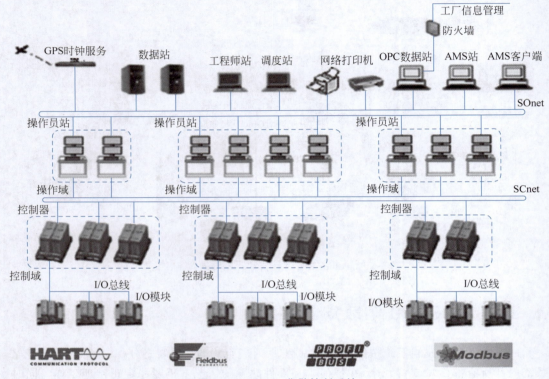

图 3-7 ECS-700 集散控制系统

3.5.1 ECS-700 neo

ECS-700 neo 是浙江中控技术公司自主开发的横装形式紧凑型柔性集散控制系统。其搭载高性能高可靠处理器,采用高速通信总线和高容积率设计,满足空间灵活紧凑型装置的各种控制要求。系统软件采用与 ECS-700 同平台的 VisualField,符合用户习惯,满足智能化应用需求。

ECS-700 neo 适用于化工、精细化工、石化、冶金、造纸、食品饮料、船舶与海工、智慧园区、核电等领域,应用场合如图 3-8 所示。另外,ECS-700 neo 还应用于铁路、医药、水泥、海上平台等行业的各种场合。

下面从系统结构、集成能力、多种 I/O 总线扩展能力、通信能力和高效强大的组态软件 5 个方面对 ECS-700 neo 做简要介绍。

1. 系统结构

ECS-700 neo 系统由控制器模块、I/O 模块、通信模块、VisualField 软件包等组成。控制器模块、I/O 模块和通信模块组成了系统的控制站,VisualField 软件包安装于操作员站或工程师站。系统网络架构从上到下由管理网、过程控制网(SCnet)和 ECI 总线网络组成。

2. 集成能力

ECS-700 neo 系统的横装机架安装尺寸为 430mm×247mm,适用于尺寸为 800mm×

800mm×2100mm 的标准机柜。每个标准机柜可安装 8 个横装机架，一般情况下支持每柜达 2048 硬点的安装规模。

图 3-8　ECS-700 neo 应用场合

3．多种 I/O 总线扩展能力

ECS-700 neo 系统 I/O 总线扩展支持星状、总线型、星状-总线混合型 3 种模式，提供网线级联的本地扩展和光纤级联的远程扩展，为工程应用设计提供更灵活多样的方案。I/O 总线扩展如图 3-9 所示。

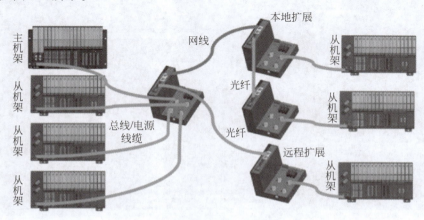

图 3-9　I/O 总线扩展

4. 通信能力

ECS-700 neo 系统设计有 SCnet IV、Modbus-TCP、Modbus-RTU、PROFIBUS-DP、SNTP、HART 等协议的对外通信接口，从而得以实现与其他控制系统或智能设备的通信。ECS-700 neo 系统的通信架构如图 3-10 所示。

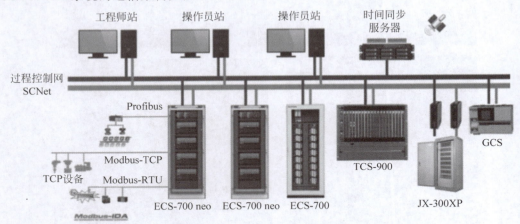

图 3-10 ECS-700 neo 系统的通信架构

5. 高效强大的组态软件

VisualField 软件支持标准的 SFC、FBD 和 ST 编程语言，支持快/慢任务的同时编程和执行，支持无扰增量下载，支持事件记录 SOE（Sequence of Event）的组态管理。其中，基于 Web 技术的组态软件 VFConBuilder 支持硬件配置和位号信息一体化组态。某垃圾焚烧发电厂的 DCS 操作界面如图 3-11 所示。

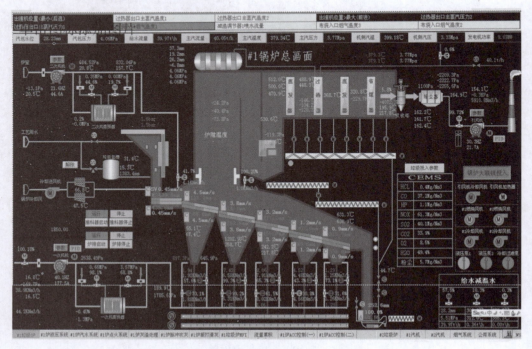

图 3-11 某垃圾焚烧发电厂的 DCS 操作界面

3.5.2 ECS-700 的分散控制装置

ECS-700 的分散控制装置是 FCU711 控制器。该控制器外形如图 3-12 所示。

FCU711 控制器采用 32 位 RISC 芯片,内存为 36MB,主频为 260MHz,功耗低于 5W,掉电保持数据时间不小于 6 个月,与 I/O 网传输速率达 100Mb/s,与过程控制网传输速率达 1Gb/s 或 100Mb/s。可连接 250 块 I/O 模块,其中,最大 AI 点数为 1000 点,AO 点数为 250 点,DI 点数为 2000 点,DO 点数为 1000 点。

FCU711 控制器内置逻辑运算、逻辑控制、算术运算、连续控制等 200 多个功能块,并有先进控制的功能块,如预测控制 PFC、模糊控制 FLC 和 Smith 预估补偿控制等控制算法。控制器具备冗余功能,可实现 1∶1 热备冗余。

ECS-700 系统的 I/O 块采用模块化结构,具有快速装卸结构,采用免跳线设计;可实现 1∶1 冗余,单个 I/O 模块具有供电和通信的冗余功能,互为冗余的 I/O 模块可根据工况控制冗余切换;支持热插拔,即插即用;具有自诊断功能。

ECS-700 系统的 I/O 模块外形如图 3-13 所示;I/O 模块板卡如图 3-14 所示;通信模块一览如图 3-15 所示;系统机柜如图 3-16 所示。

图 3-12　FCU711 控制器外形

(a) AI 模块

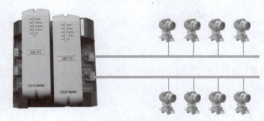

(b) FF 接口模块

图 3-13　ECS-700 的 I/O 模块外形

图 3-14　I/O 模块板卡

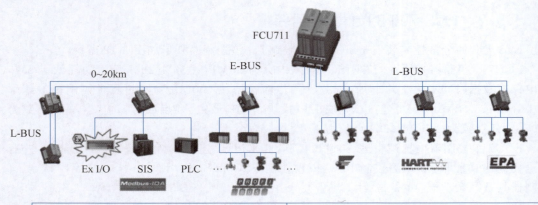

E-BUS节点			L-BUS节点		
COM711	COM721	COM741	AM712	AI/AO713-H	AM716
I/O连接模块	PROFIBUS主站通信模块	串行通信模块	FF接口模块	模拟信号输出模块（HART）	EPA模块
可扩展64个I/O模块	一个PROFIBUS接口	4个Modbus接口	包含两个FF网段	16通道HART输出	包含两个FF网段

图 3-15 通信模块一览

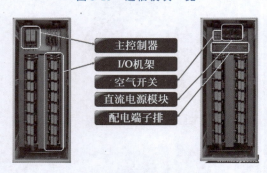

图 3-16 系统机柜

标准化的柜内布置设计如图 3-17 所示，包括系统控制机柜、端子机柜、安全栅机柜、继电器机柜、交换机机柜和电源分配机柜。

系统控制机柜 端子机柜 安全栅机柜 继电器机柜 交换机机柜 电源分配机柜

图 3-17 标准化的柜内布置设计

第 4 章 计算机控制系统的硬件设计

CHAPTER 4

当计算机用作测控系统时,系统总要有被测量信号的输入通道,由计算机拾取必要的输入信息。对于测量系统,如何准确获取被测信号是其核心任务;而对于测控系统,对被控对象状态的测试和对控制条件的监察也是不可缺少的环节。

本章全面介绍计算机控制系统的硬件设计技术,这些技术在现代工业自动化和智能系统设计中扮演着至关重要的角色。传感器作为现代电子系统感知外部世界的"眼睛和耳朵",其性能和应用范围直接影响到整个系统的效能。

本章主要内容如下。

(1) 讲述传感器的基础知识,介绍工业自动化、工业机器人、自动驾驶汽车和环境监测常用传感器。

(2) 介绍变送器和执行器。

(3) 讲述自动化检测系统中的量程自动转换和系统误差的自动校正。

(4) 深入探讨信号的采样和模拟开关。

(5) 讲述模拟量输入通道,包括其组成、ADC 的工作原理及技术指标。ADC 是模拟信号转换为数字信号的关键组件,其性能直接影响信号处理的质量。

第 8 集
微课视频

(6) 特别介绍 12 位低功耗 ADC AD7091R,从引脚介绍到应用特性、数字接口,以及如何与 STM32F103 微控制器连接,为工程师提供实用的参考信息。

(7) 讨论模拟量输出通道和特定的 DAC AD5410/AD5420,该器件被广泛应用于工业控制系统中的 4~20mA 电流回路。

(8) 讲述数字量输入/输出通道的设计和实现,包括使用光电耦合器隔离高压和低压电路,保证系统的安全性和稳定性。

(9) 讲述脉冲量输入/输出通道,这对于处理数字通信和控制信号至关重要。

本章提供了计算机控制系统硬件设计技术的全面概述,从基础的定义和分类到复杂的系统集成,为读者呈现这一领域的深度和广度。通过对传感器技术和自动化系统的理解,可以设计出更加智能、高效和可靠的电子系统。

4.1 传感器

传感器的主要作用是拾取外界信息。如同人类在从事各种作业和操作时必须由眼睛、耳朵等五官获取外界信息,否则就无法进行有效的工作和正确操作一样,传感器也是测控系统中不可缺少的基础部件。

4.1.1 传感器的定义、分类及构成

传感器是一种能够感知并测量某种特定物理量或环境参数的设备或器件。传感器可以将感知到的物理量转换为电信号、数字信号或其他形式的输出信号,以便进行监测、控制、数据采集和处理等应用。

传感器通常可以根据其测量的物理量类型进行分类,一些常见的传感器分类如下。

(1) 温度传感器,用于测量环境或物体的温度,如热敏电阻(Thermistor)、热电偶(Thermocouple)等。

(2) 压力传感器,用于测量气体或液体的压力,如压阻式传感器(Piezoresistive Sensor)、压电传感器(Piezoelectric Sensor)等。

(3) 光学传感器,用于测量光线的强度、颜色或其他光学特性,如光敏电阻(Photoresistor)、光电传感器(Photodetector)等。

(4) 加速度传感器,用于测量物体的加速度或振动,如加速度计(Accelerometer)。

(5) 湿度传感器,用于测量环境或物体的湿度,如湿度传感器(Humidity Sensor)。

传感器在现代科技和工程应用中起着至关重要的作用。

1. 传感器的定义和分类

传感器的通俗定义是"信息拾取的器件或装置"。传感器的严格定义是把被测量的量值形式(如物理量、化学量、生物量等)变换为另一种与之有确定对应关系且便于计量的量值形式(通常是电量)的器件或装置。传感器实现两种不同形式的量值之间的变换,目的是计量、检测。因此,除叫传感器(Sensor)外,也有叫换能器(Transducer)的,两者难以明确区分。

从量值变换这个观点出发,对每种(物理)效应都可在理论上或原理上构成一类传感器,因此传感器的种类繁多。在对非电量的测试中,有的传感器可以同时测量多种参量,而有时对一种物理量又可用多种不同类型的传感器进行测量。因此,对传感器的分类有很多种方法。可以根据技术和使用要求、应用目的、测量方法、传感材料的物性、传感或变换原理等进行分类。

2. 传感器的构成

传感器一般是由敏感元件、传感元件和其他辅助件组成,有时也将信号调节与转换电路、辅助电源作为传感器的组成部分,如图 4-1 所示。

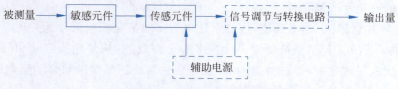

图 4-1 传感器的构成

敏感元件是直接感受被测量(一般为非电量),并输出与被测量呈确定关系的其他量(一般为电量)的元件。敏感元件是传感器的核心部件,它不仅拾取外界信息,还必须把变换后的量值传输出去。

图 4-1 中的信号调节与转换电路把传感元件输出的电信号经过放大、加工处理,输出有

利于显示、记录、检测或控制的电信号。信号调节和转换电路或简或繁,视传感元件的类型而定,常见的有电桥电路、放大器、阻抗变换器等。

4.1.2 传感器的基本性能

利用传感器设计开发高性能的测量或控制系统,必须了解传感器的性能,根据系统要求,选择合适的传感器,并设计精确可靠的信号处理电路。

1. 精确度

传感器的精确度表示传感器在规定条件下允许的最大绝对误差相对于传感器满量程输出的百分数。

工程技术中为简化传感器的精度的表示方法,引用了精度等级概念。精度等级以一系列标准百分比数值分级表示。例如,压力传感器的精度等级分别为 0.05、0.1、0.2、0.3、0.5、1.0、1.5、2.0 等。

传感器设计和出厂检验时,其精度等级代表的误差是传感器测量的最大允许误差。

2. 稳定性

(1) 稳定度:一般指时间上的稳定性。它是由传感器和测量仪表中随机性变动、周期性变动、漂移等引起示值的变化程度。

(2) 环境影响:室温、大气压、振动等外部环境状态变化给予传感器和测量仪表示值的影响,以及电源电压、频率等仪表工作条件变化给示值的影响统称环境影响,用影响系数表示。

4.1.3 传感器的应用领域

现代信息技术的三大基础是信息的采集、传输和处理技术,即传感技术、通信技术和计算机技术,它们分别构成了信息技术系统的"感官""神经"和"大脑"。信息采集系统的首要部件是传感器,且置于系统的最前端。在一个现代测控系统中,如果没有传感器,就无法监测与控制表征生产过程中各个环节的各种参量,也就无法实现自动控制。传感器实际上是现代测控技术的基础。

传感器的应用领域如下。

1. 工业自动化和制造业

传感器用于监测生产线上的温度、压力、湿度等参数,以实现自动化控制和监测;也可以用于监测和控制生产过程,检测缺陷,改善质量控制。例如,检测机器和设备的异常情况,预测维修需求。

2. 智能家居

传感器用于监测室内温度、湿度、光照等参数,以实现智能家居系统的自动化控制和节能管理。

3. 医疗保健

传感器可以用于监测患者的生理参数,如心率、血压、血氧饱和度等,以实现远程监护和医疗诊断;也可以用于监测生命体征,检测疾病,跟踪病人的健康状况。例如,可穿戴传感器可以监测心率、血压和血糖水平等。

4. 环境监测

传感器可以用于空气质量、水质和土壤状况的监测,帮助检测污染物,测量温度、湿度和大气压力等参数,以实现环境保护和资源管理。

5. 汽车和交通

传感器用于监测车辆的速度、位置、倾斜角度等参数,以实现车辆控制和驾驶辅助系统;可以用于交通领域,监测交通流量,检测事故,提高安全性;还可以帮助优化交通模式,减少拥堵。

6. 农业领域

传感器用于监测土壤湿度、气温、光照等参数,以实现精准农业和农业生产的智能化管理。

7. 航空航天

传感器用于监测飞行器的姿态、速度、气压等参数,以实现飞行器的自动控制和导航。

8. 智能手机和可穿戴设备

传感器用于监测手机和可穿戴设备的运动、位置、环境等参数,以实现智能手机和可穿戴设备的智能化功能。

9. 能源产业

传感器可以用于监测和优化能源消耗,检测泄漏,提高效率,帮助减少能源浪费,促进可持续性。

10. 安全领域

传感器可以用于安全系统,检测入侵者,监测访问,改善监控,帮助识别潜在的威胁,加强安全和安保。

随着技术的不断发展,未来传感器技术还将应用于更多领域,为人们的生活带来更多便利。

4.1.4 过程自动化常用传感器

过程自动化被广泛应用于多个行业,尤其是那些涉及连续生产流程或批量处理操作的领域。应用过程自动化技术的主要行业如下。

(1) 化工行业,涉及化学物质的生产过程,包括基础化学品、特种化学品、农药、涂料等的制造。过程自动化在这里用于精确控制化学反应条件、原料投加、产品分离和纯化等环节。

(2) 石油和天然气行业,包括原油的勘探、开采、输送、精炼和天然气的处理。自动化技术帮助提高效率,确保安全并减少环境影响。

(3) 制药行业。在药物的研发、生产和包装过程中,自动化确保了高质量标准的一致性和遵守严格的法规要求。

(4) 食品和饮料行业。自动化技术用于食品的加工、包装、质量控制等环节,以确保食品安全和提高生产效率。

(5) 水处理和废水处理行业。自动化系统用于监控和控制水处理过程,包括净化、消毒和废水处理,以确保水质符合标准。

(6) 电力行业,涉及电力的生成、传输、分配和控制。自动化技术帮助提高能源效率,确保电网稳定和优化电力系统的运行。

（7）金属加工行业，包括金属的冶炼、铸造、轧制、涂装等过程。自动化技术用于提高生产效率、质量控制和降低生产成本。

（8）造纸行业。在纸张和纸板的生产过程中，自动化技术用于控制生产速度、质量和原料消耗，以提高效率和降低浪费。

（9）汽车制造行业。自动化技术在汽车的装配线应用广泛，包括焊接、涂装、装配和检测等环节，以提高生产效率和保证产品质量。

（10）环境监测。自动化技术用于监控空气和水质等环境指标，帮助及时发现和处理环境污染问题。

这些行业中的过程自动化关键在于使用先进的控制系统、传感器和执行机构等技术，以实现对生产过程的精确控制和优化

常用的过程自动化传感器及其功能和应用场景如下。

1. 温度传感器

功能：测量物体或环境的温度。

应用场景：在化工生产、食品加工、金属加工、电力发电等行业中，对反应器、炉子或其他设备的温度进行监控和控制。

2. 压力传感器

功能：测量液体或气体的压力。

应用场景：监控和控制石油和天然气的提取和输送、化学反应过程、水处理系统以及HVAC系统中的压力。

3. 流量传感器

功能：测量流体（液体或气体）的流量。

应用场景：在水处理、化学品制造、食品和饮料生产、石油和天然气输送等行业中，对流体的流量进行精确控制。

4. 液位传感器

功能：测量容器中液体的高度或容积。

应用场景：水库水位监控、燃料存储、化学品储罐管理、食品和饮料生产中的液体存储。

5. 湿度传感器

功能：测量空气或其他气体中的湿度。

应用场景：在食品加工、纺织品生产、气象监测、HVAC系统控制等领域应用监测和控制湿度。

6. pH 传感器

功能：测量溶液的酸碱值（pH）。

应用场景：在水处理、化学制造、食品加工、制药行业中，对溶液的pH进行监控和调节。

7. 导电性传感器

功能：测量溶液的电导率，以此推断溶液中溶解固体的浓度。

应用场景：水质监测、化学品浓度控制、食品和饮料制造过程中的质量控制。

8. 气体检测传感器

功能：检测空气或其他环境中特定气体的存在和浓度。

应用场景：在石油化工、矿井、实验室安全、环境监测等领域，对有害气体泄漏进行检测和预警。

9. 振动传感器

功能：测量设备的振动程度。

应用场景：早期检测机械设备（如泵、风机、压缩机等）的故障，以进行预防性维护。

10. 光学传感器

功能：检测光线的强度、波长、颜色或物体的存在等。

应用场景：在包装线上检测产品的有无、颜色分类、条形码和二维码的扫描识别、物体定位等。

11. 红外传感器

功能：通过检测物体发射的红外辐射测量温度或检测物体的存在。

应用场景：无接触温度测量、安全门监控、生产线上物品计数等。

12. 紫外线传感器

功能：检测紫外线的强度，或使用紫外线检测特定物质。

应用场景：水处理中的消毒过程监控、货币验证、泄漏检测等。

13. 电导率传感器

功能：测量溶液的电导率，进而推断溶液的浓度或纯度。

应用场景：在水处理、化学品生产、食品和饮料行业中监测溶液的电导率，以控制产品质量。

14. 旋转编码器

功能：测量轴的旋转位置、速度和加速度。

应用场景：电机控制、机器人臂定位、自动化装配线等，以确保机械部件的精确移动和定位。

这些传感器为过程自动化提供了必要的数据支持，使得生产过程更加高效、稳定和安全。通过实时监测关键参数，企业能够及时调整生产条件，优化生产流程，提高产品质量，降低生产成本。

4.1.5 工业机器人常用传感器

工业机器人在多个行业中发挥着至关重要的作用，提高生产效率、质量控制和安全性。应用工业机器人的主要行业如下。

（1）汽车制造。这是工业机器人最早和最广泛应用的行业之一，用于焊接、喷漆、装配、检测和材料搬运等环节。

（2）电子和半导体。在电子组件的组装、测试和包装过程中广泛使用机器人，尤其是在处理微小或敏感部件时。

（3）金属加工。机器人用于金属加工操作，如切割、焊接、弯曲、打磨和抛光等。

（4）塑料和橡胶制造。在塑料注塑、挤出和压缩成型过程中使用机器人提高生产效率和产品质量。

(5) 食品和饮料。机器人用于食品加工、包装、分拣和搬运,以提高生产效率和确保食品安全。

(6) 制药行业。在药品的生产、包装和质量控制过程中使用机器人,以满足高标准的卫生和精确性要求。

(7) 仓储和物流。机器人用于货物的自动拣选、装卸和搬运,提高仓库管理的效率和准确性。

(8) 化学品和危险物品处理。在处理危险或有害物质时使用机器人,以降低人员的健康风险。

(9) 建筑和建材。机器人用于建筑材料的生产、搬运和预制构件的装配。

(10) 医疗和健康护理。虽然严格意义上不属于工业应用,但机器人在手术辅助、患者护理和实验室自动化等方面的应用日益增多。

(11) 消费品制造。在家电、玩具和服装等产品的制造过程中,机器人用于提高生产效率和灵活性。

随着技术的进步和人工智能的发展,工业机器人的应用领域正在不断扩大,它们正变得更加智能、灵活和易于集成,能够满足更多行业和更复杂任务的需求。

工程自动化常用传感器中的部分传感器也应用于工业机器人中,但在工业机器人中的功能和应用场景是不同的。

工业机器人在执行任务时依赖多种传感器提高其精度、灵活性和智能水平。工业机器人常用的传感器及其功能和应用场景如下。

1. 力/力矩传感器(Force/Torque Sensors)

功能:测量机器人执行任务时施加或感受到的力和力矩。

应用场景:装配操作、打磨和抛光、产品测试。

2. 视觉传感器(Vision Sensors)/相机

功能:捕获图像并进行分析,以辨识物体、颜色、尺寸或位置。

应用场景:物体识别和分类、质量检测、导引机器人定位。

3. 接近传感器(Proximity Sensors)

功能:无须接触即可检测机器人附近是否有物体存在。

应用场景:避障、物料搬运、装配线中的物体检测。

4. 触觉传感器(Tactile Sensors)

功能:模拟人类的触觉,感知物体表面的接触、压力和纹理。

应用场景:精密装配、物体抓取、表面检测。

5. 位移传感器(Displacement Sensors)

功能:测量机器人部件的移动距离或位置。

应用场景:机器人臂的精确定位、装配工作中的部件对齐。

6. 旋转编码器(Rotary Encoders)

功能:测量机器人关节或旋转轴的旋转位置和速度。

应用场景:关节角度控制、速度反馈、同步运动控制。

7. 加速度传感器(Accelerometers)

功能:测量机器人或其部件的加速度。

应用场景：动态运动监测、碰撞检测、稳定控制。

8. 陀螺仪（Gyroscopes）

功能：测量或维持机器人的方向和角速度。

应用场景：平衡控制、导航、姿态调整。

9. 激光传感器（Laser Sensors）

功能：使用激光测量距离或创建环境的三维图像。

应用场景：导航和定位、空间测绘、避障。

10. 压力传感器（Pressure Sensors）

功能：测量流体或气体的压力，或者机器人抓取物体时的接触压力。

应用场景：抓取控制、流体控制系统、压力反馈。

11. 超声波传感器（Ultrasonic Sensors）

功能：使用超声波测量距离或检测物体。

应用场景：容器内液位测量、物体检测和定位、避障。

这些传感器的集成使得工业机器人能够在复杂的工业环境中执行高精度和高灵活性的任务，如自动装配、焊接、喷漆、搬运、包装和检测。传感器的选择取决于机器人的具体任务需求和工作环境。通过这些传感器，机器人可以实现自适应控制、智能决策和与人类工作者的协作。

4.1.6 自动驾驶汽车常用传感器

自动驾驶汽车使用多种传感器感知周围环境，实现安全的导航和操作。自动驾驶汽车中常用的传感器及其功能和应用场景如下。

1. 激光雷达（LiDAR）

功能：使用激光扫描周围环境，创建高精度的三维地图，用于检测物体和测量它们的距离、大小和形状。

应用场景：物体和障碍物检测、车辆定位和地图创建、行人和其他车辆的识别。

2. 摄像头（相机）

功能：捕捉周围环境的视觉图像，用于识别道路标志、信号灯、行人、车辆和道路边界。

应用场景：交通标志识别、车道保持辅助、行人检测、自适应巡航控制。

3. 雷达（Radar）

功能：通过无线电波检测物体的距离、速度和角度，不受天气条件影响。

应用场景：碰撞预防、自适应巡航控制、盲点监测、紧急制动辅助。

4. 超声波传感器

功能：使用高频声波测量汽车与周围物体的距离，主要用于近距离检测。

应用场景：停车辅助、低速驾驶辅助、周围障碍物检测。

5. 惯性测量单元（IMU）

功能：结合加速度计和陀螺仪，测量车辆的加速度、速度、倾斜和旋转运动。

应用场景：车辆动态监测、精确定位、车辆稳定性控制。

6. GPS 和卫星导航系统

功能：提供车辆的地理位置信息，用于路径规划和导航。

应用场景：车辆定位、长途旅行导航、地图更新。

7. 车轮编码器

功能：测量车轮的旋转速度，用于估算车辆的速度和行驶距离。

应用场景：里程计算、车速监测、车辆控制系统。

8. 车辆到车辆（V2V）和车辆到基础设施（V2I）通信

功能：允许车辆与其他车辆或道路基础设施通信，交换安全和操作信息。

应用场景：交通流优化、事故预防、道路状况信息共享。

自动驾驶汽车的传感器系统必须能够在不同的天气和光照条件下稳定工作，同时处理来自各个传感器的大量数据。为了确保安全和可靠性，自动驾驶系统通常会采用传感器融合技术，结合多个传感器的数据提供更全面和准确的环境感知能力。

4.2 变送器

变送器在自动检测和控制系统中，用于对各种工艺参数，如温度、压力、流量、液位、成分等物理量进行检测，以供显示、记录或控制。

4.2.1 变送器的构成原理

变送器是一种将来自传感器的信号转换为标准信号（如 4～20mA 电流信号、0～10V 电压信号）的设备，广泛应用于工业自动化和过程控制领域。

变送器能够准确、可靠地将现场的物理量转换为标准信号，为工业自动化和过程控制提供关键数据。

1. 模拟式变送器的构成原理

模拟式变送器从构成原理上可分为测量部分、放大器和反馈部分，在放大器的输入端还加有零点调整和零点迁移环节。

测量部分负责检测被测参数，并将其转换为放大器可以接收的信号，该信号与调零信号求取代数和，再与反馈信号在放大器的输入端进行比较，比较的差值由放大器放大，并转换为统一的标准信号输出。

2. 智能式变送器的构成原理

智能式变送器由以微处理器为核心的硬件电路和由系统程序、功能模块构成的软件两部分组成。

智能式变送器的硬件电路主要包括传感器组件、ADC、微处理器、存储器和通信电路等部分；采用可寻址远程传感器高速通道（Highway Addressable Remote Transducer，HART）协议通信方式的智能式变送器还包括 DAC。

智能式变送器的软件部分中，系统程序用于对硬件部分进行管理，使变送器能完成基本功能；功能模块则提供各种用户需求的功能，供用户组态时有选择地调用。

4.2.2 差压变送器

差压变送器主要用来测量差压、流量、液位等参数，其输入信号为压力接口上的差压信号，输出为 0～10mA DC 或 4～20mA DC 电流信号。智能式差压变送器的输出为数字信号，对于采用 HART 协议通信方式的智能式变送器，输出为 FSK 信号。

按照检测元件的不同,差压变送器可分为膜盒式差压变送器、电容式差压变送器、扩散硅式差压变送器等。以横河 EJA110A 型差压变送器为例,其外形如图 4-2 所示。

图 4-2　横河 EJA110A 型差压变送器外形

4.2.3　温度变送器

温度变送器与测温元件配合使用,可测量温度或温差信号,分为模拟式温度变送器和智能式温度变送器两大类;在结构上又可分为测温元件和变送器连成整体的一体化结构以及测温元件另配的分体式结构。

温度变送器的输入信号为来自热电偶的直流毫伏电压信号或热电阻的电阻信号。目前,国内外主流温度变送器为 DDZ-Ⅲ型温度变送器,输出为 4～20mA DC 电流信号。智能式温度变送器的输出为数字信号,对于采用 HART 协议通信方式的智能式变送器,输出为 FSK 信号。以横河 YTA110 型温度变送器为例,其外形如图 4-3 所示。

图 4-3　横河 YTA110 型温度变送器外形

4.3　执行器

执行器(Actuator)是将控制信号转换为机械运动或其他物理形式输出的设备,通常用于各种控制系统中。执行器可以是简单的电机,也可以是复杂的机械装置,接收来自控制系统的指令,并根据这些指令执行相应的物理动作。

4.3.1　概述

执行器是自动控制系统中不可缺少的重要组成部分,它接收来自控制器的控制信号,通过执行机构将其转换成推力或位移,推动调节机构动作,以改变调节机构阀芯与阀座之间的流通面积,从而调节被控介质的流量。

1. 执行器的定义及其分类

1)执行器的定义

控制系统中的执行器通常又称为驱动器、激励器、调节器等,它是驱动、传动、拖动、操纵等装置、机构或元器件的总称。

若把控制系统看作一个信息系统,则传感器完成信息获取任务,计算机担当信息处理功能,执行器完成的是信息实施。执行器将控制信号转换为相应的物理量,如产生动力、改变阀门或其他机械装置位移、改变能量或物料输送量。执行器也是影响控制系统质量的重要部件。

2) 执行器的分类

执行器按组成要素可分为结构型执行器和物性型执行器。

结构型执行器也称为构造型执行器,这类执行器是通过物体的结构要素实现对目的物的驱动和操作,并可进一步按其采用的动力源分为液动执行器、气动执行器和电动执行器。

(1) 液动执行器的动力源由液压马达提供,其特点是推力大、防爆性能好,缺点是体积和重量大。

(2) 气动执行器的动力源由压缩空气提供,其优点是结构简单、体积小、安全防爆,缺点是控制精度低,噪声大。

(3) 电动执行器的动力源由电动机或电磁机构提供,其优点是控制灵活、精度高,缺点是有电磁干扰。

物性型执行器主要是利用物体的物性效应(包括物理效应、化学效应、生物效应等)实现对目的物的驱动与操作,如利用逆压电效应的压电执行器、利用静电效应的静电执行器、利用电致与磁致伸缩效应的电与磁执行器、利用光化学效应的光化学执行器、利用金属的形状记忆效应的仿生执行器等。

执行器常见的执行机构有阀、泵、角度调节机构、位置调节机构和加热装置的功率调节机构,利用执行器可实现对执行机构的开关控制、速度控制、角度和位置控制、力矩和扭矩控制、功率控制等。

2. 伺服电机和步进电机

控制电机是一类用于信号检测、变换和传递的小型功率电机,既可作为信号元件,也可作为执行元件,前者如测速电机,后者如伺服电机和步进电机。在控制系统中,控制电机也是电动执行器的重要组成部分。

生产电动执行器的国外知名厂家有美国 Honeywell 公司、美国 Emerson 公司、德国 EMG 公司等,国内厂家有上仪十一厂、川仪执行器分公司等。以 Honeywell 公司 ML7420A 执行器为例,其外形如图 4-4 所示。

执行器由执行机构和调节机构组成,执行机构是其推动部分,调节机构是其调节部分,按其使用能源类型可分为气动执行器、电动执行器和液动执行器 3 类。

图 4-4　ML7420A 执行器外形

4.3.2　执行机构

执行机构是一个机械系统或部件,它直接接收控制信号,并将其转换为机械运动或其他形式的物理动作。在自动化和控制系统中,执行机构是实现控制指令和完成具体任务的关键组件。

执行机构的设计和选择取决于许多因素,包括所需的运动类型(直线或旋转)、力量、速度、控制精度、工作环境以及成本等。在复杂系统中,执行机构可能还包括传感器和控制电路,以实现闭环控制和更高的操作精度。

1. 电动执行机构

电动执行机构接收来自控制器的 0~10mA DC 或 4~20mA DC 电流信号,并将其转换为相应的角位移(输出力矩)或直线位移(输出力),从而操纵阀门、挡板等调节机构。

电动执行机构由伺服放大器、伺服电机、位置发送器和减速器 4 部分组成。伺服放大器将输入信号与位置反馈信号比较所得差值,进行功率放大后,驱动伺服电机转动,再经减速器减速,带动输出轴产生位移,该位移通过位置发送器转换为相应的位置反馈信号。当输入信号与位置反馈信号差值为零时,系统达到稳定状态,此时输出轴稳定在与输入信号对应的位置上。

2. 气动执行机构

气动执行机构根据控制器或阀门定位器输出的 0.02~0.1MPa 标准气压信号,产生相应的输出力和推杆直线位移,推动调节机构的阀芯动作。

气动执行机构具有正作用和反作用两种形式。当输入气压信号增大时,推杆向下运动,称为正作用;反之,当输入气压信号增大时,推杆向上运动,称为反作用。

气动执行机构主要有薄膜式和活塞式两类。其中,气动薄膜式执行机构因其结构简单、价格低廉、运行可靠、维护方便而得到广泛应用;气动活塞式执行机构输出推力大,行程长,但价格较高。下面以正作用薄膜式执行机构为例说明其工作原理。

气动薄膜式执行机构由膜片、阀杆和平衡弹簧等组成。当标准气压信号进入薄膜气室时,在膜片上产生一个向下的推力,使阀杆下移。当弹簧的反作用力与薄膜上产生的推力平衡时,系统达到稳定状态,此时阀杆稳定在与输入气压信号相对应的位置上。

4.3.3 调节机构

调节机构也称为调节阀、控制阀,通常由上阀盖、下阀盖、阀体、阀座、阀芯、阀杆等零部件组成。它是一个局部阻力可变的节流元件。在执行机构输出力(力矩)作用下,阀芯在阀体内移动,改变了阀芯与阀座之间的流通面积,即改变了调节机构的阻力系数,从而对被控介质的流量进行调节。

4.4 量程自动转换与系统误差的自动校正

量程自动转换和系统误差的自动校正是传感器和测量系统中常见的功能,用于提高测量的准确性和可靠性。

量程自动转换是指传感器或测量系统能够根据被测量物体的变化自动调整测量范围,以确保测量结果的准确性。当被测量物体的变化超出了传感器的当前量程时,传感器可以自动切换到更适合的量程,以避免测量范围不足或过载的情况发生。这种功能可以提高传感器的适用范围,同时减小测量误差。

系统误差的自动校正是指传感器或测量系统能够自动检测和校正由于环境变化、老化或其他因素引起的系统误差。传感器可以通过内部的校准算法或外部的校准装置,对测量结果进行实时校正,以确保测量结果的准确性和稳定性。这种功能可以减少人工干预,提高测量系统的可靠性和稳定性。

这两种功能的应用可以使传感器和测量系统更加智能化和自适应,能够适应复杂和变化的测量环境,提高测量的精度和可靠性。

4.4.1 模拟量输入信号类型

在接到一个具体的测控任务后,需根据被测控对象选择合适的传感器,从而完成非电物理量到电量的转换,经传感器转换后的量,如电流、电压等,往往信号幅度很小,很难直接进行模数转换,因此需对这些模拟电信号进行幅度处理和阻抗匹配、波形变换、噪声抑制等操作,而这些工作需要放大器完成。

模拟量输入信号主要有以下两类。

第 1 类为传感器输出的信号,具体如下。

(1) 电压信号:一般为毫伏信号,如热电偶(TC)的输出或电桥输出。

(2) 电阻信号:单位为欧姆,如热电阻(RTD)信号,通过电桥转换为毫伏信号。

(3) 电流信号:一般为微安信号,如电流型集成温度传感器 AD590 的输出信号,通过取样电阻转换为毫伏信号。

以上这些信号往往不能直接送往 ADC,因为信号的幅值太小,需经运算放大器放大后变换为标准电压信号,如 $0\sim5V$、$1\sim5V$、$0\sim10V$、$-5\sim+5V$ 等,送往 ADC 进行采样。有些双积分 ADC 的输入为 $-200\sim+200mV$ 或 $-2\sim+2V$,有些 ADC 内部带有可编程增益放大器(Programmable Gain Amplifier,PGA),可直接接收毫伏信号。

第 2 类为变送器输出的信号,具体如下。

(1) 电流信号:$0\sim10mA$($0\sim1.5k\Omega$ 负载)或 $4\sim20mA$($0\sim500\Omega$ 负载)。

(2) 电压信号:$0\sim5V$ 或 $1\sim5V$ 等。

电流信号可以远传,通过一个标准精密取样电阻就可以变换为标准电压信号,送往 ADC 进行采样,这类信号一般不需要放大处理。

4.4.2 量程自动转换

由于传感器所提供的信号变化范围很宽(从微伏到伏),特别是在多回路检测系统中,因此当各回路的参数信号不一样时,必须提供各种量程的放大器,才能保证送到计算机的信号一致(如 $0\sim5V$)。在模拟系统中,为了放大不同的信号,需要使用不同倍数的放大器。而在电动单位组合仪表中,常常使用各种类型的变送器,如温度变送器、差压变送器、位移变送器等。但是,这种变送器造价比较贵,系统也比较复杂。随着计算机的应用,为了减少硬件设备,已经研制出可编程增益放大器(PGA)。它是一种通用性很强的放大器,其放大倍数可根据需要用程序进行控制。采用这种放大器,可通过程序调节放大倍数,使 ADC 满量程信号达到均一化,从而大大提高测量精度。这就是量程自动转换。

4.4.3 系统误差的自动校正

系统误差是指在相同条件下,经过多次测量,误差的数值(包括大小、符号)保持恒定,或按某种已知的规律变化的误差。这种误差的特点是,在一定的测量条件下,其变化规律是可以掌握的,产生误差的原因一般也是知道的。因此,从原则上讲,系统误差是可以通过适当的技术途径确定并加以校正的。在系统的测量输入通道中,一般均存在零点偏移和漂移,产生放大电路的增益误差及器件参数的不稳定等现象,它们会影响测量数据的准确性,这些误差都属于系统误差。有时必须对这些系统误差进行校正。下面介绍一种实用的自动校正方法。

这种方法的最大特点是由系统自动完成,不需要人的介入,全自动校准电路如图 4-5 所示。该电路的输入部分加有一个多路开关。系统在刚通电时或每隔一定时间,自动进行一次校准。这时,先把开关接地,测出这时的输入值 x_0;然后把开关接标准电压 V_R,测出输入值 x_1,设测量信号 x 与 y 是线性关系,即 $y = a_1 x + a_0$,由此得到如下误差方程。

$$\begin{cases} V_R = a_1 x_1 + a_0 \\ 0 = a_1 x_0 + a_0 \end{cases}$$

解此方程组,得

$$\begin{cases} a_1 = V_R/(x_1 - x_0) \\ a_0 = V_R x_0/(x_1 - x_0) \end{cases}$$

从而得到校正公式

$$y = V_R(x - x_0)/(x_1 - x_0)$$

采用这种方法测得的 y 与放大器的漂移和增益变化无关,与 V_R 的精度也无关,这样可大大提高测量精度,降低对电路器件的要求。

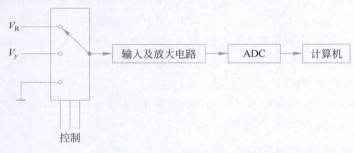

图 4-5 全自动校准电路

4.5 采样和模拟开关

采样和模拟开关在自动检测技术中有非常重要的作用。

采样是测试设备中对物理量进行测试的关键步骤。例如,在设计测试设备时,经常需要一套测试设备测试多个不同点的同类物理量,此时通常会采用信号调理及 ADC 部分共用,采样是多通道分时采样。

模拟开关(Analog Switch)则是一种可以方便实现模拟信号切换的开关。它可以通过逻辑信号实现模拟信号的切换。在多通道选择采样的应用场景中,模拟开关具有重要的作用。

1) 信号的类型和性质

信号是传递信息的一种方式,它可以分为连续信号和离散信号两种。连续信号是指在时间上连续变化的信号,离散信号则是指在时间上取值有限的信号。信号的性质可以包括幅度、频率、相位等。

2)采样定理的基本概念

采样定理是指,如果一个连续信号的频率最高为 F,则只需要 F 的采样频率就能够完整地表示这个信号。采样定理是数字信号处理的基础,它为离散信号的采样提供了理论依据。

3)采样频率的选择

采样频率的选择要根据信号的性质和所需的精度来确定。一般来说,采样频率应该是信号最高频率的 2 倍以上。如果采样频率太低,就会导致信号失真;如果采样频率太高,则会产生冗余数据,增大处理难度和存储空间。

4)离散信号的采样

离散信号的采样是指将连续信号转换为离散信号的过程。在实际应用中,通常使用 ADC 进行采样。采样过程中需要注意采样的精度和噪声干扰等问题。

5)采样定理的证明

采样定理的证明通常采用傅里叶变换的方法。如果一个连续信号的频谱是有限的,那么在频域上,信号的频谱将会有重叠。当采样频率高于信号最高频率的 2 倍时,频域上的重叠就会消失,从而保证了信号的完整表示。

6)采样定理的应用

采样定理在数字信号处理中有着广泛的应用。例如,在音频处理中,我们通常使用 44100Hz 的采样频率处理音频信号;在图像处理中,我们通常使用每秒 25 帧的帧率保证图像的流畅播放。

7)信号重建的方法

在某些情况下,我们需要在离散信号的基础上重建原始的连续信号。这通常需要采用逆变换的方法,如通过离散傅里叶逆变换(Inverse Discrete Fourier Transform,IDFT)进行逆变换重建信号。这种重建过程需要注意噪声干扰和精度等问题。

8)采样定理的推广

采样定理不仅适用于正弦波等单一频率的信号,还适用于复杂的调制信号和随机信号等。此外,除了傅里叶变换外,还有小波变换等方法可以用于信号的分析和处理。这些方法在某些情况下可以提供更好的处理效果和更高的精度。

4.5.1　信号和采样定理

信号是指携带信息的物理量,可以是电信号、声信号、光信号等。在工程和科学中,信号通常是时间的函数,如电压或电流随时间变化的波形。信号处理是一个涉及分析、修改和合成信号的领域,它在通信、音频处理、图像处理等多个领域都有应用。

采样定理也称为奈奎斯特采样定理(Nyquist Sampling Theorem),是信号处理中的一个基本概念。它指出,为了从连续时间信号(模拟信号)中恢复出原始信号,采样频率必须至少是信号最高频率成分的 2 倍。这个最低的采样频率称为奈奎斯特频率。

例如,如果一个模拟信号包含的最高频率为 20kHz,则根据采样定理,采样频率必须至少为 40kHz 才能在数字化过程中无失真地捕获信号的所有信息。如果采样频率低于奈奎斯特频率,就会发生混叠(Aliasing)现象,即高频信号的部分会被错误地解释为低频信号,导致信号失真。

采样定理是数字信号处理和数字通信系统设计的基础。在实际应用中,通常会使用稍高于奈奎斯特频率的采样频率,并且在采样之前通过一个低通滤波器(抗混叠滤波器)确保信号中不包含高于奈奎斯特频率的频率成分,以避免混叠。

下面讲述信号类型和采样过程的数学描述。

1. 信号类型

计算机控制系统中信号变换与传输过程如图 4-6 所示。

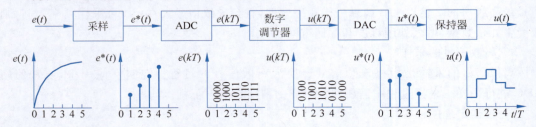

图 4-6 计算机控制系统中信号变换与传输过程

模拟信号为时间和幅值上都连续的信号,如图 4-6 中的 $e(t)$、$u(t)$。

离散模拟信号为时间上离散、幅值上连续的信号,如图 4-6 中的 $e^*(t)$、$u^*(t)$。

数字信号为时间上离散,幅值上也离散的信号,计算机中常用二进制表示,如图 4-6 中的 $e(kT)$、$u(kT)$。

采样是将模拟信号抽样成离散模拟信号的过程。

量化是采用一组数码(如二进制数码)逼近离散模拟信号的幅值,将其转换为数字信号。

从图 4-6 可以清楚地看出,计算机获取信号的过程是由 ADC 完成的。从模拟信号 $e(t)$ 到离散模拟信号 $e^*(t)$ 的过程就是采样,其中 T 为采样周期。显然,合理地选择采样周期是必要的,T 过大会损失信息,T 过小会使计算机的负担过重,即存储与运算的数据过多。模数转换的过程就是一个量化的过程。

数模转换则是将数字信号解码为模拟离散信号并转换为相应时间的模拟信号的过程。

计算机引入控制系统之后,由于其运算速度快、精度高、存储容量大,运算功能和可编程性强大,因此一台计算机可以采用不同的复杂控制算法同时控制多个被控对象或控制量,可以实现许多连续控制系统难以实现的复杂控制规律。控制规律是用软件实现的,修改一个控制规律,无论复杂还是简单,只修改软件即可,一般不需要变动硬件进行在线修改,这就使系统具有很大的灵活性和适应性。

2. 采样过程的数学描述

离散系统的采样形式如下。

(1) 周期采样:以相同的时间间隔进行采样,即 $t_{k+1} - t_k = $ 常量 $(T)(k=0,1,2,\cdots)$。其中 T 为采样周期。

(2) 多阶采样:在这种形式下,$t_{k+r} - t_k$ 周期性重复,即 $t_{k+r} - t_k = $ 常量,$r > 1$。

(3) 随机采样:采样周期是随机的、不固定的,可在任意时刻进行采样。

以上 3 种形式中,周期采样用得最多。

所谓采样,是指按一定的时间间隔 T 对时间连续的模拟信号 $x(t)$ 取值,得到 $x^*(t)$ 或 $x(nT)(n=\cdots,-1,0,+1,\cdots)$ 的过程。我们称 T 为采样周期;称 $x^*(t)$ 或 $x(nT)$ 为离散模拟信号或时间序列。请注意,离散模拟信号是时间离散、幅值连续的信号。因此,对 $x(t)$ 采样得到 $x^*(t)$ 的过程也称为模拟信号的离散化过程。模拟信号采样或离散化如图 4-7 所示。

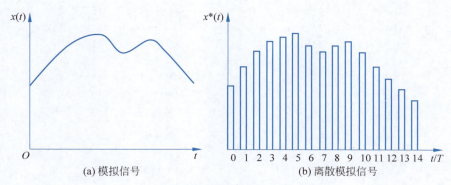

图 4-7 模拟信号采样或离散化

4.5.2 模拟开关

在用计算机进行测量和控制时,经常需要有多路和多参数的采集和控制,如果每路都单独采用各自的输入回路,即每路都采用放大、采样/保持、模数转换等环节,不仅成本比单路成倍增加,而且会导致系统体积庞大,且由于模拟器件、阻容元件参数特性不一致,给系统的校准带来很大困难。并且,对于多路巡检,如 128 路信号采集情况,每路单独采用一个回路几乎是不可能的。因此,除特殊情况下采用多路独立的放大、模数转换和数模转换外,通常采用公共的采样/保持及转换电路,而要实现这种设计,往往采用多路模拟开关。

模拟开关是一种能够完成信号链路中的信号切换功能的设备,采用金属氧化物半导体(Metal Oxide Semiconductor,MOS)管的开关方式实现对信号链路的关断或打开。由于其功能类似于开关,而用模拟器件的特性实现,因此称为模拟开关。模拟开关在电子设备中主要起接通信号或断开信号的作用。模拟开关由于具有功耗低、速度快、无机械触点、体积小和使用寿命长等特点,因此在自动控制系统和计算机中得到了广泛应用。

1. CD4051

CD4051 为单端 8 通道低价格模拟开关,引脚如图 4-8 所示。

其中,INH 为禁止端,当 INH 为高电平时,8 个通道全部禁止;当 INH 为低电平时,由 A、B、C 决定选通的通道,COM 为公共端。

V_{DD} 为正电源,V_{EE} 为负电源,V_{SS} 为地,要求 $V_{DD}+|V_{EE}|\leqslant 18V$。例如,采用 CD4051 模拟开关切换 0~5V 电压信号时,电源可选取为:$V_{DD}=+12V$,$V_{EE}=-5V$,$V_{SS}=0V$。

CD4051 可以完成 1 变 8 或 8 变 1 的工作。

2. MAX354

MAX354 是 MAXIM 公司生产的 8 选 1 多路模拟开关,引脚如图 4-9 所示。

MAX354 的最大接通电阻为 350Ω,具有超压关断功能,低输入漏电流,最大为 0.5nA,无上电顺序,输入和 TTL、CMOS 电平兼容。

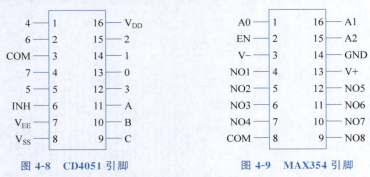

图 4-8　CD4051 引脚　　　　图 4-9　MAX354 引脚

另外,美国 ADI 公司的 ADG508F 与 MAX354 引脚完全兼容。

3. CD4052

CD4052 为低成本差动 4 通道模拟开关,引脚如图 4-10 所示。其中,X 和 Y 分别为 X 组和 Y 组的公共端。

4. MAX355

MAX355 是 MAXIM 公司生产的差动 4 通道模拟开关,引脚如图 4-11 所示。其中,COMA 和 COMB 分别为 A 组和 B 组的公共端。

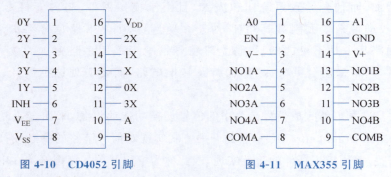

图 4-10　CD4052 引脚　　　　图 4-11　MAX355 引脚

MAX355 除了为差动 4 通道外,其他性能参数与 MAX354 相同。

另外,美国 ADI 公司的 ADG509F 与 MAX355 引脚完全兼容。

4.5.3　32 通道模拟量输入电路设计实例

在计算机控制系统中,往往有多个测量点,需要设计多路模拟量输入通道,下面以 32 通道模拟量输入电路为例介绍其设计方法。

1. 硬件电路

32 通道模拟量输入电路如图 4-12 所示。

在图 4-12 中,采用 74HC273 锁存器、74HC138 译码器、CD4051 模拟开关扩展了 32 路模拟量输入通道 AIN0~AIN31。

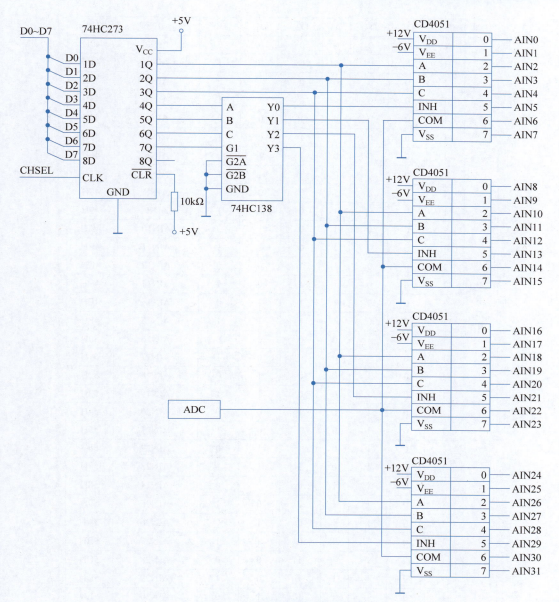

图 4-12　32 通道模拟量输入电路

2. 通道控制字

32 路模拟量输入的通道控制字如图 4-13 所示。

3. 程序设计

假设选中 AIN12 通道,则通道控制字为 4CH。

背景机为 AT89C52 CPU。

```
MOV    DPTR,  ＃CHSEL
MOV    A,     ＃4CH
MOVX   @DPTR,A
```

D7	D6	D5	D4	D3	D2	D1	D0	选中通道	控制字
未用为0	1	0	0	0	0	0	0	AIN0	40H
	1	0	0	0	0	0	1	AIN1	41H
	1	0	0	0	0	1	0	AIN2	42H
	1	0	0	0	0	1	1	AIN3	43H
	1	0	0	0	1	0	0	AIN4	44H
	1	0	0	0	1	0	1	AIN5	45H
	1	0	0	0	1	1	0	AIN6	46H
	1	0	0	0	1	1	1	AIN7	47H
	1	0	0	1	0	0	0	AIN8	48H
	1	0	0	1	0	0	1	AIN9	49H
	1	0	0	1	0	1	0	AIN10	4AH
	1	0	0	1	0	1	1	AIN11	4BH
	1	0	0	1	1	0	0	AIN12	4CH
	1	0	0	1	1	0	1	AIN13	4DH
	1	0	0	1	1	1	0	AIN14	4EH
	1	0	0	1	1	1	1	AIN15	4FH
	1	0	1	0	0	0	0	AIN16	50H
	1	0	1	0	0	0	1	AIN17	51H
	1	0	1	0	0	1	0	AIN18	52H
	1	0	1	0	0	1	1	AIN19	53H
	1	0	1	0	1	0	0	AIN20	54H
	1	0	1	0	1	0	1	AIN21	55H
	1	0	1	0	1	1	0	AIN22	56H
	1	0	1	0	1	1	1	AIN23	57H
	1	0	1	1	0	0	0	AIN24	58H
	1	0	1	1	0	0	1	AIN25	59H
	1	0	1	1	0	1	0	AIN26	5AH
	1	0	1	1	0	1	1	AIN27	5BH
	1	0	1	1	1	0	0	AIN28	5CH
	1	0	1	1	1	0	1	AIN29	5DH
	1	0	1	1	1	1	0	AIN30	5EH
	1	0	1	1	1	1	1	AIN31	5FH
	G1	C	A	B	C	B	A		
	74HC138				CD4051				

图 4-13 32 通道模拟量输入的通道控制字

第 10 集
微课视频

4.6 模拟量输入通道

模拟量输入通道是指用于接收模拟信号的通道,通常用于将模拟传感器(如温度传感器、压力传感器、光线传感器等)采集的模拟信号转换为数字信号,以便计算机或控制系统进行处理和分析。模拟量输入通道通常具有一定的分辨率和采样速率,可以接收不同范围和精度的模拟信号,并将其转换为数字形式供系统使用。这些通道在工业自动化、数据采集、仪器仪表等领域中广泛应用。

模拟量输入通道根据应用要求的不同,可以有不同的结构形式。图 4-14 所示为多路模拟量输入通道的组成框图。

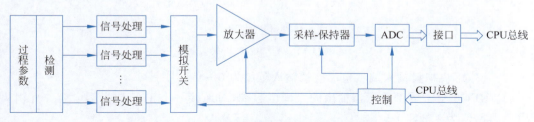

图 4-14　多路模拟量输入通道的组成框图

从图 4-14 可以看出,模拟量输入通道一般由信号处理、模拟开关、放大器、采样-保持器和 ADC 组成。

根据需要,信号处理可选择的内容包括小信号放大、信号滤波、信号衰减、阻抗匹配、电平变换、非线性补偿、电流/电压转换等。

4.7　12 位低功耗 ADC AD7091R

AD7091R 是一种 12 位低功耗 ADC,由 ADI 公司生产。它是一种单端输入的模拟到数字信号转换器,能够将模拟输入信号转换为 12 位的数字输出。AD7091R 具有低功耗特性,适合需要长时间运行或电池供电的应用场景。

该型号的 ADC 具有内置的参考电压和温度传感器,同时还集成了电源监控和电源管理功能。采用 SPI 进行通信,能够在低至 2.25V 的电源电压下工作。这种低功耗 ADC 适用于需要高分辨率、低功耗和小尺寸的应用,如便携式设备、传感器接口、医疗设备和工业控制系统等领域。

AD7091R 是一款 12 位逐次逼近型模数转换器,该器件采用 2.7~5.25V 单电源供电,内置一个宽带宽采样保持放大器,可处理 7MHz 以上的输入频率。

转换过程与数据采集利用 $\overline{\text{CONVST}}$ 信号和内部振荡器进行控制。AD7091R 在实现 1MSPS 吞吐速率的同时,还可以利用其串行接口在转换完成后读取数据。

AD7091R 采用先进的设计和工艺技术,可在高吞吐速率下实现极低的功耗,片内包括一个 2.5V 的精密基准电压源,器件不执行转换时,可进入省电模式以降低平均功耗。

4.7.1　AD7091R 引脚介绍

AD7091R 具有 10 引脚的 LFCSP 和 MSOP 封装,引脚如图 4-15 所示。
AD7091R 引脚介绍如下。

(1) V_{DD}:电源输入端。V_{DD} 范围为 2.7~5.25V,对地接 10μF 和 0.1μF 的去耦电容。

(2) REF_{IN}/REF_{OUT}:基准电压输入/输出端,对地接一个 2.2μF 的去耦电容。用户既可使用内部 2.5V 基准电压,也可使用外部基准电压。

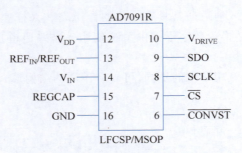

图 4-15　AD7091R 引脚

(3) V_{IN}：模拟量输入端。单端模拟输入范围为 $0\sim V_{REF}$。

(4) REGCAP：内部稳压器输出的去耦电容端，对地接一个 $1\mu F$ 的去耦电容。此引脚的电压典型值为 1.8V。

(5) GND：电源地。

(6) $\overline{CONVST}$：转换开始端。在输入信号下降沿使采样-保持器进入保持模式，并启动转换。

(7) $\overline{CS}$：片选端。低电平有效逻辑输入，$\overline{CS}$ 处于低电平时，串行总线使能。

(8) SCLK：串行时钟端。此引脚用作串行时钟输入。

(9) SDO：串行数据输出端。转换输出数据以串行数据流形式提供给此引脚。各数据位在 SCLK 输入的下降沿逐个输出，数据 MSB 位在前。

(10) V_{DRIVE}：逻辑电源输入。此引脚的电源电压决定逻辑接口的工作电压，对地接 $10\mu F$ 和 $0.1\mu F$ 的去耦电容。电压范围为 $1.65\sim 5.25V$。

EPAD 为裸露焊盘。底部焊盘不在内部连接。为提高焊接接头的可靠性并实现最大散热效果，应将裸露焊盘接到基板的 GND。

4.7.2　AD7091R 应用特性

AD7091R 是一款适用于低功耗、高精度应用场景的模数转换芯片，具有内部参考电压、SPI、内部温度传感器等特性，适合便携式设备、传感器接口、温度测量等应用。

1. 内部/外部基准电压

AD7091R 允许选用内部或外部基准电压源。内部基准电压源提供 2.5V 精密低温漂基准电压，内部基准电压通过 REF_{IN}/REF_{OUT} 引脚提供。如果使用外部基准电压，外部施加的基准电压应在 $2.7\sim 5.25V$ 的范围内，并且应连接到 REF_{IN}/REF_{OUT} 引脚。

2. 模拟输入

AD7091R 是单通道 ADC，在对谐波失真和信噪比要求严格的应用中，模拟输入应采用一个低阻抗源进行驱动，高阻抗源会显著影响 ADC 的交流特性。不用放大器驱动模拟输入端时，应将源阻抗限制在较低的值。

3. 工作模式

AD7091R 具有两种不同的工作模式：正常模式和省电模式。正常模式旨在实现最快的吞吐速率。在这种模式下，AD7091R 始终处于完全上电状态，模数转换在 $\overline{CONVST}$ 的下降沿启动，并且引脚要保持高电平状态直到转换结束。省电模式旨在实现较低的功耗。

在这种模式下,AD7091R 内部的模拟电路均关闭,但串行口仍然有效,在一次模数转换完成之后会测试 $\overline{\text{CONVST}}$ 引脚的逻辑电平,如果为低电平,则芯片进入省电模式。

4.7.3 AD7091R 数字接口

AD7091R 串行接口由 4 个信号构成:SDO、SCLK、$\overline{\text{CONVST}}$ 和 $\overline{\text{CS}}$。串行接口用于访问结果寄存器中的数据以及控制器件的工作模式。SCLK 引脚信号用于串行时钟输入,SDO 引脚信号用于数据的传输,$\overline{\text{CONVST}}$ 引脚信号用于启动转换过程以及选择 AD7091R 的工作模式,$\overline{\text{CS}}$ 引脚信号用于实现数据的帧传输。$\overline{\text{CS}}$ 的下降沿使 SDO 线脱离高阻态,上升沿使 SDO 线返回高阻态。

转换结束时,$\overline{\text{CS}}$ 的逻辑电平决定是否使能 BUSY 指示功能。此功能影响 MSB 相对于 $\overline{\text{CS}}$ 和 SCLK 的传输。启用 BUSY 指示功能时,需将 $\overline{\text{CS}}$ 引脚拉低,SDO 引脚可以用作中断信号,指示转换已完成。这种模式需要 13 个 SCLK 周期:12 个时钟周期用于输出数据,还有 1 个时钟周期用于使 SDO 引脚退出三态状态,其时序如图 4-16 所示。不启用 BUSY 指示功能时,应确保转换结束前将 $\overline{\text{CS}}$ 拉高,这种模式只需要 12 个 SCLK 周期传输数据,其时序如图 4-17 所示。

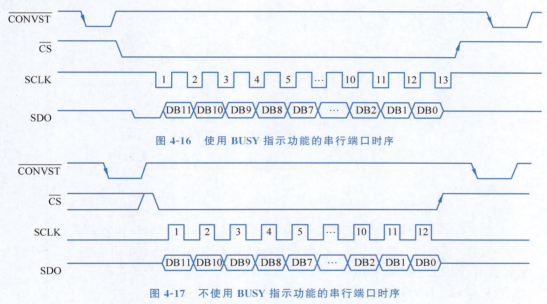

图 4-16 使用 BUSY 指示功能的串行端口时序

图 4-17 不使用 BUSY 指示功能的串行端口时序

4.7.4 AD7091R 与 STM32F103 的接口

AD7091R 与 STM32F103 的接口简单流程如下。

(1) 硬件连接。将 AD7091R 的接口与 STM32F103 的接口通过适当的线缆或 PCB 连接起来。具体连接方式需要根据 AD7091R 和 STM32F103 的具体引脚定义进行。

(2) 电源供电。给 AD7091R 和 STM32F103 提供稳定的电源,确保它们能够正常工作。

(3) 初始化。在 STM32F103 的程序中,编写初始化代码配置 SPI 或 ADC 通道,以便与 AD7091R 进行通信。

(4) 发送控制命令。通过 SPI 或 ADC 通道,向 AD7091R 发送控制命令,以启动数据采集或其他操作。

(5) 读取数据。等待 AD7091R 完成数据采集或其他操作后,通过 SPI 或 ADC 通道读取 AD7091R 转换后的数据。

(6) 数据处理。在 STM32F103 的程序中,对读取到的数据进行处理、分析和存储等操作。

(7) 循环执行。重复上述步骤,以便不断进行数据采集和处理。

需要注意的是,具体实现过程中还需要考虑一些细节问题,如通信协议、数据格式、错误处理等。

1. 硬件电路设计

使用 BUSY 指示功能时,AD7091R 与 STM32F103 的连接电路如图 4-18 所示;不使用 BUSY 指示功能时,把连接到 SDO 引脚的上拉电阻去除即可。

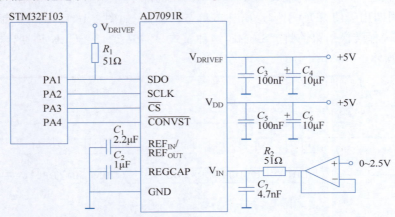

图 4-18　AD7091R 与 STM32F103 的连接电路

2. 程序设计

软件设计步骤如下。

(1) 给 $\overline{CONVST}$ 引脚一个下降沿,启动 ADC,等待 650ns 以确保转换完成。

(2) 设置 $\overline{CS}$ 引脚的逻辑电平。如果设置为低电平,使用 BUSY 指示功能;如果设置为高电平,则不使用 BUSY 指示功能。

(3) 根据 SCLK 时钟传输转换结果。

(4) 重复以上步骤,直到满足程序处理需要。

除上面介绍的 AD7091R 单通道 ADC 之外,ADI 公司还分别推出了 AD7091R-2 双通道、AD7091R-4 四通道、AD7091R-8 八通道 3 款同类型的 12 位 ADC,这里就不一一介绍了。

4.8　模拟量输出通道

模拟量输出通道是指用于输出模拟信号的通道,通常用于控制执行器或其他需要模拟信号的设备。这些通道通常由 DAC 实现,能够将数字信号转换为模拟电压或电流输出。

模拟量输出通道通常具有一定的分辨率和输出精度,可以输出不同范围和精度的模拟信号。这些通道在工业自动化、仪器仪表、电子设备调节和控制等领域中广泛应用。

模拟量输出通道是计算机的数据分配系统,它们的任务是把计算机输出的数字量转换为模拟量。这个任务主要是由 DAC 完成的。对该通道的要求,除了可靠性高、满足一定的精度要求外,输出还必须具有保持的功能,以保证被控对象可靠地工作。

当模拟量输出通道为单路时,其组成比较简单,但在计算机控制系统中,通常采用多路模拟量输出通道。

多路模拟量输出通道的结构形式,主要取决于输出保持器的构成方式。输出保持器的作用主要是在新的控制信号到来之前,使本次控制信号维持不变。保持器一般有数字保持方案和模拟保持方案两种。这就决定了模拟量输出通道的两种基本结构形式。

1. 一个通道设置一片 DAC

在这种结构形式下,微处理器和通路之间通过独立的接口缓冲器传输信息,这是一种数字保持的方案。它的优点是转换速度快,工作可靠,即使某一路 DAC 有故障,也不会影响其他通道的工作。其缺点是使用了较多的 DAC。但随着大规模集成电路技术的发展,这个缺点正在逐步得到克服,这种方案较易实现。一个通道设置一片 DAC 的形式如图 4-19 所示。

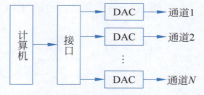

图 4-19　一个通道设置一片 DAC 的形式

2. 多个通道共用一片 DAC

由于共用一片 DAC,因此必须在计算机控制下分时工作,即依次把 DAC 转换成的模拟电压(或电流),通过多路模拟开关传输给输出采样-保持器。这种结构形式的优点是节省了 DAC,但因为分时工作,只适用于通路数量多且速率要求不高的场合。它还要用多路模拟开关,且要求输出采样-保持器的保持时间与采样时间之比较大,这种方案工作可靠性较差。共用 DAC 的形式如图 4-20 所示。

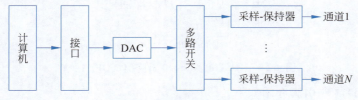

图 4-20　共用 DAC 的形式

4.9　12/16 位 4～20mA 串行输入 DAC AD5410/AD5420

AD5410 和 AD5420 是 ADI 公司生产的 12 位和 16 位串行输入模拟输出(4～20mA) DAC。它们可以将数字输入转换为 4～20mA 的模拟电流输出,通常用于工业控制系统、过程控制、仪器仪表和自动化设备等领域。

这两种型号的 DAC 具有内置的电流输出放大器,能够直接驱动 4～20mA 的电流环路。它们采用了串行接口(如 SPI)进行通信,具有灵活的配置选项和低功耗特性。AD5420 是 16 位 DAC,提供更高的分辨率;而 AD5410 是 12 位 DAC,适用于对分辨率要求不那么严格的应用。

这些 DAC 还具有内置的诊断功能,能够监测电流输出和设备状态,有助于系统故障诊断和维护。它们适用于需要精确模拟输出的应用,如传感器接口、电流环路控制、阀门和执行器控制等。

AD5410/AD5420 是低成本、精密、完全集成的 12/16 位转换器,提供可编程电流源输出,输出电流范围可编程设置为 4～20mA、0～20mA 或 0～24mA。

该器件的串行接口十分灵活,可与 SPI、MICROWIRE 等接口兼容,串口可在三线制模式下工作,减少了所需的数字隔离电路。

该器件包含确保在已知状态下的上电复位功能,以及将输出设定为所选电流范围低端的异步清零功能。该器件可方便地应用于过程控制、PLC 和 HART 网络中。

4.9.1 AD5410/AD5420 引脚介绍

AD5410 和 AD5420 具有 24 引脚 TSSOP 和 40 引脚 LFCSP 两种封装。TSSOP 封装的引脚如图 4-21 所示。

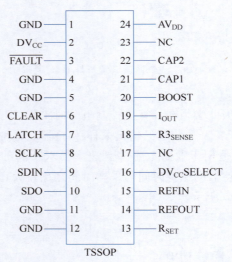

图 4-21 AD5410/AD5420 引脚(TSSOP 封装)

AD5410/AD5420 引脚介绍如下。

(1) GND:电源基准端。此类引脚必须接地。

(2) DV_{CC}:数字电源引脚。电压范围为 2.7～5.5V。

(3) $\overline{FAULT}$:故障提醒引脚。当检测到 I_{OUT} 与 GND 之间开路或检测到过温时,该引脚置为低电平。$\overline{FAULT}$ 引脚为开漏输出。

(4) CLEAR:异步清零引脚。高电平有效,置位该引脚时,输出电流设为 0 或 4mA 的初始值。

(5) LATCH：锁存引脚。该引脚对正边沿敏感,在信号的上升沿并行将输入移位寄存器数据载入相关寄存器。

(6) SCLK：串行时钟输入引脚。数据在 SCLK 的上升沿逐个输入移位寄存器,工作时钟速度最高可达 30MHz。

(7) SDIN：串行数据输入引脚。数据在 SCLK 的上升沿逐个输入。

(8) SDO：串行数据输出引脚。数据在 SCLK 的下降沿逐个输出。

(9) R_{SET}：可选外部电阻连接引脚。可以将一个高精度、低温漂的 $15k\Omega$ 的电阻连接到该引脚与 GND 之间,构成器件内部电路的一部分,以改善器件的整体性能。

(10) REFOUT：内部基准电压源输出引脚。当环境温度为 25℃ 时,引脚输出电压为 5V,误差为 ±5mV,典型温度漂移为 1.8ppm/℃。

(11) REFIN：外部基准电压输入引脚。针对额定性能,外部输入基准电压应为 5V±50mV。

(12) DV_{CC} SELECT：数字电源选择引脚。当该引脚接 GND 时,内部电源禁用,必须将外部电源接到 DV_{CC} 引脚,不连接该引脚时,内部电源使能。

(13) NC：非连接引脚。

(14) $R3_{SENSE}$：输出电流反馈引脚。在该引脚与 BOOST 引脚之间测得的电压与输出电流成正比,可以用于监控和反馈输出电流特性,但不能从该引脚引出电流用于其他电路。

(15) I_{OUT}：电流输出引脚。

(16) BOOST：可选,外部晶体管连接引脚。增加一个外部增强晶体管,连接外部晶体管可减小片内输出晶体管的电流,降低 AD5410/AD5420 的功耗。

(17) CAP1：可选,输出滤波电容的连接引脚。可在该引脚与 AV_{DD} 之间放置电容,这些电容会在电流输出电路上形成一个滤波器,可降低带宽和输出电流的压摆率。

(18) CAP2：可选,输出滤波电容的连接引脚。与 CAP1 引脚功能相同。

(19) AV_{DD}：正模拟电源引脚。电压范围为 10.8~40V。

EPAD 为裸露焊盘。接地基准连接,建议将裸露焊盘与一个铜片形成散热连接。

4.9.2　AD5410/AD5420 片内寄存器

器件的输入移位寄存器为 24 位宽度。在串行时钟输入 SLCK 的控制下,数据作为 24 位字以 MSB 优先的方式在 SCLK 上升沿逐个载入器件。输入移位寄存器由高 8 位的地址字节和低 16 位的数据字节组成。在 LATCH 的上升沿,输入移位寄存器中存在的数据被锁存。不同的地址字节对应的功能如表 4-1 所示。

表 4-1　地址字节功能

地 址 字 节	功　　能
00000000	无操作(NOP)
00000001	数据寄存器
00000010	按读取地址回读
01010101	控制寄存器
01010110	复位寄存器

读寄存器值时,首先写入读操作命令,24 个数据的高 8 位为读命令字节(0x02)。最后两位为要读取的寄存器的代码:00 为状态寄存器,01 为数据寄存器,10 为控制寄存器。然后,写入一个 NOP 条件(0x00),要读取的寄存器的数据就会在 SDO 线上输出。

4.9.3 AD5410/AD5420 应用特性

AD5410 和 AD5420 是单通道、可编程电流输出变送器,主要用于工业控制系统中。这两款芯片具有相似的应用特性,但它们在输出范围和一些性能参数上有所不同。AD5410 提供 4~20mA 的电流输出,而 AD5420 则能提供更广泛的输出范围,为 3.2~24mA。

下面讲述 AD5410/AD5420 的应用特性。

1. 故障报警

AD5410/AD5420 配有一个 $\overline{\text{FAULT}}$ 引脚,它为开漏输出,并允许多个器件一起连接到一个上拉电阻以进行全局故障检测。当存在开环电路、电源电压不足或器件内核温度超过约 150℃时,都会使 $\overline{\text{FAULT}}$ 引脚强制有效。该引脚可与状态寄存器的 I_{OUT} 故障位和过温位一同使用,以告知用户何种故障条件导致 $\overline{\text{FAULT}}$ 引脚置位。

2. 内部基准电压源

AD5410/AD5420 内置一个集成+5V 基准电压源,温度漂移系数最大值为 10ppm/℃。

3. 数字电源

DV_{CC} 引脚默认采用 2.7~5.5V 电源供电。也可以将内部 4.5V 电源经由 DV_{CC} SELECT 引脚输出到 DV_{CC} 引脚,以用作系统中其他器件的数字电源,这样做的好处是数字电源不必跨越隔离栅。使 DV_{CC} SELECT 引脚处于未连接状态,便可使能内部电源,若要禁用内部电源,DV_{CC} SELECT 应连接到 GND。DV_{CC} 可以提供最高 5mA 的电流。

4.9.4 AD5410/AD5420 数字接口

AD5410/AD5420 通过多功能三线制串行接口进行控制,能够以最高 30MHz 的时钟速率工作。串行接口既可配合连续 SCLK 工作,又可配合非连续 SCLK 工作。要使用连续 SCLK 源,必须在输入正确数量的数据位之后将 LATCH 置为高电平。输入数据字 MSB 的 SCLK 第 1 个上升沿标志着写入周期的开始,LATCH 变为高电平之前,必须将正好 24 个上升时钟沿施加于 SCLK。如果 LATCH 在第 24 个 SCLK 上升沿之前或之后变为高电平,则写入的数据无效。

4.9.5 AD5410/AD5420 与 STM32F103 的接口

AD5410/AD5420 与 STM32F103 的接口流程如下。

(1)硬件连接。将 AD5410/AD5420 的接口与 STM32F103 的接口通过适当的线缆或 PCB 连接起来。

(2)电源供电。给 AD5410/AD5420 和 STM32F103 提供稳定的电源,确保它们能够正常工作。

(3)初始化。在 STM32F103 的程序中,编写初始化代码配置 I2C 接口,以便与

AD5410/AD5420 进行通信。

（4）发送控制命令。通过 GPIO 接口向 AD5410/AD5420 发送控制命令，以启动数据采集或其他操作。需要编写相应的命令序列，以便正确地控制 AD5410/AD5420 的行为。

（5）读取数据。等待 AD5410/AD5420 完成数据采集或其他操作后，通过 GPIO 接口读取 AD5410/AD5420 转换后的数据。需要编写相应的代码，以便从 GPIO 接口读取数据并处理。

（6）数据处理。在 STM32F103 的程序中，对读取到的数据进行处理、分析和存储等操作。根据具体应用需求，可能需要将数据转换为工程单位、进行数据滤波等处理。

（7）循环执行。重复上述步骤，以便不断进行数据采集和处理。

具体实现过程中还需要考虑一些细节问题，如通信协议、数据格式、错误处理等。同时，还需要注意硬件连接的正确性以及电源的稳定性等因素，以确保整个系统的正常运行。

1. 硬件电路设计

AD5410/AD5420 具有一个三线制的串行接口，可方便地与 STM32F103 进行数据传输，连接电路如图 4-22 所示，其中 BOOST、R_{SET}、DV_{CC} SELECT 引脚悬空，不连接。

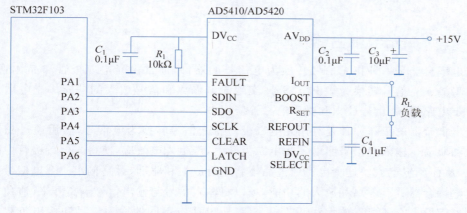

图 4-22　AD5410/AD5420 与 STM32F103 的连接电路

2. 程序设计

程序设计步骤如下。

（1）通过控制寄存器进行软件复位。

（2）写控制寄存器。设置是否启用外部电流设置电阻、是否启用数字压摆率控制、是否启用菊花链模式、电流输出范围，并使能输出。

（3）写数据寄存器。设置要输出的电流大小。

（4）不再需要电流输出时，写控制寄存器，关闭输出功能。

4.10　数字量输入/输出通道

数字量输入/输出通道是指用于数字信号输入和输出的通道，通常用于连接数字传感器、执行器、开关和其他数字设备。数字量输入通道用于接收和采集数字信号，通常表示为逻辑 0 或 1。数字量输出通道用于向数字设备发送数字信号，控制设备的开关状态或执行特定的动作。

在工业自动化、控制系统和数据采集应用中,数字量输入/输出通道通常用于监控和控制各种设备,如传感器、执行器、电机、阀门等。这些通道通常通过数字输入/输出模块或 PLC 实现,具有高速、可靠和抗干扰的特性。数字量输入/输出通道在工业领域中扮演着至关重要的角色,用于实现对设备状态的监测和控制。

数字量输入/输出通道是将数字信号输入或输出到计算机控制系统的通道。

数字量输入通道的任务是将检测到的数字信号转换为计算机能够处理的二进制数字信号。例如,通过读取输入引脚的状态,将外部开关的状态转换为二进制数字信号,并将其送入计算机进行处理。

数字量输出通道的任务是将计算机产生的数字控制信号转换为模拟信号,作用于执行机构,以实现对被控对象的控制。例如,通过控制输出引脚的电平状态,将计算机发送的二进制数字信号转换为模拟信号,以驱动外部设备(如 LED、马达等)进行相应的动作。

在数字量输入/输出通道中,需要使用相应的接口电路和驱动程序传输和处理数据。同时,还需要编写相应的驱动程序处理输入和输出的数据,以实现计算机对外部设备的控制和监测。

4.10.1 光电耦合器

光电耦合器是一种将光信号转换为电信号的器件,通常由光电二极管和晶体管组成。它可以将输入光信号转换为输出电信号,实现光电隔离和信号放大的功能。光电耦合器通常被用于电路隔离、信号放大和噪声滤除等应用中。

光电耦合器的工作原理是利用光电二极管将光信号转换为电信号,然后通过晶体管进行放大和驱动。输入光信号照射到光电二极管上,产生光电效应,使得光电二极管中的电子被激发,从而产生电流。这个电流通过晶体管进行放大和驱动,最终输出一个电信号。

光电耦合器具有隔离和放大的功能,可以将输入信号与输出信号隔离开来,避免干扰和电气隔离问题。它还可以放大和调节输入信号,以适应不同的输入信号和输出负载。光电耦合器在电子设备、自动化控制、通信系统和医疗设备等领域中广泛应用。

光电耦合器的优点是能有效地抑制尖峰脉冲及各种噪声干扰,从而使传输通道上的信噪比大大提高。

1. 一般隔离用光电耦合器

(1) TLP54-1/TLP54-2/TLP54-4。该系列产品为 Toshiba 公司推出的光电耦合器。

(2) PS2501-1/PC817。PS2501-1 为 NEC 公司的产品,PC817 为 Sharp 公司的产品。

(3) 4N25。4N25 为 MOTOROLA 公司的产品。4N25 光电耦合器有基极引线,可以不用,也可以通过几百千欧(kΩ)以上的电阻,再并联一个几十皮法(pF)的小电容接到地上。

2. 交流用光电耦合器

该类产品有 NEC 公司的 PS2505-1、Toshiba 公司的 TLP620。输入端为反相并联的发光二极管,可以实现交流检测。

3. 高速光电耦合器

1) 6N137 系列

Agilent 公司的 6N137 系列高速光电耦合器包括 6N137、HCPL-2601/2611、HCPL-

0600/0601/0611。该系列光电耦合器为高CMR、高速TTL兼容的光电耦合器,传输速度为10MBaud。主要应用如下。

（1）线接收器隔离。

（2）计算机外围接口。

（3）微处理器系统接口。

（4）ADC和DAC的数字隔离。

（5）开关电源。

（6）仪器输入输出隔离。

6N137、HCPL-2601/2611为8引脚双列直插封装,HCPL-0600/0601/0611为8引脚表面贴封装。

2) HCPL-7721/0721

HCPL-7721/0721为Agilent公司的另外一类超高速光电耦合器。

HCPL-7721/0721为40ns传播延迟CMOS光电耦合器,传输速度为25MBaud。主要应用如下。

（1）数字现场总线隔离,如CC-Link、DeviceNet、CAN和PROFIBUS。

（2）微处理器系统接口。

（3）计算机外围接口。

HCPL-7721为8引脚双列直插封装,HCPL0721为8引脚表面贴封装。

4. PhotoMOS继电器

该类器件输入端为发光二极管,输出为MOSFET。生产PhotoMOS继电器的公司有NEC公司和National公司。

1) PS7341-1A

PS7341-1A为NEC公司推出的常开PhotoMOS继电器。

输入二极管的正向电流为50mA,功耗为50mW。

MOSFET输出负载电压为400V AC/DC,连续负载电流为150mA,功耗为560mW。导通(ON)电阻典型值为20Ω,最大值为30Ω,导通时间为0.35ms,断开时间为0.03ms。

2) AQV214

AQV214为National公司推出的常开PhotoMOS继电器,引脚与NEC公司的PS7341-1A完全兼容。

输入二极管的正向电流为50mA,功耗为75mW。

MOSFET输出负载电压为400V AC/DC,连续负载电流为120mA,功耗为550mW。导通(ON)电阻典型值为30Ω,最大值为50Ω,导通时间为0.21ms,断开时间为0.05ms。

4.10.2 数字量输入通道

数字量输入通道是指用于接收和采集数字信号的通道。这些通道通常用于连接数字传感器、开关、按钮等设备,用于检测和监视数字信号的状态。数字量输入通道通常以数字形式表示信号的状态,通常为逻辑0或1。

在工业自动化、控制系统和数据采集应用中,数字量输入通道通常用于监测和控制各种设备,如传感器、按钮、开关等。这些通道通常通过数字输入模块或PLC(可编程逻辑控器)实现,具有高速、可靠和抗干扰的特性。数字量输入通道在工业领域中扮演着至关重要的角色,用于实现对设备状态的监测和控制。

数字量输入通道将现场开关信号转换为计算机需要的电平信号,以二进制数字量的形式输入计算机,计算机通过三态缓冲器读取状态信息。

数字量输入通道主要由三态缓冲器、输入调理电路、输入口地址译码器等电路组成。数字量输入通道结构如图 4-23 所示。

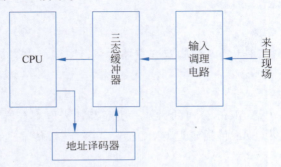

图 4-23　数字量输入通道结构

数字量(开关量)输入通道接收的状态信号可能是电压、电流、开关的触点,容易引起瞬时高压、过电压、接触抖动现象。为了将外部开关量信号输入计算机,必须将现场输入的状态信号经转换、保护、滤波、隔离等措施转换为计算机能够接收的逻辑电平信号,此过程称为信号调理。三态缓冲器可以选用 74HC244 或 74HC245 等。

1. 数字量输入实用电路

数字量输入实用电路如图 4-24 所示。

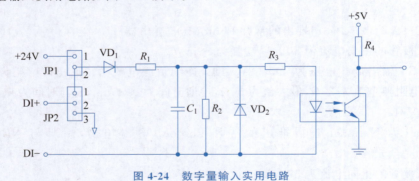

图 4-24　数字量输入实用电路

当 JP1 跳线器 1-2 短路,JP2 跳线器的 1-2 断开、2-3 短路时,输入端 DI+ 和 DI− 可以接干接点信号。

当 JP1 跳线器 1-2 断开,JP2 跳线器的 1-2 短路、2-3 断开时,输入端 DI+ 和 DI− 可以接有源接点。

2. 交流输入信号检测电路

交流输入信号检测电路如图 4-25 所示。

图 4-25 中,L_1、L_2 为电感,一般取 $1000\mu H$。RV_1 为压敏电阻,当交流输入为 110V AC 时,RV_1 取 270Ω;当交流输入为 220V AC 时,RV_1 取 470V。电阻 R_1 取 510kΩ/0.5W,R_2 取 300kΩ/3W,R_3 取 5.1kΩ/0.25W 电阻,电阻 R_4 取 100Ω/0.25W。电容 C_1 取 $10\mu F/25V$。

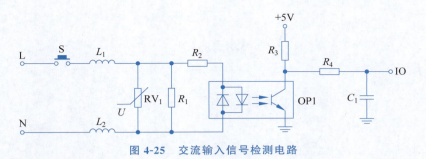

图 4-25 交流输入信号检测电路

光电耦合器 OP1 可取 TLP620 或 PS2505-1。

L、N 为交流输入端。当 S 按键按下时,IO=0;当 S 按键未按下时,IO=1。

4.10.3 数字量输出通道

数字量输出通道是用于向数字设备发送数字信号的通道。这些通道通常用于控制开关、执行器、电磁阀等数字设备的状态。数字量输出通道通常以数字形式表示信号的状态,通常为逻辑 0 或 1。

在工业自动化、控制系统和数据采集应用中,数字量输出通道通常用于控制各种设备,如执行器、电磁阀、继电器等。这些通道通常通过数字输出模块或 PLC(可编程逻辑控制器)实现,具有高速、可靠和抗干扰的特性。数字量输出通道在工业领域中扮演着至关重要的角色,用于实现对设备状态的控制。

数字量输出通道将计算机的数字输出转换为现场各种开关设备所需求的信号。计算机通过锁存器输出控制信息。

数字量输出通道主要由锁存器、输出驱动电路、输出口地址译码器等电路组成。数字量输出通道结构如图 4-26 所示。锁存器可以选用 74HC273、74HC373 或 74HC573 等。

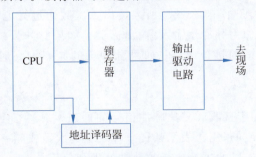

图 4-26 数字量输出通道结构

继电器方式的开关量输出,是目前最常用的一种输出方式,一般在驱动大型设备时,往往利用继电器作为控制系统输出到输出驱动级的第 1 级执行机构,通过第 1 级继电器输出,可完成从低压直流到高压交流的过渡。继电器输出电路如图 4-27 所示,在经光耦合后,直流部分给继电器供电,而其输出部分则可直接与 220V 市电相接。

继电器输出也可用于低压场合,与晶体管等低压输出驱动器相比,继电器输出时输入端与输出端有一定的隔离功能,但由于采用电磁吸合方式,在开关瞬间,触点容易产生火花,从而引起干扰;对于交流高压等场合使用,触点也容易氧化;由于继电器的驱动线圈有一定的电感,在关断瞬间可能会产生较大的电压,因此在继电器的驱动电路上常常反接一个保护

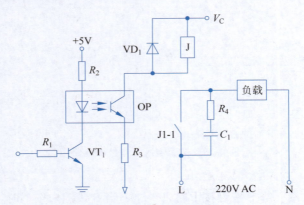

图 4-27 继电器输出电路

二极管用于反向放电。

不同的继电器,允许驱动电流也不一样,在电路设计时可适当加一限流电阻,如图 4-27 中的电阻 R_3。当然,图 4-27 中是用达林顿输出的光电隔离器直接驱动继电器,而在某些需较大驱动电流的场合,则可在光电隔离器与继电器之间再接一级三极管以增大驱动电流。

在图 4-27 中,VT_1 可取 9013 三极管,OP1 光电耦合器可取达林顿输出的 4N29 或 TIL113。加 VD_1 二极管的目的是消除继电器厂的线圈产生的反电势,R_4、C_1 为灭弧电路。

4.10.4 脉冲量输入/输出通道

脉冲量输入/输出通道与数字量输入/输出通道没有什么本质的区别,实际上是数字量输入/输出通道的一种特殊形式。脉冲量往往有固定的周期,或高低电平的宽度固定、频率可变,有时高低电平的宽度与频率均可变。脉冲量是工业测控领域较典型的一类信号,如工业电度表输出的电能脉冲信号,水泥、化肥等物品包装生产线上通过光电传感器发出的物品件数脉冲信号,档案库房、图书馆、公共场所人员出入次数通过光电传感器发出的脉冲信号等,处理上述信号的过程称为脉冲量输入/输出通道。如果脉冲量的频率不太高,其接口电路同数字量输入/输出通道的接口电路;如果脉冲量的频率较高时,应该使用高速光电耦合器。

1. 脉冲量输入通道

脉冲量输入通道是用于接收和采集脉冲信号的通道。脉冲信号通常是由旋转编码器、流量计、计数器等设备产生的,用于表示某种事件发生的次数或频率。脉冲量输入通道通常用于监测和计数脉冲信号,以便进行后续的数据处理和分析。

在工业自动化、控制系统和数据采集应用中,脉冲量输入通道通常用于监测旋转设备的转速、流体的流量、计数等。这些通道通常通过数字输入模块、计数器或 PLC 实现,具有高速、精确和可靠的特性。

脉冲量输入通道应用电路如图 4-28 所示。

在图 4-28 中,R_1、C_1 构成 RC 低通滤波电路,过零电压比较器 LM311 接成施密特电路,输出信号经光电耦合器 OP1 隔离后送往计算机脉冲测量 IO 端口。可以采用单片机、微控制器的捕获(Capture)定时器对脉冲量进行计数。

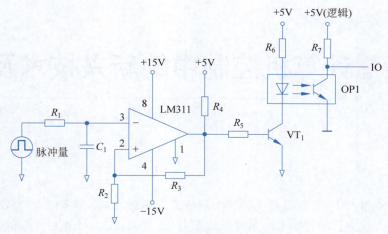

图 4-28 脉冲量输入通道应用电路

2. 脉冲量输出通道

脉冲量输出通道是用于输出脉冲信号的通道。这些通道通常用于控制各种需要脉冲信号进行操作的设备，如步进电机、伺服驱动器、计数器等。脉冲量输出通道通常用于控制设备的位置、速度、计数等。

在工业自动化、控制系统和运动控制应用中，脉冲量输出通道通常用于控制步进电机、伺服驱动器等设备的运动。这些通道通常通过数字输出模块、运动控制卡或 PLC 实现，具有高速、精确和可靠的特性。脉冲量输出通道在工业领域中扮演着重要的角色，用于实现对运动设备的精确控制。

脉冲量输出通道应用电路如图 4-29 所示。

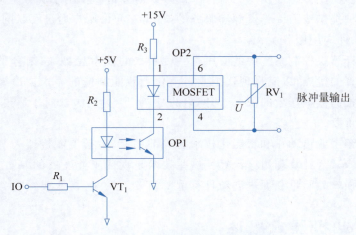

图 4-29 脉冲量输出通道应用电路

在图 4-29 中，IO 为计算机的输出端口，OP1 可选光电耦合器 PS2501-1，OP2 可选 PS7341-1A 或 AQV214 PhotoMOS 继电器，RV_1 为压敏电阻，其电压值由所带负载电压决定，由于采用了两次光电隔离，此电路具有很强的抗干扰能力。

第 5 章 计算机控制中的新兴技术及应用

CHAPTER 5

在现代工业生产中,工业机器人和智能系统的应用已经成为推动生产力发展的关键力量。工业机器人作为自动化技术的重要组成部分,通过其高效、精准和可靠的操作,极大地提升了制造业的生产效率和产品质量。

工业人工智能是指在工业环境中应用人工智能技术以提高生产效率、优化制造过程、减少成本、提升产品质量、增强设备的自主性和智能化水平。这通常涉及机器学习、深度学习、自然语言处理、计算机视觉和专家系统等 AI 技术的使用,以实现对工业设备、流程和数据的智能监控、控制和分析。

第 14 集
微课视频

智能制造是制造业与信息技术的深度融合,旨在通过先进的信息和通信技术全面提升制造资源的利用效率、生产过程的智能化水平、产品服务的附加值以及生态环境的可持续性。

自动驾驶汽车技术是当前汽车行业的一个重要发展方向,它涉及多个技术领域的综合应用,包括计算机视觉、传感器技术、机器学习、大数据分析和控制系统等。

云计算是一种提供按需计算资源和服务的技术,它允许用户通过互联网访问服务器、存储、数据库和一系列应用服务。

边缘计算在计算机控制系统中的应用是一种新兴的技术趋势,它结合了传统的集中式计算和分布式计算的优点,以满足现代工业自动化和智能制造的需求。边缘计算是将数据处理和分析功能推向数据产生的源头,即网络的"边缘"。这种方法对于需要快速、实时决策的控制系统尤为重要。

本章全面介绍工业自动化和智能化技术的关键领域,包括工业机器人、人工智能、智能制造、自动驾驶汽车、云计算和边缘计算。这些技术是现代工业发展的基石,对提高生产效率、降低成本、增强产品质量和促进创新具有重要意义。

5.1 工业机器人概述

工业机器人是一类专为工业自动化应用设计的可编程机械设备。它们能够执行多种重复性任务,通常在生产线上取代或辅助人工操作。工业机器人的设计旨在提高生产效率、精确度和连续性,同时降低人力成本和减少人为错误。

工业机器人的一些关键特征和组成部分如下。

(1) 控制系统:机器人的"大脑",通常由一个或多个微处理器组成,负责处理输入(来自传感器的数据)和输出(驱动执行器的指令)。

(2) 执行器:机器人的"肌肉",通常是电动机或气动/液压系统,用于驱动机器人的关节和工具。

(3) 传感器:机器人的"感官",包括触觉、力量、视觉、声音和距离传感器等,用于检测环境变化和工作状态。

(4) 机械结构:机器人的"身体",包括机械臂、腕部、手爪(夹具或工具)等,用于执行具体的操作。

(5) 界面和软件:用户与机器人交互的界面,以及控制机器人行为的软件。软件可以进行任务编程、路径规划和运动控制。

随着技术的发展,工业机器人正在变得更加智能和自适应,能够在更复杂的环境中执行更多样化的任务。通过集成人工智能、机器学习和先进传感器技术,工业机器人的应用范围和能力将继续扩展。

5.1.1 工业机器人的定义

"机器人"(Robot)一词最早出现于1920年捷克作家卡雷尔·查培克创作的剧本《罗莎姆万能机器人公司》中。

20世纪40年代阿西莫夫(Asimov)为保护人类,在《我,机器人》中对机器人做出了规定,发表了著名的"机器人三原则"。

第一条原则:机器人不得危害人类,不可因为疏忽危险的存在而使人类受到伤害。

第二条原则:机器人必须服从人类的命令,但当命令违反第一条原则时,则不受此限制。

第三条原则:在不违反第一条和第二条原则的情况下,机器人必须保护自己。

阿西莫夫也因此被称为"机器人学之父"。

3条原则的意义在于为人类规划了现代机器人发展应取的姿态。

目前,从终极人工智能的角度讨论未来机器人是否会伤害到人类也成为科技进步很可能引发人类不希望出现的问题的焦点。

"机器人"的概念是随着科技发展而变迁的,受到能量供给、自动控制技术的限制。

在18—19世纪被机械学者发明的各类"机器人"可以说是通过弹簧等储能元件或蒸汽驱动、机械机构控制来实现的,类似于手动玩具,如机器鸭子、机器人形玩偶、行走机器之类的自动机械"机器人雏形"。

飞速发展的工业自动化对高性能的工业机器人的需求正变得日益强烈,工业机器人已成为自动化的核心装备,与一般的工业数控设备有明显的区别,主要体现在与工作环境的交互方面。

工业机器人一般指在工厂车间环境中为配合自动化生产的需要,代替人完成材料的搬运、加工、装配等操作的一种机器人。

1) 日本工业机器人协会对工业机器人的定义

工业机器人是"一种装备有记忆装置和末端执行装置的、能够完成各种移动代替人类劳动的通用机器"。它又分以下两种情况来定义。

(1) 工业机器人是"一种能够执行与人的上肢类似动作的多功能机器"。

(2) 智能机器人是"一种具有感觉和识别能力,并能够控制自身行为的机器"。

2) 美国机器人协会对工业机器人的定义

工业机器人是"一种用于移动各种材料、零件、工具或专用装置的,通过程序动作执行各种任务,并具有编程能力的多功能操作机"。

3) 国际标准化组织对工业机器人的定义

工业机器人是"一种自动的、位置可控的、具有编程能力的多功能操作机,这种操作机具有几个轴,能够借助可编程操作处理各种材料、零件、工具或专用装置,以执行各种任务"。

5.1.2 工业机器人的组成

工业机器人由三大部分,6个子系统组成。这三大部分是机械部分、传感部分、控制部分;6个子系统是驱动系统、机械结构系统、感觉系统、机器人环境交互系统、人机交互系统和控制系统。其中,传感部分包括感觉系统和机器人环境交互系统;控制部分包括人机交互系统和控制系统;机械部分则包括驱动系统和机械结构系统。6个子系统的作用分述如下。

1. 驱动系统

若要使机器人运行起来,必须给各个关节即每个运动自由度安置传动装置,这就是驱动系统。驱动系统可以是液压、气压或电动的,也可以是把它们结合起来应用的综合系统。可以直接驱动,也可以通过同步带、链条、轮系和谐波齿轮等机械传动机构进行间接驱动。

2. 机械结构系统

工业机器人的机械结构系统由机身、手臂、手腕和末端操作器四大件组成。每个大件都有若干自由度,构成一个多自由度的机械系统。若基座具备行走机构,便构成行走机器人;若基座不具备行走及腰转机构,则构成单机器人臂(Single Robot Arm)。手臂一般由上臂、下臂和手腕组成。末端操作器是直接装在手腕上的一个重要部件,它可以是二手指或多手指的手爪,也可以是喷漆枪、焊具等作业工具。

3. 感受系统

感受系统由内部传感器和外部传感器组成,获取内部和外部环境状态中有意义的信息。现在也可以应用智能传感器提高机器人的机动性、适应性和智能化水平。人类的感受系统对感知外部世界信息是极其敏感的。但是,对于一些特殊的信息,机器人传感器比人类的感受系统更有效、更准确。

4. 机器人环境交互系统

机器人环境交互系统是实现机器人与外部环境中的设备相互联系和协调的系统。工业机器人与外部设备集成为一个功能单元,如加工制造单元、焊接单元和装配单元等。当然,也可以是多台机器人、多台机床或设备和多个零件存储装置等集成一个执行复杂任务的功能单元。

5. 人机交互系统

人机交互系统是操作人员与机器人进行交互的装置,可分为两大类:指令给定装置,如示教盒、触摸屏等;信息显示装置,如显示器等。

6. 控制系统

控制系统的任务是根据机器人的作业指令程序以及传感器反馈的信号支配机器人的执行机构完成规定的运动和功能。

5.1.3 工业机器人的主要特征与表示方法

工业机器人是一种多功能、可重复编程的自动化机械装置，它可以通过三维空间的移动和定位执行多种工业任务。工业机器人的主要特征和表示方法如下。

1. 工业机器人的主要特征

工业机器人的主要特征通常包括以下几个方面。

(1) 自动化和可编程性：工业机器人可以通过编程执行一系列的任务和操作，不需要人工直接操作。

(2) 灵活性和适应性：通过更改程序，工业机器人可以轻松适应不同的任务需求，从而能够在多种生产环境中使用。

(3) 精确度和重复性：机器人能够以高精度重复执行相同的任务，这对于保证产品质量和生产效率至关重要。

(4) 耐用性和可靠性：工业机器人设计用于长时间连续工作，即使在恶劣的工业环境下也能保持性能和稳定性。

(5) 载荷能力：机器人可以携带或操作的最大重量。这个参数对于确定机器人是否适合特定的工作任务非常重要。

(6) 工作范围：机器人能够到达的最大距离，通常由其机械臂的设计和长度决定。

(7) 速度和加速度：机器人移动其部件的速度和加速度。这些参数影响生产效率和周期时间。

(8) 自主性：某些工业机器人具备一定程度的自主决策能力，能够根据传感器输入自我调整行为。

(9) 互操作性：现代工业机器人通常能够与其他机器人和自动化系统进行通信和协作。

2. 工业机器人的表示方法

工业机器人的表示方法通常涉及以下几个技术参数。

(1) 自由度(Degrees of Freedom，DoF)：机器人可以独立移动的轴数，决定了机器人的灵活性。

(2) 负载(Payload)：机器人可以安全携带的最大重量。

(3) 工作包络(Work Envelope)：机器人能够到达的三维空间范围。

(4) 重复定位精度(Repeatability)：机器人返回到同一位置时的精确度。

(5) 速度(Speed)：机器人移动其部件或工具的最大速度。

(6) 加速度(Acceleration)：机器人部件或工具从静止到达最大速度所需的时间。

(7) 轴(Axes)：机器人的运动轴，可以是旋转轴或直线轴。

这些特征和表示方法有助于用户理解机器人的性能和适用性，以及如何选择合适的机器人满足特定的生产需求。

5.2 工业机器人种类与前沿技术

工业机器人是自动执行工作的多用途机械手或机械装置。它们能够执行各种工业任务,包括装配、焊接、喷漆、搬运、包装、检查和测试等。

工业机器人的前沿技术正在不断发展,以提高自动化的灵活性、智能化水平和协同能力。

5.2.1 工业机器人种类

工业机器人可以按照不同的标准进行分类,包括结构、功能、应用等方面。以下是一些常见的工业机器人类型。

1. 按照结构分类

工业机器人按照结构分类如下。

(1) 关节臂机器人(Articulated Robots):这种机器人具有多个旋转关节,类似于人类的手臂,非常灵活,适用于焊接、装配、喷漆等任务。

(2) 笛卡儿机器人/直角坐标机器人(Cartesian Robots):拥有3个直线运动轴,通常用于精密的位置定位任务,如机床装载、3D打印和装配作业。

(3) SCARA(Selective Compliance Articulated Robot Arm)机器人:具有两个平行的旋转轴和一个垂直移动轴,专为提供高速、高精度的水平运动而设计,常用于装配线。

(4) 圆筒机器人(Cylindrical Robots):具有一个旋转的基座和一个沿垂直轴移动的臂,适用于简单的装配、搬运和加工任务。

(5) 并联机器人/三角洲机器人(Parallel/Delta Robots):由多个臂连接到一个共同的基座,通常用于高速拾取和放置任务。

(6) 极坐标机器人(Polar Robots):拥有旋转臂、伸缩臂和升降机构,适用于搬运、装配和焊接等任务。

2. 按照功能分类

工业机器人按照功能分类如下。

(1) 焊接机器人:专门用于执行焊接作业,包括电弧焊、点焊等。

(2) 喷漆机器人:用于自动化的喷漆和涂层应用。

(3) 装配机器人:用于自动化装配线,执行精密的组装任务。

(4) 搬运机器人:用于搬运、装卸和移动重物。

(5) 检测和测试机器人:用于产品检测和质量控制流程。

(6) 打磨和去毛刺机器人:用于金属加工中的打磨、抛光和去毛刺任务。

3. 按照应用领域分类

工业机器人按照应用领域分类如下。

(1) 工业制造机器人:用于汽车、航空、电子等行业的制造过程。

(2) 医疗和手术机器人:用于执行精密的医疗操作,如手术辅助。

(3) 实验室和研究机器人:用于自动化的实验室测试和科学研究。

(4) 仓储和物流机器人:用于物流中心的搬运、分拣和装卸任务。

(5) 服务和维护机器人：用于设备维护、清洁和服务等非制造任务。

随着技术的发展，这些工业机器人的种类和功能正在不断扩展，机器人系统也越来越集成化，能够执行更加复杂和多样化的任务。

工业机器人可以在没有人工干预的情况下自主导航，并在仓库和工厂环境中执行任务。

随着技术的不断进步，工业机器人正变得更加智能、灵活和功能丰富，它们正在帮助企业提高生产效率、降低成本并提升产品质量。同时，随着机器人技术的普及和成本的降低，中小型企业也开始越来越多地采用机器人技术。

5.2.2 工业机器人的前沿技术

自20世纪60年代开始的50年间，随着对产品加工精度要求的提高，关键工艺生产环节逐步由工业机器人代替工人操作，再加上各国对工人工作环境的严格要求，高危、有毒等恶劣条件的工作逐渐由机器人进行替代作业，从而增大了对工业机器人的市场需求。

在工业发达国家中，工业机器人已经广泛应用于汽车及汽车零部件制造业、机械加工行业、电子电气行业、橡胶及塑料工业、食品工业、物流业和制造业等领域。

工业机器人技术已日趋成熟，已经成为一种标准设备被工业界广泛应用，相继形成了一批具有影响力的、著名的工业机器人公司，如瑞典的 ABB Robotics，日本的 FANUC 与 YASKAWA，德国的 KUKA Roboter，美国的 Adept Technology、American Robot 和 Emerson Industrial Automation，这些公司已经成为其所在地区的支柱性产业。

工业机器人的前沿技术正在不断推动自动化和智能制造的发展。以下是一些关键的前沿技术。

1. 人工智能与机器学习

通过集成人工智能，工业机器人能够进行自我学习和优化，提高其自适应和决策能力。机器学习特别用于模式识别、预测维护和生产过程优化。

人工智能(AI)和机器学习(Machine Learning，ML)是计算机科学中两个紧密相关但有所不同的领域。下面简要解释它们之间的区别。

人工智能(AI)是指使计算机系统能够模拟人类智能的技术，包括理解语言、识别图像、解决问题和学习等。人工智能的目标是创造出能够执行复杂任务的智能系统，这些任务通常需要人类智能来完成。人工智能可以分为两个子领域：弱人工智能和强人工智能。弱人工智能是专门为解决特定问题而设计的系统，如语音识别或网上搜索；而强人工智能则是具有自我意识和情感的智能，能够理解和学习任何智力任务，这一领域目前还是理论性的。

机器学习(ML)是人工智能的一个子集，它专注于开发算法和技术，使计算机系统能够从数据中学习并作出预测或决策，而无须进行明确的编程。ML通过分析大量数据识别模式和规律，并使用这些发现改进性能。机器学习可以分为几种类型，包括监督学习、非监督学习、半监督学习和强化学习。

机器学习是实现人工智能的一种手段，它提供了一种方法，让AI系统通过数据和算法改进其性能，而不是依靠硬编码的规则。随着技术的发展，人工智能和机器学习正变得越来越重要，并在各种行业中发挥着越来越多的作用，从自动驾驶汽车到医疗诊断，再到个性化推荐系统等。

2. 协作机器人

协作机器人（Cobots）是一类特别设计用于与人类工作者在共享工作空间内物理上协作的机器人。这些机器人通常与传统的工业机器人不同，后者往往被设计为在安全栅栏或隔离区域内独立工作，以避免与人类工作者发生危险的互动。

Cobots 的特点如下。

（1）安全性。Cobots 通常配备有高级传感器、软件和机械设计，以确保与人类互动时的安全。例如，它们可能具有力量限制，以防止在发生碰撞时造成伤害。

（2）易用性。Cobots 设计成易于编程和操作，甚至非专业人员也能快速学会如何使用它们。这使得它们非常适合小批量生产和快速变化的生产环境。

（3）灵活性。Cobots 相对轻便，可以轻松地重新定位和重新配置，以适应不同的任务和工作环境。

（4）协作。Cobots 的主要功能是与人类工作者协作，补充人类的能力，而不是替代人类。它们可以执行烦琐或危险的任务，使人类工作者能够专注于更需要创造性的工作和解决问题。

Cobots 在许多行业中的应用正在增加，包括制造业、物流、医疗保健和服务业。它们可以执行各种任务，如装配、打磨、涂漆、搬运、包装和质量检查等。随着技术的进步，预计 Cobots 将继续改进，并在未来的工作场所中扮演更加重要的角色。

3. 先进感知与视觉系统

工业机器人的先进感知与视觉系统是机器人技术中至关重要的组成部分，它们使机器人能够更加精确和有效地执行任务。这些系统的关键特点和应用如下。

（1）视觉系统。工业机器人通常配备有一种或多种相机，这些相机可以是二维或三维的，用于捕捉环境和对象的图像。视觉系统配合适当的软件可以进行对象识别、定位、检测和质量控制等任务。三维视觉系统能够提供关于对象形状和位置的深度信息，这对于复杂的操纵和装配任务尤其重要。

（2）传感器。除了视觉系统外，工业机器人还可能集成各种传感器，如触觉传感器、力矩传感器和超声波传感器，以增强其感知能力。这些传感器可以帮助机器人感知其周围环境的物理属性，如物体的重量、表面质地和硬度。

（3）数据处理和分析。感知和视觉系统收集的数据需要通过复杂的算法进行处理和分析，以便机器人能够理解其周围环境并作出适当的反应。这通常涉及机器学习和人工智能技术，以提高系统的准确性和适应性。

（4）实时反馈和调整。在执行任务时，机器人可以利用其感知系统提供的实时反馈调整其动作，以确保任务的精确性和成功率。例如，在精密装配中，机器人可能需要根据视觉系统提供的反馈微调其动作，以确保零件正确对齐。

（5）人机协作。在人机协作环境中，机器人的感知和视觉系统可以帮助确保人类工作人员的安全。例如，如果系统检测到人类进入了机器人的工作区域，它可以自动减速或停止，以防止伤害。

随着技术的不断进步，工业机器人的感知和视觉系统变得越来越先进，能够处理更加复杂的任务，并在更加动态和不可预测的环境中运行。这些进步正推动工业自动化向更高水平的灵活性和智能化发展。

4. 自然语言处理

在工业机器人领域，自然语言处理（NLP）是一种允许机器人理解和响应人类语言的技术。NLP 结合了计算机科学、人工智能和语言学的元素，以创建能够解释、分析和生成自然语言文本或语音的系统。虽然 NLP 在消费者产品（如智能助手和聊天机器人）中的应用更为广泛，但它也开始在工业机器人领域发挥作用。NLP 在工业机器人中的应用如下。

（1）人机交互。通过 NLP，工人可以使用自然语言命令指导或与机器人沟通，这简化了编程和操作过程。例如，工人可以口头指示机器人执行特定任务，而无须通过复杂的编程接口。

（2）语音控制和指令。工业机器人可以被训练来理解语音指令，从而允许操作者在双手被占用或远离控制面板时控制机器人。

（3）语言理解。NLP 使机器人能够理解由人类工作者提供的复杂指令和信息，这些信息可能包含在手册、规程或安全指南中。

（4）自然语言生成。机器人可以使用 NLP 生成报告、提醒或解释其行为和决策的原因，从而提高透明度和可理解性。

（5）故障诊断和支持。工业机器人可以利用 NLP 理解和响应关于设备故障或操作问题的查询，为工人提供故障排除支持或维护建议。

（6）语言和方言适应性。NLP 系统可以被训练用于理解不同的语言和方言，这对于跨国公司及其多语种工作人员尤其重要。

（7）信息检索。机器人可以使用 NLP 技术从大量文本数据中检索特定信息，如查找产品规格或操作指南。

虽然 NLP 在工业机器人中的应用还处于相对早期阶段，但随着技术的不断进步和工业需求的增长，预计其在未来将成为提高工业自动化互动性和灵活性的关键技术之一。

5. 物联网集成

工业机器人与物联网（IoT）的集成是工业 4.0 或智能制造概念的核心组成部分。物联网是指相互连接的设备和系统网络，它们能够收集、交换和分析数据，以实现更高效、自动化和智能化的运营。将工业机器人与 IoT 集成可以带来许多优势和创新应用。

（1）数据收集与分析。工业机器人可以装备各种传感器收集关于其操作和周围环境的数据。通过 IoT，这些数据可以上传到云端或企业数据中心进行分析，以优化机器人的性能和生产流程。

（2）远程监控与控制。IoT 允许运营商远程监视和控制机器人。无论运营商身在何处，都能实时查看机器人的状态、性能指标和警报，并在必要时进行干预。

（3）预测性维护。通过分析从机器人和相关设备收集的数据，IoT 系统可以预测设备故障和维护需求。这有助于规划维护活动，缩短意外停机时间，并延长设备的使用寿命。

（4）自动化和优化。IoT 使得机器人能够根据实时数据自动调整其操作参数，以适应生产线上的变化或优化能效。例如，如果检测到下游流程的延迟，机器人可以自动减速以避免产生过多的中间产品。

（5）互操作性。在 IoT 环境中，来自不同制造商和不同类型的设备（包括机器人、传感器、控制系统等）可以通过标准化的通信协议进行交互。这种互操作性有助于创建更加灵活和可扩展的生产系统。

（6）资源优化。IoT 集成可以提高资源分配的效率。例如，通过跟踪和分析能源消耗模式，可以优化机器人和整个工厂的能源使用。

(7) 安全增强。IoT 系统可以实时监控工业机器人的安全性能，并在检测到潜在的安全问题时发出警报，从而帮助预防事故。

(8) 供应链整合。IoT 允许机器人与整个供应链进行通信，自动调整生产计划以应对原材料供应或需求变化。

随着 IoT 技术和工业机器人的不断发展，它们的集成将越来越紧密，为制造业带来更高水平的自动化、效率和智能化。这种集成对于实现真正的智能制造环境至关重要。

6. 自主移动机器人

自主移动机器人（AMR）是一类具有高度自主性和灵活性的机器人，它们能够在没有人类干预的情况下在各种环境中导航和执行任务。AMR 通常配备有先进的传感器、计算机视觉系统、人工智能（AI）和机器学习算法，这些技术使它们能够理解和适应其周围环境。

AMR 的关键特点如下。

(1) 环境感知。AMR 通过激光雷达、摄像头、超声波传感器等设备感知周围环境，这些设备提供了用于导航和避障的必要数据。

(2) 智能导航。AMR 能够自主规划路径，避开障碍物，并在动态环境中实时调整其行进路线。

(3) 自我学习与适应。许多 AMR 使用机器学习算法优化其导航策略，学习从经验中获得的最佳实践，并适应环境变化。

(4) 任务执行。除了移动外，AMR 可以执行多种任务，如搬运货物、交付物品、清洁、监控和巡逻。

(5) 无线通信。AMR 通过无线网络与其他机器人、控制系统和云平台进行通信，实现协调操作和远程监控。

(6) 安全性。AMR 设计有多种安全机制，包括紧急停止按钮、碰撞检测系统和安全软件，以确保人员和设备的安全。

AMR 的应用领域如下。

(1) 物流与仓储。AMR 在仓库中用于拣选、搬运和运输货物，提高了物流效率并降低了人工成本。

(2) 制造业。在制造车间，AMR 可以搬运零件，送货到生产线或从生产线上移走成品。

(3) 医疗保健。医院和其他医疗设施使用 AMR 运送药品、样本和医疗用品。

(4) 零售。一些零售环节利用 AMR 管理库存、补货和提供顾客服务。

(5) 清洁与维护。AMR 可用于自动化清洁任务，如扫地、吸尘和消毒。

(6) 安全与监控。AMR 可以在园区、仓库或公共空间进行巡逻，提供安全监控和报告异常情况。

AMR 的发展正在不断推动工业自动化和服务机器人领域的边界，它们不仅提高了操作效率，还为各行各业带来了新的工作模式和商业机会。随着技术的进步，未来的 AMR 将更加智能、自主和多功能，能够在更复杂的环境中执行更多的任务。

7. 增强现实与虚拟现实

增强现实（AR）和虚拟现实（Virtual Reality，VR）技术在工业机器人领域的应用为设计、训练、操作和维护流程带来了革命性的变化。这些技术提供了一种新的方式与机器人和生产环境互动，提高了效率和安全性，同时降低了成本。工业机器人中 AR 和 VR 技术的主要应用如下。

1) 增强现实(AR)

（1）操作支持。AR 可以实时地将重要信息叠加在操作员的视野中，如显示机器人的状态信息、维护指示或操作提示。

（2）维护和修理。通过 AR 眼镜或移动设备，维护人员可以看到机器人组件的三维视图和步骤指导，帮助他们更快地诊断问题并完成复杂的维护任务。

（3）培训和教育。AR 提供了一种沉浸式的培训体验，新员工可以在没有风险的情况下学习如何操作机器人和执行任务。

（4）生产规划和布局。在规划新的生产线或车间布局时，AR 可以帮助工程师通过虚拟叠加预览机器人和设备的放置，从而优化空间使用和流程设计。

（5）协作增强。AR 技术可以帮助远程专家通过叠加指示和图形指导现场工作人员，实现有效的远程协作。

2) 虚拟现实(VR)

（1）仿真和建模。VR 可以创建一个完全沉浸式的三维环境，工程师可以在其中设计、测试和优化机器人的动作和程序，而无需物理原型。

（2）操作员训练。VR 提供了一种安全的训练环境，操作员可以在其中练习复杂的机器人操作，而不必担心造成真实世界的损害或停机。

（3）遥控操作。对于危险或难以到达的环境，操作员可以使用 VR 远程控制机器人，提供了一种直观的操作界面和第一人称视角。

（4）产品设计和验证。利用 VR，设计师可以在虚拟环境中与未来的产品原型进行交互，评估设计并作出调整，而无须制造实体模型。

（5）销售和营销。VR 可以用于展示机器人的功能和性能，帮助潜在客户在购买前更好地理解产品。

将 AR 和 VR 技术与工业机器人结合使用，不仅提高了操作效率和精确性，还为人机交互提供了新的可能性。随着这些技术的成熟和普及，预计它们将在工业自动化和机器人技术中扮演越来越重要的角色。

8. 机器人操作系统

机器人操作系统(Robot Operating System，ROS)是一个灵活的框架，旨在为机器人软件开发提供一套构件块（称为 Packages 或 Nodes），它们可以在各种机器人平台上使用。尽管名为"操作系统"，但 ROS 实际上更接近于一个运行在传统操作系统之上的中间件和一组工具，它为机器人的不同部分提供了一种简单的方式来传递消息、管理软件包和编写代码。

1) ROS 的关键特性

（1）模块化。ROS 将复杂的机器人功能分解成更小的可重用模块（节点），这些模块可以独立开发和测试。

（2）工具丰富。ROS 提供了许多工具和库帮助开发者设计、构建、调试和运行机器人应用程序。

（3）社区支持。ROS 拥有一个活跃的社区，社区成员贡献了大量的软件包和文档，这对于新用户和专家开发者都非常有用。

（4）多语言支持。ROS 的客户端库支持多种编程语言，如 Python、C++ 和 Lisp，使得开发者可以选择最适合他们项目需求的语言。

(5) 分布式计算。ROS 节点可以在不同的设备和计算平台上运行,通过 ROS 通信机制(如话题、服务和动作)轻松协同工作。

(6) 硬件抽象。ROS 为机器人硬件提供了一层抽象,使得软件可以独立于硬件的具体实现运行。

(7) 仿真集成。ROS 与仿真工具(如 Gazebo)紧密集成,允许开发者在虚拟环境中测试和优化他们的机器人程序。

(8) 可视化工具。ROS 提供了 rviz 和 rqt 等可视化工具,这些工具使得开发者可以直观地监控和调试机器人的状态和行为。

2) ROS 的应用领域

ROS 被广泛应用于学术研究、工业自动化、个人项目和商业产品中。它适用于各种类型的机器人,包括移动机器人、臂形机器人、无人机和自动驾驶车辆。

5.3 工业机器人控制系统与软硬件组成

工业机器人系统通常由机构本体和控制系统两大部分组成。控制系统根据用户的指令对机构本体进行操作和控制,从而完成作业中的各种动作。控制系统是工业机器人的"大脑",是其关键和核心部分,控制着机器人的全部动作,控制系统的好坏决定了工业机器人功能的强弱以及性能的优劣。一个良好的控制系统需具备灵活、方便的操作方式、运动控制方式的多样性和安全可靠性等特点。

5.3.1 工业机器人控制系统的基本原理和主要功能

工业机器人控制系统是机器人操作的大脑,负责指挥机器人的运动和行为。以下是工业机器人控制系统的基本原理和主要功能的概述。

1. 工业机器人控制系统的基本原理

工业机器人控制系统的基本原理涉及多个层面,包括硬件控制、软件编程、运动规划与执行、传感器反馈以及人机交互等。

1) 硬件控制

工业机器人控制系统通常包括一个或多个微处理器或微控制器,这些是执行指令、处理信号和控制机器人运动的核心。驱动器和放大器用于控制机器人关节的电机,提供必要的力量和速度以驱动机器人的运动。传感器(如编码器)用于监测机器人各个关节的位置和速度,确保精确控制。

2) 软件编程

机器人控制器内置有专用的操作系统和软件,用于编程和执行任务。机器人编程语言允许操作员定义机器人的动作序列,包括移动指令、逻辑控制和数据处理。

3) 运动规划与执行

运动规划涉及计算从当前位置到目标位置的最佳路径。运动控制算法,如 PID 控制、逆运动学和前馈控制,用于确保机器人沿预定路径精确移动。

4) 传感器反馈

实时反馈系统通过传感器监控机器人的状态和外部环境,如位置、速度、力量、温度等。反馈被用于调整机器人的运动,以适应动态变化或保持精确控制。

5）人机交互

用户界面允许操作员与机器人控制系统交互，进行编程、操作和监控。

6）闭环控制

闭环控制系统通过连续监测和调整机器人的运动保证精确性和重复性。控制器比较预期的运动和实际的运动，然后调整电机输出以纠正任何偏差。

7）坐标变换

控制系统能够处理不同的坐标系统，包括关节坐标、笛卡儿坐标和工具坐标，以适应各种任务。

8）安全控制

机器人系统设计有多重安全机制，如急停按钮、限位开关和软件限制，以防止设备损坏或人员伤害。

9）网络通信

工业机器人可以通过工业通信协议与其他自动化系统组件通信，实现同步操作和数据共享。

这些原理共同构成了工业机器人控制系统的基础，使得机器人能够在各种制造和生产环境中执行复杂且精确的任务。随着技术的发展，这些原理也在不断更新和完善，以提高机器人的性能和智能化水平。

2. 工业机器人控制系统的主要功能

工业机器人控制系统主要功能如下。

（1）运动控制：控制机器人的所有运动，包括关节的旋转和直线运动；确保机器人按照预定的路径和位置精确移动；运动插补，确保机器人在关节空间或笛卡儿空间中平滑移动。

（2）程序执行：解释和执行存储在控制器中的机器人程序。允许用户通过编程语言编写复杂的任务序列。

（3）输入/输出处理：管理与机器人相关的外部信号，如传感器输入和执行器输出；控制与生产线其他部分的通信和协调。

（4）用户界面：提供一个界面供用户编程、操作和监控机器人，包括教导器、触摸屏或 PC-based 软件界面。

（5）安全管理：监控机器人的运行状态，确保操作符合安全标准，在检测到潜在危险时能够执行紧急停止。

（6）故障诊断与管理：监测系统性能和可能的故障；提供故障代码和信息，帮助用户诊断和修复问题。

（7）实时监控：实时跟踪机器人的位置、速度、加速度和负载等关键参数，确保机器人的性能符合预期。

（8）外围设备控制：控制与机器人系统连接的外围设备，如夹具、传送带和其他自动化设备。

（9）网络通信：通过工业网络协议与其他工业自动化系统交换数据，集成到更大的生产管理和数据分析系统中。

（10）坐标系统管理：转换不同的坐标系统，如世界坐标、工具坐标和机器人本体坐标，以适应不同的任务需求。

（11）路径规划：计算从起点到终点的最优路径，考虑避碰、最短路径或最小能耗等要求。

（12）自适应控制：调整机器人的运动以适应传感器输入或环境变化。

这些功能结合在一起，使得工业机器人能够执行各种复杂的自动化任务，提高生产效率和质量。随着技术的发展，机器人控制系统正在变得更加智能和灵活，以适应更广泛的应用场景。

5.3.2 工业机器人控制系统的分层结构

工业机器人控制系统通常采用分层结构，以便更好地组织和管理不同的功能和任务。这种分层结构有助于简化系统设计、提高可靠性和维护性。

控制一个具有高度智能的工业机器人实际上包含了任务规划、动作规划、轨迹规划和伺服控制等多个层次。工业机器人控制分层结构如图 5-1 所示。

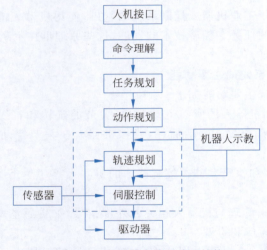

图 5-1 工业机器人控制分层结构

5.3.3 工业机器人控制系统的特性、要求与分类

工业机器人控制系统的特性、要求和分类是其设计和运行的关键要素。

1. 工业机器人控制系统的特性

在对机器人进行控制时，为了保证实施有效性，其被控对象的特性占有很重要的地位。从动力学的角度来说，工业机器人控制系统应具有以下 3 点特性。

（1）工业机器人实质上是一个复杂的非线性系统。传动件、驱动元件、结构方面等都是引起机器人成为非线性系统的重要因素。

（2）各关节间的相互耦合作用，表现为某个关节的运动，会引起其他关节动力效应，使得其他关节运动所产生的扰动都会影响每个关节运动。

（3）工业机器人是一个时变系统，关节运动位置的变化会造成动力学参数随之变化。

2. 工业机器人对控制的要求

从用户的角度来看,工业机器人对控制的要求如下。

(1) 多轴运动相互协调控制,以达到需求的工作轨迹。

(2) 高标准的位置精度,大范围的调速区间。

(3) 工业机器人系统的小静差率。

(4) 各关节的速度误差系数的一致性。

(5) 位置无超调,快速动态响应。

(6) 采用加(减)速控制。

(7) 从操作的角度来看,良好的人机界面操作系统可以降低对操作者的技能要求。

3. 工业机器人控制系统分类

根据分类方式的不同,机器人控制方式可以分为不同的种类。总体来说,动作控制方式和示教控制方式是机器人的主要控制方式。按照被控对象分类,控制系统可以分为位置控制、速度控制、加速度控制、力控制、力矩控制、力和位置混合控制等。

机器人控制方式分类如图 5-2 所示。

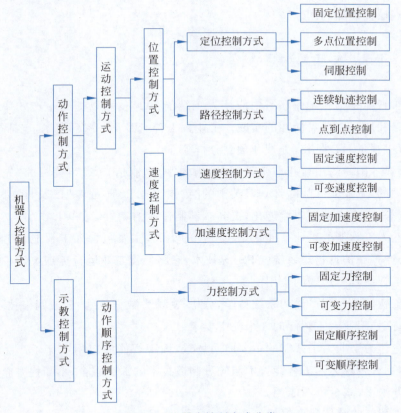

图 5-2 机器人控制方式分类

随着运动的复杂性和控制难度的增大,分层递阶运动控制系统应运而生。运动控制系统的组成如图 5-3 所示。

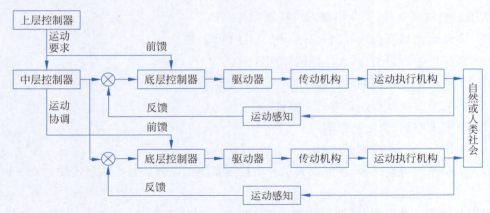

图 5-3　运动控制系统的组成

分层递阶运动控制器包括上层控制器、中层控制器和底层控制器。上层控制器需要计算能力强、智能程度高、知识粒度粗,但往往响应速度慢。底层控制器需要响应速度快,但往往智能程度低,知识粒度细。中层控制器主要完成运动的协调,计算能力和响应速度介于上层控制器和底层控制器之间。

5.4　工业人工智能

工业人工智能是指在工业环境中应用人工智能(AI)技术以提高生产效率、降低成本、改善产品质量和增强制造灵活性的实践。工业人工智能涉及一系列技术,包括机器学习、深度学习、计算机视觉、自然语言处理和预测分析等。

目前,世界各国纷纷出台相应政策,如国内的"中国制造 2025"、美国的"先进制造业伙伴计划"、德国的"工业 4.0 战略计划"、英国的"英国工业 2050 战略"以及日本的"超智能社会 5.0 战略"等,大力支持工业智能化,提高本国制造业的竞争优势。

基于工业人工智能的工业智能化是新科技的集成,主要包含人工智能、工业物联网、大数据分析、云计算和信息物理系统(CPS)等技术,它将使得工业运行更加灵活、高效和节能,因此工业人工智能具有广阔的应用前景。

工业人工智能是一门严谨的系统科学,分析技术、大数据技术、云或网络技术、专业领域知识、证据理论是工业人工智能的 5 个关键要素。

智能制造作为工业人工智能的主要应用场景,人工智能的应用贯穿于产品设计、制造、服务等各个环节,表现为人工智能技术与先进制造技术的深度融合,不断提升企业的产品质量、效益、服务水平,减少资源能耗。

工业人工智能的整体研究框架如图 5-4 所示。

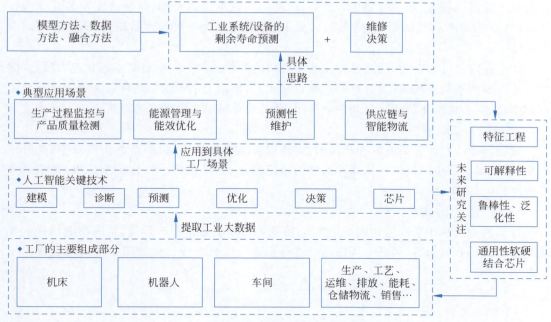

图 5-4　工业人工智能的整体研究框架

5.5　智能制造

智能制造(Smart Manufacturing)是指利用先进的信息和制造技术,实现生产过程的高度优化和自动化。它侧重于通过数据和智能分析提高生产效率、质量和灵活性。

5.5.1　智能制造及其技术体系

智能制造的技术体系是一个相互关联的框架,它结合了多种技术和概念,以支持制造业的自动化、数字化和智能化转型。

1. 智能制造的概念

"智能制造"一词的定义有多种,并且一直在变化。

(1) 由日、美、欧共同发起实施的"智能制造国际合作研究计划"中定义"智能制造系统是一种在整个制造过程中贯穿智能活动,并将这种智能活动与智能机器有机融合,将整个制造过程从订货、产品设计、生产到市场销售等各个环节以柔性方式集成起来的能发挥最大生产力的先进生产系统"。

(2) 由美国智能制造领导联盟发表的《21世纪智能制造》报告定义"智能制造是先进智能系统强化应用、新产品制造快速、产品需求动态响应,以及工业生产和供应链网络实时优化的制造。智能制造的核心技术是网络化传感器、数据互操作性、多尺度动态建模与仿真、智能自动化,以及可扩展的多层次的网络安全"。

(3) 在中国《2015年智能制造试点示范专项行动实施方案》中,定义"智能制造是基于新一代信息技术,贯穿设计、生产、管理、服务等制造活动各个环节,具有信息深度自感知、智慧优化自决策、精准控制自执行等功能的先进制造过程、系统与模式的总称。具有以智能工厂为载体、以关键制造环节智能化为核心、以端到端数据流为基础、以网络互联为支撑等特征，可有效缩短产品研制周期、降低运营成本、提高生产效率提升产品质量、降低资源能源消耗"。

从上述定义可以看出，随着各种制造新模式的产生和新一代信息技术的快速发展，智能制造的内涵在不断变化，智能制造的范围也在扩大，横向上从传统制造环节延伸到产品全生命周期，纵向上从制造装备延伸到制造车间、制造企业甚至企业的生态系统。

2. 智能制造的目标

智能制造的目标包括改善用户体验、提高设备运行可靠性、提高产品生产效率、提升产品质量、缩短产品生产周期和拓展产品价值链空间等，满足客户个性化定制需求，保证高效率的同时，实现可持续制造。

3. 智能制造的技术体系

智能制造技术体系框架如图 5-5 所示，智能制造系统包括智能产品、智能制造过程和智能制造模式三部分内容，而新一代信息技术等基础关键技术为智能制造系统的建设提供了支撑。

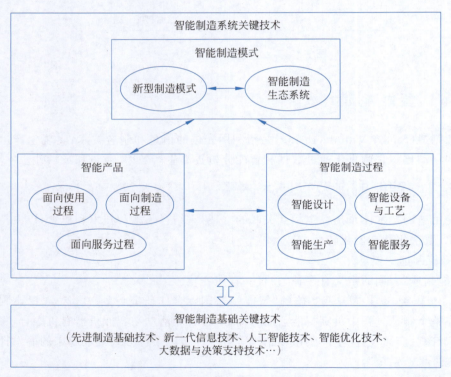

图 5-5 智能制造技术体系框架

1）智能产品

智能产品是指深度嵌入信息技术，在制造使用和服务过程中，能够体现出自感知、自诊断、自适应、自决策等智能特征的产品。

产品智能化是产品创新的重要手段，智能产品通常具有以下特点。

（1）能够实现对自身状态、环境的自感知，具有故障诊断功能。

(2)具有网络通信功能,提供标准和开放的数据接口,能够实现与制造商、服务商、用户之间的状态和位置等数据的传输。

(3)具有自适应能力,能够根据感知的信息调整自身的运行模式使其处于最优状态。

(4)能够提升运行数据或用户使用习惯数据,对制造商、服务商、用户进行数据分析与挖掘,实现创新性应用等。

2)智能制造过程

作为制造过程创新的重要手段,智能制造过程包括设计、工艺、生产和服务过程的智能化。

3)智能制造模式

智能制造技术发展的同时,也产生了许多新型制造模式,如家用电器、汽车等行业的客户个性化定制模式,电力航空装备行业的异地协同开发和云制造模式,食品、药材、建材、钢铁、服务等行业的电子商务模式,以及众包设计(众包指的是一个公司或机构把过去由员工执行的工作任务,以自由自愿的形式外包给非特定的大众志愿者的做法)、协同制造、城市生产模式等。智能制造模式以互联网、大数据、3D 打印等新技术为实现前提,极大地拓展了企业的价值空间。

4)智能制造与人工智能

物联网、云计算、大数据、人工智能等新一代信息技术是实现智能制造的技术基础。

人工智能在工业领域的应用主要包括以下几方面。

(1)基于互联网群体智能模式的定制创新设计。

(2)合作研发群体智慧空间应用。

(3)智能工厂。

(4)自主智能制造单位范式。

(5)智能供应链服务应用。

(6)预测性智能运维。

5.5.2 智能制造技术

智能制造技术针对工厂内部生产制造过程的智能化,从关键制造环节和工厂两个层面实现设备、系统和数据的互联互通,以及制造流程与业务的数字化管控。

智能制造技术将云计算、物联网、大数据及人工智能等新一代信息技术与产品全生命周期活动的各个环节(设计、生产、检验、管理和服务等)相融合,通过关键生产加工环节智能化、数据传输集成化、泛在网络互联化,实现自主感知制造信息、智能化决策优化生产过程、精准智能执行控制指令等,提升产品生产过程自动化、智能化水平,提高制造效率,降低能耗、人力等制造成本,是个性化定制化生产的内在需求,对于推动制造业转型升级具有重要意义。

智能制造应用技术包括基于 CPS 的工业现场制造执行技术、智能工厂技术、赛博制造技术和智能服务技术等。

1. 基于 CPS 的工业现场制造执行技术

基于 CPS 的工业现场制造执行技术涉及人机器设备、加工对象、环境之间的互联、感知,以及生产加工的进度、现场质量检验、设备状态及利用率等现场信息的实时传递、反馈以及分析处理,实现工业现场人、机、物的智能协同。工业现场人、机、物交互程度的高低,是智能制造技术水平的重要体现之一。

基于 CPS 的工业现场制造执行主要涉及以下关键技术。

(1) 多协议、多类型融合的工业网络技术。

(2) 知识别控制一体化集成技术。

(3) 工业关键设备互联技术。

2. 智能工厂技术

智能工厂涵盖企业经营业务各个环节,包含产品设计、工艺设计、生产加工、采购、销售和供应链等产业链上下游的相关活动。智能工厂生产制造工业现场层、感知执行层和应用层等多个不同层级的硬件设备和系统,在应用中,基于传感器和工业互联网感知和连接工业现场设备、流程、管理系统和人员,在互联互通的基础上,基于人工智能技术自主决策和执行生产过程的相关指令,形成自动化、柔性化和智能化的生产形态。

建设智能工厂主要涉及以下关键技术。

(1) 智能化的装备与产线技术。

(2) 智能化的仓储与物流技术。

(3) 智能化的生产计划排程与过程管控技术。

(4) 虚拟工厂与自主决策技术。

3. 赛博制造技术

赛博制造是在计算机虚拟空间建立真实物理制造过程的投影,通过建立设计、仿真分析、试验、生产和维护等不同阶段的数字化设计模型、仿真模型、试验模型、生产模型、维护模型和人体模型以及工厂模型,充分利用大数据、仿真等信息化手段,对物理产品的制造过程进行模拟、仿真、分析,不断验证、改进、优化,并最终反馈到物理产品研制过程贯彻执行。

赛博制造涉及的关键技术主要如下。

(1) 基于 AR/VR 的赛博制造虚拟环境与人机交互技术。

(2) 赛博制造建模技术。

(3) 赛博、物理空间的集成与交互式运行技术。

4. 智能服务技术

智能服务通过工业互联网平台接入工业现场产品、需求、供应和人力资源等信息,采集采购、库存、销售、运输及回收等供应链环节的业务数据和制造资源的技术参数信息、工况信息等,分析用户需求、设备/产品的运行状态、性能参数及操作行为,挖掘与制造过程人、机、物相关的复杂隐性关联信息,提供精准、高效的服务,如供应链分析、优化以及基于大数据的故障预测与诊断等。

5.5.3　中国制造 2025

"中国制造 2025"是中国政府在 2015 年提出的国家战略计划,旨在全面提升中国制造业的创新能力、效率、产品质量和环境可持续性。该计划受到德国"工业 4.0"战略的启发,其核心目标是通过技术升级和产业转型,将中国从一个制造大国转变为一个制造强国。

1. "中国制造 2025"产生的背景

"中国制造 2025"产生的背景可以从以下几个方面来理解。

（1）全球制造业竞争加剧。随着全球化的深入发展，各国之间的制造业竞争日益激烈。中国作为体量很大的制造国，面临着来自发达国家高端制造业和新兴经济体低成本制造业的双重挑战。

（2）工业升级的迫切需求。长期以来，中国制造业以低成本、劳动密集型为主导，这种模式难以持续，因为劳动力成本上升、资源环境约束加强等问题日益凸显。中国需要通过技术创新和产业升级，实现由"大"到"强"的转变。

（3）科技进步与工业革命。第四次工业革命的到来，以及信息技术、人工智能、物联网等新技术的快速发展，为制造业的转型升级提供了新的机遇。中国希望抓住这一机遇，加快产业结构调整和技术创新步伐。

（4）经济增长模式转变。中国经济增长模式需要从过去依赖投资和出口拉动转向更加依赖内需和创新驱动。"中国制造 2025"的提出，旨在推动制造业转型升级，促进经济结构优化和增长方式转变。

（5）提升国际竞争力。在全球价值链中，中国制造业多集中在中低端环节，缺乏核心技术和品牌价值。"中国制造 2025"旨在通过提升技术水平和产品质量，增强中国产品的国际竞争力。

2. 智能制造系统架构

智能制造系统架构通过生命周期、系统层级和智能功能 3 个维度构建完成，主要解决智能制造标准体系结构和框架的建模研究。

生命周期由设计、生产、物流、销售、服务等一系列相互联系的价值创造活动组成的链式集合。生命周期中各项活动相互关联、相互影响。不同行业的生命周期构成不尽相同。

系统层级自下而上共 5 层，分别为设备层、控制层、车间层、企业层和协同层。智能制造的系统层级体现了装备的智能化和互联网协议（IP）化，以及网络的扁平化趋势。

智能功能包括资源要素、系统集成、互联互通、信息融合与新兴业态。

3. 智能制造标准体系结构

智能制造标准体系结构包括"A 基础共性""B 关键技术"和"C 重点行业"3 部分，主要反映标准体系各部分的组成关系，如图 5-6 所示。

（1）A 基础共性标准包括基础、安全、管理、检测评价和可靠性五大类，位于智能制造标准体系结构图的最底层，其研制的基础共性标准支撑着 B 关键技术标准和 C 重点行业标准。

（2）BA 智能装备标准位于 B 关键技术标准的最底层，与智能制造实际生产联系最为紧密。

（3）在 BA 智能装备标准之上是 BB 智能工厂标准，是对智能制造装备、软件、数据的综合集成，该标准领域起着承上启下的作用。

（4）BC 智能服务标准位于 B 关键技术标准的顶层，涉及对智能制造新模式和新业态的标准研究。

（5）BD 工业软件和大数据标准与 BE 工业互联网标准贯穿 B 关键技术标准的其他 3 个领域（BA、BB 和 BC），打通物理世界和信息世界，推动生产型制造向服务型制造转型。

（6）C 重点行业标准位于最顶层，面向行业具体需求，对 A 基础共性标准和 B 关键技术标准进行细化和落地，指导各行业推进智能制造。

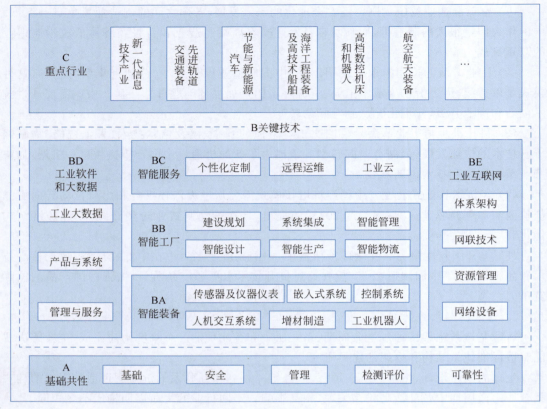

图 5-6　智能制造标准体系结构

第 15 集
微课视频

5.6　自动驾驶汽车技术概述

人工驾驶就是无自动驾驶阶段,人对车辆的驾驶过程包括环境感知、环境识别、驾驶决策和驾驶操作 4 个功能的循环。

人工驾驶时,驾驶员是整个汽车系统驾驶操作的唯一决策者和执行者,驾驶员通过操作方向盘、油门、刹车、挡位和发动机等实现对汽车的驾驶。人大脑的环境感知(Perception)就是通过人的视觉与听觉完成对车辆环境(道路基础设施与道路目标物)和交通运行环境(交通信号灯的信号与交通标示的信息)的感知;环境识别(Recognition)就是通过大脑对环境感知信息进行处理和分析,形成对车辆环境和道路交通紧急危险状况的检测、判断与识别;驾驶决策(Judgment)就是根据对车辆环境和道路交通紧急危险状况的识别结果,结合驾驶员的驾驶经验和驾驶目的地要求,作出对车辆的下一步驾驶决策;驾驶操作(Operation)就是驾驶员(通过或不通过电子控制单元)对车辆进行人工驾驶,不断改变车辆的运动方向、速度和位置,如此形成从感知、识别、决策和操作到再感知的循环手动驾驶过程,确保车辆安全地到达目的地。

自动驾驶就是用汽车智能化技术替代人类驾驶。具体而言,就是用智能化技术替代人的感觉器官感知环境的功能、人的大脑识别环境并进行驾驶决策的功能、人的四肢进行驾驶操作的功能。

自动驾驶汽车依靠人工智能、视觉计算、雷达、监控装置和全球定位系统协同合作,让计算机可以在没有任何人类主动的操作下,自动安全地操作机动车辆。

5.6.1 自动驾驶系统架构

自动驾驶是一个复杂的软硬件结合的系统,主要分为感知定位、决策规划、控制执行三大技术模块。感知定位模块主要是通过摄像头、雷达等高精度传感器,为自动驾驶提供环境信息;决策规划模块是依据感知系统提供的车辆定位和周边环境数据,在平台中根据适当的模型进行路径规划等决策;控制执行模块是以自适应控制和协同控制方式,驱动车辆执行相应命令动作。典型自动驾驶系统架构如图 5-7 所示。

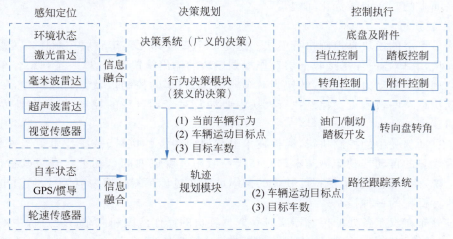

图 5-7 典型自动驾驶系统架构

1. 感知定位

环境感知与识别能力是自动驾驶车辆安全、自主、可靠行驶的前提和基础。自动驾驶车辆的环境感知系统利用各种主动、被动传感器获取周围环境的信息,对传感器数据进行处理、融合、理解,实现无人车辆对行驶环境中的障碍物、车道线以及红绿灯等的检测,给车辆的自主导航和路径规划提供依据。

传感器系统通常采用摄像机、激光雷达、超声传感器、毫米波雷达、全球导航卫星系统(Global Navigation Satellite System,GNSS)、里程计以及磁罗盘等多种车载传感器感知环境。视觉传感器包括单目和多目彩色摄像机,距离探测设备包括声呐、毫米波雷达和激光雷达等。其中,激光雷达和毫米波雷达能够测得目标的相对速度,获得三维点云数据;里程计和惯性传感器能够估计车辆的运动。

2. 决策规划

自动驾驶系统的安全可靠运行需要车载硬件传感器集成、感知、决策以及控制等多个模块的协同配合工作。环境感知和决策规划的紧密配合非常重要。这里的决策规划在广义上可以分为无人车路由寻径、行为决策、动作规划等。

无人车路由寻径的作用从简单意义上可以理解为实现无人车软件系统内部的导航功能,即在宏观层面上指导无人车软件系统的规划控制模块按照什么样的道路行驶,从而实现从起始地到目的地。值得注意的是,路由寻径虽然在一定程度上类似传统的导航,但其在细节上紧密依赖专门为无人车导航绘制的高精地图,与传统的导航有本质的不同。

路由寻径模块产生的路径信息,直接被下游的行为决策模块所使用。行为决策接收路由寻径的结果,同时接收感知预测和地图信息。综合这些输入信息,行为决策模块在宏观上决定无人车如何行驶。这些行为层面的决策包括在道路上的正常跟车、在遇到交通灯和行人时的等待避让,以及在路口和其他车辆的交互通过等。

无人车的动作规划问题是整个机器人动作规划领域中相对简单的一个问题,因为车辆的轨迹附于一个二维平面。车辆在方向盘、油门的操控下,其行驶轨迹的物理模型相比普通机器人姿态的三维动作轨迹要容易处理。车辆的实际运行轨迹总是呈现出平滑的类似螺旋线的曲线簇的属性,因此轨迹规划这一层面需要解决的问题往往可以非常好地抽象为一个在二维平面上的时空曲线优化问题。

3. 控制执行

架构最下层的模块是控制执行模块。这是一个直接和无人车底层控制接口 CAN 总线对接的模块,其核心任务是接收上层动作规划模块的输出轨迹点,通过一系列结合车身属性和外界物理因素的动力学计算,转换为对车辆油门、刹车的控制以及方向盘信号,尽可能地控制车辆执行这些轨迹点。控制执行模块主要涉及对车辆自身的控制,以及和外界物理环境交互的建模。

对于自动驾驶中的控制执行,线控技术显然要比传统的机械、液压技术更受青睐,目前技术较为成熟的自动驾驶车辆基本都是在线控应用高度成熟的车辆平台升级改造出来的。从概念上说,汽车线控技术是将驾驶员的操纵动作经过传感器转换为电信号,通过电缆直接传输到执行机构的一种控制系统。

通过分布在汽车各处的传感器实时获取驾驶员的操作意图和汽车行驶过程中的各种参数信息,传递给控制器;控制器对这些信息进行分析和处理,得到合适的控制参数并传递给各个执行机构,从而实现对汽车的控制,提高车辆的转向性、动力性、制动性和平顺性。

5.6.2 自动驾驶功能体系架构

自动驾驶功能体系架构如图 5-8 所示。

对于 SAE L0~L2 级的驾驶辅助系统,车载计算平台可以由微控制器(MCU)实现,此时的车载计算平台就是一个电子控制单元(ECU)。对于 SAE L3~L5 级的自动驾驶,车载计算平台将由处理能力强大的人工智能芯片实现。随着智能汽车的发展,车载计算平台可作为车载终端的计算处理单元与人机界面和车载通信单元(蜂窝移动通信和 V2X 协同通信)等,被统一集成在车载终端内。

自动驾驶的功能可分成 3 层:环境感知子系统、实时车辆环境感知地图子系统和驾驶决策子系统。

第 1 层的环境感知数据被交给第 2 层的实时车辆环境感知地图子系统,第 2 层的结果被送到第 3 层的驾驶决策子系统。自动驾驶系统还分别与车内的车载终端人机界面和电子控制单元、车载传感设备、卫星定位及地基增强系统、惯性导航系统等连接。连接方式可以是汽车总线、车载以太网或 USB 接口等。

自动驾驶系统还分别与车外其他车辆的车载终端、路侧终端和用户的智能手机、交通运输管理平台、地图云平台和自动驾驶算法训练云平台等连接,连接方式可以是蜂窝移动通信网络或 V2X 协同通信自组织网。

第5章 计算机控制中的新兴技术及应用

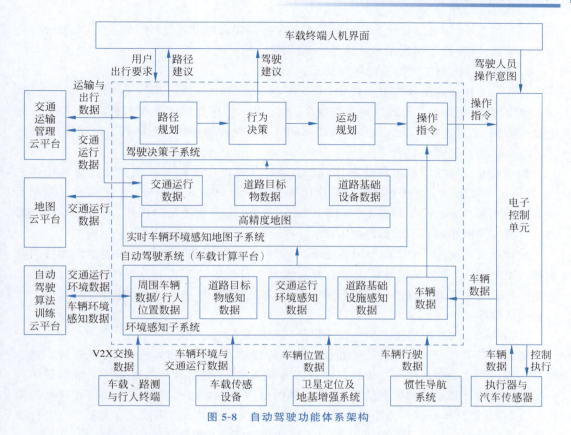

图 5-8 自动驾驶功能体系架构

5.6.3 自动驾驶闭环控制系统

自动驾驶闭环控制系统架构如图 5-9 所示。共有 4 个闭环系统：闭环 1 是汽车工作部

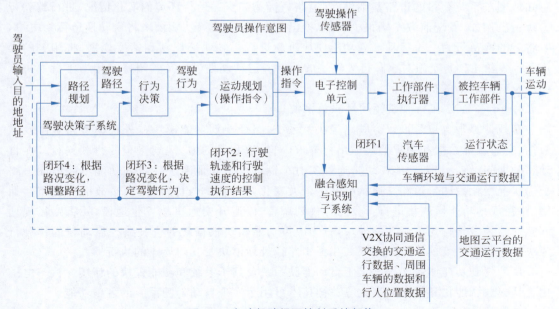

图 5-9 自动驾驶闭环控制系统架构

件闭环控制系统,闭环 2 是汽车行驶轨迹和行驶速度闭环控制系统,闭环 3 是汽车驾驶行为闭环决策系统,闭环 4 是汽车行驶路径闭环决策系统。

1. 闭环 1:汽车工作部件闭环控制系统

在汽车工作部件闭环控制系统中,电子控制单元(ECU)是汽车各工作部件的控制器,ECU 接收驾驶决策子系统的驾驶操作指令,通过汽车传感器感知汽车部件的运行状态,并通过电磁阀、步进电机、伺服电机、点火线圈和开关等执行器件控制车辆各工作部件,如转向器、发动机、刹车和齿轮箱的工作。

如果驾驶员想接管对车辆的操作,ECU 通过驾驶操作传感器检测到驾驶员的操作意图,并通过环境感知子系统将驾驶员的操作意图告知驾驶决策子系统。于是驾驶决策子系统放弃对汽车的驾驶操作与控制,直接由 ECU 感知、理解驾驶员的操作,通过汽车传感器和执行器件控制车辆各工作部件的工作。

在自动驾驶期间,ECU 的作用有 3 个。首先,最基本的作用是作为车辆工作部件的控制器;其次,ECU 直接从驾驶决策子系统接收关于行驶轨迹和行驶速度的操作指令,是其上位控制器——车载计算平台的执行器;最后,ECU 负责传递驾驶员的操作意图,相当于驾驶操作传感器的一部分。

2. 闭环 2:汽车行驶轨迹和行驶速度闭环控制系统

车载计算平台是汽车行驶轨迹和行驶速度的控制器,具体由运动规划与操作指令功能模块完成。在运动规划功能模块接收到行为决策结果后,根据从环境感知子系统获得的汽车行驶轨迹和行驶速度的控制结果(本车车辆数据),形成对汽车行驶轨迹和行驶速度的操作指令,并通过汽车总线将操作指令传输到对应的 ECU 和汽车工作部件,实施对汽车行驶轨迹的调整控制。ECU 及其闭环 1 相当于运动规划模块及其闭环 2 的执行器。

3. 闭环 3:汽车驾驶行为闭环决策系统

车载计算平台也是汽车驾驶行为的决策系统,行为决策功能模块根据从实时车辆环境感知地图子系统获得的道路基础设施、道路目标物和交通运行环境的变化情况,进行驾驶行为决策。例如,发现前方车辆很少,可以换道超车,行为决策功能模块将启动换道行为决策,并将新的换道行为交由运动规划功能模块重新进行行驶轨迹规划和速度规划,将相关的操作指令发给 ECU,实施对汽车行驶轨迹的控制。运动规划模块及其闭环 2 相当于行为决策模块及其闭环 3 的执行器。

4. 闭环 4:汽车行驶路径闭环决策系统

车载计算平台也是汽车行驶路径决策系统,路径规划功能模块首先根据道路基础设施数据、交通状况数据和用户的运输出行要求(出发地和目的地)规划汽车的行驶路径。在自动驾驶期间,路径规划功能模块将通过实时车辆环境感知地图子系统的功能不断监测道路交通状况变化。如果道路交通状况发生较大变化,如当前方道路因交通事故而出现道路拥堵,路径规划功能模块将进行行驶路径规划调整,以避开交通事故发生地段,并将路径规划调整的结果发给行为决策功能模块,行为决策功能模块根据新的行驶路径启动新的驾驶行为决策。行为决策模块及其闭环 3 相当于路径规划模块及其闭环 4 的执行器。

自动驾驶功能体系架构确定了自动驾驶系统及其子系统和功能模块的作用。汽车电子化、网联化、智能化和信息共享化等关键技术可用于实现自动驾驶系统的各项功能。

自动驾驶的主要功能与自动驾驶关键技术的关系如图 5-10 所示。

汽车技术	环境感知	环境识别	车辆定位	地图创建	路径规划	驾驶决策
共享化	人工智能路情数据在自动驾驶算法训练云平台的共享	交通运行数据在交通运输管理云平台或地图云平台的共享		高精度地图数据在地图云平台的共享，准动态数据在交通运输管理云平台共享	运输出行数据在交通运输管理云平台的共享	基于交通运输管理云平台的云端驾驶决策建议
网联化	车辆环境与交通运行环境感知数据交换（传感器扩展）	车辆数据、行人环境、车辆环境、交通运行环境识别数据交换	车辆位置数据交换	高精度地图准动态和高度动态数据交换	运输出行及其路径规划数据交换	驾驶决策协同与驾驶操作指令数据交换
智能化	车辆环境、交通运行环境感知数据采集	车辆环境与交通运行环境识别（识别、测距、侧向）	基于卫星系统、惯导系统和SLAM技术的定位	基于感知、识别、定位和SLAM技术的地图创建	基于车载计算平台的路径规划	基于地图、规则算法、人工智能算法的行为决策和运动规划
电子化	车辆数据采集					基于驾驶决策操作指令的控制与执行

左侧：数据上传、数据交换、控制执行
右侧：数据共享

图 5-10　自动驾驶的主要功能与自动驾驶关键技术的关系

汽车智能化技术是实现这些功能的主要关键技术，包括人工智能芯片、车载计算平台、传感技术、视觉识别、雷达测距测向、卫星定位及地基增强系统、惯导系统、高精度地图创建和人工智能等。

汽车电子化技术为汽车智能化提供基本的汽车数据，同时也为驾驶决策的执行提供电子控制器、执行器和工作部件。

V2X协同通信和蜂窝移动通信等汽车网联化技术为自动驾驶的环境感知、环境识别、车辆定位、地图创建和驾驶决策等功能提供数据交换能力，是汽车自动驾驶的环境感知、环境识别、地图创建和驾驶决策功能的重要补充，网联化技术与智能化技术的结合产生了网联自动驾驶；此外，网联化技术也为汽车和交通信息共享化的数据上传和下发提供技术手段。

基于云计算平台的汽车和交通信息共享化技术为自动驾驶提供共享的环境感知、环境识别和地图数据，也为自动驾驶的路径规划提供决策建议，汽车信息共享化与智能化技术的结合产生了基于云端决策的网联自动驾驶和智能交通。

5.6.4　自动驾驶的行业案例

自动驾驶作为目前的热门技术，直接催生了一个行业。各国各企业都在大力发展自动驾驶技术，主要有两条技术路线。

（1）以谷歌、百度等互联网软件企业为主要代表，依靠高精度地图开发软件算法，搭建自动驾驶平台以开源或其他方式向合作整车厂提供完整技术链，目标直指L4甚至L5的技术路线。

（2）以特斯拉、奥迪等整车厂为主要代表，将成熟产品推向市场，从L1、L2逐步向上攀升，慢慢迭代至无人驾驶的技术路线。

下面分别对这几家企业的技术发展做简要介绍。

1. 谷歌 Waymo

谷歌主张直接以"机器人系统"为核心的全自动无人驾驶汽车作为开发目标,研究无人驾驶汽车的外部环境感知、检测、判断和控制算法。

2009 年谷歌启动无人驾驶汽车项目,将丰田普锐斯改造成谷歌第一代无人驾驶车,如图 5-11 所示。该车采用 64 束激光雷达,突出地图优势,并在加州山景城进行了路测。

图 5-11 谷歌第一代无人驾驶车

2018 年 1 月底,谷歌 Waymo 已经从美国亚利桑那州交通部门拿到了正式的无人驾驶商用许可,并于 2018 年底正式推出其无人驾驶打车服务。这项服务的名称被命名为 Waymo One。Waymo 在美国亚利桑那州凤凰城正式向公众开放这项服务,并且向用户介绍了其使用方法。

谷歌无人驾驶汽车的感知核心是位于车顶的旋转式激光雷达,该设备可以发出 64 道激光光束,能够计算出 200m 以内物体的距离,得到精确的三维地图数据。自动驾驶汽车会将激光雷达测得的数据和高精地图相结合,生成反映周边环境的数据模型。安装在前挡风玻璃的摄像头可以用于近景观察,帮助自动驾驶汽车识别前方的人和车等障碍物,记录行程中的道路情况和交通信号的标志,最后通过相应算法对信息进行综合和分析。轮胎上的感应器可以保证汽车在确定轨道内行驶;倒车时,能快速测算出后方障碍物的距离,实现安全停车。汽车前后保险杠内安装有 4 个雷达元件,可以保证汽车在道路上保持 2~4s 的安全反应时间,并根据车速变化进行距离调整,最大程度保证乘客的安全。

2. 百度 Apollo

从 2015 年开始,百度大规模投入无人车技术研发;同年 12 月即在北京进行了高速公路和城市道路的全自动驾驶测试;2016 年 9 月获得美国加州自动驾驶路测牌照;同年 11 月在浙江乌镇开展普通开放道路的无人车试运营。

2017 年 4 月 19 日,百度发布 Apollo(阿波罗)平台,向汽车行业及自动驾驶领域的合作伙伴提供一个开源的自动驾驶方案,帮助开发者结合车辆和硬件系统,快速搭建一套完整的自动驾驶系统。而将这个计划命名为 Apollo 计划,就是借用了阿波罗登月计划的含义。

百度开放的 Apollo 平台是一套完整的软硬件和服务系统,包括车辆平台、硬件平台、软件平台、云端数据服务 4 大部分。同期开放的还有环境感知、路径规划、车辆控制、车载操作系统等功能的代码或能力,并且提供完整的开发测试工具并在车辆和传感器等领域选择协同度和兼容性最好的合作伙伴,推荐给接入 Apollo 平台的第三方合作伙伴使用,进一步降低无人车的研发门槛。

Apollo 试验车如图 5-12 所示。

图 5-12　Apollo 试验车

Apollo 平台的核心是人工智能技术，这是搭建该平台的主要支柱。Apollo 计划用两种形式开放自动驾驶能力：一是开放代码，二是开放能力。

开放能力主要基于 API 或 SDK，通过标准公开的方式获取百度提供的能力开放代码。与一般开源软件一样，代码公开，开发者可以在遵守开源协议的前提下自由使用，并可参与一起开发。

2018 年 7 月 4 日，在 2018 AI 开发者大会上，百度正式发布自动驾驶车辆量产方案，包含自主泊车（Valet Parking）、无人作业小车（MicroCar）、自动接驳巴士（MiniBus）3 套自动驾驶解决方案。

Apollo 3.0 还带来了量产智能车联网系统解决方案小度车载 OS，并首次发布车载语义开放平台。

Apollo 平台还带来了更多样化的智能仿真手段，推出真实环境 AR 仿真系统，能提供虚拟交通流结合实景渲染的仿真解决方案，帮助开发者实现相对真实的仿真测试。

3. 特斯拉

特斯拉（Tesla）是美国的一家电动车及能源公司，产销电动车、太阳能板及储能设备。公司创立于 2003 年，后改名为"特斯拉汽车（Tesla Motors）"，以纪念物理学家尼古拉·特斯拉（Nikola Tesla），创始人是著名的硅谷"钢铁侠"埃隆·马斯克（Elon Musk）。

2015 年，特斯拉正式启用驾驶辅助系统 AutoPilot，并开始利用影子模式（Shadow-Mode）功能收集大量真实的路况数据。2016 年特斯拉发布 AutoPilot 2.0，称其可以实现常见道路的全自动驾驶，并且包括 Model 3 车型都可以搭载，如图 5-13 所示。

图 5-13　特斯拉的驾驶辅助系统 AutoPilot

5.7　自动驾驶汽车技术架构与分级

自动驾驶汽车技术架构是一个复杂的系统，它整合了多种技术实现车辆的自主导航和控制。自动驾驶汽车技术分级是根据汽车的自动化程度来定义的，由国际汽车工程师学会（SAE International）制定，分级从 0 级到 5 级。

5.7.1　自动驾驶汽车技术架构

自动驾驶汽车是指能够感知环境、自动规划路线并控制汽车到达目的地的一种智能汽车。自动驾驶汽车利用车载或路测传感器感知汽车周围环境，并根据传感器所获得的道路、汽车位置和障碍物等信息规划、控制汽车的转向和速度，从而使汽车能够安全、可靠、合法地在道路上行驶。自动驾驶汽车是计算机科学、模式识别和智能控制技术高度发展、应用的产物。自动驾驶汽车技术架构如图 5-14 所示。

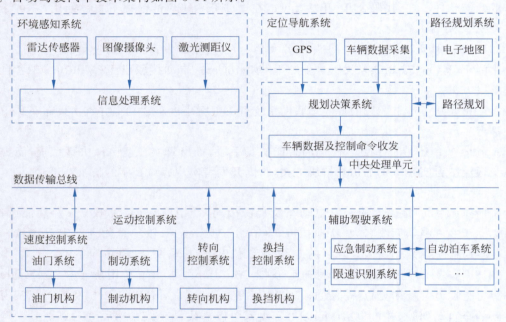

图 5-14　自动驾驶汽车技术架构

5.7.2　NHTSA 与 SAE 自动驾驶分级

自动驾驶技术的发展并非一蹴而就，从手动驾驶到完全自动驾驶，其间需要经历相当长的缓冲时期。统一自动驾驶等级的概念对于这一发展过程具有非常重要的意义，它有助于消除人们对自动驾驶概念的混淆，实现对不同自动驾驶能力的区分和定义。

全球汽车行业中两个最权威的分级系统分别由美国国家公路交通安全管理局（NHTSA）和国际自动化工程师协会（SAE）提出。

2013 年，NHTSA 首次发布了自动驾驶汽车分级标准，对自动化的描述分为 5 个等级。2014 年 1 月，SAE 制定了 J3016 自动驾驶分级标准，对自动化的描述分为了 L0～L5 共 6 个等级,以区分不同层次的自动驾驶技术之间的差异。

两个分级标准拥有一个共同之处,即自动驾驶汽车和非自动驾驶汽车之间存在一个关键区别,即汽车本身是否能控制一些关键的驾驶功能,如转向、加速和制动。在对自动驾驶汽车的描述上,尽管两种标准使用的语言略有不同,但都使用相同的分类系统。自动驾驶分级如表 5-1 所示。

表 5-1 自动驾驶分级

自动驾驶分级		名称	定义	驾驶操作	周边监控	接管	应用场景
NHTSA	SAE						
L0	L0	人工驾驶	有人类驾驶者全权驾驶汽车	人类驾驶员	人类驾驶员	人类驾驶员	无
L1	L1	辅助驾驶	汽车对方向盘和加减速中的一项操作提供驾驶,人类驾驶员负责其余的驾驶动作	人类驾驶员和汽车	人类驾驶员	人类驾驶员	限定场景
L2	L2	部分自动驾驶	汽车对方向盘和加减速中的多项操作提供驾驶,人类驾驶员负责其余的驾驶动作	汽车	人类驾驶员	人类驾驶员	
L3	L3	条件自动驾驶	由汽车完成绝大部分驾驶操作,人类驾驶员需保持注意力集中以备不时之需	汽车	汽车	人类驾驶员	
L4	L4	高度自动驾驶	由汽车完成所有驾驶操作,人类驾驶员无须保持注意力,但限定道路和环境条件	汽车	汽车	汽车	
	L5	完全自动驾驶	由汽车完成所有驾驶操作,人类驾驶员无须保持注意力	汽车	汽车	汽车	所有场景

两种分级标准的区别主要在于对完全自动驾驶级别的划分。SAE 将 NHTSA 的 L4 级细分为 L4 和 L5 两个级别。SAE 与 NHTSA 这两分级标准的区别主要在于对完全自动驾驶级别的定义与划分。与 NHTSA 不同,SAE 将其包含的 L4 级再划分为 L4 和 L5 两个级别。SAE 的这两个级别都可定义为完全自动驾驶,即汽车已经能够独立处理所有驾驶场景、完成全部驾驶操作,完全不需要驾驶员的接管或介入。这两个级别仍存在区别,L4 级的自动驾驶通常适用于城市道路或高速公路这类部分场景;而 L5 级的要求更严苛,汽车必须在任何场景下做到完全自动驾驶。

5.7.3 中国自动驾驶分级

中国对自动驾驶的分级首次出现在"中国制造 2025"的重点领域技术路线图中,其中将汽车按智能化和网联化两个发展方向进行分级。与 SAE 自动驾驶分级基本保持对应,SAE-China 将自动驾驶汽车分为 DA、PA、CA、HA、FA 共 5 个等级,考虑中国道路交通情况的复杂性,加入了对应级别下智能系统能够适应的典型工况特征。

5.8 汽车线控系统技术

汽车线控系统技术(Drive-by-Wire 或 X-by-Wire)是一种用于汽车的电子控制技术,它通过电子信号代替传统的机械连接和液压系统控制汽车的各种功能,如转向、制动、加速和换挡。

5.8.1 汽车线控技术概述

汽车线控技术(X-by-Wire)起源于飞机的电传操纵系统,飞行员不再通过传统的机械回路或液压回路控制飞机的飞行姿态,而是通过安装在操纵杆处的传感器检测飞行员施加在其上的力和位移,并将其转换为电信号,在 ECU 中将信号进行处理,然后传输到执行机构从而实现对飞机的控制。随着线控技术的发展,这一技术逐渐应用到汽车,部分汽车线控系统示意图如图 5-15 所示。

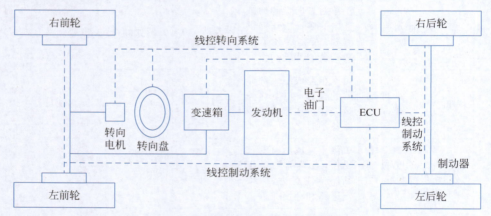

图 5-15 部分汽车线控系统示意图

汽车线控技术就是将驾驶员的操纵动作经过传感器转换为电信号,通过电缆直接传输到执行机构的一种系统。目前,汽车的线控系统主要有线控转向系统、线控油门系统、线控制动系统、线控悬架系统、线控换挡系统以及线控增压系统等。

通过分布在汽车各处的传感器实时获取驾驶员的操作意图和汽车行驶过程中的各种参数信息,传输给控制器,控制器将这些信息进行分析和处理,得到合适的控制参数传输给各个执行机构,从而实现对汽车的控制,提高车辆的转向性、动力性、制动性和平顺性。

线控系统与传统的机械控制系统相比,采用了完全不同的控制方式,具有机械控制系统无可比拟的优点,具体如下。

(1) 汽车更加轻便。采用线控系统之后,舍去了传统的机械控制装置。一方面,极大地减轻了汽车的整备质量,降低了汽车的能源消耗,也减少了汽车的噪声和震动;另一方面,传统机械装置的去除以及电线布置的灵活性也节省了大量的空间,提高驾驶员和乘客的乘坐舒适性,也有利于实现模块化的底盘设计。

(2) 控制更为精确。由于采用传感器实时收集汽车的各项参数,驾驶员动作的行程、需要调节的程度也可以通过传感器准确地记录,控制的精度高。

(3) 操作更加便捷。驾驶员仅仅通过调节某些按键即可在汽车内部实现一系列复杂的操控,大大降低了操纵的复杂程度。

(4) 控制策略更加丰富。可以实现对底盘多个子系统的协调控制,以提高汽车的各项性能。

(5) 生产制造更加简单。线控技术在汽车上的发展可以极大地简化汽车的生产、装配和调试过程,节约生产成本,缩短开发周期,也有利于汽车生产企业根据用户需求的不同进行个性化的定制。

(6) 安全性大大提高。采用线控转向系统的汽车,由于舍去了传统的转向轴,当汽车发生撞击时,降低了机械部件对驾驶员的伤害。

(7) 系统工作效率大大提高。汽车内部各种信息都是通过电信号进行传输,极大地提高了信息传递的效率,控制更加迅速,响应更加灵敏。

5.8.2 车辆线控系统

自动驾驶车辆的路径规划等驾驶决策是由传感器根据实际的道路交通情况识别进而得出的,决策的执行都是通过电信号,这就需要对传统汽车的底盘进行线控改造以适用于自动驾驶。

自动驾驶车辆线控底盘主要包含 5 大系统,分别为线控转向、线控制动、线控换挡、线控节气门、线控悬挂。自动驾驶车辆线控底盘构成如图 5-16 所示。

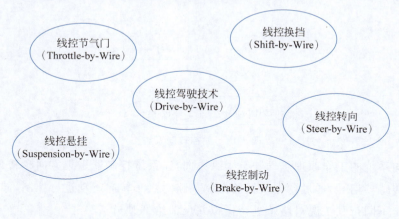

图 5-16 自动驾驶车辆线控底盘构成

线控节气门、线控换挡、线控转向和线控制动都是面向自动驾驶执行端方向最核心的产品,其中又以制动技术难度更高。

1. 线控节气门

线控节气门指通过用线束代替拉索或拉杆,在节气门部位装一只微型电动机,用电动机驱动节气门开度。线控节气门主要由加速踏板、踏板位移传感器、ECU、CAN 总线、伺服电动机和节气门执行机构组成。线控节气门控制原理如图 5-17 所示。

2. 线控换挡

线控换挡技术是将传统的机械手动挡位改为手柄、拨杆、转盘、按钮等电子信号输出的

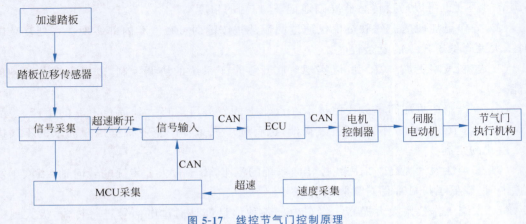

图 5-17 线控节气门控制原理

方式。线控换挡对燃油车自动变速器的控制方式不会改变,技术难度小,该技术对自动驾驶影响不大。线控换挡技术已经发展得非常成熟,随着自动驾驶汽车技术逐步落地,将会是未来整车的标准配置。

3. 线控转向

线控转向是指取消方向盘与转向车轮之间的机械连接,采用电信号控制车轮转向,可以自由设计汽车转向系统角传递特性和力传递特性,实现许多传统转向系统不具备的功能。

线控转向系统主要由方向盘总成、转向执行总成、线控转向系统控制器等组成,如图 5-18 所示。

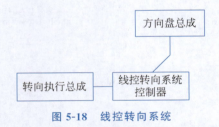

图 5-18 线控转向系统

线控转向系统的工作原理是驾驶员操纵方向盘,系统控制器采集方向盘转角、车速和横摆角速度等传感器信号,通过预先设置的控制策略对汽车转向运动进行控制,同时路感模拟系统根据汽车不同行驶工况对路感进行模拟并反馈给驾驶员。

4. 线控制动

线控制动是指采用电线取代部分或全部制动管路,通过控制器操纵电控元件控制制动力大小。线控制动系统由制动踏板模块、车轮制动作动器、制动控制器等部分组成。制动踏板模块包括制动踏板、踏板行程传感器、踏板力感模拟器。踏板行程传感器通过检测驾驶者的制动意图并将其传输给制动控制器,控制器综合纵向或横向加速度传感器、横摆角速度传感器等信号进行计算,并控制车轮制动器快速而精确地提供所需的制动压力,同时制动踏板模块接收控制器送来的信号,控制踏板力感模拟器产生力感,以提供给驾驶员相应的踏感信息。

线控制动系统主要分为电子驻车制动(Electronic Parking Brake,EPB)系统、电液线控制动(Electronic Hydraulic Brake,EHB)系统和电子机械制动(Electro-Mechanical-Brake,EMB)系统等类型。

5.9 汽车运动控制

汽车运动控制是指通过各种技术和系统管理和调节汽车的动态行为和性能,包括提高车辆的稳定性、操控性、舒适性以及安全性。

5.9.1 汽车运动控制概述

运动控制是自动驾驶汽车研究领域的核心问题之一,指根据当前周围环境和车体位置、姿态、车速等信息按照一定的逻辑作出决策,并分别向油门、制动及转向等执行系统发出控制指令。

运动控制作为自动驾驶汽车实现自主行驶的关键环节,主要包括横向控制、纵向控制以及横纵向协同控制。

横向控制主要研究自动驾驶汽车的路径跟踪能力,即如何控制汽车沿规划的路径行驶,并保证汽车的行驶安全性、平稳性与乘坐舒适性。

纵向控制主要研究自动驾驶汽车的速度跟踪能力,控制汽车按照预定的速度巡航或与前方动态目标保持一定的距离。但独立的横向或纵向控制不能满足自动驾驶汽车的实际需求,因此,复杂场景下的横纵向协同控制研究,对于自动驾驶汽车来说至关重要。

一般地,横向控制系统的实现主要依靠预瞄跟随控制、前馈控制和反馈控制。

5.9.2 预瞄跟随控制

预瞄跟随控制原理是根据驾驶员操纵特征提出的。驾驶员模型是导航技术的重要组成部分,基于偏差调节的期望路径跟随控制系统可视为一个简易的驾驶员模型。

驾驶员基于外界环境、道路信息以及当前汽车的运动状态进行汽车操纵,预测汽车当前实际位置与道路中心线之间的侧向位移偏差和航向偏差的大小,从而转动方向盘使预测偏差为零,该预测偏差叫作预瞄侧向位移偏差或预瞄航向偏差。驾驶员依据预瞄偏差的大小转动对应的方向盘角度,从而完成对期望行驶路径的跟踪。

控制系统依据汽车行驶参数、道路曲率、预瞄偏差和汽车的动力学模型得出所需方向盘转角或前轮转角,从而实现对期望目标路径的跟踪。预瞄跟随控制器由预瞄环节与跟随环节构成,其结构如图 5-19 所示。

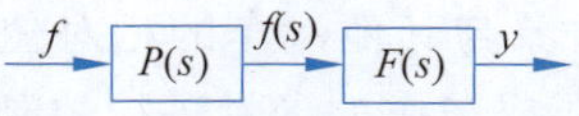

$$f \rightarrow \boxed{P(s)} \xrightarrow{f(s)} \boxed{F(s)} \rightarrow y$$

图 5-19 预瞄跟随控制结构

系统传递函数为

$$Y(s)/f(s) = P(s)F(s)$$

其中,$P(s)$为预瞄环节传递函数;$F(s)$为跟随环节传递函数。

在低频域条件下,理想状态下的预瞄跟随控制系统应该满足
$$P(s)F(s) \approx 1$$

5.9.3 横向控制

自动驾驶汽车作为一个高度非线性的非完整运动约束系统,其模型和所处外界环境存在不确定性及测量不精确性,导致对汽车进行运动控制具有一定的难度。

横向控制主要控制航向,通过改变方向盘扭矩或角度的大小等,使汽车按照想要的航向行驶。依据人类驾驶的经验,驾驶员在驾驶途中会习惯性地提前观察前方道路,并预估前方道路情况,提前获得预瞄点与汽车所处位置的距离。

建立自动驾驶汽车横向控制系统,首先需要搭建道路-汽车动力学控制模型,根据最优预瞄驾驶员原理与模型设计侧向加速度最优跟踪 PD 控制器,从而得到汽车横向控制系统。其次,以汽车纵向速度及道路曲率为控制器输入,预瞄距离为控制器输出,构建预瞄距离自动选择的最优控制器,从而实现汽车横向运动的自适应预瞄最优控制。横向控制流程如图 5-20 所示。

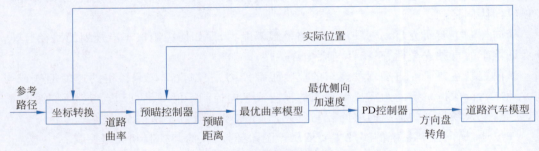

图 5-20 横向控制流程

5.9.4 纵向控制

纵向控制主要为速度控制,通过控制刹车、油门等实现对车速的控制。对于自动挡汽车,控制对象其实就是刹车和油门。

纵向控制作为智能驾驶汽车运动控制的重要组成部分,也是智能驾驶研究领域的核心难题之一。

自动驾驶汽车纵向控制的原理是基于油门踏板与制动踏板的控制与协调切换,从而控制汽车加速、减速,实现对自动驾驶汽车纵向期望速度跟踪与控制。

自动驾驶汽车纵向控制系统分为两种模式:直接式和分层式。直接设计控制器对控制参数进行调控的称作直接控制法;分成两个或多个控制器的称为分层结构控制法。直接式针对单个控制对象,不考虑控制对象与其他汽车的相对位置;分层式考虑汽车在行驶队列的转向、加速与制动等行为,以其他汽车作为参考进行控制。

1. 纵向控制的两种模式

直接式运动控制是通过纵向控制器直接控制期望制动压力和节气门开度,从而实现对跟随速度和跟随减速度的直接控制,具有快速响应等特点。直接式运动控制结构如图 5-21 所示。

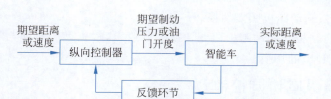

图 5-21　直接式运动控制结构

由于自动驾驶汽车纵向动力学模型为复杂多变量非线性系统,且存在较大的参数不确定性及测量不精确性,因此通过单个控制器实现多性能控制较为困难。为了降低纵向控制系统的设计难度,基于分层控制结构,根据控制目标的不同,将自动驾驶汽车纵向控制系统分为上位控制器和下位控制器进行单独设计。分层式运动控制结构如图 5-22 所示。

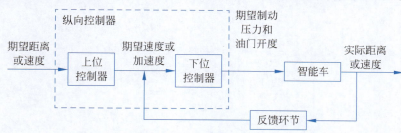

图 5-22　分层式运动控制结构

上位控制器控制策略设计的目的是产生期望车速或者期望加速度;下位控制器接收上位控制器产生的期望状态值,并按照其控制算法产生期望的制动压力值与期望油门开度值,从而实现汽车纵向车间距离或速度跟踪控制的功能。

2. 直接式运动控制实现过程

结合直接式运动控制流程,为了实现汽车纵向控制,通常需要考虑位移-速度闭环 PD 控制器和速度-加速度闭环 PID 控制器,并且需要对油门控制器、制动控制器以及两者的切换策略进行设计。然后,通过 PI 控制器参数调节优化控制器的性能,同时优化油门、制动切换控制逻辑,协调油门与制动动作实现对期望目标车速的跟踪。纵向控制结构如图 5-23 所示。

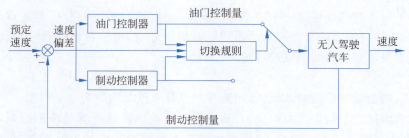

图 5-23　纵向控制结构

汽车在行驶过程中,如果同时踩下油门踏板与制动踏板,会损坏汽车动力系统和传动系统。因此,切换逻辑要保证以下两点。

(1) 在油门踏板踩下时需要释放制动踏板,在制动踏板踩下时需要释放油门踏板,避免油门踏板和制动踏板同时工作。

(2) 避免油门、制动踏板频繁切换。

由此设计油门踏板与制动踏板协调切换控制逻辑,根据期望车速与当前实际车速的误差协调控制加速、制动的切换。

5.9.5 横纵向协同控制

独立的横向控制系统或纵向控制系统并不能体现汽车实际运行时的特性,且不能满足各种道路工况需求。为实现横纵向控制器在实际情况下的控制效果,需要将横向控制与纵向控制协同起来并优化控制参数,构建自动驾驶汽车综合控制系统。该综合控制系统用于实现自动驾驶汽车的横纵向耦合运动控制。横纵向协同控制架构包括决策层、控制层与模型层。横纵向协同控制架构如图5-24所示。

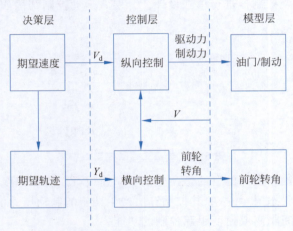

图 5-24 横纵向协同控制架构

横纵向协同控制架构各层的作用如下。

1. 决策层

根据视觉感知系统感知的汽车外界道路环境信息与汽车行驶状态信息,对汽车的行驶路径进行规划形成期望运动轨迹,并根据期望运动轨迹选择期望速度。

2. 控制层

基于决策层得到的期望路径与期望车速输入,经过控制系统的分析与运算得到理论的前轮转角输出、油门控制输出以及制动器控制输出信号,作用于自动驾驶汽车,保证自动驾驶汽车跟踪期望速度沿着期望轨迹行驶。

3. 模型层

对于横纵向运动综合控制系统,运用数学知识建立整车横纵向数学模型。

由横纵向协同控制构架可以看到,自动驾驶汽车的纵向速度既是横向控制器的状态量输入,又是纵向控制器的状态量输入,横向控制系统的前轮转角与车速有关,纵向控制系统的模糊控制器速度偏差输入与加速度偏差输入和车速有关,汽车的纵向车速成为连接横向控制系统与纵向控制系统的关键点。

关于前馈控制和反馈控制系统,本书不再赘述。

5.10 云计算

云计算是一种通过互联网提供计算资源和数据存储的服务模式,用户可以根据需要远程访问软件、存储空间和计算能力,而无须拥有和维护实际的计算基础设施。

5.10.1 云计算概述

云计算(Cloud Computing)是基于互联网的相关服务的增加、使用和交付模式,通常涉及通过互联网提供动态易扩展且经常是虚拟化的资源。

云是网络、互联网的一种比喻说法。因此,云计算甚至可以让用户体验每秒 10 万亿次的运算能力,拥有这么强大的计算能力,可以模拟核爆炸、预测气候变化和市场发展趋势。用户通过计算机、笔记本电脑、手机等方式接入数据中心,按自己的需求进行运算。

美国国家标准与技术研究院(National Institute of Standards and Technology,NIST)定义:云计算是一种按使用量付费的模式,这种模式提供可用的、便捷的、按需的网络访问,进入可配置的计算资源共享池(资源包括网络、服务器、存储、应用软件、服务),这些资源能够被快速提供,只需投入很少的管理工作,或与服务供应商进行很少的交互。

云计算是继 20 世纪 80 年代大型计算机到客户端云计算-服务器的大转变之后的又一次巨变。

云计算是分布式计算(Distributed Computing)、并行计算(Parallel Computing)、效用计算(Utility Computing)、网络存储(Network Storage)、虚拟化(Virtualization)、负载均衡(Load Balance)、热备份冗余(High Available)等传统计算机和网络技术发展融合的产物。

第 16 集
微课视频

5.10.2 云计算的基本特点

云计算通过使计算分布在大量的分布式计算机上,而非本地计算机或远程服务器中,使企业数据中心的运行与互联网更相似。这使得企业能够将资源切换到需要的应用上,根据需求访问计算机和存储系统。好比是从古老的单台发电机模式转向了电厂集中供电的模式。云计算使得计算能力也可以作为一种商品进行流通,就像煤气、水电一样,取用方便,费用低廉。最大的不同在于,云计算是通过互联网进行传输的。

云计算具有以下特点。

(1) 超大规模。"云"具有相当的规模,Google 云计算已经拥有 100 多万台服务器,Amazon、IBM、微软、Yahoo 等的"云"均拥有几十万台服务器。企业私有云一般拥有数百上千台服务器。"云"能赋予用户前所未有的计算能力。

(2) 虚拟化。云计算支持用户在任意位置、使用各种终端获取应用服务。所请求的资源来自"云",而不是固定的有形的实体。应用在"云"中某处运行,但实际上用户无须了解也不用担心应用运行的具体位置。只需要一台笔记本电脑或一个手机,就可以通过网络服务实现我们需要的一切,甚至包括超级计算这样的任务。

(3) 高可靠性。"云"使用了数据多副本容错、计算节点同构可互换等措施保障服务的高可靠性,使用云计算比使用本地计算机可靠。

(4) 通用性。云计算不针对特定的应用,在"云"的支撑下可以构造出千变万化的应用,同一个"云"可以同时支撑不同的应用运行。

(5) 高可扩展性。"云"的规模可以动态伸缩,满足应用和用户规模增长的需要。

(6) 按需服务。"云"是一个庞大的资源池,按需购买,像自来水、电、燃气那样计费。

云计算可以彻底改变人们未来的生活,但同时也要重视环境问题,这样才能真正为人类进步作贡献,而不是简单的技术提升。

5.10.3 云计算的总体架构

云计算推动了 IT 领域自 20 世纪 50 年代以来的三次变革浪潮,对各行各业数据中心基础设施的架构演进及上层应用与中间件层软件的运营管理模式产生了深远的影响。在云计算发展早期,Google、Amazon、Meta 等互联网巨头们在其超大规模 Web 搜索、电子商务及社交等创新应用的牵引下,率先提炼出了云计算的技术和商业架构理念,并树立了云计算参考架构的标杆与典范。但在那个时期,多数行业与企业 IT 的数据中心仍然采用传统的以硬件资源为中心的架构,即便是已进行了部分云化的探索,也多为新建的孤岛式虚拟化资源池(如基于 VMware 的服务器资源整合),或者仅仅对原有软件系统的服务器进行虚拟化整合改造。

从架构视角来看,云计算正在推动全球 IT 的格局进入新一轮"分久必合,合久必分"的历史演进周期,通过分离、回归、融合的过程从 3 个层面进行表述,企业 IT 架构的云化演进路径如图 5-25 所示。

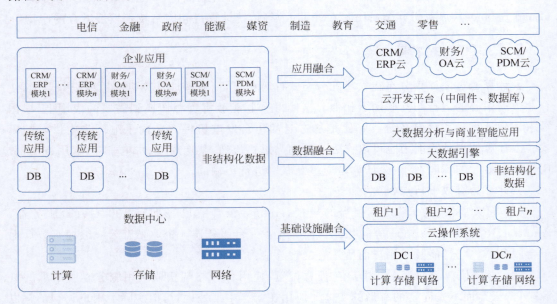

图 5-25 企业 IT 架构的云化演进路径

5.10.4　云计算的总体分层架构

云计算架构应用上下文的相关角色包括云租户/服务消费者、云应用开发者、云服务运营者提供者、云设备提供者。

1. 云租户/云服务消费者

云租户是指这样一类组织、个人或 IT 系统,该组织/个人/IT 系统消费由云计算平台提供的业务服务(如请求使用云资源配额、改变指配给虚拟机的 CPU 处理能力、增大 Web 网站的并发处理能力等)组成。该云租户/云业务消费者可能会因其与云业务的交互而被计费。

云租户也可被看作一个云租户/业务消费者组织的授权代表。

2. 云应用开发者

云应用开发者负责开发和创建一个云计算增值业务应用,该增值业务应可以托管在云平台运营管理者环境内运行,或者由云租户(服务消费者)运行。典型场景下云应用开发者根据云平台的 API 能力进行增值业务的开发,但也可能调用由 BSS 和 OSS 系统付费开放的云管理 API 功能。

云业务开发者全程负责云增值业务的设计、部署并维护运行时主体功能及其相关的管理层。

3. 云服务运营者/提供者

云服务运营者/提供者承担着向云租户/服务消费者提供云服务的任务。云服务运营者/提供者的定义来源于其对 OSS/BSS 管理子系统拥有直接的或者虚拟的运营权。同时,作为云服务运营者以及云服务消费者的个体,也可以成为其他对外转售云服务提供者的合作伙伴,消费其云服务,并在此基础上加入增值,并将增值后的云服务对外提供。

4. 云设备提供者

云设备提供者提供各种物理设备,包括服务器、存储设备、网络设备、一体机设备,利用各种虚拟化平台,构筑成各种形式的云服务平台。这些云服务平台可能是某个地点的超大规模数据中心,也可能是由地理位置分布的区域数据中心组成的分布式云数据中心。

云设备提供者可能是云服务运营者/提供者,也可能就是一个纯粹的云设备提供者,将云设备租用给云服务运营者/提供者。

这里,特别强调云设备物理基础设施的提供者必须能够做到不与唯一的硬件设备厂家绑定。

云计算总体分层架构如图 5-26 所示。

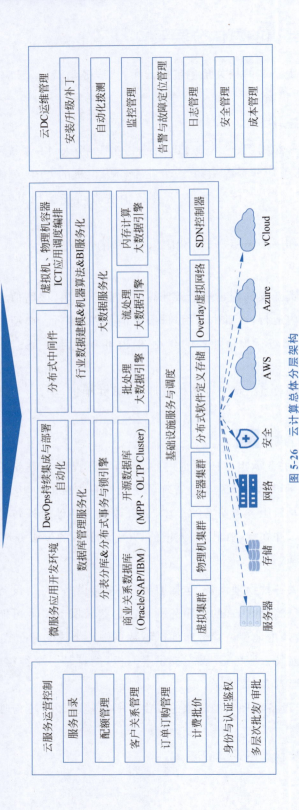

图 5-26 云计算总体分层架构

5.10.5 云计算的服务模式

根据现在最常用也是比较权威的美国国家标准与技术研究院(NIST)的定义,云计算主要分为3种服务模式,并且这3种服务模式主要是从用户体验的角度出发的。

云计算的服务模式和类型如图 5-27 所示,这 3 种服务模式分别是软件即服务(Software as a Service,SaaS)、平台即服务(Platform as a Service,PaaS)和基础设施即服务(Infrastructure as a Service,IaaS)。

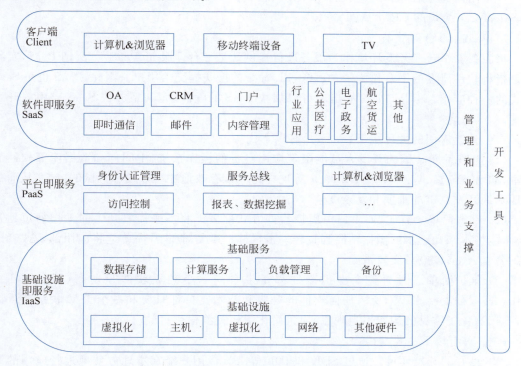

图 5-27　云计算的服务模式和类型

对于普通用户,面对的主要是 SaaS 服务模式,而且云计算服务最终的呈现形式绝大多数是 SaaS。

1. SaaS:软件即服务

SaaS 是一种通过网络提供软件的模式,用户无须购买软件,而是向提供商租用基于 Web 的软件管理企业经营活动。相对于传统的软件,SaaS 解决方案有明显的优势,包括较低的前期成本、便于维护、快速展开使用、由服务提供商维护和管理软件,并且提供软件运行的硬件设施,用户只需拥有接入互联网的终端即可随时随地使用软件。SaaS 软件被认为是云计算的典型应用之一。

SaaS 主要有以下功能。

(1) 随时随地访问。在任何时候、任何地点,只要接上网络,用户就能访问这个 SaaS 服务。

(2) 支持公开协议。通过支持公开协议(如 HTML 4、HTML 5),能够方便用户使用。

(3) 安全保障。SaaS 供应商需要提供一定的安全机制,不仅要使存储在云端的用户数据处于绝对安全的境地,而且也要在客户端实施一定的安全机制(如 HTTPS)保护用户。

(4)多租户。通过多租户机制,不仅能更经济地支持庞大的用户规模,而且能提供一定的可指定性,以满足用户的特殊需求。

用户消费的服务完全是从网页(如 Netfix、MOG、Google Apps、Box.net、Dropbox 或苹果公司的 iCloud)进入这些分类。

一些用作商务的 SaaS 应用包括 Citrix 公司的 GoToMeeting、Cisco 公司的 WebEx,以及 Salesforce 公司的 CRM、ADP 等。

2. PaaS:平台即服务

将服务器平台或开发环境作为服务进行提供就是平台即服务(PaaS)。所谓 PaaS,实际上是指将软件研发的平台作为一种服务,以 SaaS 的模式提交给用户。因此,PaaS 也是 SaaS 模式的一种应用。但是,PaaS 的出现可以加快 SaaS 的发展,尤其是加快 SaaS 应用的开发速度。

在云计算应用的大环境下,PaaS 具有以下优势。

(1)开发简单。因为开发人员能限定应用自带的操作系统、中间件和数据库等软件的版本,如 SLES 11、WAS 7 和 DB 29.7 等这样将非常有效地缩小开发和测试的范围,从而极大地降低开发测试的难度和复杂度。

(2)部署简单。首先,如果使用虚拟器件方式部署能将本来需要几天的工作缩短到几分钟,能将本来几十步的操作精简到轻轻一击鼠标;其次,能非常简单地将应用部署或者迁移到公有云上,以应对突发情况。

(3)维护简单。因为整个虚拟器件都是来自同一个独立软件开发商(Independent Software Vendors,ISV),所以任何软件的升级和技术支持都只要和一个 ISV 联系就可以了,不仅避免了常见的沟通不当现象,而且简化了相关流程。

PaaS 具有以下主要功能。

(1)良好的开发环境。通过 SDK 和 IDE 等工具让用户能在本地方便地进行应用的开发和测试。

(2)丰富的服务。PaaS 平台会以 API 的形式将各种各样的服务提供给上层应用。

(3)自动的资源调度。也就是可伸缩特性,它不仅能优化系统资源,而且能自动调整资源帮助运行于其上的应用更好地应对突发流量。

(4)精细的管理和监控。通过 PaaS 能够提供对应用层的管理和监控,如能够观察应用运行的情况和具体数值(如吞吐量和响应时间)更好地衡量应用的运行状态,还能够通过精确计量应用所消耗的资源更好地计费。

涉足 PaaS 市场的公司在网上提供了各种开发和分发应用的解决方案,如虚拟服务器和操作系统,既节省了用户在硬件上的费用,也让分散的工作室之间的合作变得更加容易。这些解决方案包括网页应用管理、应用设计、应用虚拟主机、存储、安全以及应用开发协作工具等。

一些大的 PaaS 提供商有 Google(App Engine)、微软(Azure)、Salesforce(Heroku)等。

3. IaaS:基础设施即服务

IaaS 使消费者可以通过互联网从完善的计算机基础设施获得服务。基于互联网的服务(如存储和数据库)是 IaaS 的一部分。在 IaaS 模式下,服务提供商将多台服务器组成的"云端"服务(包括内存、I/O 设备、存储和计算能力等)作为计量服务提供给用户。其优点是用户只需提供低成本硬件,按需租用相应的计算能力和存储能力即可。

IaaS 具有以下主要功能。

(1) 资源抽象。使用资源抽象的方法,能更好地调度和管理物理资源。

(2) 负载管理。通过负载管理,不仅使部署在基础设施上的应用能更好地应对突发情况,而且还能更好地利用系统资源。

(3) 数据管理。对于云计算,数据的完整性可靠性和可管理性是对 IaaS 的基本要求。

(4) 资源部署。也就是将整个资源从创建到使用的流程自动化。

(5) 安全管理。IaaS 的安全管理的主要目标是保证基础设施和其提供的资源被合法地访问和使用。

(6) 计费管理。通过细致的计费管理能使用户更灵活地使用资源。

过去如果用户想在办公室或公司的网站上运行一些企业应用,需要去买服务器或其他昂贵的硬件控制本地应用,让业务运行起来。但是使用 IaaS,用户可以将硬件外包到其他地方。涉足 IaaS 市场的公司会提供场外服务器、存储和网络硬件,用户可以租用,这样就节约了维护成本和办公场地并可以在任何时候利用这些硬件运行其应用。

一些大的 IaaS 提供商有亚马逊、微软、VMware、Rackspace 和 Red Hat。不过这些公司都有自己的专长,如亚马逊和微软提供的不只是 IaaS,还会将其计算能力出租给用户管理自己的网站。

第 17 集
微课视频

5.11 边缘计算

边缘计算是一种分布式计算框架,它将计算和数据存储带到网络的边缘,靠近数据源头,如物联网设备或本地计算机。这种方法旨在降低数据通信时延,提高数据处理速度,并减轻中央服务器或数据中心的负载。

1. 核心概念

(1) 近源处理:边缘计算允许数据在产生的地方即时处理,而不需要先发送到远程数据中心。

(2) 低延迟:由于减小了数据传输距离,边缘计算可以实现低延迟的数据处理,这对于实时应用至关重要。

(3) 带宽节省:本地处理数据可以显著减少需要通过网络传输的数据量,节省带宽并减少网络拥塞。

(4) 可扩展性:边缘计算提供了一种可扩展的方式处理日益增长的数据量,特别是来自物联网设备的数据。

2. 应用场景

(1) 物联网(IoT):智能家居、工业互联网、智慧城市等 IoT 应用通常需要快速响应和数据隐私,边缘计算可以在这些场景下提供高效的服务。

(2) 移动计算:移动设备和应用可以通过边缘计算获得更快的响应时间和更好地用户

体验。

（3）内容分发：边缘计算可以用于内容分发网络（Content Delivery Network，CDN），将内容缓存到用户附近，加速内容的加载。

（4）远程监控：在远程监控和控制系统中，边缘计算可以实现即时的数据分析和决策，提高系统的效率和安全性。

3. 云、边、端介绍

云计算、边缘计算和端点设备是构成现代计算生态系统的 3 个关键层面，它们共同支撑起智能化服务和物联网（IoT）应用的基础架构。以下是对云、边、端三者的介绍。

1）云（Cloud）

云计算是一种提供按需计算资源和服务的模型，通常是通过数据中心实现的。用户无须管理物理服务器或运行自己的数据中心，就可以获取存储、计算、数据库、网络、软件和分析等资源。云计算平台通常提供高度可扩展、可靠和安全的服务，适用于处理大量数据和执行复杂的计算任务。

云的特点如下。

（1）高度集中化的资源。

（2）强大的计算和存储能力。

（3）全球访问和协作。

（4）按使用量付费的模式。

2）边（Edge）

边缘计算是一种分布式计算架构，旨在将计算任务、数据处理和服务带到离数据源更近的地方。边缘计算节点可以是物理服务器、网络交换机或其他专用设备，它们位于用户和中心云数据中心之间的网络边缘位置。

边的特点如下。

（1）靠近数据源的计算能力。

（2）降低延迟，快速响应。

（3）减少数据传输，节省带宽。

（4）提高隐私和安全性。

3）端（End）

端点设备是网络中的实际设备，如智能手机、传感器、摄像头、车辆或任何其他生成数据的设备。这些设备是物联网的基础，它们收集数据并可能执行一些基本的处理任务，然后将数据发送到边缘计算节点或云端进行进一步分析和处理。

端的特点如下。

（1）数据生成和初步处理的源头。

（2）分布广泛，数量庞大。

（3）通常具有限制的计算和存储能力。

（4）在智能设备和 IoT 应用中扮演关键角色。

4）云、边、端的协同作用

云、边、端三者共同构成了一个多层次、分布式的计算架构。端点设备负责收集和初步处理数据，边缘计算节点对数据进行进一步的实时处理和分析，而云计算提供中心化的大规模数据处理、存储和高级分析服务。

这种分层架构允许数据在最合适的位置进行处理，既优化了性能，又提高了效率。例如，一些对延迟敏感的任务可以在边缘节点处理，而不需要发送到远程云端。同时，云计算可以用于存储大量历史数据，进行深度分析和机器学习模型训练等任务。

随着 5G 和 IoT 技术的发展，云、边、端的协同将变得更加重要，以支持更加智能化和自动化的应用场景。

5.11.1 边缘计算简介

对于边缘计算（Edge Computing）的定义，目前还没有统一的结论。

太平洋西北国家实验室（PNNL）将边缘计算定义为"一种将应用、数据和服务从中心节点向网络边缘拓展的方法，可以在数据源端进行分析和知识生成"。

ISO/IEC JTC1/SC38 对边缘计算给出的定义为"一种将主要处理和数据存储放在网络的边缘节点的分布式计算形式"。

边缘计算产业联盟对边缘计算的定义为"在靠近物或数据源头的网络边缘侧，融合网络、计算、存储、应用核心能力的开放平台，就近提供边缘智能服务，满足行业数字化在敏捷连接、实时业务、数据优化、应用智能、安全与隐私保护等方面的关键需求。作为连接物理和数字世界的桥梁，实现智能资产、智能网关、智能系统和智能服务"。

边缘计算的不同定义表述虽然各有差异，但内容实质已达共识：在靠近数据源的网络边缘某处就近提供服务。

综合以上定义，边缘计算是指数据或任务能够在靠近数据源头的网络边缘侧进行计算和执行计算的一种新型服务模型，允许在网络边缘存储和处理数据，和云计算协作，在数据源端提供智能服务。网络边缘侧可以理解为从数据源到云计算中心之间的任意功能实体，这些实体搭载着融合网络、计算、存储、应用核心能力的边缘计算平台。

边缘计算采用一种分散式运算的架构，将之前由网络中心节点处理的应用程序、数据资料与服务的运算交由网络逻辑上的边缘节点处理。边缘计算将大型服务进行分解，切割成更小和更容易管理的部分，把原本完全由中心节点处理的大型服务分散到边缘节点。而边缘节点更接近用户终端装置，这一特点显著提高了数据处理速度与传输速率，进一步降低时延。

边缘计算作为云计算模型的扩展和延伸，直面目前集中式云计算模型的发展短板，具有缓解网络带宽压力、增强服务响应能力、保护隐私数据等特征；同时，边缘计算在新型的业务应用中的确起到了显著的提升、改进作用。

在智慧城市、智能制造、智能交通、智能家居、智能零售以及视频监控系统等领域，边缘计算都在扮演着先进的改革者形象，推动传统的"云到端"演进为"云-边-端"的新兴计算架构。这种新兴计算架构无疑更匹配今天万物互联时代各种类型的智能业务。

对于物联网，边缘计算技术取得突破，意味着许多控制将通过本地设备实现而无须交由云端，处理过程将在本地边缘计算层完成。这无疑将大大提升处理效率，减轻云端的负荷。由于更加靠近用户，还可为用户提供更快的响应，将需求在边缘端解决。

在国外，以思科为代表的网络公司以雾计算为主。思科已经不再成为工业互联网联盟的创立成员，但却集中精力主导 OpenFog 开放雾联盟。

无论是云、雾还是边缘计算,本身只是实现物联网、智能制造等所需要计算技术的一种方法或模式。严格地讲,雾计算和边缘计算本身并没有本质的区别,都是在接近于现场应用端提供的计算。就其本质而言,都是相对于云计算而言的。

全球智能手机的快速发展,推动了移动终端和"边缘计算"的发展。而万物互联、万物感知的智能社会,则是跟物联网发展相伴而生,边缘计算系统也因此应运而生。

在国内,边缘计算联盟正在努力推动三种技术的融合,也就是 OICT 的融合,即运营(Operational)、信息(Information)、通信技术(Communication Technology)。而其计算对象,则主要定义了以下 4 个领域。

(1) 设备域。设备域是边缘计算的前沿,直接连接传感器、执行器等设备,进行数据采集和初步处理。它包含简单的 IoT 设备和具备计算能力的边缘节点,负责实时处理数据,减少传输延迟和带宽压力。与传统自动化相比,设备域更侧重数据分析和智能化应用,如设备预测性维护、环境监测等,是实现 OT、IT、CT 融合的关键。

(2) 网络域。在传输层面,直接的末端 IoT 数据与来自自动化产线的数据的传输方式、机制、协议都会不同。因此,这里要解决传输的数据标准问题。当然,在 OPC UA 架构下可以直接访问底层自动化数据,但是对于 Web 数据的交互,这里会存在 IT 与 OT 之间的协调问题,尽管有一些领先的自动化企业已经提供了针对 Web 方式数据传输的机制,大部分现场的数据仍然存在这些问题。

(3) 数据域。数据传输后的数据存储、格式等这些数据域需要解决的问题,也包括数据的查询与数据交互的机制和策略问题,都是在这个领域里需要考虑的问题。

(4) 应用域。这可能是最难以解决的问题,针对这一领域的应用模型尚未有较多的实际应用。

边缘计算联盟对于边缘计算的参考架构的定义,包含了设备、网络、数据与应用四域,平台提供者主要提供在网络互联(包括总线)、计算能力、数据存储与应用方面的软硬件基础设施。

自动化事实上是以"控制"为核心。控制是基于"信号"的,而"计算"则是基于数据进行的,更多地是指"策略""规划"。因此,它更多地聚焦于"调度、优化、路径"。就像对全国高铁进行调度的系统一样,每增加或减少一个车次都会引发调度系统的调整,它是基于时间和节点的运筹与规划问题。边缘计算在工业领域的应用更多是这类"计算"。

边缘计算/雾计算要落地,尤其是在工业中,"应用"才是最核心的问题。所谓的 IT 与 OT 的融合,更强调在 OT 侧的应用,即运营的系统所要实现的目标。

在工业领域,边缘应用场景包括能源分析、物流规划、工艺优化分析等。就生产任务分配而言,需根据生产订单为生产进行最优的设备排产排程,这是 APS 或广义 MES 的基本任务单元,需要大量计算。这些计算是靠具体 MES 厂商的软件平台,还是边缘计算平台——基于 Web 技术构建的分析平台,在未来并不会存在太多差别。从某种意义上说,MES 本身是一种传统的架构,而其核心既可以在专用的软件系统,也可以存在于云、雾或边缘侧。

5.11.2 边缘计算的模型

边缘计算是在高带宽、时间敏感型、物联网集成这个背景下发展起来的技术,边缘(Edge)这个概念最早是由 ABB、B&R、Schneider、KUKA 等自动化/机器人厂商所提出的,其本意是涵盖那些"贴近用户与数据源的 IT 资源"。这是属于从传统自动化厂商向 IT 厂商延伸的一种设计。

20 世纪 90 年代,Akamai 公司首次定义了内容分发网络(CDN),这一事件被视为边缘计算的最早起源。在 CDN 的概念中,提出在终端用户附近设立传输节点,这些节点被用于存储缓存的静态数据,如图像和视频等。

2014 年,欧洲电信标准协会(ETSI)成立移动边缘计算规范工作组,推动边缘计算标准化,旨在为实现计算及存储资源的弹性利用,将云计算平台从移动核心网络内部迁移到移动接入边缘。

ETSI 在 2016 年提出把移动边缘计算的概念扩展为多接入边缘计算(Multi-access Edge Computing,MEC),将边缘计算从电信蜂窝网络进一步延伸至其他无线接入网络,如 Wi-Fi。

自此,MEC 成为一个可以运行在移动网络边缘的执行特定任务计算的云服务器。在计算模型的演进过程中,边缘计算紧随面向数据的计算模型的发展。数据规模的不断扩大与人们对数据处理性能、能耗等方面的高要求正成为日益突出的难题。

为了解决这一问题,在边缘计算产生之前,学者们在解决面向数据传输、计算和存储过程的计算负载和数据传输带宽的问题中,已经开始探索如何在靠近数据的边缘端增加数据处理功能,即开展由计算中心处理的计算任务向网络边缘迁移的相关研究,其中典型的模型包括分布式数据库模型、P2P(Peer to Peer)模型、CDN 模型、移动边缘计算模型、雾计算模型。

1. 分布式数据库模型

分布式数据库系统通常由许多较小的计算机组成,这些计算机可以被单独放置在不同的地点。每台计算机不仅可以存储数据库管理系统的完整副本或部分副本,还可以具有自己的局部数据库。通过网络将位于不同地点的多台计算机互相连接,共同组成一个具有完整且全局的、逻辑上集中、物理上分布的大型数据库系统。分布式数据库由一组数据构成,这组数据分布在不同的计算机上,计算机可以成为具有独立处理数据管理能力的网络节点,这些节点执行局部应用,称为场地自治。同时,通过网络通信子系统,每个节点也能执行全局应用。

在集中式数据库系统计算基础上发展起来的分布式数据库系统具有以下特性。

1) 数据独立性

集中式数据库系统中的数据独立性包括数据逻辑独立性和数据物理独立性两方面,即用户程序与数据全局逻辑结构和数据存储结构无关。在分布式数据库系统中还包括数据分布独立性,即数据分布透明性。数据分布透明性是指用户不必关心以下数据问题:数据的逻辑分片、数据物理位置分布的细节、数据重复副本(冗余数据)一致性问题以及局部场地上数据库支持哪种数据模型。

2) 数据共享性

数据库是多个用户的共享资源,为了保证数据库的安全性和完整性,在集中式数据库系统中,对共享数据库采取集中控制,同时配有数据库管理员负责监督,维护系统正常运行。在分布式数据库系统中,数据的共享有局部共享和全局共享两个层次。局部共享是指在局部数据库中存储局部场地各用户常用的共享数据。全局共享是指在分布式数据库系统的各个场地也同时存储其他场地的用户常用共享数据,用以支持系统全局应用。因此,对应的控制机构也具有集中和自治两个层次。

3) 适当增大数据冗余度

尽量减少数据冗余度是集中式数据库系统的目标之一,这是因为冗余数据不仅浪费存储空间,而且容易造成各数据副本之间的不一致性。集中式数据库系统不得不付出一定的维护代价降低数据冗余度,以保证数据一致性和实现数据共享。相反,在分布式数据系统中却希望适当增大数据冗余度,即将同一数据的多个副本存储在不同的场地。适当增大数据冗余度不仅可以提升分布式数据系统的可靠性、可用性,即当某一场地出现故障时,系统可以对另一场地上的相同副本进行操作,以避免因为一处发生故障而造成整个系统的瘫痪。

4) 数据全局一致性、可串行性和可恢复性

在分布式数据库系统中,各局部数据库不仅要达到集中式数据库的一致性、并发事务的可串行性和可恢复性要求,还要保证达到数据库的全局一致性、全局并发事务的可串行性和系统的全局可恢复性要求。

2. P2P 模型

对等网络(P2P)是一种新兴的通信模式,也称为对等连接或工作组。对等网络定义每个参与者都可以发起一个通信对话,对等节点所有参与者具有同等的能力。在对等网络中的每台计算机具有相同的功能,没有主从之分,没有专用服务器,也没有专用工作站,任何一台计算机既可以作为服务器,又可以作为工作站。

3. CDN 模型

CDN 提出在现有的 Internet 中添加一层新的网络架构,更接近用户,称为网络边缘。网站的内容被发布到最接近用户的网络"边缘",用户可以就近取得所需的内容,从而缓解网络拥塞状况,提高用户访问网站的响应速度,从技术上全面解决由于网络带宽小、用户访问量大、网点分布不均等原因造成的网站的响应速度慢的问题。

从狭义角度讲,CDN 以一种新型的网络构建方式,在传统的 IP 网中作为特别优化的网络覆盖层用于大宽带需求的内容分发和存储。

从广义角度讲,CDN 是基于质量与秩序的网络服务模式的代表。

近年来,主动内容分发网络(Active Content Distribution Networks,ACDN)以一种新的体系结构模型被研究人员提出。ACDN 改进了传统的 CDN,根据需要将应用在各服务器之间进行复制和迁移,成功地帮助内容提供商避免了一些新算法的研究设计。

4. 移动边缘计算模型

移动边缘计算(Mobile Edge Computing,MEC)通过将传统电信蜂窝网络和互联网业务深度融合,大大降低了移动业务交付的端到端时延,进而提升用户体验,无线网络的内在能力被成功发掘。这一概念不仅给电信运营商的运作模式带来全新变革,而且促进新型的产业链及网络生态的建立。

通常的移动边缘终端设备被认为不具备计算能力,于是人们提出在移动边缘终端设备和云计算中心之间建立边缘服务器,将终端数据的计算任务放在边缘服务器上完成。而在移动边缘计算模型中,终端设备是具有较强的计算能力的。由此可见,移动边缘计算模型是边缘计算模型的一种,非常类似边缘计算服务器的架构和层次。

5. 雾计算模型

雾计算(Fog Computing)是由哥伦比亚大学的斯特尔佛教授于2011年首次提出的,旨在利用"雾"阻挡黑客入侵。2012年,雾计算被思科公司定义为一种高度虚拟化的计算平台,中心思想是将云计算中心任务迁移到网络边缘设备上。

雾计算作为对云计算的补充,提供在终端设备和传统云计算中心之间的计算、存储、网络服务。

由于概念上的相似性,雾计算和边缘计算在很多场合被用来表示相同或相似的一个意思。两者的主要区分是雾计算关注后端分布式共享资源的管理,而边缘计算在强调边缘基础设施和边缘设备的同时,更关心边缘智能的设计和实现。

从生态模式的角度看,边缘计算将是一种新的生态模式,它将网络、计算、存储、应用和智能等5类资源汇聚在网络边缘用以提升网络服务性能、开放网络控制能力,进而促进类似于移动互联网的新模式、新生态的出现。

边缘计算的技术理念可以适用于固定互联网、移动通信网、消费物联网、工业互联网等不同场景,形成各自的网络架构增强,与特定网络接入方式无关。

随着网络覆盖和带宽的扩大、资费的下降,万物互联触发了新的数据生产模式和消费模式。同时,工业互联网蓬勃兴起,实现IT与OT的深度融合,迫切需要在工厂内网络边缘处加强网络、数据、安全体系建设。

5.11.3 边缘计算的基本结构和特点

边缘计算通过在网络的边缘,即接近数据源的位置进行数据的处理和分析,从而提供更快的响应时间和更加个性化的服务。

1. 边缘计算的基本结构

边缘计算中的"边缘"是一个相对的概念,指从数据源到云计算中心数据路径之间的任意计算资源和网络资源。边缘计算允许终端设备将存储和计算任务迁移到网络边缘节点中,如基站(Base Station,BS)、无线接入点(Wireless Access Point,WAP)、边缘服务器等,在满足终端设备计算能力扩展需求的同时又能够有效地节约计算任务在云服务器和终端设备之间的传输链路资源。

基于"云-边-端"协同的边缘计算基本架构,由4层功能结构组成,即核心基础设施、边缘计算中心、边缘网络和边缘设备。

核心基础设施提供核心网络接入(如互联网、移动核心网络)和用于移动边缘设备的集中式云计算服务和管理功能。其中,核心网络主要包括互联网络、移动核心网络、集中式云服务和数据中心等。而云计算核心服务通常包括基础设施即服务(IaaS)、平台即服务(PaaS)和软件即服务(SaaS)3种服务模式。通过引入边缘计算架构,多个云服务提供商可同时为用户提供集中式的存储和计算服务,实现多层次的异构服务器部署,应对由集中式云业务大规模计算迁移带来的挑战,同时还能够为不同地理位置的用户提供实时服务和移动代理。

互联网厂商也把边缘计算中心称为边缘云,主要提供计算、存储、网络转发资源,是整个"云-边-端"协同架构中的核心组件之一。

边缘计算中心可搭载多租户虚拟化基础设施,从第三方服务提供商到终端用户以及基础设施提供商,自身都可以使用边缘中心提供的虚拟化服务。多个边缘中心按分布式拓扑部署,各边缘中心在自主运行的同时又相互协作,并且和云端连接进行必要的交互。

边缘网络通过融合多种通信网络实现物联网设备和传感器的互联。从无线网络到移动中心网络再到互联网络边缘计算设施,通过无线网络,数据中心网络和互联网实现了边缘设备、边缘服务器、核心设施之间的连接。

边缘设备不只扮演了数据消费者的角色,而且作为数据生产者参与到了边缘计算结构所有的 4 个功能结构层中。

2. 边缘计算的基本特点

边缘计算具有以下基本特点。

(1) 连接性。边缘计算是以连接性为基础的。由于所连接物理对象的多样性以及应用场景的多样性,要求边缘计算具备丰富的连接功能,如各种网络接口、网络协议、网络拓扑、网络部署与配置、网络管理与维护。此外,在考虑与现有各种工业总线的互联互通的同时,连接性需要充分借鉴吸收网络领域先进的研究成果,如 TSN、SDN、NFV、Network as a Service、WLAN、NB-IoT 和 5G 等。

(2) 数据入口。作为物理世界到数字世界的桥梁,边缘计算是数据的第一入口。边缘计算通过拥有大量、实时、完整的数据,可基于数据全生命周期进行管理与价值创造,实现更好地支撑预测性维护、资产效率与管理等创新应用;另外,作为数据第一入口,边缘计算也面临数据实时性、不确定性、多样性等挑战。

(3) 约束性。边缘计算产品需要适配工业现场相对恶劣的工作条件与运行环境,如防电磁、防尘、防爆、抗振动、抗电流或电压波动等。在工业互联场景下,对边缘计算设备的功耗、成本、空间也有较高的要求。边缘计算产品需要考虑通过软硬件集成与优化,以适配各种条件约束,支撑行业数字化多样性场景。

(4) 分布性。边缘计算实际部署天然具备分布式特征。这要求边缘计算支持分布式计算与存储、实现分布式资源的动态调度与统一管理,支撑分布式智能,具备分布式安全等能力。

(5) 融合性。OT 与 IT 的融合是行业数字化转型的重要基础,边缘计算作为 OICT 融合与协同的关键承载,需要支持在连接、数据、管理、控制、应用和安全等方面的协同。

(6) 邻近性。由于边缘计算的部署非常靠近信息源,因此边缘计算特别适用于捕获和分析大数据中的关键信息。此外,边缘计算还可以直接访问设备,容易直接衍生特定的商业应用。

(7) 低时延。由于移动边缘技术服务靠近终端设备或直接在终端设备上运行,时延被大大降低。这使得反馈更加快速,从而改善了用户体验,减少了网络在其他部分中可能发生的拥塞。

(8) 大带宽。由于边缘计算靠近信息源,可以在本地进行简单的数据处理,不必将所有数据或信息都上传至云端,这将使得网络传输压力下降,减少网络堵塞,网络速率也因此大大增加。

(9) 位置认知。当网络边缘是无线网络的一部分时,无论是 Wi-Fi 还是蜂窝,本地服务都可以利用相对较少的信息确定每个连接设备的具体位置。

5.11.4 边缘计算软件架构

在"云-边-端"的系统架构中,针对业务类型和所处边缘位置的不同,边缘计算硬件选型设计往往也会不同。例如,边缘用户端节点设备采用低成本、低功耗的 ARM 或英特尔的 Atom 处理器,并搭载诸如 Movidius 或 FPGA 异构计算硬件进行特定计算加速;以 SD-WAN 为代表的边缘网络设备衍生自传统的路由器网关形态,采用 ARM 或 Intel Xeon-D 处理器;边缘基站服务器采用 Intel 至强系列处理器。相对硬件架构设计,系统软件架构却大同小异,主要包括与设备无关的微服务、容器及虚拟化技术、云端无服务化套件等。

以上技术应用统一了云端和边缘的服务运行环境,减少了因硬件基础设施的差异而带来的部署及运维问题。而在这些技术背后依靠的是云原生软件架构在边缘侧的演化。

边缘计算软件架构如图 5-28 所示。

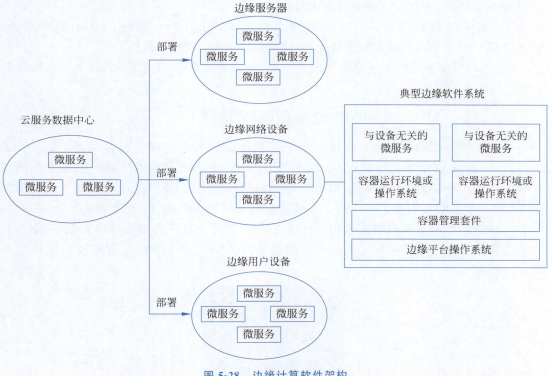

图 5-28 边缘计算软件架构

5.12 APAX-5580/AMAX-5580 边缘智能控制器

APAX-5580/AMAX-5580 是 Advantech(研华科技)推出的一款边缘智能控制器,它结合了工业自动化控制和信息技术。这款控制器通常用于工业物联网(IIoT)应用,提供了强大的数据处理能力、网络连接选项和可扩展性,以满足现代工业环境中对于数据集成、边缘计算和自动化控制的需求。

APAX-5580/AMAX-5580 的主要特点如下。

(1) 强大的计算性能。这些控制器通常配备了高性能的处理器,如 Intel Core i 或 Celeron 处理器,能够处理复杂的计算任务和支持高级的数据分析。

(2) 模块化设计。它们可能具有模块化的设计,允许用户根据需要添加或更换 I/O 模块,实现高度的定制化和灵活性。

(3) 工业级构建。设计用于在恶劣的工业环境中运行,具备耐用的外壳和适应宽温度范围的能力。

(4) 丰富的连接性。提供多种网络接口,如以太网、串行通信和 USB 端口,以及无线连接选项,包括 Wi-Fi 和蓝牙。

(5) 实时控制。支持实时以太网协议,如 PROFINET、EtherCAT 或 EtherNet/IP 等,确保与其他工业设备的高效通信。

(6) 软件支持。通常与 Advantech 自家的软件平台兼容,如 WebAccess/SCADA 和 WebAccess/HMI,以便实现数据可视化和远程管理。

(7) 安全性与可靠性。可能包含安全功能,如可信平台模块(Trusted Platform Module,TPM)和硬件加速的加密功能,确保数据安全和系统的可靠性。

(8) 适用于多种应用。适合各种工业应用,如自动化制造、工艺控制、数据采集和远程监控。

5.12.1　APAX-5580 的边缘智能控制器

APAX-5580 是 Advantech 公司生产的一款功能强大的边缘智能控制器,采用 Intel Core i7/i3/赛扬 CPU。它是与 APAX I/O 模块相结合的理想开放式控制平台,通过不同接口可完成灵活的 I/O 数据采集,实时 I/O 控制以及网络通信,支持冗余电源输入以实现鲁棒的电源系统。它还内置了一个用于无线通信和 Advantech iDoor 技术的标准 mini PCIe 插槽。APAX-5580 是数据网关、集中器和数据服务器应用程序的最佳解决方案,它与 I/O 的无缝集成可以节省成本并完成各种自动化项目。APAX-5580 边缘智能控制器外形如图 5-29 所示。

图 5-29　APAX-5580 边缘智能控制器外形

5.12.2　AMAX-5580 的边缘智能控制器

AMAX-5580 是 APAX-5580 的升级版,采用 Intel Core i7/i5/赛扬 CPU。它是与 AMAX-5000 系列 EtherCAT 工业以太网插片 I/O 模块相结合的理想开放式控制平台,通过不同接口可完成灵活的 I/O 数据采集,实时 I/O 控制以及网络通信。AMAX-5580 边缘智能控制器外形如图 5-30 所示。

图 5-30　AMAX-5580 边缘智能控制器外形

5.12.3　APAX-5580/AMAX-5580 边缘智能与 I/O 一体化控制器主要特点

1. 嵌入式计算平台

(1) Intel 第 4 代 Haswell 架构 Celeron M,Core i3&i7 高性能 CPU。

(2) 电源输入和 UPS 电源供电。

(3) 内嵌的工业级固态硬盘 mSATA。

(4) 适合工业控制柜导轨式安装。

2. 模块化 I/O 数据采集与通信接口

(1) 模块化本地 I/O,可支持 768 点本地 I/O 及更多的远程 I/O。

(2) 最多可扩展 24 个串口(RS-232/422/485)。

(3) 支持 iDoor 现场总线(EtheCAT、CANopen 和 PROFINET)。

3. 开放的操作系统支持

(1) 基于 Windows & Linux。

(2) 支持 CODESYS RTE 实时控制系统($50\mu s$)。

(3) 远程管理与云端服务。

(4) 可无缝连接数据库。

(5) 整合现场总线。

(6) 集成 SUSI 设备管理。

4. 开放式架构集成工控专用软件

(1) IEC-61131-3 CODESYS 软逻辑软件。

(2) 支持高级语言编程开发工具。

(3) 整合数据库与协议转换网关。

(4) 整合物联网软件 WebAccess 连入云端。

(5) 丰富的图形化界面集成 HMI/SCADA。

(6) 相对湿度:10%～95%RH,40℃,无冷凝。

5.12.4　APAX-5580/AMAX-5580 边缘智能控制器的优势

APAX-5580/AMAX-5580 边缘智能控制器具有以下优势。

（1）将逻辑控制、运动控制、协议转换、数据采集、组态软件、远程/无线传输的软硬件功能高度集成，提升多级系统信息交换速度，确保产线设备联动与信息系统交互快速响应。

（2）一件代替多件，降低产线控制基础硬件成本。

（3）开放架构不仅支持 OT 软件，也支持 IT 软件嵌入，快速解决生产信息孤岛。

（4）内部自带四大软件：PLC 编程、运动控制、组态软件和上云服务，缩短 IT 与 OT 工程师开发周期。

5.12.5　APAX-5580/AMAX-5580 的应用软件

1. CODESYS

CODESYS 是世界领先的基于 PC 的控制软件，支持 IEC 61131-3 和实时现场总线，如 EtherCAT、PROFINET、以太网/IP 和 Modbus。它将本地和远程可视化功能集成在一个软件中，可以缩短时间和降低成本。

2. WebAccess

WebAccess 作为 Advantech 物联网解决方案的核心，是 HMI 和 SCADA 软件基于 Web 浏览器的完整软件包。HMI 和 SCADA 的所有软件功能包括：动画图形显示、实时数据、控制、趋势、警报和日志，都可以在标准的 Web 浏览器中使用。WebAccess 是基于最新的互联网技术构建的。由于其开放的体系结构，在垂直领域的应用程序可以很容易地进行集成。

5.12.6　APAX-5580/AMAX-5580 的边缘智能控制器的应用

1. PLC/SCADA 正被边缘计算/网关＋分布式 I/O 取代

控制系统的传统模式和未来模式的架构对比如图 5-31 所示。

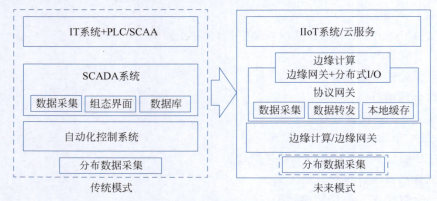

图 5-31　控制系统的传统模式和未来模式的架构

2. APAX-5580/AMAX-5580 边缘智能控制器优势整合 PLC 控制＋设备联网

在智能制造浪潮下，自动化架构将从传统的 PLC 控制器向基于物联网的边缘智能控制器发展。

在 IoT 时代,远程 I/O 正在加速取代 PLC。

(1) 边缘网关/边缘计算直接连接扩展远程 I/O。

(2) 远程 I/O 的通道成本低于 PLC。

(3) 系统整合无须 PLC 梯形图编程。

APAX-5580/AMAX-5580 边缘智能控制器在智慧城市(如电力与新能源、市政基础环境设施、城市地下综合管廊和建筑中央空调节能等)、智慧运维服务、整合 EFMS＋优化控制、环境与能源 SCADA 和整合 IT 与 OT 等领域或行业得到广泛的应用。

APAX-5580 边缘智能控制器优势整合 PLC 控制＋设备联网的应用实例如图 5-32 所示。

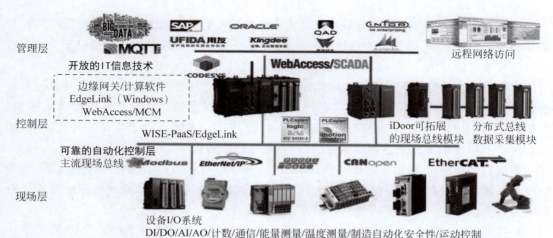

图 5-32　APAX-5580 边缘智能控制器优势整合 PLC 控制＋设备联网的应用实例

3. 边缘网关和边缘计算在设备联网中的差异化价值

要根据设备联网的数据应用目标评估决定是采用边缘网关还是边缘计算方案。

(1) 边缘网关在设备联网中具备重要价值,包括本地数据的收集与秒级传输,确保系统高效快速响应。然而,其数据采集点数和采集频率较低(小于 100Hz),且存储容量有限,适合数据量少、实时性要求不高的场景。这要求数据管理与存储策略有精细的规划方法。

(2) 边缘计算在设备联网的价值为本地数据采集和分析,高速通信实时性,采集点数密度大,超大数据存储容量。

(3) 边缘网关处理设备的关键特征数据:小范围/小规模/小数据量/MQTT。

(4) 边缘计算数据采集/分析/诊断:大规模/大范围/大数据量/复杂行业协议转换。

(5) 边缘网关/设备联网最优方案组合为边缘网关(ARM)＋低密度分布式 I/O(ADAM-4000/6000 系列产品)。

(6) 边缘计算/设备联网最优方案组合为边缘计算(x86)＋高密度分布式 I/O(ADAM-5000/APAX-5000/AMAX-5000 I/O 系列产品)。

除上面介绍的 Advantech 公司的边缘智能控制器外,还有西门子公司的 SIMATIC S7 CPU 1500、霍尼韦尔公司的 Control Edge PLC HC900 和奥普图 OPTO 22 公司的 EPIC 等边缘智能控制器。

第 6 章 常规与复杂控制技术
CHAPTER 6

计算机控制系统在现代工业和科技领域扮演着至关重要的角色。它们通过实时监控和调整系统的运行状态,确保生产过程的高效、稳定和安全。本章将讲述计算机控制系统中的常规与复杂控制技术,并探讨它们的应用领域。

常规与复杂控制技术提供了对现代控制系统设计和分析的深入理解。本章从被控对象的数学模型和性能指标入手,探讨动态特性、传递函数,以及控制性能对系统设计的影响;紧接着,介绍 PID 控制的基本概念和数字 PID 算法,包括其仿真和改进方法。此外,本章还详细讨论 PID 参数整定的重要性和方法,以及采样周期的选择。

串级控制和前馈-反馈控制技术作为高级控制策略,其算法和结构将被详细分析,强调在复杂系统中实现精确控制的能力。特别地,万能试验机控制系统和快速电压电流转换电路的仿真案例,展示了理论与实践结合的应用。

数字控制器的直接设计方法,如最少拍无差系统和最少拍无纹波系统的设计,提供了一种从理论到实际应用的直接途径。大林算法作为一种经典的数字控制算法,将对其设计步骤和振铃现象的消除方法详细解释。最后,史密斯预估控制作为一种高级控制技术,本章将通过其原理和实例说明如何提高系统对模型不确定性和延迟的鲁棒性。

本章内容涵盖了从基础的 PID 控制到复杂的预估控制技术,为控制系统的研究者和工程师提供全面的理论基础和实用的设计工具。通过对这些控制技术的学习和应用,可以有效地提升现代工业系统的自动化和智能化水平。

本章讲述的常规控制技术包括 PID 控制、数字 PID 算法、串级控制、前馈-反馈控制、数字控制器的直接设计方法。

本章讲述的复杂控制技术包括大林算法和史密斯预估控制。

计算机控制系统的常规与复杂控制技术在现代社会的各个方面都有着广泛的应用。随着技术的进步,这些控制技术将继续发展,以满足更多领域的需求,推动社会的进步。

6.1 被控对象的数学模型与性能指标

在对过程控制系统进行分析、设计前,必须首先掌握构成系统的各个环节的特性,特别是被控对象的特性,即建立系统(或环节)的数学模型。

建立被控对象数学模型的目的是将其用于过程控制系统的分析和设计,以及新型控制系统的开发和研究。

建立控制系统中各组成环节和整个系统的数学模型,不仅是分析和设计控制系统方案的需要,也是过程控制系统投入运行、控制器参数整定的需要,在操作优化、故障检测和诊断、操作方案的制定等方面也是非常重要的。

6.1.1 被控对象的动态特性

在过程控制中,被控对象是工业生产过程中的各种装置和设备,如换热器、工业窑炉、蒸汽锅炉、精馏塔、反应器等。被控变量通常是温度、压力、流量、液位(或物位)、成分和物性等。

被控对象内部所进行的物理、化学过程可以是各式各样的,但是从控制的观点看,它们在本质上有许多相似之处。被控对象在生产过程中有两种状态,即动态和静态,而且动态是绝对存在的,静态则是相对存在的。

显然,要评价一个过程控制系统的工作质量,只看静态是不够的,首先应该考查它在动态过程中被控变量随时间的变化情况。

在生产过程中,控制作用能否有效地克服扰动对被控变量的影响,关键在于选择一个可控性良好的操作变量,这就要对被控对象的动态特性进行研究。因此,研究被控对象动态特性的目的是配置合适的控制系统,以满足生产过程的要求。

1. 被控对象的分析

工业生产过程的数学模型有静态和动态之分。

静态数学模型是过程输出变量和输入变量之间不随时间变化时的数学关系。

动态数学模型是过程输出变量和输入变量之间随时间变化的动态关系的数学描述。过程控制中通常采用动态数学模型,也称为动态特性。

过程控制中涉及的被控对象所进行的过程几乎都离不开物质或能量的流动。

被控对象的动态特性大多具有纯延迟,即传输延迟,它是信号传输途中出现的延迟。

2. 被控对象的特点

过程控制涉及的被控对象(被控过程)大多具有以下特点。

(1) 对象的动态特性是单调不振荡的。

(2) 大多被控对象属于慢过程。

(3) 对象动态特性的延迟性。

(4) 被控对象的自平衡与非自平衡特性。

(5) 被控对象往往具有非线性特性。

6.1.2 数学模型的表达形式与要求

研究被控过程的特性,就是要建立描述被控过程特性的数学模型。从最广泛的意义上说,数学模型是事物行为规律的数学描述。根据所描述的事物是在稳态的行为规律还是在动态的行为规律,数学模型有静态模型和动态模型之分。

1. 建立数学模型的目的

在过程控制中,建立被控对象数学模型的目的主要有以下4个。

(1) 设计过程控制系统和整定控制器的参数。

(2) 控制器参数的整定和系统的调试。

(3) 利用数学模型进行仿真研究。
(4) 进行工业过程优化。

2. 对被控对象数学模型的要求

工业过程数学模型的要求因其用途不同而不同,总的来说是既简单又准确可靠,但这并不意味着越准确越好,应根据实际应用情况提出适当的要求。超过实际需要的准确性要求,必然造成不必要的浪费。在线运用的数学模型还有一个实时性的要求,它与准确性要求往往是矛盾的。

实际生产过程的动态特性是非常复杂的。在建立其数学模型时,往往要抓住主要因素,忽略次要因素,否则就得不到可用的模型。为此,需要做很多近似处理,如线性化、分布参数系统集中化和模型降阶处理等。

一般来说,用于控制的数学模型并不一定要求非常准确。因为闭环控制本身具有一定的鲁棒性,对模型的误差可视为干扰,而闭环控制在某种程度上具有自动消除干扰影响的能力。

3. 建立数学模型的依据

要想建立一个好的数学模型,应掌握以下 3 类主要的信息源。
(1) 确定明确的输入量与输出量。
(2) 先验知识。
(3) 试验数据。

4. 被控对象数学模型的表达形式

被控对象的数学模型可以采取各种不同的表达形式,主要可以从以下 3 方面加以划分。
(1) 按系统的连续性,划分为连续系统模型和离散系统模型。
(2) 按模型的结构,划分为输入/输出模型和状态空间模型。
(3) 输入/输出模型又可按论域划分为时域表达(阶跃响应、脉冲响应)和频域表达(传递函数)。

在计算机控制系统的设计中,所需的被控对象数学模型在表达方式上是因情况而异的。各种控制算法无不要求过程模型以某种特定形式表达出来。例如,一般的 PID 控制要求过程模型用传递函数表达;二次型最优控制要求用状态空间表达;基于参数估计的自适应控制通常要求用脉冲传递函数表达;预测控制要求用阶跃响应或脉冲响应表达。

6.1.3 计算机控制系统被控对象的传递函数

计算机控制系统主要由数字控制器(或称为数字调节器)、执行器、测量元件、被控对象组成,下面只介绍被控对象。

计算机控制系统的被控对象是指所要控制的装置或设备,如工业锅炉、水泥立窑、啤酒发酵罐等。

被控对象用传递函数表征时,其特性可以用放大系数 K、惯性时间常数 T_m、积分时间常数 T_i 和纯滞后时间 τ 来描述。被控对象的传递函数可以归纳为以下几类。

1. 放大环节

放大环节的传递函数为

$$G(s) = K \tag{6-1}$$

2. 惯性环节

惯性环节的传递函数为

$$G(s) = \frac{K}{(1+T_1 s)(1+T_2 s)\cdots(1+T_n s)}, \quad n = 1, 2, \cdots \tag{6-2}$$

当 $T_1 = T_2 = \cdots = T_m$ 时，有

$$G(s) = \frac{K}{(1+T_m s)^n}, \quad n = 1, 2, \cdots$$

3. 积分环节

积分环节的传递函数为

$$G(s) = \frac{K}{T_i s^n}, \quad n = 1, 2, \cdots \tag{6-3}$$

4. 纯滞后环节

纯滞后环节的传递函数为

$$G(s) = e^{-\tau s} \tag{6-4}$$

实际对象可能是放大环节与惯性环节、积分环节或纯滞后环节的串联。

放大环节、惯性环节与积分环节的串联，传递函数为

$$G(s) = \frac{K}{T_i s^n (1+T_m s)^l}, \quad l = 1, 2, \cdots; \; n = 1, 2, \cdots \tag{6-5}$$

放大环节、惯性环节、纯滞后环节的串联，传递函数为

$$G(s) = \frac{K}{(1+T_m s)^l} e^{-\tau s}, \quad l = 1, 2, \cdots \tag{6-6}$$

放大环节、积分环节与纯滞后环节串联，传递函数为

$$G(s) = \frac{K}{T_i s^n} e^{-\tau s}, \quad n = 1, 2, \cdots \tag{6-7}$$

被控对象经常受到 $n(t)$ 的扰动，为了分析方便，可以把对象特性分解为控制通道和扰动通道，如图 6-1 所示。

扰动通道的动态特性同样可以用放大系数 K_n、惯性时间常数 T_n 和纯滞后时间 τ_n 描述。

被控对象也可以按照输入、输出量的个数分类，当仅有一个输入 $U(s)$ 和一个输出 $Y(s)$ 时，称为单输入单输出对象，如图 6-2 所示。

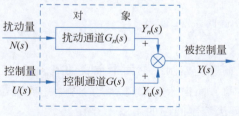

图 6-1 对象的控制通道和扰动通道　　图 6-2 单输入单输出对象

当对象有多个输入和单个输出时，称为多输入单输出对象，如图 6-3 所示。
当对象具有多个输入和多个输出时，称为多输入多输出对象，如图 6-4 所示。

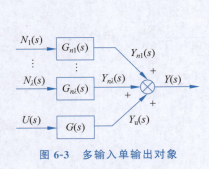
图 6-3 多输入单输出对象

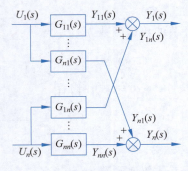
图 6-4 多输入多输出对象

6.1.4 计算机控制系统的性能指标

计算机控制系统的性能与连续系统类似,可以用稳定性、能控性、能观测性、稳态特性、动态特性来表征;相应地,可以用稳定裕量、稳态指标、动态指标和综合指标衡量一个系统的优劣。

1. 系统的稳定性

计算机控制系统在给定输入作用或外界扰动作用下,过渡过程可能有 4 种情况,如图 6-5 所示。

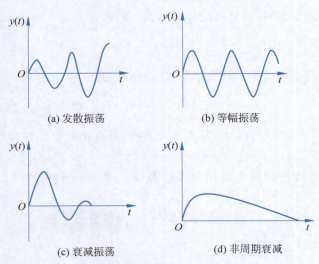

图 6-5 过渡过程曲线

2. 系统的能控性和能观测性

控制系统的能控性和能观测性在多变量最优控制中是两个重要的概念,能控性和能观测性从状态的控制能力和状态的测辨能力两方面揭示了控制系统的两个基本问题。

如果所研究的系统是不能控的,那么最优控制问题的解就不存在。

3. 动态指标

在古典控制理论中,用动态时域指标衡量系统性能的优劣。

动态指标能够比较直观地反映控制系统的过渡过程特性,包括超调量 σ_p、调节时间 t_s、

峰值时间 t_p、衰减比 η 和振荡次数 N。系统的过渡过程特性如图 6-6 所示。

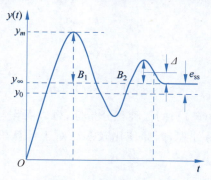

图 6-6 系统的过渡过程特性

4. 稳态指标

稳态指标是衡量控制系统精度的指标,用稳态误差来表征。稳态误差表示输出量 $y(t)$ 的稳态值 y_∞ 与要求值 y_0 的差值,定义为

$$e_{ss} = y_0 - y_\infty \tag{6-8}$$

e_{ss} 反映了控制精度,因此希望 e_{ss} 越小越好。e_{ss} 与控制系统本身的特性有关,也与系统的输入信号的形式有关。

5. 综合指标

在现代控制理论中,如最优控制系统的设计时,经常使用综合性指标衡量一个控制系统。设计最优控制系统时,选择不同的性能指标,使得系统的参数、结构等也不同。所以,设计时应当根据具体情况和要求,正确选择性能指标。选择性能指标时,既要考虑能对系统的性能作出正确的评价,又要考虑数字上容易处理以及工程上便于实现。因此,选择性能指标时,通常需要进行一定的比较。

综合性指标通常有以下两种类型。

1) 积分型指标

(1) 误差平方的积分。

$$J = \int_0^t e^2(t) dt \tag{6-9}$$

这种性能指标着重权衡大的误差,而较少顾及小的误差,但是这种指标数学上容易处理,可以得到解析解,因此经常使用。例如,在宇宙飞船控制系统中按 J 最小设计,可使动力消耗最少。

(2) 时间乘误差平方的积分。

$$J = \int_0^t te^2(t) dt \tag{6-10}$$

这种指标较少考虑大的起始误差,着重权衡过渡特性后期出现的误差,有较好的选择性。该指标反映了控制系统的快速性和精确性。

(3) 时间平方乘误差平方的积分。

$$J = \int_0^t t^2 e^2(t) dt \tag{6-11}$$

这种指标有较好的选择性,但是计算复杂,并不实用。

(4) 误差绝对值的各种积分。

$$J = \int_0^t |e(t)| \, dt \tag{6-12}$$

$$J = \int_0^t t |e(t)| \, dt \tag{6-13}$$

$$J = \int_0^t t^2 |e(t)| \, dt \tag{6-14}$$

式(6-12)、式(6-13)和式(6-14)的3种积分指标,可以看作与式(6-9)~式(6-11)相对应的性能指标,由于绝对值容易处理,因此使用较多。对于计算机控制系统,使用式(6-13)积分指标比较合适,即

$$J = \int_0^t t |e(t)| \, dt \quad \text{或} \quad J = \sum_{j=0}^k (jT) |e(jT)| T = \sum_{j=0}^k |e(jT)| (jT^2)$$

2) 末值型指标

$$J = S[x(t_f), t_f] \tag{6-15}$$

J 是末值时刻 t_f 和末值状态 $x(t_f)$ 的函数,这种性能指标称为末值型性能指标。

当要求在末值时刻 t_f 系统具有最小稳态误差时,最准确的定位或最大射程的末值控制中,就可用式(6-15)末值型指标,如 $J = \|x(t_f) - x_d(t_f)\|$,$x_d(t_f)$ 是目标的末值状态。

6.1.5 对象特性对控制性能的影响

假设控制对象的特性归结为对象放大系数 K 和 K_n,对象的惯性时间常数为 T_m 和 T_n,对象的纯滞后时间为 τ 和 τ_n。

设反馈控制系统如图 6-7 所示。

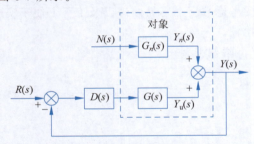

图 6-7 反馈控制系统

控制系统的性能通常可以用超调量 σ_p、调节时间 t_s 和稳态误差 e_{ss} 等表征。

1. 对象放大系数对控制性能的影响

对象可以等效看作由扰动通道 $G_n(s)$ 和控制通道 $G(s)$ 构成。对于控制通道的放大系数 K_m 和扰动通道的放大系数 K_n,经过推导可以得出以下结论。

(1) 扰动通道的放大系数 K_n 影响稳态误差 e_{ss},K_n 越小,e_{ss} 也越小,控制精度越高,所以希望 K_n 尽可能小。

(2) 控制通道的放大系数 K_m 对系统的性能没有影响,因为 K_m 完全可以由调节器 $D(s)$ 的比例系数 K_p 来补偿。

2. 对象的惯性时间常数对控制性能的影响

设扰动通道的惯性时间常数为 T_n,控制通道的惯性时间常数为 T_m。

(1) 当 T_n 加大或惯性环节的阶次增加时,可以减小超调量 σ_p。

(2) T_m 越小,反应越灵敏,控制越及时,控制性能越好。

3. 对象的纯滞后时间对控制性能的影响

设扰动通道的纯滞后时间为 τ_n,控制通道的纯滞后时间为 τ。

(1) 扰动通道纯滞后时间 τ_n 对控制性能无影响,只是使输出量 $y_n(t)$ 沿时间轴平移了 τ_n,如图 6-8 所示。

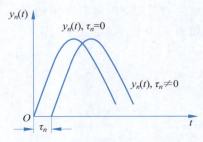

图 6-8　τ_n 对输出量 $y_n(t)$ 的影响

(2) 控制通道纯滞后时间 τ 使系统的超调量 σ_p 加大,调节时间 t_s 加长,纯滞后时间 τ 越大,控制性能越差。

6.2　PID 控制

PID 控制(比例-积分-微分控制)是一种广泛应用于工业控制系统的反馈控制技术。它通过计算偏差或误差值(即期望设定点与实际输出之间的差值)调整控制输入,以达到控制系统输出稳定在期望的设定点上。PID 控制器的工作原理基于 3 种不同的控制策略:比例(P)、积分(I)和微分(D),这 3 种控制作用的组合使得 PID 控制器能够有效地满足各种控制需求。

第 18 集
微课视频

6.2.1　PID 控制概述

按偏差的比例、积分和微分进行控制(简称 PID 控制)是连续系统控制理论中技术最成熟、应用最广泛的一种控制技术。它结构简单,参数调整方便,是在长期的工程实践中总结出来的一套控制方法。在工业过程控制中,由于难以建立精确的数学模型,系统的参数经常发生变化,所以人们往往采用 PID 控制技术,根据经验进行在线调整,从而得到满意的控制效果。

6.2.2　PID 调节的作用

PID 调节按其调节规律可分为比例调节、比例积分调节、比例微分调节和比例积分微分调节等。下面分别说明它们的作用。

1. 比例调节

比例调节的控制规律为

$$u(t) = K_p e(t) \tag{6-16}$$

其中，$u(t)$ 为调节器输出（对应于执行器开度）；K_p 为比例系数；$e(t)$ 为调节器的输入，一般为偏差，即 $e(t)=R-y(t)$；$y(t)$ 为被控变量；R 为 $y(t)$ 的设定值。

比例调节是一种最简单的调节规律，调节器的输出 $u(t)$ 与输入偏差 $e(t)$ 成正比，只要出现偏差 $e(t)$，就能及时地产生与之成比例的调节作用。比例调节的阶跃响应曲线如图 6-9 所示。

比例调节作用大小，除了与偏差 $e(t)$ 有关外，主要取决于比例系数 K_p，K_p 越大，调节作用越强，动态特性也越好；反之，K_p 越小，调节作用越弱。但对于大多数惯性环节，K_p 太大会引起自激振荡，其关系如图 6-10 所示。

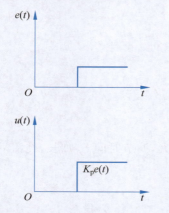
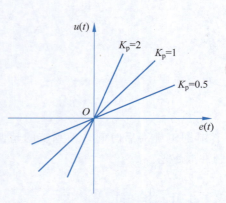

图 6-9　比例调节的阶跃响应曲线　　图 6-10　比例调节输入和输出关系曲线

比例调节的缺点是存在静差，是有差调节，对于扰动较大且惯性也较大的系统，若采用单纯的比例调节，则很难兼顾动态和静态特性。因此，需要采用比较复杂的调节规律。

2. 比例积分调节

比例调节的缺点是存在静差，影响调节精度。消除静差的有效方法是在比例调节的基础上加积分调节，构成比例积分（PI）调节。PI 调节的控制规律为

$$u(t) = K_p \left[e(t) + \frac{1}{T_i} \int e(t) \mathrm{d}t \right] \tag{6-17}$$

其中，T_i 为积分时间常数，它表示积分速度的快慢。T_i 越大，积分速度越慢，积分作用越弱；反之，T_i 越小，积分速度越快，积分作用越强。

对于 PI 调节器，只要有偏差 $e(t)$ 存在，积分调节就不断起作用，对输入偏差进行积分，使调节器的输出及执行器开度不断变化，直到达到新的稳定值而不存在静差，所以 PI 调节器能够将比例调节的快速性与积分调节消除静差的作用结合起来，以改善系统特性。

由式(6-17)可知 PI 调节由两部分组成，即比例调节和积分调节。PI 调节阶跃响应曲线如图 6-11 所示。

3. 比例微分调节

加入积分调节可以消除静差，改善系统的静态特性。然而，当控制对象具有较大的惯性时，用 PI 调节就无法得到满意

图 6-11　PI 调节阶跃响应曲线

的调节品质。如果在调节器中加入微分作用,即在偏差刚出现,偏差值尚不大时,根据偏差变化的速度,提前给出较大的调节作用,将使偏差尽快消除。由于调节及时,可以大大减小系统的动态偏差及调节时间,从而改善了过程的动态品质。

微分作用的特点是,输出只能反映偏差输入变化的速度,而对于一个固定不变的偏差,不管其数值多大,也不会有微分作用输出。因此,微分作用不能消除静差,只能在偏差刚出现的时刻产生一个很大的调节作用。

与积分作用一样,微分作用一般也不能单独使用,需要与比例作用相配合,构成比例微分(PD)调节,其控制规律为

$$u(t) = K_p \left[e(t) + T_d \frac{de(t)}{dt} \right] \tag{6-18}$$

其中,T_d 为微分时间常数。

PD 调节阶跃响应曲线如图 6-12 所示。

4. 比例积分微分调节

为了进一步改善调节品质,往往把比例、积分、微分 3 种作用结合起来,形成 PID 三作用调节器,其控制规律为

$$u(t) = K_p \left[e(t) + \frac{1}{T_i} \int e(t) dt + T_d \frac{de(t)}{dt} \right] \tag{6-19}$$

PID 调节阶跃响应曲线如图 6-13 所示。

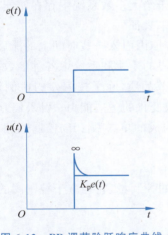

图 6-12　PD 调节阶跃响应曲线

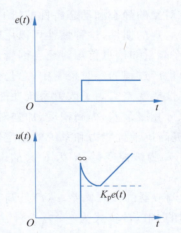

图 6-13　PID 调节阶跃响应曲线

6.3　数字 PID 算法

什么是算法?简而言之,任何定义明确的计算步骤都可称为算法,接收一个或一组值为输入,输出一个或一组值[①]。

可以这样理解,算法是用来解决特定问题的一系列步骤,算法必须具备以下 3 个重要

---

① 来源:Homas H. Cormen,Chales E. Leiserson《算法导论(第 3 版)》。

特性。

(1) 有穷性。执行有限步骤后,算法必须中止。
(2) 确切性。算法的每个步骤都必须确切定义。
(3) 可行性。特定算法可以在特定的时间内解决特定问题。

其实,算法虽然广泛应用在计算机或自动控制领域,但却完全源自数学。实际上,最早的数学算法可追溯到公元前1600年——Babylonians有关求因式分解和平方根的算法。

数字 PID 算法是计算机控制中应用最广泛的一种控制算法。实际运行经验及理论分析充分证明,这种控制算法用于多数被控对象能够获得较满意的控制效果。因此,在计算机控制系统中广泛地采用 PID 控制算法。

6.3.1 PID 算法

PID 算法是一种广泛应用于工业和机器控制系统的反馈控制策略。它通过计算控制对象的偏差或误差值(即期望设定点与实际测量值之间的差异)并应用比例(P)、积分(I)、微分(D)3种控制作用调整控制输入,目的是减小误差并使系统输出稳定在期望的设定点。

PID 控制器因其结构简单、稳定性好、调整方便等特点,在工业控制系统中得到了广泛应用,如温度控制、速度控制、压力控制等领域。正确实施 PID 控制能够显著提高系统的性能和效率。

对被控对象的静态和动态特性的研究表明,由于绝大多数系统中存在储能部件,使系统对外作用有一定的惯性,这种惯性可以用时间常数来表征。

另外,在能量和信息传输时还会因管道、长线等原因引入一些时间上的滞后。

在工业生产过程的实时控制中,总是会存在外界的干扰和系统中各种参数的变化,它们将会使系统性能变差。为了改善系统性能,提高调节品质,除了按偏差的比例调节以外,引入偏差的积分克服余差,提高精度,加强对系统参数变化的适应能力;引入偏差的微分克服惯性滞后,提高抗干扰能力和系统的稳定性,由此构成的单参数 PID 控制回路如图 6-14 所示。其中 $y(t)$ 为被控变量,R 为 $y(t)$ 的设定值。

$$e(t) = R - y(t)$$

$e(t)$ 是调节器的输入偏差,$u(t)$ 是调节器输出的控制量,它相应于控制阀的阀位。理想模拟调节器的 PID 计算式为

$$u(t) = K_p \left[e(t) + \frac{1}{T_i} \int e(t) dt + T_d \frac{de(t)}{dt} \right] \tag{6-20}$$

其中,K_p 为比例系数;T_i 为积分时间常数;T_d 为微分时间常数。

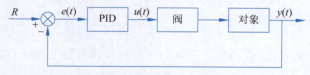

图 6-14 单参数 PID 控制回路

计算机控制系统通常利用采样方式实现对生产过程的各个回路进行巡回检测和控制,它属于采样调节。因而,描述连续系统的微分方程应由相应的描述离散系统的差分方程

代替。

离散化时,令
$$t = kT$$
$$u(t) \approx u(kT)$$
$$e(t) \approx e(kT)$$
$$\int_0^t e(t)\mathrm{d}t \approx T\sum_{j=0}^k e(jT)$$
$$\frac{\mathrm{d}e(t)}{\mathrm{d}t} \approx \frac{e(kT)-e(kT-T)}{T} = \frac{\Delta e(kT)}{T}$$

其中,$e(kT)$ 为第 k 次采样所获得的偏差信号;$\Delta e(kT)$ 为本次和上次测量值偏差的差。

给定值不变时,$\Delta e(kT)$ 可表示为相邻两次测量值之差,即
$$\Delta e(kT) = e(kT) - e(kT-T) = (R - y(kT)) - (R - y(kT-T)) = y(kT-T) - y(kT)$$
其中,T 为采样周期(两次采样的时间间隔),采样周期必须足够短,才能保证有足够的精度;k 为采样序号,$k = 0,1,2,\cdots$。

离散系统的 PID 计算式为
$$u(kT) = K_\mathrm{p}\left\{e(kT) + \frac{T}{T_\mathrm{i}}\sum_{j=0}^k e(jT) + \frac{T_\mathrm{d}}{T}[e(kT) - e(kT-T)]\right\} \tag{6-21}$$

在如式(6-21)所示的控制算式中,其输出值与阀位是一一对应的,通常称为 PID 的位置算式。

在位置算式中,每次的输出与过去的所有状态有关。它不仅要计算机对 e 进行不断累加,而且当计算机发生任何故障时,会造成输出量 u 的变化,从而大幅度地改变阀门位置,这将对安全生产带来严重后果,故目前计算机控制的 PID 计算式常作如下变化。

第 $k-1$ 次采样,有
$$u(kT-T) = K_\mathrm{p}\left\{e(kT-T) + \frac{T}{T_\mathrm{i}}\sum_{j=0}^{k-1} e(jT) + \frac{T_\mathrm{d}}{T}[e(kT-T) - e(kT-2T)]\right\} \tag{6-22}$$

式(6-21)减去式(6-22),得到两次采样时输出量之差,即
$$\Delta u(kT) = K_\mathrm{p}\left\{[e(kT) - e(kT-T)] + \frac{T}{T_\mathrm{i}}e(kT) + \right.$$
$$\left.\frac{T_\mathrm{d}}{T}[e(kT) - 2e(kT-T) + e(kT-2T)]\right\}$$
$$= K_\mathrm{p}[e(kT) - e(kT-T)] +$$
$$K_\mathrm{i}e(kT) + K_\mathrm{d}[e(kT) - 2e(kT-T) + e(kT-2T)] \tag{6-23}$$

其中,$K_\mathrm{i} = K_\mathrm{p}\dfrac{T}{T_\mathrm{i}}$ 为积分系数;$K_\mathrm{d} = K_\mathrm{p}\dfrac{T_\mathrm{d}}{T}$ 为微分系数。

在计算机控制系统中,一般采用恒定的采样周期 T,当确定了 K_p、K_i、K_d 时,根据前后 3 次测量值偏差即可由式(6-23)求出控制增量。由于它的控制输出对应每次阀门的增量,所以称为 PID 控制的增量式算式。

增量算式具有以下优点。

(1) 由于计算机每次只输出控制增量——每次阀位的变化,故机器故障时影响范围就

小。必要时可通过逻辑判断、限制或禁止故障时的输出,从而不会严重影响系统的工况。

(2) 手动-自动切换时冲击小。由于输给阀门的位置信号总是绝对值,不论位置式还是增量式,在投运或手动改为自动时总要事先设定一个与手动输出相对应的 $u(kT-T)$ 值,然后再改为自动,才能做到无冲击切换。增量式控制时阀位与步进机转角对应,设定的时候比位置式简单。

(3) 算式中不需要累加,控制增量的确定仅与最近几次的采样值有关,较容易通过加权处理以获得比较好的控制效果。

6.3.2 PID 算法的仿真

通过 LabVIEW 虚拟仪器开发平台或 MATLAB 仿真软件可以对上面讲述的比例控制、比例积分控制和 PID 控制进行系统输出响应仿真,从中可以分析它们的作用和控制效果。

1. LabVIEW 虚拟仪器开发平台

LabVIEW 是实验室虚拟仪器集成环境(Laboratory Virtual Instrument Engineering Workbench)的简称,是美国国家仪器公司(NI)的创新软件产品,也是目前应用最广、发展最快、功能最强的图形化软件开发集成环境之一,又称为 G 语言。

LabVIEW 是一个标准的图形化开发环境,它结合了图形化编程方式的高性能与灵活性以及专为测试、测量与自动化控制应用设计的高端性能与配置功能,能为数据采集、仪器控制、测量分析与数据显示等各种应用提供必要的开发工具,因此,LabVIEW 通过缩短应用系统开发时间与降低项目筹建成本帮助科学家与工程师们提高工作效率。

LabVIEW 被广泛应用于各种行业中,包括汽车、半导体、航空航天、交通运输、科学实验、电信、生物医药与电子等。

2. MATLAB/Simulink

MATLAB 是美国 MathWorks 公司出品的商业数学软件,用于数据分析、无线通信、深度学习、图像处理与计算机视觉、信号处理、量化金融与风险管理、机器人、控制系统等领域。

MATLAB 是 Matrix 和 Laboratory 两个词的组合,意为矩阵工厂(矩阵实验室),该软件主要面对科学计算、可视化以及交互式程序设计的高科技计算环境。它将数值分析、矩阵计算、科学数据可视化以及非线性动态系统的建模和仿真等诸多强大功能集成在一个易于使用的视窗环境中,为科学研究、工程设计以及必须进行有效数值计算的众多科学领域提供了一种全面的解决方案,并在很大程度上摆脱了传统非交互式程序设计语言(如 C、FORTRAN)的编辑模式。

MATLAB 由一系列工具组成。这些工具方便用户使用 MATLAB 的函数和文件,其中许多工具采用的是图形用户界面,包括 MATLAB 桌面和命令窗口、历史命令窗口、编辑器、调试器、路径搜索,以及用于用户浏览帮助、工作空间、文件的浏览器。随着 MATLAB 的商业化以及软件本身的不断升级,MATLAB 的用户界面也越来越精致,更加接近 Windows 的标准界面,人机交互性更强,操作更简单。新版本的 MATLAB 提供了完整的联机查询、帮助系统,极大地方便了用户的使用。简单的编程环境提供了比较完备的调试系统,程序不必经过编译就可以直接运行,而且能够及时地报告出现的错误及分析出错原因。

MATLAB 具有以下特点。

(1) 高效的数值计算及符号计算功能,能使用户从繁杂的数学运算分析中解脱出来。
(2) 完备的图形处理功能,实现计算结果和编程的可视化。
(3) 友好的用户界面及接近数学表达式的自然化语言,使学者易于学习和掌握。
(4) 功能丰富的应用工具箱(如信号处理工具箱、通信工具箱等),为用户提供了大量方便实用的处理工具。

Simulink 是美国 MathWorks 公司推出的 MATLAB 中的一种可视化仿真工具。Simulink 是一个模块图环境,用于多域仿真以及基于模型的设计。它支持系统设计、仿真、自动代码生成以及嵌入式系统的连续测试和验证。Simulink 提供图形编辑器、可自定义的模块库以及求解器,能够进行动态系统建模和仿真。

单输入单输出计算机控制系统如图 6-15 所示。采样周期 $T=0.1\mathrm{s}$,数字控制器 $D(z)=K_\mathrm{p}$。

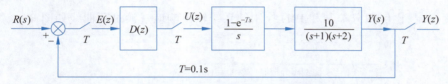

图 6-15 单输入单输出计算机控制系统

由 Simulink 搭建的控制系统如图 6-16 所示。

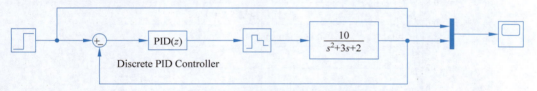

图 6-16 由 Simulink 搭建的控制系统

比例控制、比例积分控制和 PID 控制的 Simulink 控制系统参数配置如图 6-17~图 6-19 所示。

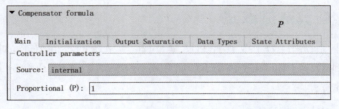

图 6-17 比例控制的 Simulink 控制系统参数配置

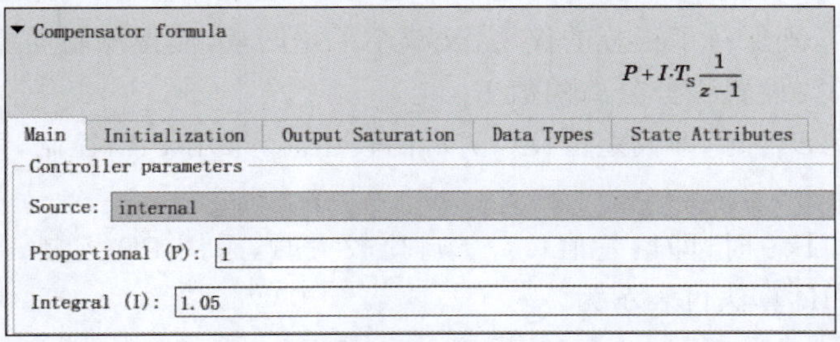

图 6-18 比例积分控制的 Simulink 控制系统参数配置

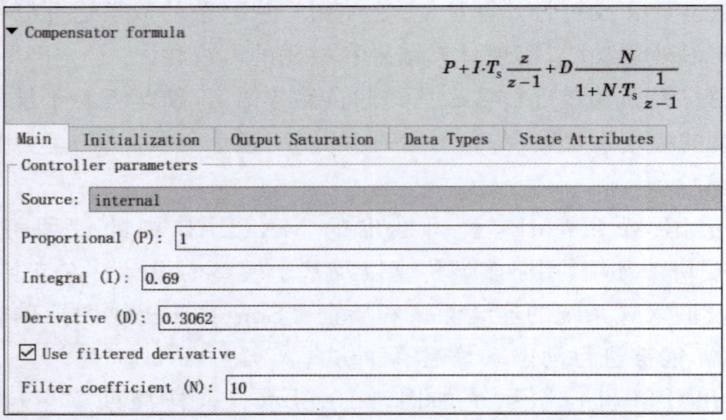

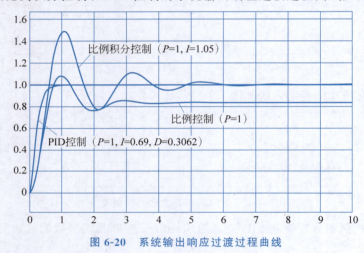

图 6-19 PID 控制的 Simulink 控制系统参数配置

比例控制、比例积分控制和 PID 控制的系统输出响应过渡过程曲线如图 6-20 所示。

图 6-20 系统输出响应过渡过程曲线

6.3.3 PID 算法的改进

在计算机控制系统中,为了改善控制质量,可根据系统的不同要求,对 PID 控制进行改进。下面介绍几种数学 PID 的改进算法,如积分分离算法、不完全微分算法、微分先行算法、带死区的 PID 算法等。

1. 积分分离 PID 控制算法

系统中加入积分校正以后,会产生过大的超调量,这对某些生产过程是绝对不允许的,引进积分分离算法,既保持了积分的作用,又减小了超调量,使得控制性能有了较大的改善。

积分分离算法要设置积分分离阈值 E_0。

当 $|e(kT)| \leqslant |E_0|$ 时,即偏差值 $|e(kT)|$ 比较小时,采用 PID 控制,可保证系统的控制精度。

当 $|e(kT)| > |E_0|$ 时,即偏差值 $|e(kT)|$ 比较大时,采用 PD 控制,可使超调量大幅度降低。积分分离 PID 算法可表示为

$$u(kT) = K_p e(kT) + K_l K_i \sum_{j=0}^{k} e(jT) + K_d [e(kT) - e(kT-T)] \tag{6-24}$$

$$K_l = \begin{cases} 1, & |e(kT)| \leqslant |E_0| \\ 0, & |e(kT)| > |E_0| \end{cases} \tag{6-25}$$

其中，K_l 称为逻辑系数。

积分分离 PID 控制系统如图 6-21 所示。

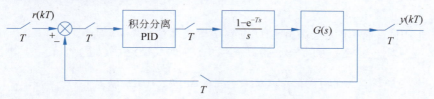

图 6-21　积分分离 PID 控制系统

采用积分分离 PID 算法以后，控制效果如图 6-22 所示。可见采用积分分离 PID 使控制系统的性能有了较大的改善。

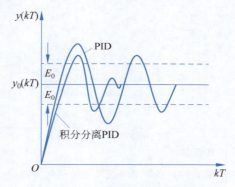

图 6-22　积分分离 PID 控制效果

2. 不完全微分 PID 算法

众所周知，微分作用容易引入高频干扰，因此在数字调节器中串接低通滤波器（一阶惯性环节）抑制高频干扰，低通滤波器的传递函数为

$$G_f(s) = \frac{1}{1 + T_f s} \tag{6-26}$$

不完全微分 PID 系统如图 6-23 所示。

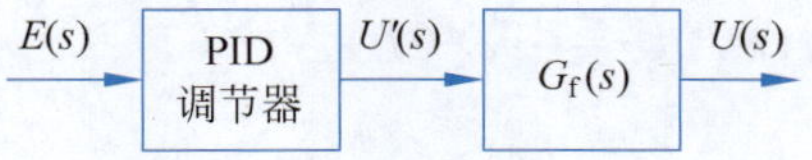

图 6-23　不完全微分 PID 系统

由图 6-23 可得

$$u'(t) = K_p \left[e(t) + \frac{1}{T_i} \int_0^t e(t) \mathrm{d}t + T_d \frac{\mathrm{d}e(t)}{\mathrm{d}t} \right]$$

$$T_f \frac{\mathrm{d}u(t)}{\mathrm{d}t} + u(t) = u'(t)$$

所以

$$T_f \frac{du(t)}{dt} + u(t) = K_p \left[e(t) + \frac{1}{T_i} \int_0^t e(t) dt + T_d \frac{de(t)}{dt} \right] \qquad (6-27)$$

对式(6-27)离散化,可得差分方程

$$u(kT) = au(kT-T) + (1-a)u'(kT) \qquad (6-28)$$

其中,$a = T_f/(T+T_f)$;$u'(kT) = K_p \left\{ e(kT) + \frac{T}{T_i} \sum_{j=0}^{k} e(jT) + \frac{T_d}{T} [e(kT) - e(kT-T)] \right\}$。

与普通 PID 一样,不完全微分 PID 也有增量式算法,即

$$\Delta u(kT) = a\Delta u(kT-T) + (1-a)\Delta u'(kT) \qquad (6-29)$$

其中,$\Delta u'(kT) = K_p \left\{ \Delta e(kT) + \frac{T}{T_i} e(kT) + \frac{T_d}{T} [\Delta e(kT) - \Delta e(kT-T)] \right\}$。

普通的数字 PID 调节器在单位阶跃输入时,微分作用只有在第 1 个周期内起作用,不能按照偏差变化的趋势在整个调节过程中起作用。另外,微分作用在第 1 个采样周期内作用很强,容易溢出。输出的控制作用如图 6-24(a)所示。

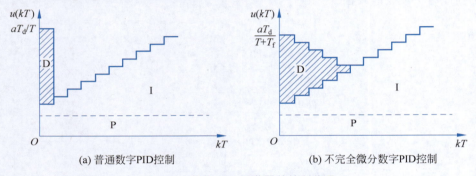

(a) 普通数字PID控制　　　　　　　　(b) 不完全微分数字PID控制

图 6-24　数字 PID 调节器的控制作用

设数字微分调节器的输入为阶跃序列 $e(kT) = a, k = 0, 1, 2, \cdots$。

当使用完全微分算法时,有

$$U(s) = T_d s E(s)$$

或

$$u(t) = T_d \frac{de(t)}{dt} \qquad (6-30)$$

离散化式(6-30),可得

$$u(kT) = \frac{T_d}{T} [e(kT) - e(kT-T)] \qquad (6-31)$$

由式(6-31)可得

$$u(0) = \frac{T_d}{T} a$$

$$u(T) = u(2T) = \cdots = 0$$

可见普通数字 PID 中的微分作用,只有在第 1 个采样周期内起作用,通常 $T_d \gg T$,所以 $u(0) \gg a$。

不完全微分数字 PID 不但能抑制高频干扰,而且克服了普通数字 PID 控制的缺点,数

字调节器输出的微分作用能在各个周期内按照偏差变化的趋势均匀地输出,真正起到了微分作用,改善了系统的性能。不完全微分数字 PID 调节器在单位阶跃输入时,输出的控制作用如图 6-24(b)所示。

对于数字微分调节器,当使用不完全微分算法时,有

$$U(s) = \frac{T_d s}{1 + T_f s} E(s)$$

或

$$u(t) + T_f \frac{du(t)}{dt} = T_d \frac{de(t)}{dt} \tag{6-32}$$

对式(6-32)离散化,可得

$$u(kT) = \frac{T_f}{T + T_f} u(kT - T) + \frac{T_d}{T + T_f}[e(kT) - e(kT - T)] \tag{6-33}$$

当 $k \geqslant 0$ 时,$e(kT) = a$,可得

$$u(0) = \frac{T_d}{T + T_f} a$$

$$u(T) = \frac{T_f T_d}{(T + T_f)^2} a$$

$$u(2T) = \frac{T_f^2 T_d}{(T + T_f)^3} a$$

$$\cdots$$

显然,$u(kT) \neq 0, k = 1, 2, \cdots$,并且有

$$u(0) = \frac{T_d}{T + T_f} a \ll \frac{T_d}{T} a$$

因此,在第 1 个采样周期内不完全微分数字调节器的输出比完全微分数字调节器的输出幅度小得多。而且调节器的输出十分近似于理想的微分调节器,所以不完全微分具有比较理想的调节性能。

尽管不完全微分 PID 较普通 PID 算法复杂,但是由于其良好的控制特性,因此使用越来越广泛,越来越受到广泛的重视。

3. 微分先行 PID 算法

微分先行是把微分运算放在比较器附近,它有两种结构,如图 6-25 所示。

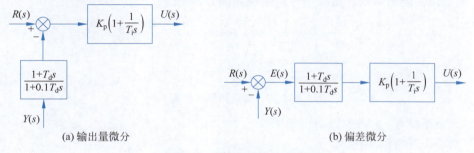

(a) 输出量微分　　　　　　　　　　　　(b) 偏差微分

图 6-25　微分先行 PID 系统

4. 带死区的 PID 控制算法

在要求控制作用少变动的场合,可采用带死区的 PID。带死区的 PID 实际上是非线性控制系统,即

$$\begin{cases} e'(kT) = e(kT), & |e(kT)| > |e_0| \\ e'(kT) = 0, & |e(kT)| \leq |e_0| \end{cases} \quad (6\text{-}34)$$

带死区的 PID 控制系统如图 6-26 所示。

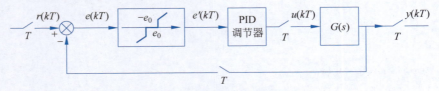

图 6-26 带死区的 PID 控制系统

对于带死区的 PID 数字调节器,当 $|e(kT)| \leq |e_0|$ 时,数字调节器的输出为零,即 $u(kT)=0$;当 $|e(kT)| > |e_0|$ 时,数字调节器有 PID 输出。

6.4 PID 参数整定

PID 参数整定(调节)是调整比例(P)、积分(I)、微分(D)增益以达到最佳控制效果的过程。正确的 PID 参数设置对于确保系统快速响应、减小超调、消除稳态误差至关重要。

数字 PID 参数整定主要是确定 K_p、T_i、T_d 和采样周期 T。

6.4.1 PID 参数对控制性能的影响

在连续控制系统中使用最普遍的控制规律是 PID,即调节器的输出 $u(t)$ 与输入 $e(t)$ 之间成比例、积分、微分的关系,即

$$u(t) = K_p \left[e(t) + \frac{1}{T_i} \int_0^t e(t)\,dt + T_d \frac{de(t)}{dt} \right] \quad (6\text{-}35)$$

同样,在计算机控制系统中,使用比较普遍的也是 PID 控制规律。此时,数字调节器的输出与输入之间的关系为

$$u(kT) = K_p \left\{ e(kT) + \frac{T}{T_i} \sum_{j=0}^{k} (jT) + \frac{T_d}{T}[e(kT) - e(kT-T)] \right\} \quad (6\text{-}36)$$

下面以 PID 控制为例,讨论控制参数,即比例系数 K_p、积分时间常数 T_i 和微分时间常数 T_d 对系统性能的影响。负反馈控制系统如图 6-27 所示。

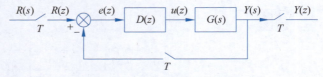

图 6-27 负反馈控制系统

1. 比例系数 K_p 对控制性能的影响

1) 对动态特性的影响

K_p 增大,使系统的动作灵敏速度加快。K_p 偏大,振荡次数增多,调节时间加长。当

K_p 太大时,系统会趋于不稳定。若 K_p 太小,又会使系统的动作缓慢。

2) 对稳态特性的影响

K_p 增大,在系统稳定的情况下,可以减小稳态误差 e_{ss},提高控制精度。但是增大 K_p 只会减小 e_{ss},却不能完全消除稳态误差。

2. 积分时间常数 T_i 对控制性能的影响

积分控制通常与比例控制或微分控制联合作用,构成 PI 控制或 PID 控制。

1) 对动态特性的影响

积分控制通常使系统的稳定性下降。T_i 太小,系统将不稳定。T_i 太大,对系统性能的影响减少。当 T_i 合适时,过渡特性比较理想。

2) 对稳态特性的影响

积分控制能消除系统的稳态误差,提高控制系统的控制精度。但是若 T_i 太大,积分作用太弱,以致不能减小稳态误差。

3. 微分时间常数 T_d 对控制性能的影响

微分控制经常与比例控制或积分控制联合作用,构成 PD 控制或 PID 控制。

微分控制可以改善动态特性,如超调量 σ_p 减小,缩短调节时间 t_s,允许加大比例控制,使稳态误差减小,提高控制精度。

当 T_d 偏大时,超调量 σ_p 较大,调节时间 t_s 较长。当 T_d 偏小时,超调量 σ_p 也较大,调节时间 t_s 也较长。只有 T_d 合适时,可以得到比较满意的过渡过程。

4. 控制规律的选择

根据分析可以得出以下结论。

(1) 对于一阶惯性的对象,负荷变化不大,工艺要求不高,可采用比例(P)控制,如用于压力、液位、串级副控回路等。

(2) 对于一阶惯性与纯滞后环节串联的对象,负荷变化不大,要求控制精度较高,可采用比例积分(PI)控制,如用于压力、流量、液位的控制。

(3) 对于纯滞后时间 τ 较大,负荷变化也较大,控制性能要求高的场合,可采用比例积分微分(PID)控制,如用于过热蒸汽温度控制、pH 值控制。

(4) 当对象为高阶(二阶以上)惯性环节又有纯滞后特性,负荷变化较大,控制性能要求也高时,应采用串级控制、前馈-反馈、前馈-串级或纯滞后补偿控制,如用于原料气出口温度的串级控制。

6.4.2 采样周期的选取

采样周期的选择应视具体对象而定,反应快的控制回路要求选用较短的采样周期,而反应缓慢的回路可以选用较长的 T。实际选用时,应注意以下几点。

(1) 采样周期应比对象的时间常数小得多,否则采样信息无法反映瞬变过程。

采样频率应远大于信号变化频率。按香农(Shannon)采样定理,为了不失真地复现信号的变化,采样频率至少应为有用信号最高频率的 2 倍,实际常选用 4~10 倍。

(2) 采样周期的选择应注意系统主要干扰的频谱,特别是工业电网的干扰。一般希望它们有整倍数的关系,这对抑制在测量中出现的干扰和进行计算机数字滤波大为有益。

(3) 当系统纯滞后占主导地位时,采样周期应按纯滞后大小选取,并尽可能使纯滞后时间接近或等于采样周期的整倍数。

实际上,用理论计算来确定采样周期存在一定的困难,如信号最高频率、噪声干扰源频率都不易确定。因此,一般按如表 6-1 所示的经验数据进行选用,然后在运行试验时进行修正。

表 6-1 常见对象选择采样周期的经验数据

控制回路类别	采样周期/s	备 注
流量	1～5	优先选用 1～2s
压力	3～10	优先选用 6～8s
液位	6～8	优先选用 7s
温度	15～20	取纯滞后时间常数
成分	15～20	优先选用 18s

6.4.3 扩充临界比例度法

扩充临界比例度法是整定模拟调节器参数的临界比例度法的扩充,其步骤如下。

(1) 根据对象反应的快慢,结合表 6-3 选用足够短的采样周期 T。

(2) 用选定的 T,求出临界比例系数 K_k 及临界振荡周期 T_k。具体方法是使计算机控制系统只采用纯比例调节,逐渐增大比例系数,直至出现临界振荡,这时的 K_p 和振荡周期就是 K_k 和 T_k。

(3) 选定控制度。控制度是以模拟调节器为基准,将计算机控制效果和模拟调节器控制效果相比较。控制效果的评价函数 Q 采用误差平方面积表示,即

$$Q = \frac{\left[\left(\int_0^\infty e^2 \mathrm{d}t\right)_{\min}\right]_{\text{DDC}}}{\left[\left(\int_0^\infty e^2 \mathrm{d}t\right)_{\min}\right]_{\text{模拟调节器}}} \tag{6-37}$$

(4) 根据选用的控制度按表 6-2 求取 T、K_p、T_i、T_d 的值。表 6-2 为按扩充临界比例度法整定的值。

表 6-2 扩充临界比例度法整定的参数值

Q	控 制 算 式	T/T_k	K_p/K_k	T_i/T_k	T_d/T_k
1.05	PI	0.03	0.55	0.88	—
	PID	0.014	0.63	0.49	0.14
1.20	PI	0.05	0.49	0.91	—
	PID	0.043	0.47	0.47	0.16
1.50	PI	0.14	0.42	0.99	—
	PID	0.09	0.34	0.43	0.20
2.00	PI	0.22	0.36	1.05	—
	PID	0.16	0.27	0.40	0.22
模拟调节器	PI	—	0.57	0.85	—
	PID	—	0.70	0.50	0.13
简化的扩充临界比例度法	PI	—	0.45	0.83	—
	PID	—	0.60	0.50	0.125

(5) 按计算参数进行在线运行，观察结果。如果性能欠佳，可适当增大 Q 值，重新求取各个参数，继续观察控制效果，直至满意为止。

Roberts P. D. 在 1974 年提出简化扩充临界比例度整定法。

设 PID 的增量算式为

$$\begin{aligned}\Delta u(kT) &= K_p\left\{[e(kT)-e(kT-T)]+\frac{T}{T_i}[e(kT)]+\right.\\ &\quad\left.\frac{T_d}{T}[e(kT)-2e(kT-T)+e(kT-2T)]\right\}\\ &= K_p\left[\left(1+\frac{T}{T_i}+\frac{T_d}{T}\right)e(kT)-\left(1+2\frac{T_d}{T}\right)e(kT-T)+\frac{T_d}{T}e(kT-2T)\right]\\ &= K_p[d_0 e(kT)+d_1 e(kT-T)+d_2 e(kT-2T)]\end{aligned} \quad (6\text{-}38)$$

其中，T 为采样周期；T_i 为积分时间常数；T_d 为微分时间常数。

$$\begin{cases}d_0 = 1+\dfrac{T}{T_i}+\dfrac{T_d}{T}\\ d_1 = -\left(1+2\dfrac{T_d}{T}\right)\\ d_2 = \dfrac{T_d}{T}\end{cases} \quad (6\text{-}39)$$

对式(6-38)作 Z 变换，可得数字 PID 调节器的 Z 传递函数为

$$D(z)=\frac{U(z)}{E(z)}=\frac{K_p(d_0+d_1 z^{-1}+d_2 z^{-2})}{1-z^{-1}} \quad (6\text{-}40)$$

其中，$U(z)$ 和 $E(z)$ 分别为数字调节器输出量和输入量的 Z 变换。

前面介绍的数字 PID 调节器参数的整定，就是要确定 T、K_p、T_i 和 T_d 这 4 个参数，为了减少在线整定参数的数目，根据大量实际经验的总结，人为假设约束的条件，以减少独立变量的个数。例如，取

$$\begin{cases}T \approx 0.1 T_K\\ T_i \approx 0.5 T_K\\ T_d \approx 0.125 T_K\end{cases} \quad (6\text{-}41)$$

其中，T_K 为纯比例控制时的临界振荡周期。

将式(6-41)代入式(6-39)和式(6-40)可得数字调节器的 Z 传递函数

$$D(z)=\frac{K_p(2.45-3.5z^{-1}+1.25z^{-2})}{1-z^{-1}} \quad (6\text{-}42)$$

相应的差分方程为

$$\Delta u(kT)=K_p[2.45e(kT)-3.5e(kT-T)+1.25e(kT-2T)] \quad (6\text{-}43)$$

由式(6-43)可看出，对 4 个参数的整定简化成了对一个参数 K_p 的整定，使问题明显地简化了。

应用约束条件减少整定参数数目的归一参数整定法是有发展前途的，因为它不仅对数字 PID 调节器的整定有意义，而且对实现 PID 自整定系统也将带来许多方便。

6.5 串级控制

串级控制技术是改善调节品质的有效方法之一,它是在单回路 PID 控制的基础上发展起来的一种控制技术,并且得到了广泛应用。在串级控制中,有主回路和副回路之分。一般主回路只有一个,而副回路可以有一个或多个。主回路的输出作为副回路的设定值修正的依据,副回路的输出作为真正的控制量作用于被控对象。

图 6-28 所示为一个炉温串级控制系统,目的是使炉温保持稳定。

如果煤气管道中的压力是恒定的,为了保持炉温恒定,只需测量出料实际温度,并使其与温度设定值比较,利用二者的偏差控制煤气管道上的阀门。当煤气总管压力恒定时,阀位与煤气流量保持一定的比例关系,一定的阀位对应一定的流量,也就是对应一定的炉温,在进出料数量保持稳定时,不需要串级控制。

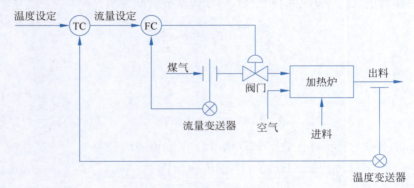

第 21 集
微课视频

图 6-28 炉温串级控制系统

但实际的煤气总管同时向许多炉子供应煤气,煤气压力不可能恒定,此时煤气管道阀门位置并不能保证一定的流量。

在单回路调节时,煤气压力的变化引起流量的变化,且随之引起炉温的变化,只有在炉温发生偏离后才会引起调整,因此时间滞后很大。

由于时间滞后,上述系统仅靠一个主控回路不能获得满意的控制效果,而通过主、副回路的配合将会获得较好的控制质量。

为了及时检测系统中可能引起被控量变化的某些因素并加以控制,在该炉温控制系统的主回路中增加煤气流量控制副回路,构成串级控制结构,如图 6-29 所示。

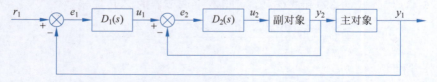

图 6-29 炉温与煤气流量的串级控制结构

6.5.1 串级控制算法

根据图 6-29,$D_1(s)$ 和 $D_2(s)$ 若由计算机实现,则计算机串级控制系统如图 6-30 所示,图中 $D_1(z)$ 和 $D_2(z)$ 是由计算机实现的数字控制器,$H(s)$ 是零阶保持器,T 为采样周期。

$D_1(z)$ 和 $D_2(z)$ 通常是 PID 控制规律。

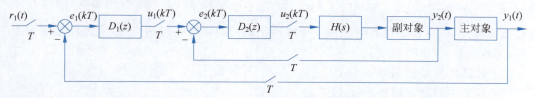

图 6-30　计算机串级控制系统

不管串级控制有多少级,计算的顺序总是从最外面的回路向内进行。对如图 6-30 所示的双回路串级控制系统,其计算步骤如下。

(1) 计算主回路的偏差 $e_1(kT)$。
(2) 计算主回路控制器 $D_1(z)$ 的输出 $u_1(kT)$。
(3) 计算副回路的偏差 $e_2(kT)$。
(4) 计算副回路控制器 $D_2(z)$ 的输出 $u_2(kT)$。

6.5.2　副回路微分先行串级控制算法

为了防止主控制器输出(也就是副控制器的给定值)过大而引起副回路的不稳定,同时也为了克服副对象惯性较大而引起调节品质的恶化,在副回路的反馈通道中加入微分控制,称为副回路微分先行,系统结构如图 6-31 所示。

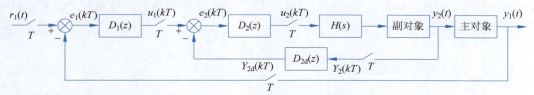

图 6-31　副回路微分先行串级控制系统

微分先行部分的传递函数为

$$D_{2\mathrm{d}}(s) = \frac{Y_{2\mathrm{d}}(s)}{Y_2(s)} = \frac{T_2 s + 1}{\alpha T_2 s + 1} \tag{6-44}$$

其中,α 为微分放大系数。

式(6-44)相应的微分方程为

$$\alpha T_2 \frac{\mathrm{d}y_{2\mathrm{d}}(t)}{\mathrm{d}t} + y_{2\mathrm{d}}(t) = T_2 \frac{\mathrm{d}y_2(t)}{\mathrm{d}t} + y_2(t) \tag{6-45}$$

写成差分方程为

$$\alpha T_2 [y_{2\mathrm{d}}(kT) - y_{2\mathrm{d}}(kT - T)] + y_{2\mathrm{d}}(kT) = T_2 [y_2(kT) - y_2(kT - T)] + y_2(kT) \tag{6-46}$$

整理得

$$\begin{aligned} y_{2\mathrm{d}}(kT) &= \frac{\alpha T_2}{\alpha T_2 + T} y_{2\mathrm{d}}(kT - T) + \frac{T_2 + T}{\alpha T_2 + T} y_2(kT) - \frac{T_2}{\alpha T_2 + T} y_2(kT - T) \\ &= \phi_1 y_{2\mathrm{d}}(kT - T) + \phi_2 y_2(kT) - \phi_3 y_2(kT - T) \end{aligned} \tag{6-47}$$

其中，$\phi_1 = \dfrac{\alpha T_2}{\alpha T_2 + T}$；$\phi_2 = \dfrac{T_2 + T}{\alpha T_2 + T}$；$\phi_3 = \dfrac{T_2}{\alpha T_2 + T}$。系数 ϕ_1、ϕ_2、ϕ_3 可先离线计算，并存入内存指定单元，以备控制计算时调用。下面给出副回路微分先行的步骤（主控制器采用 PID 控制，副控制器采用 PI 控制）。

(1) 计算主回路的偏差 $e_1(kT)$。

(2) 计算主控制器的输出 $u_1(kT)$。

(3) 计算微分先行部分的输出 $y_{2d}(kT)$。

(4) 计算副回路的偏差 $e_2(kT)$。

(5) 计算副控制器的输出 $u_2(kT)$。

串级控制系统中，副回路给系统带来了一系列的优点：串级控制较单回路控制系统有更强的抑制扰动的能力，通常副回路抑制扰动的能力比单回路控制高出十几倍甚至上百倍，因此设计串级控制系统时应遵循以下原则。

(1) 系统中主要的扰动应该包含在副控回路中。把主要扰动包含在副控回路，通过副控回路的调节作用，可以在扰动影响主控被调参数之前大大削弱扰动的影响。

(2) 副控回路应该尽量包含积极分环节。积分环节的相角滞后是 $-90°$，当副控回路包含积分环节时，相角滞后将可以减少，有利于改善调节系统的品质。

(3) 用一个可以测量的中间变量作为副控被调参数。

(4) 主控回路的采样周期 $T_主$ 与副控回路的采样周期 $T_副$ 不相等时，应使 $T_主 \geqslant 3T_副$ 或 $3T_主 \leqslant T_副$，即 $T_主$ 和 $T_副$ 之间相差 3 倍以上，以避免主控回路和副控回路之间发生相互干扰和共振。

第 22 集
微课视频

6.6 前馈-反馈控制

反馈控制是按偏差进行控制的。也就是说，在干扰的作用下，被控量先偏离设定值，然后按偏差产生控制作用抵消干扰的影响。如果干扰不断施加，则系统总是跟在干扰作用后面波动。特别是系统存在严重滞后时，波动会更加厉害。前馈控制是按扰动量进行补偿的开环控制，即当影响系统的扰动出现时，按照扰动量的大小直接产生校正作用，以抵消扰动的影响。如果控制算法和参数选择恰当，可以达到很高的控制精度。

6.6.1 前馈控制的结构

前馈控制的结构如图 6-32 所示。

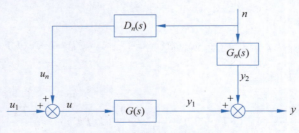

图 6-32 前馈控制的结构

图 6-32 中,$G_n(s)$ 为被控对象扰动通道的传递函数;$D_n(s)$ 为前馈控制器的传递函数;$G(s)$ 为被控对象控制通道的传递函数;n、u 和 y 分别为扰动量、控制量和被控量。

为了便于分析扰动量的影响,假定 $u_1=0$,则有

$$Y(s)=Y_1(s)+Y_2(s)=[D_n(s)G(s)+G_n(s)]N(s) \tag{6-48}$$

若要使前馈作用完全补偿扰动作用,则应使扰动引起的被控量变化为零,即 $Y(s)=0$,因此完全补偿的条件为

$$D_n(s)G(s)+G_n(s)=0 \tag{6-49}$$

由此可得前馈控制器的传递函数为

$$D_n(s)=-\frac{G_n(s)}{G(s)} \tag{6-50}$$

在实际生产过程控制中,因为前馈控制是一个开环系统,因此,很少只采用前馈控制的方案,常常采用前馈-反馈控制相结合的方案。

6.6.2 前馈-反馈控制的结构

前馈控制虽然具有很多优点,但它也有不足之处。前馈控制中不存在被控量的反馈,即对于补偿的结果没有检验的手段。因而,当前馈控制作用没有最后消除偏差时,系统无法得知这一信息而作校正。

前馈-反馈控制结构如图 6-33 所示。

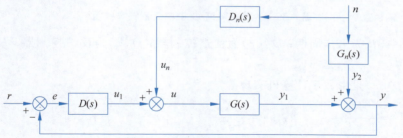

图 6-33 前馈-反馈控制结构

由图 6-33 可知,前馈-反馈控制结构是在反馈控制的基础上增加了一个扰动的前馈控制。由于完全补偿的条件未变,因此仍有

$$D_n(s)=-\frac{G_n(s)}{G(s)}$$

在实际应用中,还经常采用前馈-串级控制结构,如图 6-34 所示。

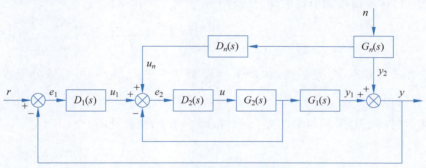

图 6-34 前馈-串级控制结构

图6-34中,$D_1(s)$、$D_2(s)$分别为主、副控制器的传递函数;$G_1(s)$、$G_2(s)$分别为主、副对象。

前馈-串级控制能及时克服进入前馈回路和串级副回路的干扰对被控量的影响,因前馈控制的输出不是直接作用于执行机构,而是补充到串级控制副回路的给定值中,这样就降低了对执行机构动态响应性能的要求,这也是前馈-串级控制结构广泛被采用的原因。

6.6.3 数字前馈-反馈控制算法

以前馈-反馈控制系统为例,介绍计算机前馈控制系统的算法步骤和算法流程。图6-35所示为计算机前馈-反馈控制系统方框图。

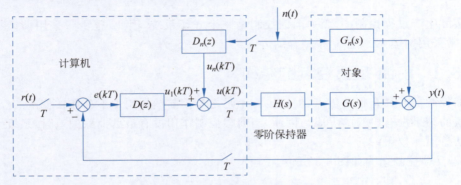

图6-35 计算机前馈-反馈控制系统方框图

图6-35中,T为采样周期;$D_n(z)$为前馈控制器;$D(z)$为反馈控制器;$H(s)$为零阶保持器。

$D_n(z)$、$D(z)$是由数字计算机实现的。

若 $G_n(s)=\dfrac{K_1}{1+T_1 s}\mathrm{e}^{-\tau_1 s}$,$G(s)=\dfrac{K_2}{1+T_2 s}\mathrm{e}^{-\tau_2 s}$,令 $\tau=\tau_1-\tau_2$,则

$$D_n(s)=\frac{U_n(s)}{N(s)}=K_f\frac{s+\dfrac{1}{T_2}}{s+\dfrac{1}{T_1}}\mathrm{e}^{-\tau s} \tag{6-51}$$

其中,$K_f=-\dfrac{K_1 T_2}{K_2 T_1}$。

由式(6-51)可得前馈调节器的微分方程

$$\frac{\mathrm{d}u_n(t)}{\mathrm{d}t}+\frac{1}{T_1}u_n(t)=K_f\left[\frac{\mathrm{d}n(t-\tau)}{\mathrm{d}t}+\frac{1}{T_2}n(t-\tau)\right] \tag{6-52}$$

假如选择采样频率 f_s 足够高,也即采样周期 $T=\dfrac{1}{f_s}$ 足够小,可对微分方程进行离散化,得到差分方程。

设纯滞后时间 τ 是采样周期 T 的整数倍,即 $\tau=lT$,离散化时,令

$$u_n(t)\approx u_n(kT)$$
$$n(t-\tau)\approx n(kT-lT)$$

$$dt \approx T$$
$$\frac{du_n(t)}{dt} \approx \frac{u_n(kT) - u_n(kT-T)}{T}$$
$$\frac{dn(t-\tau)}{dt} \approx \frac{n(kT-lT) - n(kT-lT-T)}{T}$$

由式(6-51)和式(6-52)可得到差分方程

$$u_n(kT) = A_1 u_n(kT-T) + B_l n(kT-lT) + B_{l+1} n(kT-lT-T) \quad (6-53)$$

其中，$A_1 = \dfrac{T_1}{T+T_1}$；$B_l = K_f \dfrac{T_1(T+T_2)}{T_2(T+T_1)}$；$B_{l+1} = -K_f \dfrac{T_1}{T+T_1}$。

根据差分方程式(6-53)，便可编制出相应的软件，由计算机实现前馈调节器。

下面给出计算机前馈-反馈控制算法的步骤。

(1) 计算反馈控制的偏差 $e(kT)$。
(2) 计算反馈控制器(PID)的输出 $u_1(kT)$。
(3) 计算前馈调节器 $D_n(s)$ 的输出 $u_n(kT)$。
(4) 计算前馈-反馈调节器的输出 $u(kT)$。

6.7 数字控制器的直接设计方法

前面所讨论的准连续数字 PID 控制算法，是以连续时间系统的控制理论为基础的，并在计算机上数字模拟实现，因此称为模拟化设计方法。

对于采样周期远小于被控对象时间常数的生产过程，把离散时间系统近似为连续时间系统，采用模拟调节器数字化的方法设计系统，可达到满意的控制效果。但是，当采样周期并不是远小于对象的时间常数或对控制的质量要求比较高时，如果仍然把离散时间系统近似为连续时间系统，必然与实际情况产生很大差异，据此设计的控制系统就不能达到预期的效果，甚至可能完全不适用。

在这种情况下应根据采样控制理论直接设计数字控制器，这种方法称为直接数字设计。直接数字设计比模拟化设计具有更一般的意义，它完全根据采样系统的特点进行分析与综合，并导出相应的控制规律。本节主要介绍在计算机中易于实现的数字控制器的直接设计方法，所用数学工具为 Z 变换及 Z 传递函数。

6.7.1 基本概念

为了说明问题，将连续控制系统和计算机(离散)控制系统进行比较，如图 6-36 和图 6-37 所示。

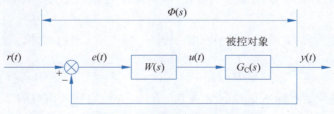

图 6-36 连续控制系统框图

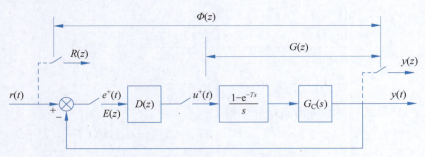

图 6-37 计算机(离散)控制系统框图

图 6-37 中,系统的闭环脉冲传递函数为

$$\Phi(z) = \frac{D(z)G(z)}{1 + D(z)G(z)} \tag{6-54}$$

其中,$\Phi(z)$ 为闭环脉冲传递函数;$D(z)$ 为数字控制器的脉冲传递函数;$G(z) = Z\left[\dfrac{1-\mathrm{e}^{-Ts}}{s} G_C(s)\right]$ 为广义对象的脉冲传递函数,$G_C(s)$ 为被控对象的传递函数。

由式(6-54)可得

$$D(z) = \frac{1}{G(z)} \cdot \frac{\Phi(z)}{1 - \Phi(z)} \tag{6-55}$$

若已知 $G(z)$,并根据性能指标要求定出 $\Phi(z)$,则数字控制器 $D(z)$ 就可唯一确定。设计数字控制器的步骤如下。

(1) 依控制系统的性能指标要求和其他约束条件,确定所需的闭环脉冲传递函数 $\Phi(z)$。

(2) 根据式(6-55)确定计算机的脉冲传递函数 $D(z)$。

(3) 根据 $D(z)$,编制控制算法的程序。

这种设计方法称为直接设计方法。显然,设计过程中的第 1 个步骤是最关键的。下面结合快速系统说明这种方法的设计过程。

6.7.2 最少拍无差系统

在数字随动控制系统中,要求系统的输出值尽快地跟踪给定值的变化,最少拍控制就是为满足这一要求的一种离散化设计方法。所谓最少拍控制,就是要求闭环系统对于某种特定的输入在最少个采样周期内达到无静差的稳态,且闭环脉冲数传递函数具有以下形式。

$$\Phi(z) = \Phi_1 z^{-1} + \Phi_2 z^{-2} + \cdots + \Phi_N z^{-N} \tag{6-56}$$

其中,N 为可能情况下的最小正整数。

这一形式表明,闭环系统的脉冲响应在 N 个采样周期后变为零,从而意味着系统在 N 拍之内达到稳定。

我们来研究如图 6-37 所示的计算机控制系统,偏差 $E(z)$ 的脉冲传递函数为

$$\Phi_\mathrm{e}(z) = \frac{E(z)}{R(z)} = \frac{R(z) - Y(z)}{R(z)} = 1 - \Phi(z) \tag{6-57}$$

其中,$E(z)$ 为数字控制器输入信号的 Z 变换;$R(z)$ 为给定输入函数的 Z 变换。

于是偏差 $E(z)$ 为

$$E(z) = \Phi_e(z)R(z) = [1 - \Phi(z)]R(z) \tag{6-58}$$

根据 Z 变换的终值定理，系统的稳态偏差为

$$e(\infty) = \lim_{z \to 1}(1 - z^{-1})E(z) = \lim_{z \to 1}(1 - z^{-1})\Phi_e(z)R(z) \tag{6-59}$$

对于时间 t 的典型输入函数

$$r(t) = A_0 + A_1 t + \frac{A_2}{2!}t^2 + \cdots + \frac{A_{q-1}}{(q-1)!}t^{q-1} \tag{6-60}$$

查 Z 变换表可知，它的 Z 变换为

$$R(z) = \frac{B(z)}{(1 - z^{-1})^q} \tag{6-61}$$

其中，$B(z)$ 是不包含 $(1-z^{-1})$ 因子的关于 z^{-1} 的多项式。对于阶跃、等速、等加速输入函数，q 分别等于 1、2、3。

由式 (6-59) 和式 (6-57) 可知，要使稳态偏差 $e(\infty)$ 为零，则要求 $\Phi_e(z)$ 中至少应包含 $(1-z^{-1})^q$ 的因子，即

$$\Phi_e(z) = 1 - \Phi(z) = (1 - z^{-1})^p F(z) \tag{6-62}$$

其中，$p \geqslant q$，q 是典型输入函数 $R(z)$ 分母 $(1-z^{-1})$ 因子的阶次；$F(z)$ 是待定的关于 z^{-1} 的多项式。偏差 $E(z)$ 的 Z 变换展开式为

$$E(z) = \sum_{n=0}^{\infty} e(nT)z^{-n} = e(0) + e(T)z^{-1} + e(2T)z^{-2} + \cdots \tag{6-63}$$

要使偏差尽快为零，应使式 (6-63) 中关于 z^{-1} 的多项式项数最少，因此式 (6-62) 中的 p 应选择为

$$p = q$$

综上所述，从准确性的要求来看，为使系统对式 (6-60) 或式 (6-61) 的典型输入函数无稳态偏差，$\Phi_e(z)$ 应满足

$$\Phi_e(z) = 1 - \Phi(z) = (1 - z^{-1})^q F(z) \tag{6-64}$$

式 (6-64) 是设计最少拍的一般公式。但若要使设计的数字控制器形式最简单、阶数最低，必须取 $F(z) = 1$，这就是说，使 $F(z)$ 不含 z^{-1} 的因子，$\Phi_e(z)$ 才能使 $E(z)$ 中关于 z^{-1} 的项数最少。

$$\Phi_e(z) = 1 - \Phi(z) = (1 - z^{-1})^q \tag{6-65}$$

所以有

$$\Phi(z) = 1 - \Phi_e(z) = 1 - (1 - z^{-1})^q$$

下面结合几种常见的典型输入函数介绍如何寻找最少拍无差系统的闭环脉冲传递函数 $\Phi(z)$。

1. 典型输入下的最少拍系统

1) 阶跃输入

已知输入函数为 $r(t) = 1(t)$，其 Z 变换式为

$$R(z) = \frac{1}{1 - z^{-1}}$$

要满足式 (6-59) 为零的条件是使 $\Phi_e(z)$ 能消去 $R(z)$ 的分母 $1 - z^{-1}$，令式 (6-65) 中

$q=1$,得
$$\Phi_e(z) = 1 - \Phi(z) = 1 - z^{-1}$$

所以
$$\Phi(z) = z^{-1} \tag{6-66}$$

由式(6-58)可求出偏差的 Z 变换为
$$E(z) = R(z)[1-\Phi(z)] = \frac{1}{1-z^{-1}}(1-z^{-1}) = 1$$

结合式(6-63)有
$$E(z) = 1 = 1 \cdot z^0 + 0 \cdot z^{-1} + 0 \cdot z^{-2} + \cdots$$

以上说明只需一拍(一个采样周期)输出就能跟随输入,偏差为零,过渡过程结束。

由闭环传递函数 $\Phi(z)$ 可计算出输出为
$$y(z) = \Phi(z) \cdot R(z) = \frac{z^{-1}}{1-z^{-1}}$$

用长除法求 $y(z)$ 的展开式
$$y(z) = z^{-1} + z^{-2} + \cdots$$

这说明,$y(0)=0, y(T)=1, y(2T)=1, \cdots$,输出序列如图 6-38 所示。

2) 等速输入

输入函数为 $r(t)=t$,其 Z 变换式为
$$R(z) = \frac{Tz^{-1}}{(1-z^{-1})^2}$$

要使静差为零,过渡过程为最少拍,应使式(6-65)中 $q=2$,即
$$\begin{cases} \Phi_e(z) = 1 - \Phi(z) = (1-z^{-1})^2 \\ \Phi(z) = 2z^{-1} - z^{-2} \\ E(z) = R(z)[1-\Phi(z)] = Tz^{-1} \end{cases} \tag{6-67}$$

说明两拍(两个采样周期)之后过渡过程结束。系统输出为
$$y(z) = R(z) \cdot \Phi(z) = \frac{Tz^{-1}}{(1-z^{-1})^2}(2z^{-1}-z^{-2}) = 2Tz^{-2} + 3Tz^{-3} + 4Tz^{-4} + \cdots$$

输出序列如图 6-39 所示。

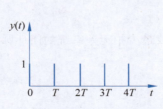

图 6-38 阶跃输入时的输出

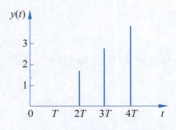

图 6-39 等速输入时的输出

3) 等加速输入

输入函数 $r(t) = \frac{1}{2}t^2$,其 Z 变换式为

$$R(z) = \frac{T^2 z^{-1}(1+z^{-1})}{2(1-z^{-1})^3}$$

要满足最少拍无偏差的要求，应使式(6-65)中 $q=3$，即

$$\Phi_e(z) = 1 - \Phi(z) = (1-z^{-1})^3$$

$$\Phi(z) = 1 - (1-z^{-1})^3 = 3z^{-1} - 3z^{-2} + z^{-3} \tag{6-68}$$

过渡过程需 3 拍，因为

$$E(z) = R(z)[1-\Phi(z)] = \frac{1}{2}T^2 z^{-1} + \frac{1}{2}T^2 z^{-2}$$

以上给出了阶跃输入、等速输入和等加速输入时最少拍无差系统的闭环脉冲传递函数 $\Phi(z)$ 的形式。已知 $\Phi(z)$、$G(z)$，就可根据式(6-55)求出数字控制器的脉冲传递函数 $D(z)$。

2. 最少拍无差系统对典型输入函数的适应性

上面介绍的是最少拍无差系统闭环脉冲传递函数的求法，式(6-66)~式(6-69)给出的结果能抵消输入函数中分母所含的 $(1-z^{-1})$ 因子，没有引入 z^{-1}，z^{-2}，…延迟项，这表示系统本身不引入新的滞后，也就是能以最快速度(如一拍、两拍或三拍)跟上给定值的变化而且保持无差。但是，这种设计方法得到的系统对各种典型输入函数的适应性较差，即对于不同的输入 $R(z)$，要求使用不同的闭环脉冲传递函数 $\Phi(z)$，否则就得不到最佳的性能。

例如，当 $\Phi(z)$ 为等速输入设计时，有

$$\Phi(z) = 2z^{-1} - z^{-2}$$

当输入为 3 种典型的输入函数时，其对应的输出分别如下。

阶跃输入时，有

$$r(t) = 1(t)$$

$$R(z) = \frac{1}{1-z^{-1}}$$

$$y(z) = R(z)\Phi(z) = \frac{2z^{-1} - z^{-2}}{1-z^{-1}} = 2z^{-1} + z^{-2} + z^{-3} + \cdots$$

等速输入时，有

$$r(t) = t$$

$$R(z) = \frac{Tz^{-1}}{(1-z^{-1})^2}$$

$$y(z) = R(z)\Phi(z) = \frac{Tz^{-1}}{(1-z^{-1})^2}(2z^{-1} - z^{-2}) = 2Tz^{-2} + 3Tz^{-3} + 4Tz^{-4} + \cdots$$

等加速输入时，有

$$r(t) = \frac{1}{2}t^2$$

$$R(z) = \frac{T^2 z^{-1}(1+z^{-1})}{2(1-z^{-1})^3}$$

$$y(z) = R(z)\Phi(z) = \frac{T^2 z^{-1}(1+z^{-1})}{2(1-z^{-1})^3}(2z^{-1} - z^{-2})$$

$$= T^2 z^{-2} + 3.5T^2 z^{-3} + 7T^2 z^{-4} + \cdots$$

图 6-40 所示为以上 3 种典型输入下的系统输出序列，可以看到阶跃输入时，超调严重（达 100%），等加速输入时有静差。

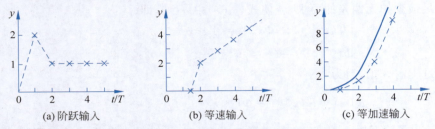

(a) 阶跃输入　　　　　(b) 等速输入　　　　　(c) 等加速输入

图 6-40　按速度输入设计的最少拍无差系统对不同输入的响应

3. 最少拍无差系统中确定 $\Phi(z)$ 的一般方法

在前面讨论的设计过程中，对由零阶保持器和控制对象组成的脉冲传递函数 $G(z)$ 并没有提出限制条件。实际上，只有当 $G(z)$ 是稳定的（即在 z 平面单位圆上和圆外没有极点），不含有纯延滞环节 z^{-1} 时，式(6-64)才是成立的。如果 $G(z)$ 不满足稳定条件，则需对设计原则作相应的限制。由

$$\Phi(z) = \frac{D(z)G(z)}{1 + D(z)G(z)}$$

可以看出，在系统闭环脉冲传递函数中，$D(z)$ 总是和 $G(z)$ 成对出现的，但却不允许它们的零极点互相对消。

这是因为，简单地利用 $D(z)$ 的零点去对消 $G(z)$ 中的不稳定极点，虽然从理论上来说可以得到一个稳定的闭环系统，但是这种稳定是建立在零极点完全对消的基础上的。当系统的参数产生漂移，或者辨识的参数有误差时，这种零极点对消不可能准确实现，从而将引起闭环系统不稳定。

上述分析说明在单位圆外 $D(z)$ 和 $G(z)$ 不能对消零极点，但并不意味含有这种对象的系统不能补偿成稳定的系统，只是在选择闭环脉冲传递函数 $\Phi(z)$ 时必须多加一个约束条件。这种约束条件称为稳定性条件。

设广义对象的脉冲传递函数为

$$G(z) = Z\left[\frac{1-e^{-Ts}}{s}G_c(s)\right] = \frac{z^{-m}(p_0 + p_1 z^{-1} + \cdots + p_b z^{-b})}{q_0 + q_1 z^{-1} + \cdots + q_a z^{-a}}$$
$$= z^{-m}(g_0 + g_1 z^{-1} + g_2 z^{-2} + \cdots)$$

并设 $G(z)$ 有 u 个零点 $b_1, b_2, \cdots, b_u$ 及 v 个极点 $a_1, a_2, \cdots, a_v$ 在 z 平面的单位圆外或圆上。这里，当连续部分 $G_c(s)$ 中不含有延迟环节时，$m = 1$；当 $G_c(s)$ 中含有延迟环节时，通常 $m > 1$。

设 $G'(z)$ 是 $G(z)$ 中不含单位圆外或圆上的零极点部分，广义对象的传递函数可写为

$$G(z) = \frac{\prod_{i=1}^{u}(1 - b_i z^{-1})}{\prod_{i=1}^{v}(1 - a_i z^{-1})} G'(z)$$

其中，$\prod_{i=1}^{u}(1 - b_i z^{-1})$ 为广义对象在单位圆外或圆上的零点；$\prod_{i=1}^{v}(1 - a_i z^{-1})$ 为广义对象在

单位圆外或圆上的极点。

由 $D(z) = \dfrac{1}{G(z)} \cdot \dfrac{\Phi(z)}{1-\Phi(z)}$ 可以看出,为了避免使 $G(z)$ 在单位圆外或圆上的零极点与 $D(z)$ 的零极点对消,同时又能实现对系统的补偿,选择系统的闭环脉冲传递函数时必须满足以下约束条件。

(1) $\Phi_e(z)$ 的零点中,包含 $G(z)$ 在 z 平面单位圆外与圆上的所有极点,即

$$\Phi_e(z) = 1 - \Phi(z) = \left[\prod_{i=1}^{v}(1-a_i z^{-1})\right] F_1(z)$$

其中,$F_1(z)$ 是关于 z^{-1} 的多项式,且不包含 $G(z)$ 中的不稳定极点 a_i。

(2) $\Phi(z)$ 的零点中,包含 $G(z)$ 在 z 平面单位圆外与圆上的所有零点,即

$$\Phi(z) = \left[\prod_{i=1}^{u}(1-b_i z^{-1})\right] F_2(z)$$

其中,$F_2(z)$ 是关于 z^{-1} 的多项式,且不包含 $G(z)$ 中的不稳定零点 b_i。

考虑上述约束条件后,设计的数字控制器 $D(z)$ 不再包含 $G(z)$ 的单位圆外或圆上的零极点,即

$$D(z) = \dfrac{1}{G(z)} \cdot \dfrac{\Phi(z)}{1-\Phi(z)} = \dfrac{1}{G'(z)} \cdot \dfrac{F_2(z)}{F_1(z)}$$

综合考虑闭环系统的稳定性、快速性、准确性,闭环脉冲传递函数 $\Phi(z)$ 必须选择为

$$\Phi(z) = z^{-m} \prod_{i=1}^{u}(1-b_i z^{-1})(\phi_0 + \phi_1 z^{-1} + \cdots + \phi_{q+v-1} z^{-q-v+1}) \tag{6-69}$$

其中,m 为广义对象的瞬变滞后;b_i 为 $G(z)$ 在 z 平面单位圆外或圆上零点;u 为 $G(z)$ 在 z 平面单位圆外或圆上零点数;v 为 $G(z)$ 在 z 平面单位圆外或圆上极点数。q 值的确定方法如下:当典型输入函数为阶跃、等速、等加速输入时,q 值分别为 1、2、3。$q+v$ 个待定系数 $\phi_0, \phi_1, \cdots, \phi_{q+v-1}$ 由下列 $q+v$ 个方程所确定。

$$\begin{cases} \Phi(1) = 1 \\ \Phi'(1) = \dfrac{\mathrm{d}\Phi(z)}{\mathrm{d}z}\bigg|_{z=1} = 0 \\ \vdots \\ \Phi^{(q-1)}(1) = \dfrac{\mathrm{d}^{q-1}\Phi(z)}{\mathrm{d}z^{q-1}}\bigg|_{z=1} = 0 \\ \Phi(a_j) = 1, \quad j = 1, 2, \cdots, v \end{cases} \tag{6-70}$$

其中,a_j 为 $G(z)$ 在 z 平面单位圆外或圆上的非重极点;v 为非重极点的个数。

显然,由准确性条件式可以得到 q 个方程,另外由于 $a_j (j=1,2,\cdots,v)$ 是 $G(z)$ 的极点,可得到 v 个方程。

【例 6-1】 如图 6-41 所示的计算机控制系统中,设被控对象的传递函数 $G_c(s) = \dfrac{10}{s(T_m s+1)}$,已知 $T = T_m = 0.025\mathrm{s}$,试针对等速输入函数设计快速有纹波系统,画出数字控制器和系统的输出波形。

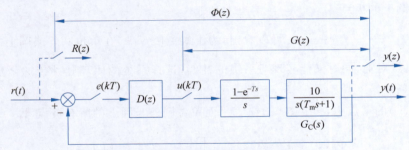

图 6-41 快速有纹波系统框图

解

$$G(s) = \frac{1-e^{-Ts}}{s} \cdot \frac{10}{s(T_m s+1)}$$

将 $G(s)$ 展开得

$$G(s) = 10(1-e^{-Ts})\left[\frac{1}{s^2} - T_m\left(\frac{1}{s} - \frac{T_m}{T_m s+1}\right)\right]$$

$$G(z) = 10(1-z^{-1})\left[\frac{Tz^{-1}}{(1-z^{-1})^2} - \frac{T_m}{1-z^{-1}} + \frac{T_m}{1-e^{-T/T_m}z^{-1}}\right]$$

代入 $T = T_m = 0.025$,有

$$G(z) = \frac{0.092z^{-1}(1+0.718z^{-1})}{(1-z^{-1})(1-0.368z^{-1})}$$

可以看出,$G(z)$ 的零点为 -0.7189(单位圆内),极点为 1(单位圆上)和 0.368(单位圆内),故 $u=0, v=1, m=1$。根据稳定性要求,$G(z)$ 中 $z=1$ 的极点应包含在 $\Phi_e(z)$ 的零点中,由于系统针对等速输入进行设计,$q=2$。为满足准确性条件,另有 $\Phi_e(z) = (1-z^{-1})^2$,显然准确性条件中已满足了稳定性要求,于是有

$$\Phi(z) = z^{-1}(\phi_0 + \phi_1 z^{-1})$$

$$\begin{cases}\Phi(1) = \phi_0 + \phi_1 = 1 \\ \Phi'(1) = \phi_0 + 2\phi_1 = 0\end{cases}$$

解得

$$\begin{cases}\Phi_0 = 2 \\ \Phi_1 = -1\end{cases}$$

闭环脉冲传递函数为

$$\Phi(z) = z^{-1}(2-z^{-1}) = 2z^{-1} - z^{-2}$$

$$1 - \Phi(z) = (1-z^{-1})^2$$

$$D(z) = \frac{1}{G(z)} \cdot \frac{\Phi(z)}{1-\Phi(z)} = \frac{21.8(1-0.5z^{-1})(1-0.368z^{-1})}{(1-z^{-1})(1+0.718z^{-1})}$$

这就是计算机要实现的数字控制器的脉冲传递函数。

由图 6-41 可知,$Y(z) = R(z)\Phi(z)$,另外 $Y(z) = U(z)G(z)$,求得

$$U(z) = \frac{Y(z)}{G(z)} = \frac{R(z)\Phi(z)}{G(z)}$$

系统的输出序列为

$$y(z) = \frac{Tz^{-1}}{(1-z^{-1})^2}(2z^{-1} - z^{-2}) = T(2z^{-2} + 3z^{-3} + 4z^{-4} + \cdots)$$

数字控制器的输出序列为

$$U(z) = \frac{Tz^{-1}}{(1-z^{-1})^2}(2z^{-1} - z^{-2}) \frac{(1-z^{-1})(1-0.368z^{-1})}{0.092z^{-1}(1+0.718z^{-1})}$$

$$= 0.54z^{-1} - 0.316z^{-2} + 0.4z^{-3} - 0.115z^{-4} + 0.25z^{-5} + \cdots$$

数字控制器和系统的输出波形如图 6-42 所示。

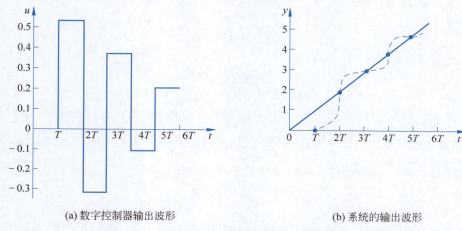

(a) 数字控制器输出波形　　　　　　　(b) 系统的输出波形

图 6-42　输出序列波形

6.7.3　最少拍无纹波系统

按快速有纹波系统设计方法所设计出来的系统,其输出值跟随输入值后,在非采样时刻有纹波存在。原因在于数字控制器的输出序列 $u(kT)$ 经若干拍数后,不为常值或零,而是振荡收敛的。非采样时刻的纹波现象不仅造成系统在非采样时刻有偏差,而且浪费执行机构的功率,增加机械磨损。下面讨论消除非采样点纹波的方法。

1. 设计最少拍无纹波系统的必要条件

无纹波系统要求系统的输出信号在采样点之间不出现纹波,必须满足:

(1) 对于阶跃输入,当 $t \geq NT$ 时,有 $y(t) =$ 常数;

(2) 对于速度输入,当 $t \geq NT$ 时,有 $\dot{y}(t) =$ 常数;

(3) 对于加速度输入,当 $t \geq NT$ 时,有 $\ddot{y}(t) =$ 常数。

2. 最少拍无纹波系统中确定闭环脉冲传递函数 $\Phi(z)$ 的约束条件

首先分析系统中出现纹波的原因。如果系统进入稳态后,输入被控对象 $G_c(s)$ 的控制信号 $u_s(t)$ 还有波动,则稳态过程中系统就有纹波。因此,要使系统在稳态过程中无纹波,就要求稳态时的控制信号 $u(t)$ 或者为零,或者为常值。

采样控制信号 $u^*(t)$ 的 Z 变换幂级数展开式为

$$U(z) = \sum_{n=0}^{k} u(n)z^{-n} = u(0) + u(1)z^{-1} + \cdots + u(l)z^{-l} + u(l+1)z^{-(l+1)} + \cdots$$

如果系统经过 l 个采样周期到达稳态,无纹波系统要求 $u(l),u(l+1),\cdots$ 或者为零,或者相等。

由于

$$\frac{Y(z)}{R(z)}=\Phi(z),\quad \frac{Y(z)}{U(z)}=G(z) \tag{6-71}$$

把式(6-71)中的两式相除,得到控制信号 $U(z)$。对输入 $R(z)$ 的脉冲传递函数为

$$\frac{U(z)}{R(z)}=\frac{\Phi(z)}{G(z)} \tag{6-72}$$

设广义对象 $G(z)$ 是关于 z^{-1} 的有理分式,即

$$G(z)=\frac{P(z)}{Q(z)}$$

代入式(6-72)得

$$\frac{U(z)}{R(z)}=\frac{\Phi(z)Q(z)}{P(z)} \tag{6-73}$$

要使控制信号 $u^*(t)$ 在稳态过程中或为零或为常值,那么它的 Z 变换 $U(z)$ 对输入 $R(z)$ 的脉冲传递函数之比 $\frac{U(z)}{R(z)}$ 只能是关于 z^{-1} 的有限项多项式。因此,式(6-73)中的闭环脉冲传递函数 $\Phi(z)$ 必须包含 $G(z)$ 的分子多项式 $P(z)$,即

$$\Phi(z)=P(z)A(z)$$

其中,$A(z)$ 是关于 z^{-1} 的多项式。

综上所述,确定最少拍无纹波系统 $\Phi(z)$ 的附加条件是:$\Phi(z)$ 必须包含广义对象 $G(z)$ 的所有零点,不仅包含 $G(z)$ 在 z 平面单位圆外或圆上的零点,而且还必须包含 $G(z)$ 在 z 平面单位圆内的零点。

3. 最少拍无纹波系统中闭环脉冲传递函数 $\Phi(z)$ 的确定方法

确定最少拍无纹波系统的闭环脉冲传递函数 $\Phi(z)$ 时,必须满足以下要求。

(1) 无纹波的必要条件是被控对象 $G_C(s)$ 中含有无纹波系统所必需的积分环节数。

(2) 满足有纹波系统的性能要求和 $D(z)$ 的物理可实现的约束条件全部适用。

(3) 无纹波的附加条件是 $\Phi(z)$ 的零点中包括 $G(z)$ 在 z 平面单位圆外、圆上和圆内的所有零点。

根据以上 3 条要求,最少拍无纹波系统的闭环脉冲传递函数中 $\Phi(z)$ 必须选择为

$$\Phi(z)=z^{-m}\prod_{i=1}^{w}(1-b_i z^{-1})(\phi_0+\phi_1 z^{-1}+\cdots+\phi_{q+v-1}z^{-q-v+1})$$

其中,m 为广义对象 $G(z)$ 的瞬变滞后;q 为典型输入函数 $R(z)$ 分母的 $(1-z^{-1})$ 因子的阶次;$b_1,b_2,\cdots,b_w$ 为 $G(z)$ 所有 w 个零点;v 为 $G(z)$ 在 z 平面单位圆外或圆上的极点数,这些极点为 $a_1,a_2,\cdots,a_v$。待定系数 $\phi_0,\phi_1,\cdots,\phi_{q+v-1}$ 由下列 $q+v$ 个方程所确定。

$$\left.\begin{array}{l}\Phi(1)=1\\ \Phi'(1)=0\\ \vdots\\ \Phi^{(q-1)}(1)=0\\ \Phi(a_j)=1\quad (j=1,2,\cdots,v)\end{array}\right\}\text{共 }q+v\text{ 个}$$

【例 6-2】 在例 6-1 中，试针对等速输入函数设计最少拍无纹波系统，并绘出数字控制器和系统的输出序列波形图。

解 被控对象的传递函数 $G_C(s) = \dfrac{10}{s(1+T_m s)}$，其中有一个积分环节，说明它有能力平滑地产生等速输出响应，满足无纹波的必要条件。

由例 6-1 可知，零阶保持器和被控对象组成的广义对象的脉冲传递函数为

$$G(z) = \frac{0.092z^{-1}(1+0.718z^{-1})}{(1-z^{-1})(1-0.368z^{-1})}$$

可以看出，$G(z)$ 的零点为 -0.718（单位圆内），极点为 1（单位圆上）和 0.368（单位圆内），故 $w=1, v=1, m=1, q=2$。

根据最少拍无纹波系统对闭环脉冲传递函数 $\Phi(z)$ 的要求，得到闭环脉冲传递函数为

$$\Phi(z) = z^{-1}(1+0.718z^{-1})(\phi_0 + \phi_1 z^{-1})$$

求得式中两个待定参数 ϕ_0 和 ϕ_1 分别为 1.407 和 -0.826，得到最少拍无纹波系统的闭环脉冲传递函数为

$$\Phi(z) = z^{-1}(1+0.718z^{-1})(1.407 - 0.826z^{-1})$$

最后求得数字控制器的脉冲传递函数为

$$D(z) = \frac{1}{G(z)} \cdot \frac{\Phi(z)}{1-\Phi(z)} = \frac{15.29(1-0.368z^{-1})(1-0.587z^{-1})}{(1-z^{-1})(1+0.592z^{-1})}$$

闭环系统的输出序列为

$$Y(z) = R(z)\Phi(z)$$
$$= \frac{Tz^{-1}}{(1-z^{-1})^2} z^{-1}(1+0.718z^{-1})(1.407 - 0.826z^{-1})$$
$$= 1.41Tz^{-2} + 3Tz^{-3} + 4Tz^{-4} + 5Tz^{-5} + \cdots$$

数字控制器的输出序列为

$$U(z) = \frac{Y(z)}{G(z)}$$
$$= \frac{Tz^{-1}}{(1-z^{-1})^2} z^{-1}(1+0.718z^{-1})(1.407 - 0.826z^{-1}) \frac{(1-z^{-1})(1-0.368z^{-1})}{0.092z^{-1}(1+0.718z^{-1})}$$
$$= 0.38z^{-1} + 0.02z^{-2} + 0.09z^{-3} + 0.09z^{-4} + \cdots$$

最少拍无纹波系统数字控制器和系统的输出波形如图 6-43 所示。

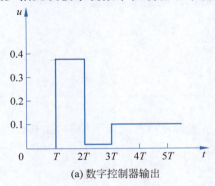
(a) 数字控制器输出

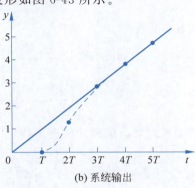
(b) 系统输出

图 6-43 最少拍无纹波系统数字控制器和系统的输出波形

6.8 大林算法

数字控制器的直接设计方法适用于某些随动系统,对于工业中的热工或化工过程含有纯滞后环节,容易引起系统超调和持续的振荡。这些过程对快速性要求是次要的,而对稳定性、不产生超调的要求却是主要的,采用上述方法并不理想。

本节介绍能满足这些性能指标的一种直接设计数字控制器的方法——大林(Dahlin)算法。

6.8.1 大林算法的基本形式

大林算法适用于被控对象具有纯滞后的一阶或二阶惯性环节,它们的传递函数分别为

$$G_C(s) = \frac{K}{1+T_1 s} e^{-\tau s} \tag{6-74}$$

$$G_C(s) = \frac{K}{(1+T_1 s)(1+T_2 s)} e^{-\tau s} \tag{6-75}$$

其中,τ 为纯滞后时间;T_1、T_2 为时间常数;K 为放大系数。

大林算法的设计目标是使整个闭环系统所期望的传递函数 $\Phi(s)$ 相当于一个延迟环节和一个惯性环节的串联,即

$$\Phi(s) = \frac{1}{T_\tau s + 1} e^{-\tau s} \tag{6-76}$$

并期望整个闭环系统的纯滞后时间和被控对象 $G_C(s)$ 的纯滞后时间 τ 相同。式(6-76)中 T_τ 为闭环系统的时间常数,纯滞后时间 τ 与采样周期 T 有整数倍关系,即

$$\tau = NT, \quad N = 1, 2, 3, \cdots$$

由计算机组成的数字控制系统如图 6-37 所示。

用脉冲传递函数近似法求得与 $\Phi(s)$ 对应的闭环脉冲传递函数 $\Phi(z)$,即

$$\Phi(z) = \frac{Y(z)}{R(z)} = Z\left(\frac{1-e^{-Ts}}{s} \cdot \frac{e^{-\tau s}}{T_\tau s + 1}\right)$$

代入 $\tau = NT$,并进行 Z 变换:

$$\Phi(z) = \frac{(1-e^{-T/T_\tau}) z^{-N-1}}{1-e^{-T/T_\tau} z^{-1}} \tag{6-77}$$

由式(6-55)有

$$D(z) = \frac{1}{G(z)} \cdot \frac{\Phi(z)}{1-\Phi(z)}$$

$$= \frac{1}{G(z)} \cdot \frac{z^{-N-1}(1-e^{-T/T_\tau})}{1-e^{-T/T_\tau} z^{-1} - (1-e^{-T/T_\tau}) z^{-N-1}} \tag{6-78}$$

若已知被控对象的脉冲传递函数 $G(z)$,就可由式(6-78)求出数字控制器的脉冲传递函数 $D(z)$。

1. 被控对象为带纯滞后的一阶惯性环节

脉冲传递函数为

$$G(z)=Z\left(\frac{1-\mathrm{e}^{-Ts}}{s}\cdot\frac{K\mathrm{e}^{-\tau s}}{T_1 s+1}\right)$$

将 $\tau=NT$ 代入,得

$$G(z)=Z\left(\frac{1-\mathrm{e}^{-Ts}}{s}\cdot\frac{K\mathrm{e}^{-NTs}}{T_1 s+1}\right)=Kz^{-N-1}\frac{1-\mathrm{e}^{-T/T_1}}{1-\mathrm{e}^{-T/T_1}z^{-1}} \tag{6-79}$$

将式(6-79)代入式(6-78),得

$$D(z)=\frac{(1-\mathrm{e}^{-T/T_\tau})(1-\mathrm{e}^{-T/T_1}z^{-1})}{K(1-\mathrm{e}^{-T/T_1})[1-\mathrm{e}^{-T/T_\tau}z^{-1}-(1-\mathrm{e}^{-T/T_\tau})z^{-N-1}]}$$

2. 被控对象为带纯滞后的二阶惯性环节

脉冲传递函数为

$$G(z)=Z\left[\frac{1-\mathrm{e}^{-Ts}}{s}\cdot\frac{K\mathrm{e}^{-\tau s}}{(T_1 s+1)(T_2 s+1)}\right]$$

代入 $\tau=NT$,并进行 Z 变换,得到

$$G(z)=\frac{K(C_1+C_2 z^{-1})z^{-N-1}}{(1-\mathrm{e}^{-T/T_1}z^{-1})(1-\mathrm{e}^{-T/T_2}z^{-1})} \tag{6-80}$$

其中

$$\begin{cases}C_1=1+\dfrac{1}{T_2-T_1}(T_1\mathrm{e}^{-T/T_1}-T_2\mathrm{e}^{-T/T_2})\\ C_2=\mathrm{e}^{-T(1/T_1+1/T_2)}+\dfrac{1}{T_2-T_1}(T_1\mathrm{e}^{-T/T_2}-T_2\mathrm{e}^{-T/T_1})\end{cases} \tag{6-81}$$

将式(6-80)代入式(6-78),得

$$D(z)=\frac{(1-\mathrm{e}^{-T/T_\tau})(1-\mathrm{e}^{-T/T_1}z^{-1})(1-\mathrm{e}^{-T/T_2}z^{-1})}{K(C_1+C_2 z^{-1})[1-\mathrm{e}^{-T/T_\tau}z^{-1}-(1-\mathrm{e}^{-T/T_\tau})z^{-N-1}]}$$

6.8.2 振铃现象的消除

振铃(Ringing)现象是指数字控制器的输出以 1/2 的采样频率大幅度衰减的振荡。

这与前面所介绍的快速有纹波系统中的纹波是不一样的。纹波是由于控制器输出一直是振荡的,影响到系统的输出一直有纹波。而振铃现象中的振荡是衰减的。由于被控对象中惯性环节的低通特性,使得这种振荡对系统的输出几乎无任何影响。但是,振铃现象却会增加执行机构的磨损,在有交互作用的多参数控制系统中,振铃现象还有可能影响到系统的稳定性。

1. 振铃现象的分析

在图 6-37 中,系统的输出 $Y(z)$ 和数字控制器的输出 $U(z)$ 之间有下列关系。

$$Y(z)=U(z)G(z)$$

系统的输出 $Y(z)$ 和输入函数的 $R(z)$ 之间有下列关系。

$$Y(z)=\Phi(z)R(z)$$

可得数字控制器的输出 $U(z)$ 与输入函数的 $R(z)$ 之间的关系为

$$\frac{U(z)}{R(z)}=\frac{\Phi(z)}{G(z)} \tag{6-82}$$

记

$$K_u(z) = \frac{\Phi(z)}{G(z)} \tag{6-83}$$

显然可由式(6-82)得到

$$U(z) = K_u(z)R(z)$$

$K_u(z)$ 表达了数字控制器的输出与输入函数在闭环时的关系,是分析振铃现象的基础。

对于单位阶跃输入函数 $R(z)=1/(1-z^{-1})$,含有极点 $z=1$,如果 $K_u(z)$ 的极点在 z 平面的负实轴上,且与 $z=-1$ 点相近,那么数字控制器的输出序列 $u(k)$ 中将含有这两种幅值相近的瞬态项,而且瞬态项的符号在不同时刻是不同的。当两瞬态项符号相同时,数字控制器的输出控制作用加强;符号相反时,控制作用减弱,从而造成数字控制器的输出序列大幅度波动。

分析 $K_u(z)$ 在 z 平面负实轴上的极点分布情况,就可得出振铃现象的有关结论。

下面分析带纯滞后的一阶或二阶惯性环节系统中的振铃现象。

1) 带纯滞后的一阶惯性环节

被控对象为带纯滞后的一阶惯性环节时,其脉冲传递函数 $G(z)$ 为式(6-79),闭环系统的期望传递函数为式(6-77),将二式代入式(6-83),有

$$K_u(z) = \frac{\Phi(z)}{G(z)} = \frac{(1-e^{-T/T_\tau})(1-e^{-T/T_1}z^{-1})}{K(1-e^{-T/T_1})(1-e^{-T/T_\tau}z^{-1})} \tag{6-84}$$

求得极点 $z=e^{-T/T_\tau}$,显然 z 永远是大于零的。故得出结论:在带纯滞后的一阶惯性环节组成的系统中,数字控制器输出对输入的脉冲传递函数不存在负实轴上的极点,这种系统不存在振铃现象。

2) 带纯滞后的二阶惯性环节

被控对象为带纯滞后的二阶惯性环节时,其脉冲传递函数 $G(z)$ 为式(6-80),闭环系统的期望传递函数仍为式(6-77),将二式代入式(6-83),有

$$K_u(z) = \frac{\Phi(z)}{G(z)} = \frac{(1-e^{-T/T_\tau})(1-e^{-T/T_1}z^{-1})(1-e^{-T/T_2}z^{-1})}{KC_1(1-e^{-T/T_\tau}z^{-1})\left(1+\frac{C_2}{C_1}z^{-1}\right)} \tag{6-85}$$

式(6-85)有两个极点,第 1 个极点在 $z=e^{-T/T_\tau}$,不会引起振铃现象;第 2 个极点在 $z=-\frac{C_2}{C_1}$。由式(6-81),当 $T\to 0$ 时,有

$$\lim_{T\to 0}\left(-\frac{C_2}{C_1}\right)=-1$$

说明可能出现负实轴上与 $z=-1$ 相近的极点,这一极点将引起振铃现象。

2. 振铃幅度

振铃幅度用来衡量振铃强烈的程度。为了描述振铃强烈的程度,应找出数字控制器输出量的最大值 u_{max}。由于这一最大值与系统参数的关系难以用解析的式子描述出来,所以常用单位阶跃作用下数字控制器第 0 次输出量与第 1 次输出量的差值衡量振铃现象强烈的程度。

由式(6-83)，$K_u(z) = \dfrac{\Phi(z)}{G(z)}$ 是 z 的有理分式，写成一般形式为

$$K_u(z) = \frac{1 + b_1 z^{-1} + b_2 z^{-2} + \cdots}{1 + a_1 z^{-1} + a_2 z^{-2} + \cdots} \tag{6-86}$$

在单位阶跃输入函数的作用下，数字控制器输出量的 Z 变换为

$$U(z) = R(z) K_u(z) = \frac{1}{1 - z^{-1}} \cdot \frac{1 + b_1 z^{-1} + b_2 z^{-2} + \cdots}{1 + a_1 z^{-1} + a_2 z^{-2} + \cdots}$$

$$= \frac{1 + b_1 z^{-1} + b_2 z^{-2} + \cdots}{1 + (a_1 - 1) z^{-1} + (a_2 - a_1) z^{-2} + \cdots}$$

$$= 1 + (b_1 - a_1 + 1) z^{-1} + \cdots$$

所以，振铃幅度为

$$RA = 1 - (b_1 - a_1 + 1) = a_1 - b_1 \tag{6-87}$$

对于带纯滞后的二阶惯性环节组成的系统，其振铃幅度为

$$RA = \frac{C_2}{C_1} - e^{-T/T_\tau} + e^{-T/T_1} + e^{-T/T_2} \tag{6-88}$$

根据式(6-81)及式(6-88)，当 $T \to 0$ 时，可得

$$\lim_{T \to 0} RA = 2$$

3. 振铃现象的消除

有两种方法可以消除振铃现象。

第 1 种方法是先找出 $D(z)$ 中引起振铃现象的因子($z = -1$ 附近的极点)，然后令其中的 $z = 1$，根据终值定理，这样处理不影响输出量的稳态值。下面具体说明这种处理方法。

前面已介绍在带纯滞后的二阶惯性环节系统中，数字控制器的 $D(z)$ 为

$$D(z) = \frac{(1 - e^{-T/T_\tau})(1 - e^{-T/T_1} z^{-1})(1 - e^{-T/T_2} z^{-1})}{K(C_1 + C_2 z^{-1})[1 - e^{-T/T_\tau} z^{-1} - (1 - e^{-T/T_\tau}) z^{-N-1}]}$$

其极点 $z = -\dfrac{C_2}{C_1}$ 将引起振铃现象。令极点因子 $(C_1 + C_2 z^{-1})$ 中 $z = 1$，就可消除这个振铃极点。由式(6-78)得

$$C_1 + C_2 = (1 - e^{-T/T_1})(1 - e^{-T/T_2})$$

消除振铃极点 $z = -\dfrac{C_2}{C_1}$ 后，数字控制器的形式为

$$D(z) = \frac{(1 - e^{-T/T_\tau})(1 - e^{-T/T_1} z^{-1})(1 - e^{-T/T_2} z^{-1})}{K(1 - e^{-T/T_1})(1 - e^{-T/T_2})[1 - e^{-T/T_\tau} z^{-1} - (1 - e^{-T/T_\tau}) z^{-N-1}]}$$

这种消除振铃现象的方法虽然不影响输出稳态值，但却改变了数字控制器的动态特性，将影响闭环系统的瞬态性能。

第 2 种方法是从保证闭环系统的特性出发，选择合适的采样周期 T 及系统闭环时间常数 T_τ，使得数字控制器的输出避免产生强烈的振铃现象。从式(6-88)可以看出，带纯滞后的二阶惯性环节组成的系统中，振铃幅度与被控对象的参数 T_1、T_2 有关，与闭环系统期望

的时间常数 T_τ 以及采样周期 T 有关。通过适当选择 T 和 T_τ，可以把振铃幅度抑制在最低限度以内。有的情况下，系统闭环时间常数 T_τ 作为控制系统的性能指标被首先确定了，但仍可通过式(6-85)选择采样周期 T 抑制振铃现象。

6.8.3 大林算法的设计步骤

大林算法所考虑的主要性能是控制系统不允许产生超调并要求系统稳定。系统设计中一个值得注意的问题是振铃现象。考虑振铃现象影响时设计数字控制器的一般步骤如下。

（1）根据系统的性能，确定闭环系统的参数 T_τ，给出振铃幅度 RA 的指标。

（2）由式(6-88)所确定的振铃幅度 RA 与采样周期 T 的关系，解出给定振铃幅度下对应的采样周期，如果 T 有多解，则选择较大的采样周期。

（3）确定纯滞后时间 τ 与采样周期 T 之比(τ/T)的最大整数 N。

（4）求广义对象的脉冲传递函数 $G(z)$ 及闭环系统的脉冲传递函数 $\Phi(z)$。

（5）求数字控制器的脉冲传递函数 $D(z)$。

上面介绍直接设计数字控制器的方法，结合快速的随动系统和带有纯滞后及惯性环节的系统，设计出不同形式的数字控制器。由此可见，数字控制器直接设计方法比模拟调节规律离散化方法更灵活，使用范围更广泛。但是，数字控制器直接设计法使用的前提，必须已知被控对象的传递函数。如果不知道传递函数或传递函数不准确，设计的数字控制器控制效果将不会理想，这是直接设计法的局限性。

6.9 史密斯预估控制

在工业生产过程控制中，由于物料或能量的传输延迟，许多被控对象往往具有不同程度的纯滞后。

由于纯滞后的存在，使得被控量不能及时反映系统所承受的扰动，即使测量信号到达控制器，执行机构接收信号后立即动作，也需要经过纯滞后时间 τ 以后，才影响被控量，使之受到控制。这样的过程必然会产生较明显的超调量和较长的调节时间，使过渡过程变坏，系统的稳定性降低。

一般将纯滞后时间 τ 与过程的时间常数 T_p 之比大于 0.3 的过程认为是具有大滞后的过程。

对于具有较大惯性滞后的工艺过程，最简单的控制方案是利用常规控制技术适应性强、调整方便等特点，在常规 PID 控制的基础上稍加改动，并对系统进行特别整定，在控制要求不太苛刻的情况下，满足生产过程的要求。

6.9.1 史密斯预估控制原理

大滞后系统中采用的控制方法是按过程特性设计出一种模型加入反馈控制系统中，以补偿过程的动态特性。

史密斯(Smith)预估控制技术是得到广泛应用的技术之一。它的特点是预先估计出过程在基本扰动下的动态特性,然后由预估器进行补偿,力图使滞后了 τ 的被控量超前反映到控制器,使控制器提前动作,从而明显地减小超调量,加速调节过程。

图 6-44 所示为具有纯滞后的对象进行常规 PID 调节的反馈控制系统,设对象的特性为

$$G_{\mathrm{pc}}(s) = G_{\mathrm{p}}(s)\mathrm{e}^{-\tau s} \tag{6-89}$$

其中,$G_{\mathrm{p}}(s)$ 为对象传递函数中不包含纯滞后的部分。调节器的传递函数为 $G_{\mathrm{C}}(s)$,干扰通道的传递函数为 $G_{\mathrm{D}}(s)$。此时,系统对给定作用的闭环传递函数为

$$\frac{Y(s)}{R(s)} = \frac{G_{\mathrm{C}}(s)G_{\mathrm{p}}(s)\mathrm{e}^{-\tau s}}{1 + G_{\mathrm{C}}(s)G_{\mathrm{p}}(s)\mathrm{e}^{-\tau s}} \tag{6-90}$$

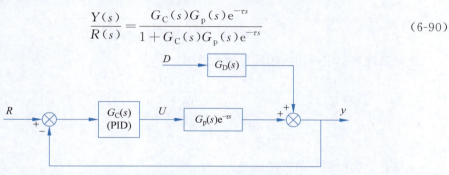

图 6-44　具有纯滞后的常规 PID 调节的反馈控制系统

系统对干扰作用的传递函数为

$$\frac{Y(s)}{D(s)} = \frac{G_{\mathrm{D}}(s)}{1 + G_{\mathrm{C}}(s)G_{\mathrm{p}}(s)\mathrm{e}^{-\tau s}} \tag{6-91}$$

它们的特征方程为

$$1 + G_{\mathrm{C}}(s)G_{\mathrm{p}}(s)\mathrm{e}^{-\tau s} = 0 \tag{6-92}$$

假设在反馈回路中附加一个补偿通路 $G_{\mathrm{L}}(s)$,如图 6-45 所示,则

$$\frac{Y_1(s)}{U(s)} = G_{\mathrm{p}}(s)\mathrm{e}^{-\tau s} + G_{\mathrm{L}}(s) \tag{6-93}$$

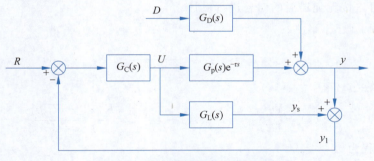

图 6-45　带有时间补偿的控制系统

为了补偿对象的纯滞后,要求

$$\frac{Y_1(s)}{U(s)} = G_{\mathrm{p}}(s)\mathrm{e}^{-\tau s} + G_{\mathrm{L}}(s) = G_{\mathrm{p}}(s)$$

所以有

$$G_{\mathrm{L}}(s) = G_{\mathrm{p}}(s)(1 - \mathrm{e}^{-\tau s}) \tag{6-94}$$

式(6-94)即为史密斯补偿函数,相应的框图如图 6-46 所示。

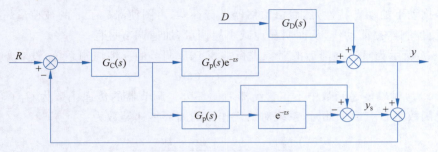

图 6-46 史密斯预估控制框图

此时系统对给定作用的闭环传递函数为

$$\frac{Y(s)}{R(s)} = \frac{G_C(s)G_p(s)e^{-\tau s}}{1+G_C(s)G_p(s)e^{-\tau s}+G_p(s)(1-e^{-\tau s})G_C(s)}$$

$$= \frac{G_C(s)G_p(s)e^{-\tau s}}{1+G_C(s)G_p(s)} \quad (6\text{-}95)$$

系统在干扰作用下的传递函数为

$$\frac{Y(s)}{D(s)} = \frac{G_D(s)}{1+G_C(s)G_p(s)} \quad (6\text{-}96)$$

它们的特征方程为

$$1+G_C(s)G_p(s)=0 \quad (6\text{-}97)$$

比较式(6-92)与式(6-97),经史密斯补偿后,已经消除了纯滞后的影响,从特征方程中排除了纯滞后,纯滞后 $e^{-\tau s}$ 已在闭环控制回路之外,它将不会影响系统的稳定性,从而使系统可以使用较大的调节增益,改善调节品质。

拉氏变换的位移定理说明,$e^{-\tau s}$ 仅是将控制作用在时间坐标上推移了一个时间 τ,控制系统的过渡过程及其他性能指标都与被控对象特性为 $G_p(s)$(即没有纯滞后)时完全相同。因此,控制器可以按无纯滞后的对象进行设计。

设

$$G_p(s) = \frac{K_p}{T_p s+1}$$

将上式代入式(6-94)得

$$G_L(s) = \frac{Y_s(s)}{U(s)} = G_p(s)(1-e^{-\tau s}) = \frac{K_p(1-e^{-\tau s})}{T_p s+1} \quad (6\text{-}98)$$

相应的微分方程为

$$T_p \frac{\mathrm{d}y_s(t)}{\mathrm{d}t} + y_s(t) = K_p[u(t)-u(t-\tau)] \quad (6\text{-}99)$$

相应的差分方程为

$$y_s(kT) - ay_s[(k-1)T] = b\{u(k-1)T - u[(k-1)T-\tau]\} \quad (6\text{-}100)$$

其中,$a = \exp(-T/T_p)$;$b = K_p[1-\exp(-T/T_p)]$。

式(6-100)即为史密斯预估控制算式。

6.9.2　史密斯预估控制举例

一个精馏塔借助控制再沸器的加热蒸汽量保持其提馏段温度恒定,由于再沸器的传热和精馏塔的传质过程,使对象的等效纯滞后时间 τ 很长。

现选用提馏段温度 y 与蒸汽流量串级控制。由于纯滞后时间长,故辅以史密斯预估控制,构成如图 6-47 所示的控制方案。

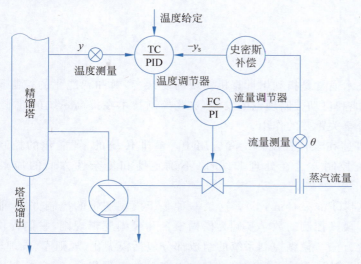

图 6-47　精馏塔的史密斯预估控制系统

由图 6-47 可知,串级副控回路由流量测量、流量调节器和调节阀构成,串级主控回路由温度测量、温度调节器、副控回路和精馏塔构成。

史密斯预估控制器为解决纯滞后控制问题提供了一条有效的方法,但存在以下不足。

(1) 史密斯预估控制器对系统受到的负荷干扰无补偿作用。

(2) 史密斯预估控制系统的控制效果严重依赖于对象的动态模型精度,特别是纯滞后时间,因此模型的失配或运行条件的改变均将影响到控制效果。

第 7 章 先进控制技术

CHAPTER 7

先进控制技术通常是指利用计算机实现的复杂、高效和智能化的控制策略。随着计算机技术、人工智能和自动控制理论的发展,这些控制技术在提高系统的性能、可靠性和自动化水平方面起着至关重要的作用。

本章着重讲述在现代控制理论和应用中一些非传统的、智能化的控制策略。这些技术旨在解决传统控制方法在处理非线性、不确定性和复杂性方面的局限性。主要内容如下。

(1) 模糊控制(Fuzzy Control)。这是一种基于模糊逻辑的控制方法,能够处理不精确或不确定信息。模糊控制的数学基础为模糊集合和模糊逻辑规则,它们提供了一种处理模糊概念的形式化方法。模糊控制系统的组成部分包括模糊化、规则库、推理机和去模糊化模块。模糊控制器设计通常涉及确定输入和输出变量的模糊集合、制定控制规则以及选择合适的推理和去模糊化方法。双输入单输出模糊控制器的设计是一个特定的实例,展示了如何将模糊控制应用于具有两个控制输入和一个输出的系统。

(2) 模型预测控制(Model Predictive Control,MPC)。这是一种基于在线优化的控制策略,能够预测未来系统行为并进行相应的控制。动态矩阵控制(DMC)和模型算法控制(MAC)是 MPC 的两种主要形式。DMC 侧重于使用过去的输入和输出数据预测未来的系统行为,而 MAC 则侧重于构建一个内部模型预测未来输出。

(3) 神经控制系统。这是一种模仿人脑神经元工作原理的控制方法。生物神经元和人工神经元的基本概念为神经控制系统提供了生物学基础。人工神经网络(ANN)是由人工神经元构成的网络,能够学习和逼近复杂的函数关系。神经控制系统概述了如何利用 ANN 实现控制任务,而神经控制器的设计方法则详细介绍了如何构建和训练神经网络以满足特定的控制需求。

(4) 专家控制技术(Expert Control System)。这种技术结合了专家系统的知识表示和推理能力。专家系统概述了这种系统如何模仿人类专家解决复杂问题的能力。专家控制系统则是将专家系统的概念应用于控制问题,通过使用专家知识增强或取代传统控制算法。

本章讲述了控制技术领域的几种先进方法,这些方法通过模仿人类的决策过程、学习能力和适应性,为处理复杂的控制问题提供了新的解决方案。这些技术在工业自动化、机器人、航空航天和许多其他领域中有着广泛的应用前景。

7.1 模糊控制

在工业生产过程中,经常会遇到大滞后、时变、非线性的复杂系统。其中有的参数未知或变化缓慢,有的存在滞后和随机干扰,有的无法获得精确的数学模型。模糊控制器是一种新型控制器,其优点是不要求掌握被控对象的精确数学模型,而根据人工控制规则组织控制决策表,然后由该表决定控制量的大小。

模糊控制理论是由美国著名学者、加利福尼亚大学教授 Zadeh L A 于 1965 年首先提出的。它是以模糊数学为基础,用语言规则表示方法和先进的计算机技术,由模糊推理进行推理决策的一种高级控制策略。它无疑属于智能控制范畴,而且发展至今已成为人工智能领域的一个重要分支。

1974 年,英国伦敦大学教授 Mamdani E H 成功研制第 1 个模糊控制器,充分展示了模糊控制技术的应用前景。模糊控制技术是由模糊数学、计算机科学、人工智能、知识工程等多门学科相互渗透,且理论性很强的科学技术。

模糊控制主要应用在以下领域。
(1) 家用电器,如空调、洗衣机、烤箱中的温度控制。
(2) 汽车系统,如防抱死制动系统(ABS)、自动变速箱控制。
(3) 工业过程,如化工反应器的温度和压力控制。
(4) 机器人,如用于处理传感器的不确定性和模糊信息。

7.1.1 模糊控制的数学基础

第 23 集
微课视频

模糊控制是一种基于模糊逻辑的控制策略,它模仿人类的决策过程,能够处理不确定性和模糊性问题。模糊控制的数学基础主要包括模糊集合、模糊逻辑运算、模糊规则以及推理机制等概念。

1. 模糊集合

在人类的思维中,有许多模糊的概念,如大、小、冷、热等,都没有明确的内涵和外延,只能用模糊集合来描述;有的概念具有清晰的内涵和外延,如男人和女人。我们把前者叫作模糊集合,用大写字母下添加波浪线表示,如 $\underset{\sim}{A}$ 表示模糊集合;把后者叫作普通集合(或经典集合)。

一般而言,在不同程度上具有某种特定属性的所有元素的总和叫作模糊集合。

在普通集合中,常用特征函数描述集合,而对于模糊性的事物,用特征函数表示其属性是不恰当的。

因为模糊事物根本无法断然确定其归属,为了能说明具有模糊性事物的归属,可以把特征函数取值为 0、1 的情况改为对闭区间[0,1]取值。

这样,特征函数就可取 0~1 的无穷多个值,即特征函数演变成可以无穷取值的连续逻辑函数,从而得到了描述模糊集合的特征函数——隶属函数,它是模糊数学中最基本和最重要的概念,其定义如下。

用于描述模糊集合,并在[0,1]闭区间连续取值的特征函数叫隶属函数。隶属函数用 $\mu_{\underset{\sim}{A}}(x)$ 表示,其中 $\underset{\sim}{A}$ 表示模糊集合,而 x 是 $\underset{\sim}{A}$ 的元素,隶属函数满足

$$0 \leqslant \mu_{\underset{\sim}{A}}(x) \leqslant 1$$

有了隶属函数以后，人们就可以把元素对模糊集合的归属程度恰当地表示出来。

2. 模糊集合的表示方法

模糊集合由于没有明确的边界，只能有一种描述方法，就是用隶属函数描述。

Zadeh 于 1965 年曾给出下列定义：设给定论域 U，$\mu_{\underset{\sim}{A}}$ 为 U 到 $[0,1]$ 闭区间的任意映射，即

$$\mu_{\underset{\sim}{A}} : U \to [0,1]$$

$$x \to \mu_{\underset{\sim}{A}}(x)$$

都可确定 U 的一个模糊集合 $\underset{\sim}{A}$，$\mu_{\underset{\sim}{A}}$ 称为模糊集合 $\underset{\sim}{A}$ 的隶属函数。$\forall x \in U$，$\mu_{\underset{\sim}{A}}(x)$ 称为元素 x 对 $\underset{\sim}{A}$ 的隶属度，即 x 隶属于 $\underset{\sim}{A}$ 的程度。

当 $\mu_{\underset{\sim}{A}}(x)$ 值域取值为 $[0,1]$ 闭区间两个端点时，即取值为 $\{0,1\}$ 时，$\mu_{\underset{\sim}{A}}(x)$ 即为特征函数，$\underset{\sim}{A}$ 便转化为一个普通集合。由此可见，模糊集合是普通集合概念的推广，而普通集合则是模糊集合的特殊情况。

对于论域 U 上的模糊集合 $\underset{\sim}{A}$，通常采用 Zadeh 表示法。当 U 为离散有限域 $\{x_1, x_2, \cdots, x_n\}$ 时，按 Zadeh 表示法，则 U 上的模糊集合 $\underset{\sim}{A}$ 可表示为

$$\underset{\sim}{A} = \sum_{i=1}^{n} \frac{\mu_{\underset{\sim}{A}}(x_i)}{x_i} = \frac{\mu_{\underset{\sim}{A}}(x_1)}{x_1} + \frac{\mu_{\underset{\sim}{A}}(x_2)}{x_2} + \cdots + \frac{\mu_{\underset{\sim}{A}}(x_n)}{x_n}$$

其中，$\mu_{\underset{\sim}{A}}(x_i)(i=1,2,\cdots,n)$ 为隶属度，x_i 为论域中的元素。当隶属度为 0 时，该项可以略去不写，如

$$\underset{\sim}{A} = 1/a + 0.9/b + 0.4/c + 0.2/d + 0/e$$

或

$$\underset{\sim}{A} = 1/a + 0.9/b + 0.4/c + 0.2/d$$

注意，与普通集合一样，这不是分式求和，仅是一种表示法的符号，其分母表示论域 U 中的元素，分子表示相应元素的隶属度，隶属度为 0 的项可以省略。

当 U 是连续有限域时，按 Zadeh 给出的表示法为

$$\underset{\sim}{A} = \int_{x \to U} \left(\frac{\mu_{\underset{\sim}{A}}(x)}{x} \right)$$

同样，这里的 $\int$ 符号也不表示求积分运算，而是表示连续论域 U 上的元素 x 与隶属度 $\mu_{\underset{\sim}{A}}(x)$ 一一对应关系的总体集合。

3. 模糊集合的运算

由于模糊集合和它的隶属函数一一对应，所以模糊集的运算也通过隶属函数的运算来刻画。

(1) 空集。模糊集合的空集是指对所有元素 x，它的隶属函数为 0，记作 ϕ，即

$$\underset{\sim}{A} = \phi \Leftrightarrow \mu_{\underset{\sim}{A}}(x) = 0$$

(2) 等集。两个模糊集 $\underset{\sim}{A}$、$\underset{\sim}{B}$，若对所有元素 x，它们的隶属函数相等，则 $\underset{\sim}{A}$、$\underset{\sim}{B}$ 也相

等,即
$$\underset{\sim}{A}=\underset{\sim}{B} \Leftrightarrow \mu_{\underset{\sim}{A}}(x)=\mu_{\underset{\sim}{B}}(x)$$

(3) 子集。在模糊集 $\underset{\sim}{A}$、$\underset{\sim}{B}$ 中,所谓 $\underset{\sim}{A}$ 是 $\underset{\sim}{B}$ 的子集或 $\underset{\sim}{A}$ 包含于 $\underset{\sim}{B}$ 中,是指对所有元素 x,有 $\mu_{\underset{\sim}{A}}(x) \leqslant \mu_{\underset{\sim}{B}}(x)$,记作 $\underset{\sim}{A} \subset \underset{\sim}{B}$,即
$$\underset{\sim}{A} \subset \underset{\sim}{B} \Leftrightarrow \mu_{\underset{\sim}{A}}(x) \leqslant \mu_{\underset{\sim}{B}}(x)$$

(4) 并集。模糊集 $\underset{\sim}{A}$ 和 $\underset{\sim}{B}$ 的并集 $\underset{\sim}{C}$,其隶属函数可表示为 $\mu_{\underset{\sim}{C}}(x)=\max[\mu_{\underset{\sim}{A}}(x), \mu_{\underset{\sim}{B}}(x)], \forall x \in U$,即
$$\underset{\sim}{C}=\underset{\sim}{A} \cup \underset{\sim}{B} \Leftrightarrow \mu_{\underset{\sim}{C}}(x)=\max[\mu_{\underset{\sim}{A}}(x), \mu_{\underset{\sim}{B}}(x)]=\mu_{\underset{\sim}{A}}(x) \vee \mu_{\underset{\sim}{B}}(x)$$

(5) 交集。模糊集 $\underset{\sim}{A}$ 和 $\underset{\sim}{B}$ 的交集 $\underset{\sim}{C}$,其隶属函数可表示为 $\mu_{\underset{\sim}{C}}(x)=\min[\mu_{\underset{\sim}{A}}(x), \mu_{\underset{\sim}{B}}(x)], \forall x \in U$,即
$$\underset{\sim}{C}=\underset{\sim}{A} \cap \underset{\sim}{B} \Leftrightarrow \mu_{\underset{\sim}{C}}(x)=\min[\mu_{\underset{\sim}{A}}(x), \mu_{\underset{\sim}{B}}(x)]=\mu_{\underset{\sim}{A}}(x) \wedge \mu_{\underset{\sim}{B}}(x)$$

(6) 补集。模糊集 $\underset{\sim}{A}$ 的补集 $\underset{\sim}{B}=\overline{\underset{\sim}{A}}$,其隶属函数可表示为 $\mu_{\underset{\sim}{B}}(x)=1-\mu_{\underset{\sim}{A}}(x), \forall x \in U$,即
$$\underset{\sim}{B}=\overline{\underset{\sim}{A}} \Leftrightarrow \mu_{\underset{\sim}{B}}(x)=1-\mu_{\underset{\sim}{A}}(x)$$

(7) 模糊集运算的基本性质。与普通集合一样,模糊集满足幂等律、交换律、吸收律、分配律、结合律、摩根定理等,但是互补律不成立,即
$$\underset{\sim}{A} \cup \overline{\underset{\sim}{A}} \neq \Omega, \quad \underset{\sim}{A} \cap \overline{\underset{\sim}{A}} \neq \varnothing$$

其中,Ω 为整数集;$\varnothing$ 为空集。

例如,设 $\mu_{\underset{\sim}{A}}(x)=0.3, \mu_{\overline{\underset{\sim}{A}}}(x)=0.7$,则
$$\mu_{\underset{\sim}{A} \cup \overline{\underset{\sim}{A}}}(x)=0.7 \neq 1$$
$$\mu_{\underset{\sim}{A} \cap \overline{\underset{\sim}{A}}}(x)=0.3 \neq 0$$

4. 隶属函数确定方法

隶属函数的确定,应该是反映出客观模糊现象的具体特点,要符合客观规律,而不是主观臆想的。

但是,一方面,由于模糊现象本身存在着差异,另一方面,由于每个人在专家知识、实践经验、判断能力等方面各有所长,即使对于同一模糊概念的认定和理解,也会具有差别性。

因此,隶属函数的确定又是带有一定的主观性,正因为概念上的模糊性,对于同一个模糊概念,不同的人会使用不同的确定隶属函数的方法,建立不完全相同的隶属函数,但所得到的处理模糊信息问题的本质结果应该是相同的。下面介绍几种常用的确定隶属函数的方法。

1) 模糊统计法

模糊统计和随机统计是两种完全不同的统计方法。随机统计是对肯定性事件的发生频

率进行统计,统计结果称为概率。模糊统计是对模糊性事物的可能性程度进行统计,统计的结果称为隶属度。

对于模糊统计实验,在论域 U 中给出一个元素 x,再考虑 n 个有模糊集合 $\underset{\sim}{A}$ 属性的普通集合 A^*,以及元素 x 对 A^* 的归属次数。x 对 A^* 的归属次数与 n 的比值就是统计出的元素 x 对 $\underset{\sim}{A}$ 的隶属函数,即

$$\mu_{\underset{\sim}{A}}(x) = \lim_{n \to \infty} \frac{x \in A^* \text{的次数}}{n}$$

当 n 足够大时,隶属函数 $\mu_{\underset{\sim}{A}}(x)$ 是一个稳定值。

采用模糊统计进行大量试验,就能得出各个元素 $x_i(i=1,2,\cdots,n)$ 的隶属度,以隶属度和元素组成一个单点,就可以把模糊集合 $\underset{\sim}{A}$ 表示出来。

2) 二元对比排序法

二元对比排序法是一种较实用的确定隶属函数的方法,通过对多个事物之间两两对比确定某种特征下的顺序,由此决定这些事物对该特征的隶属函数的大致形状。

根据对比测度不同,二元对比排序法可分为相对比较法、对比平均法、优先关系定序法和相似优先比法等,下面介绍一种实用又方便的相对比较法。

设给定论域 U 中一对元素 (x_1,x_2),其具有某特征的等级分别为 $g_{x_2}(x_1)$ 和 $g_{x_1}(x_2)$,意思就是:在 x_1 和 x_2 的二元对比中,如果 x_1 具有某特征的程度用 $g_{x_2}(x_1)$ 来表示,则 x_2 具有该特征的程度表示为 $g_{x_1}(x_2)$。并且该二元比较级的数对 $(g_{x_2}(x_1), g_{x_1}(x_2))$ 必须满足

$$0 \leqslant g_{x_2}(x_1) \leqslant 1, \quad 0 \leqslant g_{x_1}(x_2) \leqslant 1$$

令

$$g(x_1/x_2) = \frac{g_{x_2}(x_1)}{\max[g_{x_2}(x_1), g_{x_1}(x_2)]} \tag{7-1}$$

即有

$$g(x_1/x_2) = \begin{cases} g_{x_2}(x_1)/g_{x_1}(x_2), & g_{x_2}(x_1) \leqslant g_{x_1}(x_2) \\ 1, & g_{x_2}(x_1) > g_{x_1}(x_2) \end{cases} \tag{7-2}$$

这里 $x_1, x_2 \in U$,若以 $g(x_1/x_2)$ 为元素构成矩阵,并设 $g(x_i/x_j)$,当 $i=j$ 时,取值为 1,则得到矩阵 G,称为相及矩阵,如

$$G = \begin{bmatrix} 1 & g(x_1/x_2) \\ g(x_2/x_1) & 1 \end{bmatrix}$$

3) 专家经验法

专家经验法是根据专家的实际经验给出模糊信息的处理算式或相应权系数值确定隶属函数的一种方法。专家经验越成熟,实践时间越长,次数越多,则按此专家经验确定的隶属函数将取得越好的效果。

5. 关系与模糊关系

在日常生活中,除了如"电源开关与电动机起动按钮都闭合了""A 等于 B"等清晰概念上的普通逻辑关系以外,还会常遇到一些表达模糊概念的关系语句,如"弟弟(x)与爸爸(y)

很相像""大屏幕电视比小屏幕电视更好看"等。

因此,可以说模糊关系是普通关系的拓宽,普通关系只是表示事物(元素)间是否存在关联,而模糊关系是描述事物(元素)间对于某一模糊概念上的关联程度,要用普通关系表示是有困难的,而用模糊关系表示则更加确切和现实。模糊关系在系统、控制、图像识别、推理、诊断等领域得到广泛应用。

1) 关系

客观世界的各事物之间普遍存在着联系,描写事物之间联系的数学模型之一就是关系,常用符号 R 表示。

(1) 关系的概念。若 R 为由集合 X 到集合 Y 的普通关系,则对任意 $x\in X, y\in Y$ 都只能有两种情况: x 与 y 有某种关系,即 xRy; x 与 y 无某种关系,即 $x\bar{R}y$。

(2) 直积集。由 X 到 Y 的关系 R,也可用序偶 (x,y) 来表示,所有有关系 R 的序偶可以构成一个 R 集。

在 X 集与 Y 集中各取出一元素排成序对,所有这样序对的全体所组成的集合叫作 X 和 Y 的直积集(也称笛卡儿乘积集),记为

$$X \times Y = \{(x,y) \mid x \in X, y \in Y\}$$

显然,R 是 X 和 Y 的直积集的一个子集,即

$$R \subset X \times Y$$

(3) 自返性关系。一个关系 R,若对 $\forall x\in X$,都有 xRX,即集合的每个元素 x 都与自身有这一关系,则称 R 为具有自返性的关系。例如,把 X 看作集合,同族关系便具有自返性,但父子关系不具有自返性。

(4) 对称性关系。一个 X 中的关系 R,对 $\forall x,y\in X$,若有 xRy,必有 yRx,即满足这一关系的两个元素的地位可以对调,则称 R 为具有对称性关系。例如,兄弟关系和朋友关系都具有对称性,但父子关系不具有对称性。

(5) 传递性关系。一个 X 中的关系 R,对 $\forall x,y,z\in X$,若有 xRz 和 yRz,必有 xRz,则称 R 具有传递性关系。例如,兄弟关系和同族关系具有传递性,但父子关系不具有传递性。

具有自返性和对称性的关系称为相容关系,具有传递性的相容关系称为等价关系。

2) 模糊关系

两组事物之间的关系不宜用"有"或"无"作肯定或否定回答时,可以用模糊关系来描述。

设 $X \times Y$ 为 X 与 Y 的直积集,$\underset{\sim}{R}$ 是 $X \times Y$ 的一个模糊子集,它的隶属函数为 $\mu_{\underset{\sim}{R}}(x,y)$ $(x\in X, y\in Y)$,这样就确定了一个 X 与 Y 的模糊关系 $\underset{\sim}{R}$,由隶属函数 $\mu_{\underset{\sim}{R}}(x,y)$ 刻画,函数值 $\mu_{\underset{\sim}{R}}(x,y)$ 代表序偶 (x,y) 具有关系 $\underset{\sim}{R}$ 的程度。

一般来说,只要给出直积空间 $X \times Y$ 中的模糊集合 $\underset{\sim}{R}$ 的隶属函数 $\mu_{\underset{\sim}{R}}(x,y)$,集合 X 到集合 Y 的模糊关系 $\underset{\sim}{R}$ 也就确定了。模糊关系也有自返性、对称性、传递性等关系。

(1) 自返性。一个模糊关系 $\underset{\sim}{R}$,若对 $\forall x\in X$,有 $\mu_{\underset{\sim}{R}}(x,y)=1$,即每个元素 x 与自身隶属于模糊关系 $\underset{\sim}{R}$ 的程度为 1,则称 $\underset{\sim}{R}$ 为具有自返性的模糊关系。例如,相像关系就具有自返性,仇敌关系不具有自返性。

(2) 对称性。一个模糊关系 $\underset{\sim}{R}$，若 $\forall x, y \in X$，均有 $\mu_R(x,y) = \mu_R(y,x)$，即 x 与 y 隶属于模糊关系 $\underset{\sim}{R}$ 的程度和 y 与 x 隶属于模糊关系 $\underset{\sim}{R}$ 的程度相同，则称 $\underset{\sim}{R}$ 为具有对称性的模糊关系。例如，相像关系就具有对称性，而相爱关系就不具有对称性。

(3) 传递性。一个模糊关系 $\underset{\sim}{R}$，若对 $\forall x, y, z \subset X$，均有 $\mu_R(x,z) \geqslant \min[\mu_R(x,y), \mu_R(y,z), \mu_R(y,z)]$，即 x 与 y 隶属于模糊关系 $\underset{\sim}{R}$ 的程度和 y 与 z 隶属于模糊关系 $\underset{\sim}{R}$ 的程度中较小的一个值都小于 x 和 z 隶属于模糊关系 $\underset{\sim}{R}$ 的程度，则称 $\underset{\sim}{R}$ 为具有传递性的模糊关系。

3) 模糊矩阵

当 $X = \{x_i | i = 1, 2, \cdots, m\}$，$Y = \{y_j | j = 1, 2, \cdots, n\}$ 是有限集合时，则 $X \times Y$ 的模糊关系可用下列 $m \times n$ 阶矩阵来表示，即

$$\underset{\sim}{R} = \begin{bmatrix} r_{11} & r_{21} & \cdots & r_{1j} & \cdots & r_{1n} \\ r_{21} & r_{22} & \cdots & r_{2j} & \cdots & r_{2n} \\ \vdots & \vdots & & \vdots & & \vdots \\ r_{i1} & r_{i2} & \cdots & r_{ij} & \cdots & r_{in} \\ \vdots & \vdots & & \vdots & & \vdots \\ r_{m1} & r_{m2} & \cdots & r_{mj} & \cdots & r_{mn} \end{bmatrix} \tag{7-3}$$

式(7-3)中元素 $r_{ij} = \mu_R(x_i, y_j)$。该矩阵被称为模糊矩阵，简记为

$$\underset{\sim}{R} = [r_{ij}]_{m \times n}$$

为讨论模糊矩阵运算方便，设矩阵为 $m \times n$ 阶，即 $\underset{\sim}{R} = [r_{ij}]_{m \times n}$，$\underset{\sim}{Q} = [q_{ij}]_{m \times n}$，此时模糊矩阵的交、并、补分别运算为

$$\underset{\sim}{R} \cap \underset{\sim}{Q} = [r_{ij} \wedge q_{ij}]_{m \times n} \tag{7-4}$$

$$\underset{\sim}{R} \cup \underset{\sim}{Q} = [r_{ij} \vee q_{ij}]_{m \times n} \tag{7-5}$$

$$\overline{\underset{\sim}{R}} = [1 - r_{ij}]_{m \times n} \tag{7-6}$$

模糊矩阵的合成运算：设合成算子 $\circ$。它用来代表两个模糊矩阵的相乘，与线性代数中的矩阵乘极为相似，只是将普通矩阵运算中对应元素间相乘用取小运算 $\wedge$ 代替，而元素间相加用取大 $\vee$ 代替。

设两个模糊矩阵 $\underset{\sim}{P} = [p_{ij}]_{m \times n}$，$\underset{\sim}{Q} = [q_{ij}]_{m \times n}$，合成运算 $\underset{\sim}{P} \circ \underset{\sim}{Q}$ 的结果也是一个模糊矩阵 $\underset{\sim}{R}$，则 $\underset{\sim}{R} = [r_{ik}]_{m \times l}$。模糊矩阵 $\underset{\sim}{R}$ 的第 i 行第 k 列元素 r_{ik} 等于矩阵 $\underset{\sim}{P}$ 的第 i 行元素与矩阵 $\underset{\sim}{Q}$ 的第 k 列对应元素两两取小，然后再在所得到的 j 个元素中取大，即

$$r_{ik} = \bigvee_{j=1}^{n} (p_{ij} \wedge q_{jk}) \quad i = 1, 2, \cdots, m; k = 1, 2, \cdots, l \tag{7-7}$$

7.1.2 模糊控制系统组成

根据前述模糊控制系统的定义，不难想象模糊控制系统具有常规计算机控制系统的结构形式，如图7-1所示。由图7-1可知，模糊控制系统通常由模糊控制器、模数接口和数模接口、执行机构、被控对象，以及测量装置5部分组成。

被控对象可以是一种设备或装置以及它们的群体，也可以是一个生产的、自然的、社

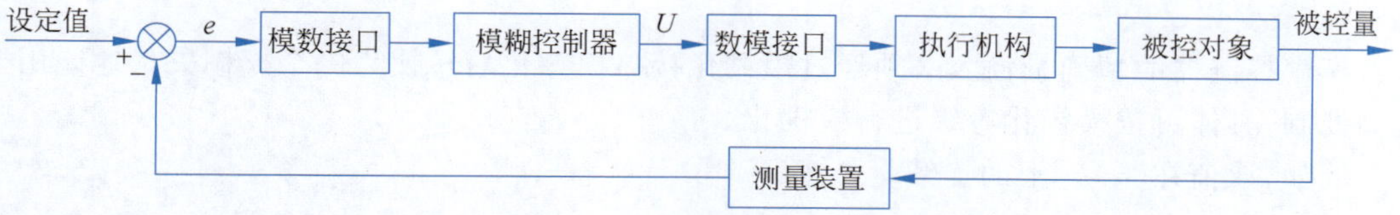

设定值 → ⊕ → e → 模数接口 → 模糊控制器 → U → 数模接口 → 执行机构 → 被控对象 → 被控量
测量装置

图 7-1　模糊控制系统组成

会的、生物的或其他各种状态的转移过程。这些被控对象可以是确定或模糊的、单变量或多变量的、有滞后或无滞后的，也可以是线性或非线性的、定常或时变的，以及具有强耦合和干扰等多种情况。对于那些难以建立精确数学模型的复杂对象，更适宜采用模糊控制。

执行机构除了电气的以外，如各类交/直流电动机、伺服电动机、步进电动机等，还有气动的和液压的，如各类气动调节阀和液压马达、液压阀等。

模糊控制器是各类自动控制系统中的核心部分。由于被控对象的不同，以及对系统静态、动态特性的要求和所应用的控制规则（或策略）相异，可以构成各种类型的控制器。例如，在经典控制理论中，用运算放大器加上阻容网络构成的 PID 控制器和由前馈、反馈环节构成的各种串/并联校正器；在现代控制理论中设计的有状态观测器、自适应控制器、解耦控制器、鲁棒控制器等；而在模糊控制理论中，则采用基于模糊知识表示和规则推理的语言型"模糊控制器"，这也是模糊控制系统区别于其他自动控制系统的特点所在。

在实际系统中，由于多数被控对象的控制量及其可观测状态量是模拟量，因此模糊控制系统与通常的全数字控制系统或混合控制系统一样，必须具有模数转换单元、数模转换单元，不同的只是在模糊控制系统中，还应该有适用于模糊逻辑处理的"模糊化"与"解模糊化"（或称为"非模糊化"）环节，这部分通常也被看作模糊控制器的输入/输出接口。

测量装置是将被控对象的各种非电量，如流量、温度、压力、速度、浓度等，转换为电信号的一类装置，通常由各类数字或模拟测量仪器、检测元件或传感器等组成。它在模糊控制系统中占有十分重要的地位，其精度往往直接影响整个系统的性能指标，因此要求其精度高、可靠且稳定性好。

在模糊控制系统中，为了提高控制精度，要及时观测被控制量的变化特性及其与期望值间的偏差，以便及时调整控制规则和控制量输出值，因此往往将测量装置的观测值反馈到系统输入端，并与给定输入量相比较，构成具有反馈通道的闭环结构。

模糊控制器主要包括模糊化接口、知识库、推理机、解模糊接口 4 部分，如图 7-2 所示。

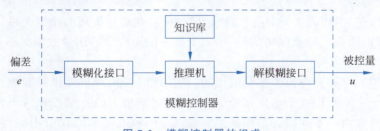

图 7-2　模糊控制器的组成

1. 模糊化接口

模糊控制器的精确量输入必须经过模糊化接口模糊化后转换为一个模糊矢量才能用于模糊控制,具体可按模糊化等级进行模糊化。

例如,取值在$[a,b]$上的连续量x经

$$y = \frac{12}{b-a}\left(x - \frac{a+b}{2}\right) \tag{7-8}$$

变换为取值在$[-6,6]$上的连续量y,再将y模糊化为7级,相应的模糊量用模糊语言表示如下:

在-6附近称为负大,记为NL;
在-4附近称为负中,记为NM;
在-2附近称为负小,记为NS;
在0附近称为适中,记为ZO;
在2附近称为正小,记为PS;
在4附近称为正中,记为PM;
在6附近称为正大,记为PL。

因此,对于模糊输入变量y,其模糊子集为$y=\{NL,NM,NS,ZO,PS,PM,PL\}$。

这样,它们对应的模糊子集如表7-1所示,表中的数代表对应元素在对应模糊集中的隶属度。当然,这仅是一个示意性的表,目的在于说明从精确量向模糊量的转换过程,实际的模糊集要根据具体问题来规定。

表7-1 模糊量y不同等级($[-6,6]$)的隶属度

模糊量	-6	-5	-4	-3	-2	-1	0	1	2	3	4	5	6
PL	0	0	0	0	0	0	0	0	0.2	0.4	0.7	0.8	1
PM	0	0	0	0	0	0	0	0	0.2	0.7	1	0.7	0.2
PS	0	0	0	0	0	0.3	0.8	1	0.7	0.5	0.2	0	0
ZO	0	0	0	0	0.1	0.6	1	0.6	0.1	0	0	0	0
NS	0	0.2	0.5	0.7	1	0.8	0.3	0	0	0	0	0	0
NM	0.2	0.7	1	0.7	0.2	0	0	0	0	0	0	0	0
NL	1	0.8	0.7	0.4	0.2	0	0	0	0	0	0	0	0

2. 知识库

知识库由数据库和规则库两部分组成。

数据库所存放的是所有输入/输出变量的全部模糊子集的隶属度矢量值,若论域为连续域,则为隶属度函数。

对于以上例子,需将表7-1中内容存放于数据库,在规则推理的模糊关系方程求解过程中,向推理机提供数据。但要说明的是,输入变量和输出变量的测量数据集不属于数据库存放范畴。

规则库是用来存放全部模糊控制规则的,在推理时为推理机提供控制规则。模糊控制器的规则是基于专家知识或手动操作经验建立的,它是按人的直觉推理的一种语言表示形式。模糊规则通常由一系列的关系词连接而成,如if-then、else、also、and、or等,关系词必须经过"翻译"才能将模糊规则数值化。如果某模糊控制器的输入变量为偏差e和偏差变化e_c,模糊控制器的输出变量为u,其相应的语言变量为E、EC和U,给出以下一组模糊规则:

R1: if $E=$NB or NM and EC=NB or NM then $U=$PB
R2: if $E=$NB or NM and EC=NS or NO then $U=$PB
R3: if $E=$NB or NM and EC=PS then $U=$PM
R4: if $E=$NB or NM and EC=PM or PB then $U=$NO
R5: if $E=$NS and EC=NB or NM then $U=$PM
R6: if $E=$NS and EC=NS or NO then $U=$PM
R7: if $E=$NS and EC=PS then $U=$NO
R8: if $E=$NS and EC=PM or PB then $U=$NS
R9: if $E=$NO or PO and EC=NB or NM then $U=$PM
R10: if $E=$NO or PO and EC=NS then $U=$PS
R11: if $E=$NO or PO and EC=NO then $U=$NO
R12: if $E=$NO or PO and EC=PS then $U=$NS
R13: if $E=$NO or PO and EC=PM or PB then $U=$NM
R14: if $E=$PS and EC=NB or NM then $U=$PS
R15: if $E=$PS and EC=NS then $U=$NO
R16: if $E=$PS and EC=NO or PS then $U=$NM
R17: if $E=$PS and EC=PM or PB then $U=$NM
R18: if $E=$PM or PB and EC=NB or NM then $U=$NO
R19: if $E=$PM or PB and EC=NS then $U=$NM
R20: if $E=$PM or PB and EC=NO or PS then $U=$NB
R21: if $E=$PM or PB and EC=PM or PB then $U=$NB

上述 21 条模糊条件语句可以归纳为模糊控制规则表，如表 7-2 所示。

表 7-2 模糊控制规则表

E	U						
	EC=PB	EC=PM	EC=PS	EC=ZO	EC=NS	EC=NM	EC=NB
PB	NB	NB	NB	NB	NM	ZO	ZO
PM	NB	NB	NB	NB	NM	ZO	ZO
PS	NM	NM	NM	NM	ZO	PS	PS
PO	NM	NM	NS	ZO	PS	PM	PM
NO	NM	NM	NS	ZO	PS	PM	PM
NS	NS	NS	ZO	PM	PM	PM	PM
NM	ZO	ZO	PM	PB	PB	PB	PB
NB	ZO	ZO	PM	PB	PB	PB	PB

3. 推理机

推理机是模糊控制器中，根据输入模糊量和知识库进行模糊推理，求解模糊关系方程，并获得模糊控制量的功能部分。模糊推理有时也称为似然推理，其一般形式如下。

1) 一维推理

前提：if $\underset{\sim}{A}=\underset{\sim}{A}_1$, then $\underset{\sim}{B}=\underset{\sim}{B}_1$

条件：if $\underset{\sim}{A}=\underset{\sim}{A}_2$

结论：then $\underset{\sim}{B}=?$

2）二维推理

前提：if $\underset{\sim}{A}=\underset{\sim}{A}_1$ and $\underset{\sim}{B}=\underset{\sim}{B}_1$ then $\underset{\sim}{C}=\underset{\sim}{C}_1$

条件：if $\underset{\sim}{A}=\underset{\sim}{A}_2$ and $\underset{\sim}{B}=\underset{\sim}{B}_2$

结论：then $\underset{\sim}{C}=?$

当上述给定条件为模糊集时，可以采用似然推理方法进行推理。在模糊控制中，由于控制器的输入变量（如偏差和偏差变化）往往不是一个模糊子集，而是一些孤点（如 $a=a_0$，$b=b_0$），因此这种推理方式一般不直接使用。模糊推理方式略有不同，一般可分为以下 3 种推理方式。设有两条推理规则：

if $\underset{\sim}{A}=\underset{\sim}{A}_1$ and $\underset{\sim}{B}=\underset{\sim}{B}_1$, then $\underset{\sim}{C}=\underset{\sim}{C}_1$

if $\underset{\sim}{A}=\underset{\sim}{A}_2$ and $\underset{\sim}{B}=\underset{\sim}{B}_2$, then $\underset{\sim}{C}=\underset{\sim}{C}_2$

推理方式一又称为 Mamdani 极小运算法。

设 $a=a_0$，$b=b_0$，则新的隶属度为

$$\mu_{\underset{\sim}{C}}(z)=[w_1 \wedge \mu_{\underset{\sim}{C}_1}(z)] \vee [w_2 \wedge \mu_{\underset{\sim}{C}_2}(z)]$$

其中，$w_1=\mu_{\underset{\sim}{A}_1}(a_0) \wedge \mu_{\underset{\sim}{B}_1}(b_0)$；$w_2=\mu_{\underset{\sim}{A}_2}(a_0) \wedge \mu_{\underset{\sim}{B}_2}(b_0)$。

该方法常用于模糊控制系统中，直接采用极大极小合成运算方法，计算较简便，但在合成运算中，信息丢失较多。

推理方式二又称为代数乘积运算法。

设 $a=a_0$，$b=b_0$，有

$$\mu_{\underset{\sim}{C}}(z)=[w_1 \mu_{\underset{\sim}{C}_1}(z)] \vee [w_2 \mu_{\underset{\sim}{C}_2}(z)] \tag{7-9}$$

其中，$w_1=\mu_{\underset{\sim}{A}_1}(a_0) \wedge \mu_{\underset{\sim}{B}_1}(b_0)$；$w_2=\mu_{\underset{\sim}{A}_2}(a_0) \wedge \mu_{\underset{\sim}{B}_2}(b_0)$。

在合成过程中，与推理方式一比较，这种方式丢失信息少。

推理方式三由学者 Tsukamoto 提出，适合于隶属度为单调的情况。

设 $a=a_0$，$b=b_0$，有

$$z_0=\frac{w_1 z_1+w_2 z_2}{w_1+w_2}$$

其中，$z_1=\mu_{\underset{\sim}{C}_1}^{-1}(w_1)$；$z_2=\mu_{\underset{\sim}{C}_2}^{-1}(w_2)$；$w_1=\mu_{\underset{\sim}{A}_1}(a_0) \wedge \mu_{\underset{\sim}{B}_1}(b_0)$；$w_2=\mu_{\underset{\sim}{A}_2}(a_0) \wedge \mu_{\underset{\sim}{B}_2}(b_0)$。

4. 解模糊接口

由于被控对象每次只能接收一个精确的控制量，无法接收模糊控制量，因此必须经过解模糊接口将其转换为精确量，这一过程又称为模糊判决，也称为去模糊，通常采用以下 3 种方法。

1）最大隶属度方法

若对应的模糊推理的模糊集 $\underset{\sim}{C}$ 中，元素 $u^* \in U$ 满足

$$\mu_{\underset{\sim}{C}}(u^*) \geqslant \mu_{\underset{\sim}{C}}(u) \quad u \in U$$

则取 u^* 作为控制量的精确值。

若这样的隶属度最大点 u^* 不唯一，就取它们的平均值 $\overline{u^*}$ 或 $[u_1^*, u_p^*]$ 的中点（u_1^*+

u_p^*)/2 作为输出控制量(其中 $u_1^* \leqslant u_2^* \leqslant \cdots \leqslant u_p^*$)。这种方法简单,易行,实时性好,但概括的信息量少。

例如,若
$$\underset{\sim}{C} = 0.2/2 + 0.7/3 + 1/4 + 0.7/5 + 0.2/6$$

则按最大隶属度原则应取控制量 $u^* = 4$。

又如,若
$$\underset{\sim}{C} = 0.1/-4 + 0.4/-3 + 0.8/-2 + 1/-1 + 1/0 + 0.4/1$$

则按平均值法,应取
$$u^* = \frac{0 + (-1)}{2} = \frac{-1}{2} = -0.5$$

2) 加权平均法

加权平均法是模糊控制系统中应用较广泛的一种判决方法,该方法有两种形式。

(1) 普通加权平均法。控制量由下式决定。

$$u^* = \frac{\sum_i \mu_{\underset{\sim}{C}}(u_i) \cdot u_i}{\sum_i \mu_{\underset{\sim}{C}}(u_i)}$$

例如,若
$$\underset{\sim}{C} = 0.1/2 + 0.8/3 + 1.0/4 + 0.8/5 + 0.1/6$$

则
$$u^* = \frac{0.1 \times 2 + 0.8 \times 3 + 1.0 \times 4 + 0.8 \times 5 + 0.1 \times 6}{0.1 + 0.8 + 1.0 + 0.8 + 0.1} = 4$$

(2) 权系数加权平均法。控制量由下式决定。

$$u^* = \frac{\sum_i k_i u_i}{\sum_i k_i}$$

其中,k_i 为权系数,根据实际情况决定。当 $k_i = \mu_{\underset{\sim}{C}}(u_i)$ 时,即为普通加权平均法。通过修改加权系数,可以改善系统的响应特性。

3) 中位数判决法

在最大隶属度判决法中,只考虑了最大隶属数,而忽略了其他信息的影响。中位数判决法是将隶属函数曲线与横坐标所围成的面积平均分成两部分,以分界点所对应的论域元素 u_i 作为判决输出。

设模糊推理的输出为模糊量 $\underset{\sim}{C}$,若存在 u^*,并且使

$$\sum_{u_{\min}}^{u^*} \mu_{\underset{\sim}{C}}(u) = \sum_{u^*}^{u_{\max}} \mu_{\underset{\sim}{C}}(u)$$

则取 u^* 为控制量的精确值。

7.1.3 模糊控制器设计

设计一个模糊控制系统的关键是设计模糊控制器,而设计一个模糊控制器就需要选择模糊控制器的结构,选取模糊规则,确定模糊化和解模糊方法,确定模糊控制器的参数,编写

模糊控制算法程序。

1. 模糊控制器的结构设计

1) 单输入单输出结构

在单输入单输出系统中,受人类控制过程的启发,一般可设计成一维或二维模糊控制器。在极少数情况下,才有设计成三维控制器的要求。这里所讲的模糊控制器的维数,通常是指其输入变量的个数。

(1) 一维模糊控制器。

这是一种最为简单的模糊控制器,其输入和输出变量均只有一个。假设模糊控制器输入变量为 X,输出变量为 Y,此时的模糊规则(X 一般为控制误差,Y 为控制量)为

R_1: if X is A_1 then Y is B_1 or

$\vdots$

R_n: if X is A_n then Y is B_n

这里,$A_1, A_2, \cdots, A_n$ 和 $B_1, B_2, \cdots, B_n$ 均为输入输出论域上的模糊子集。这类模糊规则的模糊关系为

$$R(x,y) = \bigcup_{i=1}^{n} A_i \times B_i \tag{7-10}$$

(2) 二维模糊控制器。

这里的二维指的是模糊控制器的输入变量有两个,而控制器的输出只有一个。这类模糊规则的一般形式为

R_i: if X_1 is A_i^1 and X_2 is A_i^2 then Y is B_i

这里,A_i^1、A_i^2 和 B_i 均为论域上的模糊子集。这类模糊规则的模糊关系为

$$R(x,y) = \bigcup_{i=1}^{n} (A_i^1 \times A_i^2) \times B_i \tag{7-11}$$

在实际系统中,X_1 一般取为误差,X_2 一般取为误差变化率,Y 一般取为控制量。

2) 多输入多输出结构

工业过程中的许多被控对象比较复杂,往往具有一个以上的输入和输出变量。以二输入三输出为例,有

R_i: if(X_1 is A_i^1 and X_2 is A_i^2) then (Y_1 is B_i^1 and Y_2 is B_i^2 and Y_3 is B_i^3)

由于人对具体事物的逻辑思维一般不超过三维,因而很难对多输入多输出系统直接提取控制规则。例如,已有样本数据$(X_1, X_2, Y_1, Y_2, Y_3)$,则可将其变换为$(X_1, X_2, Y_1)$,$(X_1, X_2, Y_2)$,$(X_1, X_2, Y_3)$。这样,首先把多输入多输出系统转化为多输入单输出的结构形式,然后用多输入单输出系统的设计方法进行模糊控制器设计。这样做,不仅设计简单,而且经人们的长期实践检验,也是可行的,这就是多变量控制系统的模糊解耦问题。

2. 模糊规则的选择和模糊推理

1) 模糊规则的选择

模糊规则的选择是设计模糊控制器的核心,由于模糊规则一般需要由设计者提取,因而在模糊规则的取舍上往往体现了设计者本身的主观倾向。模糊规则的选取过程可简单分为以下 3 部分。

(1) 模糊语言变量的确定。一般说来,一个语言变量的语言值越多,对事物的描述就越准确,可能得到的控制效果就越好。当然,过细的划分反而使控制规则变得复杂,因此应视具体情况而定。例如,误差等的语言变量的语言值一般取为{负大,负中,负小,负零,正零,正小,正中,正大}。

(2) 语言值隶属函数的确定。语言值的隶属函数又称为语言值的语义规则,它有时以连续函数的形式出现,有时以离散的量化等级形式出现。连续的隶属函数描述比较准确,而离散的量化等级简洁直观。

(3) 模糊控制规则的建立。常采用经验归纳法和推理合成法。所谓经验归纳法,就是根据人的控制经验和直觉推理,经整理、加工和提炼后构成模糊规则的方法,它实质上是从感性认识上升到理性认识的一个飞跃过程。推理合成法是根据已有输入输出数据对,通过模糊推理合成,求取模糊控制规则。

2) 模糊推理

模糊推理有时也称为似然推理,其一般形式如下。

一维形式:

if X is $\underset{\sim}{A}$ then Y is $\underset{\sim}{B}$

if X is $\underset{\sim}{A_1}$ then Y is?

二维形式:

if X is $\underset{\sim}{A}$ and Y is $\underset{\sim}{B}$ then Z is $\underset{\sim}{C}$

if X is $\underset{\sim}{A_1}$ and Y is $\underset{\sim}{B_1}$ then Z is?

3. 解模糊

解模糊的目的是根据模糊推理的结果,求得最能反映控制量的真实分布。目前常用的方法有3种,即最大隶属度法、加权平均原则和中位数判决法。

4. 模糊控制器论域及比例因子的确定

众所周知,任何物理系统的信号都是有界的。在模糊控制系统中,这个有限界一般称为该变量的基本论域,它是实际系统的变化范围。以两输入单输出的模糊控制系统为例,设定误差的基本论域为$[-|e_{max}|,|e_{max}|]$,误差变化率的基本论域为$[-|ec_{max}|,|ec_{max}|]$,控制量的变化范围为$[-|u_{max}|,|u_{max}|]$。类似地,设误差的模糊论域为

$$E=\{-l,-(l-1),\cdots,0,1,2,\cdots,l\}$$

误差变化率的论域为

$$EC=\{-m,-(m-1),\cdots,0,1,2,\cdots,m\}$$

控制量所取的论域为

$$U=\{-n,-(n-1),\cdots,0,1,2,\cdots,n\}$$

若用a_e、a_c、a_u分别表示误差、误差变化率和控制量的比例因子,则有

$$a_e=l/|e_{max}| \tag{7-12}$$

$$a_c=m/|ec_{max}| \tag{7-13}$$

$$a_u=n/|u_{max}| \tag{7-14}$$

一般说来,a_e越大,系统的超调越大,过渡过程就越长;a_e越小,则系统变化越慢,稳态精度降低。a_c越大,则系统输出变化率越小,系统变化越慢;a_c越小,则系统反应越快,但

超调增大。

5. 编写模糊控制器的算法程序

算法程序步骤如下。

(1) 设置输入、输出变量及控制量的基本论域,即 $e \in [-|e_{\max}|, |e_{\max}|]$,$ec \in [-|ec_{\max}|, |ec_{\max}|]$,$u \in [-|u_{\max}|, |u_{\max}|]$。预置量化常数 a_e、a_c、a_u 以及采样周期 T。

(2) 判断采样时间到否,若时间已到,则转至步骤(3)。

(3) 启动 ADC,进行数据采集和数字滤波等。

(4) 计算 e 和 ec,并判断它们是否已超过上(下)限值,若已超过,则将其设定为上(下)限值。

(5) 按给定的输入比例因子 a_e、a_c 量化(模糊化)并由此查询控制表。

(6) 查得控制量的量化值清晰化后,乘上适当的比例因子 a_u。若 u 已超过上(下)限值,则设置为上(下)限值。

(7) 启动 DAC,作为模糊控制器实际模拟量输出。

(8) 判断控制时间是否已到,若是则停机,否则转至步骤(2)。

7.1.4 双输入单输出模糊控制器设计

一般的模糊控制器都是采用双输入单输出系统,即在控制过程中,不仅对实际偏差自动进行调节,还要求对实际误差变化率进行调节,这样才能保证系统稳定,不致产生振荡。

对于双输入单输出系统,采用模糊控制器的闭环系统如图 7-3 所示。

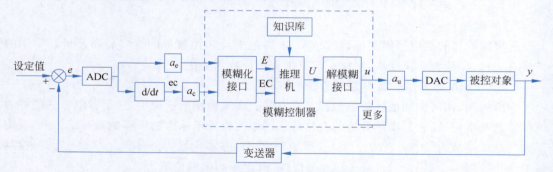

图 7-3 双输入单输出模糊控制结构

在图 7-3 中,e 为实际偏差,a_e 为偏差比例因子,e_c 为实际偏差变化率,a_c 为偏差变化比例因子,u 为控制量,a_u 为控制量比例因子。

1. 模糊化

设置输入输出变量的论域,并预置常数 a_e、a_c、a_u,如果偏差 $e \in [-|e_{\max}|, |e_{\max}|]$,且 $l=6$,则由式(7-12)可知误差的比例因子为 $a_e = 6/|e_{\max}|$,这样就有

$$E = a_e \cdot e$$

采用就近取整的原则,得 E 的论域为

$$\{-6, -5, -4, -3, -2, -1, -0, +0, +1, +2, +3, +4, +5, +6\}$$

利用负大[NL]、负中[NM]、负小[NS]、负零[NO]、正零[PO]、正小[PS]、正中[PM]、正大[PL] 8 个模糊状态描述变量 E,E 的隶属度赋值如表 7-3 所示。

表 7-3 E 的隶属度赋值

模糊状态	-6	-5	-4	-3	-2	-1	-0	+0	1	2	3	4	5	6
PL	0	0	0	0	0	0	0	0	0	0	0.1	0.4	0.8	1.0
PM	0	0	0	0	0	0	0	0	0.2	0.7	1.0	0.7	0.2	0
PS	0	0	0	0	0	0	0	0.3	0.8	1.0	0.5	0.1	0	0
PO	0	0	0	0	0	0	0	1.0	0.6	0.1	0	0	0	0
NO	0	0	0	0	0.1	0.6	1.0	0	0	0	0	0	0	0
NS	0	0	0.1	0.5	1.0	0.8	0.3	0	0	0	0	0	0	0
NM	0.2	0.7	1.0	0.7	0.2	0	0	0	0	0	0	0	0	0
NL	1.0	0.8	0.4	0.1	0	0	0	0	0	0	0	0	0	0

如果偏差变化率 $ec \in [-|ec_{max}|, |ec_{max}|]$，且 $m=6$，则采用类似方法得 EC 的论域为 $\{-6,-5,-4,-3,-2,-1,0,1,2,3,4,5,6\}$

若采用负大[NL]、负中[NM]、负小[NS]、零[O]、正小[PS]、正中[PM]、正大[PL]7 个模糊状态描述 EC，EC 的隶属度赋值如表 7-4 所示。

表 7-4 EC 的隶属度赋值

模糊状态	-6	-5	-4	-3	-2	-1	0	1	2	3	4	5	6
PL	0	0	0	0	0	0	0	0	0	0.1	0.4	0.8	1.0
PM	0	0	0	0	0	0	0	0	0.2	0.7	1.0	0.7	0.2
PS	0	0	0	0	0	0	0	0.9	1.0	0.7	0.2	0	0
O	0	0	0	0	0	0	0.5	1.0	0.5	0	0	0	0
NS	0	0	0.2	0.7	1.0	0.9	0	0	0	0	0	0	0
NM	0.2	0.7	1.0	0.7	0.2	0	0	0	0	0	0	0	0
NL	1.0	0.8	0.4	0.1	0	0	0	0	0	0	0	0	0

类似地，得到输出 U 的论域 $\{-7,-6,-5,-4,-3,-2,-1,0,1,2,3,4,5,6,7\}$，也采用 NL、NM、NS、O、PS、PM、PL 这 7 个模糊状态描述 U，那么 U 的隶属度赋值如表 7-5 所示。

表 7-5 U 的隶属度赋值

模糊状态	-7	-6	-5	-4	-3	-2	-1	0	+1	+2	+3	+4	+5	+6	+7
PL	0	0	0	0	0	0	0	0	0	0	0	0.1	0.4	0.8	1.0
PM	0	0	0	0	0	0	0	0	0	0.2	0.7	1.0	0.7	0.2	0
PS	0	0	0	0	0	0	0	0.4	1.0	0.8	0.4	0.1	0	0	0
O	0	0	0	0	0	0.5	1.0	0.5	0	0	0	0	0	0	0
NS	0	0	0	0.1	0.4	0.8	1.0	0.4	0	0	0	0	0	0	0
NM	0	0.2	0.7	1.0	0.7	0.2	0	0	0	0	0	0	0	0	0
NL	1.0	0.8	0.4	0.1	0	0	0	0	0	0	0	0	0	0	0

2. 模糊控制规则、模糊关系和模糊推理

对于双输入单输出系统，一般都采用"if $\underset{\sim}{A}$ and $\underset{\sim}{B}$ then $\underset{\sim}{C}$"来描述。因此，模糊关系为

$$\underset{\sim}{R} = \underset{\sim}{A} \times \underset{\sim}{B} \times \underset{\sim}{C}$$

模糊控制器在某一时刻的输出值为

$$U(k) = [E(k) \times EC(k)] \circ R$$

为了缩短 CPU 的运算时间,增强系统的实时性,节省系统存储空间的开销,通常离线进行模糊矩阵 R 和输出 $U(k)$ 的计算。本模糊控制器把实际的控制策略归纳为控制规则表,如表 7-6 所示,表中 * 表示在控制过程中不可能出现的情况,称为死区。

表 7-6 控制规则表

EC	E=NL	E=NM	E=NS	E=NO	E=PO	E=PS	E=PM	E=PL
PL	PL	PM	NL	NL	NL	NL	*	*
PM	PL	PM	NM	NM	NS	NS	*	*
PS	PL	PM	NS	NS	NS	NS	NM	NL
O	PL	PM	PS	O	O	NS	NM	NL
NS	PL	PM	PS	PS	PS	PS	NM	NL
NM	*	*	PS	PM	PM	PM	NM	NL
NL	*	*	PL	PL	PL	PL	NM	NL

3. 解模糊

采用隶属度大的规则进行模糊决策,将 $U(k)$ 经过解模糊转换为相应的精确量。把运算的结果存储在系统中,如表 7-7 所示。系统运行时通过查表得到确定的输出控制量,然后输出控制量乘上适当的比例因子 a_u,其结果用来进行数模转换输出控制,完成控制生产过程的任务。

第 24 集
微课视频

表 7-7 模糊控制表

ec							u							
	$e=-6$	$e=-5$	$e=-4$	$e=-3$	$e=-2$	$e=-1$	$e=-0$	$e=+0$	$e=1$	$e=2$	$e=3$	$e=4$	$e=5$	$e=6$
-6	7	6	7	6	4	4	4	4	2	1	0	0	0	0
-5	6	6	6	6	4	4	4	4	2	1	0	0	0	0
-4	7	6	7	6	4	4	4	2	1	0	0	0	0	0
-3	6	6	6	5	5	5	5	2	-2	0	-2	-2	-2
-2	7	6	7	6	4	4	1	0	-3	-3	-4	-4	-4
-1	7	6	7	6	4	4	1	0	-3	-3	-7	-6	-7
0	7	6	7	6	4	1	0	0	-1	-4	-6	-7	-6	-7
1	4	4	4	3	1	0	-1	-1	-4	-4	-6	-7	-6	-7
2	4	4	4	2	1	0	-1	-1	-4	-4	-6	-7	-6	-7
3	2	2	2	0	0	-1	-1	-1	-3	-6	-6	-6	-6
4	0	0	0	-1	-1	-3	-4	-4	-4	-6	-7	-6	-6
5	0	0	0	-1	-1	-2	-4	-4	-4	-6	-6	-6	-6
6	0	0	0	-1	-1	-2	-4	-4	-4	-6	-7	-6	-7

7.2 模型预测控制

数字控制器的直接设计方法是基于 Z 域的设计方法。在时域范围内,基于状态空间描述的现代控制理论,具有最优的性能指标和精确的理论设计方法,在航天航空、制导等领域获得了成功的应用,但在工业过程控制领域却没有得到预期的效果,主要有以下原因。

(1) 此类控制规律必须基于对象精确的数学模型,也就是对象的状态方程或传递函数。为了得到数学模型,必须花费很大的力量进行系统辨识,这对通常是高维多变量的工业过程来说代价很高,即使得到了一个这样的数学模型,往往也只是实际过程的近似描述,而且从实用考虑,还要进行模型简化。

(2) 工业过程具有较大的不确定性,对象参数和环境常常随时间发生变化,引起对象和模型的失配。此外,各类不确定干扰也会影响控制过程。在对复杂工业对象实施控制时,按照理想模型设计的最优控制规律实际上往往不能保证最优,有时甚至还会引起控制品质的严重下降。

(3) 工业过程控制算法必须简易可行,便于调整,以满足实时计算和现场操作的需要,而许多现代控制算法难以用计算机实现。

由于这些原因,计算机在工业过程控制中的应用很大部分仍局限于程序控制和简易的数字 PID 控制。

而且,由于工业对象通常是多输入多输出的复杂关联系统,具有非线性、时变性、强耦合与不确定性等特点,难以得到精确的数学模型。面对理论发展和实际应用之间的不协调,20 世纪 70 年代中期,在美、法等国的工业过程控制领域内,首先出现了一类新型计算机控制算法,如动态矩阵控制、模型算法控制。这类算法以对象的阶跃响应或脉冲响应直接作为模型,采用动态预测、滚动优化的策略,具有易于建模、鲁棒性强的显著优点,十分适合复杂工业过程的特点和要求。它们在汽轮发电机、蒸馏塔、预热炉等控制中的成功应用,引起了工业过程控制领域的极大兴趣。20 世纪 80 年代初期,这类控制算法得到了介绍与推广,其应用范围也有所扩大,逐渐形成了工业过程控制的一个新方向。

模型预测控制主要应用在以下领域。

(1) 化工和炼油:管理和优化化学反应过程。
(2) 能源系统:如风力发电和智能电网的负荷预测与管理。
(3) 汽车工业:用于车辆动态控制和发动机管理系统。
(4) 航空航天:卫星姿态控制和轨道调整。

7.2.1 动态矩阵控制

动态矩阵控制(Dynamic Matrix Control,DMC)算法是一种基于对象阶跃响应的预测控制算法,它首先在美国 Shell 公司的过程控制中得到应用,近年来,在化工、石油部门的过程控制中已被证实是一种成功有效的控制算法。这一算法适用于渐近稳定的线性对象。

1. 预测模型

设被控对象单位阶跃响应的采样数据为 $a_1, a_2, \cdots, a_N$,如图 7-4 所示。对于渐近稳定的系统,其阶跃响应在有限个采样周期后将趋于稳态值,即 $a_N \approx a(\infty)$。因此,可用单位阶

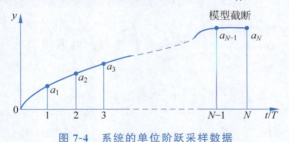

图 7-4 系统的单位阶跃采样数据

跃响应采样数据的有限集合$\{a_1,a_2,\cdots,a_N\}$描述系统的动态特性,该集合的参数便构成了DMC算法中的预测模型参数。系统的单位阶跃向量$\boldsymbol{a}^T=\begin{bmatrix}a_1 & a_2 & \cdots & a_N\end{bmatrix}$称为DMC的模型向量,$N$称为建模时域,$N$的选择应使$a_i(i>N)$的值与阶跃响应的静态终值$a_N$之差可以被忽略。

根据线性系统的叠加原理,利用对象单位阶跃响应模型和给定的输入控制增量,可以预测系统未来的输出值。在$t=kT$时刻,假如控制量不变化,系统在未来N个时刻的输出预测值为$\hat{y}_0(k+i|k)$,则在控制量$\Delta u(k)$作用下的系统输出预测值可计算为

$$\hat{\boldsymbol{y}}_{N1}(k)=\hat{\boldsymbol{y}}_{N0}(k)+\boldsymbol{a}\cdot\Delta u(k) \tag{7-15}$$

其中,$\hat{\boldsymbol{y}}_{N0}(k)=[\hat{y}_0(k+1|k)\cdots\hat{y}_0(k+N|k)]^T$为在$t=kT$时刻预测的尚无控制增量$\Delta u(k)$作用时未来$N$个时刻的系统输出;$\hat{\boldsymbol{y}}_{N1}(k)=[\hat{y}_1(k+1|k)\cdots\hat{y}_1(k+N|k)]^T$为在$t=kT$时刻预测的有控制增量$\Delta u(k)$作用时未来$N$个时刻的系统输出;$\boldsymbol{a}=[a_1\cdots a_N]^T$为阶跃响应向量,其元素为描述系统动态特性的$N$个阶跃响应系数。

式(7-15)中的符号^表示预测,$k+i|k$表示在$t=kT$时刻对$t=(k+i)T$时刻进行的预测。

同样,在M个连续的控制增量$\Delta u(k),\Delta u(k+1),\cdots,\Delta u(k+M-1)$作用下,系统在未来$P$个时刻的输出值如图7-5所示。

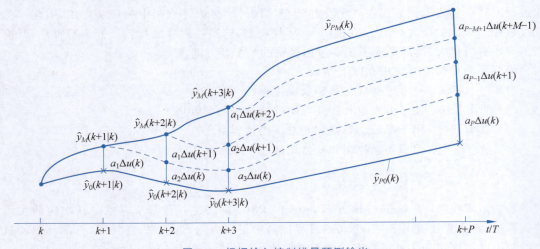

图7-5 根据输入控制增量预测输出

输出值$\hat{\boldsymbol{y}}_{PM}(k)$的表达式为

$$\hat{\boldsymbol{y}}_{PM}(k)=\hat{\boldsymbol{y}}_{P0}(k)+\boldsymbol{A}\cdot\Delta\boldsymbol{u}_M(k) \tag{7-16}$$

其中,$\hat{\boldsymbol{y}}_{P0}(k)=[\hat{y}_0(k+1|k)\cdots\hat{y}_0(k+P|k)]^T$为$t=kT$时刻预测的无控制增量时未来$P$个时刻系统输出;$\hat{\boldsymbol{y}}_{PM}(k)=[\hat{y}_M(k+1|k)\cdots\hat{y}_M(k+P|k)]^T$为$t=kT$时刻预测的有$M$个控制增量$\Delta u(k),\cdots,\Delta u(k+M-1)$时未来$P$个时刻的系统输出;$\Delta\boldsymbol{u}_M(k)=[\Delta u(k)\cdots\Delta u(k+M-1)]^T$为从现在起$M$个时刻的控制增量;$\boldsymbol{A}=\begin{bmatrix}a_1 & 0 & \cdots & 0\\ a_2 & a_1 & \cdots & 0\\ \vdots & \vdots & & \vdots\\ a_P & a_{P-1} & \cdots & a_{P-M+1}\end{bmatrix}$称为

动态矩阵,其元素为描述系统动态特性的阶跃响应系数。P 为滚动优化时域长度,M 为控制时域长度,P 和 M 应满足 $M \leqslant P \leqslant N$。当输出 y 具有双下标时其含义是不同的,第 1 个下标为预测的长度,第 2 个下标为未来控制作用的步数。

2. 滚动优化

DMC 采用了滚动优化目标函数,其目的是要在每一时刻 k,通过优化策略,确定从该时刻起的未来 M 个控制增量 $\Delta u(k), \Delta u(k+1), \cdots, \Delta u(k+M-1)$,使系统在其作用下,未来 P 个时刻的输出预测值 $\hat{y}_M(k+1|k), \cdots, \hat{y}_M(k+P|k)$ 尽可能地接近期望值 $w(k+1), \cdots, w(k+P)$,如图 7-6 所示。

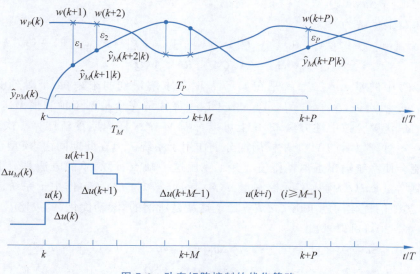

图 7-6 动态矩阵控制的优化策略

在采样时刻 $t = kT$,优化性能指标为

$$\min J(k) = \sum_{i=1}^{P} q_i [w(k+i) - \hat{y}_M(k+i|k)]^2 + \sum_{j=1}^{M} r_j \Delta u^2(k+j-1) \quad (7\text{-}17)$$

其中,第 2 项是对控制增量的约束,目的是不允许控制量的变化过于剧烈;q_i 和 r_j 为加权系数,它们分别表示对跟踪误差和控制量变化的抑制。

在不同采样时刻,优化性能指标是不同的,但却都具有式(7-17)的形式,且优化时域随时间而不断地向前推移。式(7-17)也可写成向量形式

$$\min J(k) = \| \boldsymbol{w}_P(k) - \hat{\boldsymbol{y}}_{PM}(k) \|_{\boldsymbol{Q}}^2 + \| \Delta \boldsymbol{u}_M(k) \|_{\boldsymbol{R}}^2 \quad (7\text{-}18)$$

$$\boldsymbol{w}_P^{\mathrm{T}}(k) = [w(k+1) \quad \cdots \quad w_P(k+P)]$$

$$\boldsymbol{Q} = \mathrm{diag}(q_1 \quad \cdots \quad q_P)$$

$$\boldsymbol{R} = \mathrm{diag}(r_1 \quad \cdots \quad r_M)$$

其中,$\boldsymbol{w}_P^{\mathrm{T}}(k)$ 为期望值向量;$\boldsymbol{Q}$ 和 $\boldsymbol{R}$ 分别称为误差矩阵和控制权矩阵,它们是由权系数构成的对角阵。根据预测模型,将式(7-16)代入式(7-18),得

$$\min J(k) = \| \boldsymbol{w}_P(k) - \hat{\boldsymbol{y}}_{P0}(k) - \boldsymbol{A} \cdot \Delta \boldsymbol{u}_M(k) \|_{\boldsymbol{Q}}^2 + \| \Delta \boldsymbol{u}_M(k) \|_{\boldsymbol{R}}^2 \quad (7\text{-}19)$$

由极值必要条件,在不考虑输入和输出约束的条件下,通过对 $\Delta \boldsymbol{u}_M(k)$ 求导,可求得最优解。令 $\boldsymbol{E} = [\boldsymbol{w}_P(k) - \hat{\boldsymbol{y}}_{P0}(k)]$,展开式(7-19),得

$$J(k) = [E - A\Delta u_M(k)]^T Q[E - A\Delta u_M(k)] + \Delta u_M(k)^T R\Delta u_M(k)$$
$$= \{E, Q[E - A\Delta u_M(k)]\} - \{A\Delta u_M(k), Q[E - R\Delta u_M(k)]\}$$
$$= (E, QE) - [E, QA\Delta u_M(k)] - [A\Delta u_M(k), QE] + [A\Delta u_M(k) - Q\Delta u_M(k)] +$$
$$\Delta u_M(k)^T R\Delta u_M(k)$$
$$= EQE - 2\Delta u_M(k)^T A^T QE + \Delta u_M(k)^T A Q^T A\Delta u_M(k) + \Delta u_M(k)^T R\Delta u_M(k)$$

为了取到极值，令

$$\frac{\partial J}{\partial \Delta u_M(k)} = -2A^T QE + 2A^T QA\Delta u_M(k) + 2R\Delta u_M(k) = 0$$

容易求得最优解为

$$\Delta u_M(k) = (A^T QA + R)^{-1} A^T Q[w_P(k) - \hat{y}_{P0}(k)] = F[w_P(k) - \hat{y}_{P0}(k)] \quad (7\text{-}20)$$
$$F = (A^T QA + R)^{-1} A^T Q \quad (7\text{-}21)$$

式(7-22)中向量 $\Delta u_M(k)$ 就是在 $t=kT$ 时刻求解得到的未来 M 个时刻的控制增量 $\Delta u(k), \Delta u(k+1), \cdots, \Delta u(k+M-1)$。由于这一最优解完全是基于预测模型求得的，所以只是开环的最优解。按上述方法，理论上可以每隔 M 个采样周期重新计算一次，然后将 M 个控制量在 k 时刻以后的 M 个采样周期分别作用于系统。但在此期间内，模型误差和随机扰动等可能会使系统输出远离期望值。为了克服这一缺点，最简单的方法是只取最优解中的即时控制增量 $\Delta u(k)$ 构成实际控制量 $u(k) = u(k-1) + \Delta u(k)$ 作用于系统。到下一时刻，又提出类似的优化问题求出 $\Delta u(k+1)$。这就是所谓的"滚动优化"的策略。

根据式(7-20)，可以求出

$$\Delta u(k) = [1 \ 0 \ \cdots \ 0]\Delta u_M(k) = d^T[w_P(k) - \hat{y}_{P0}(k)] \quad (7\text{-}22)$$
$$d^T = [1 \ 0 \ \cdots \ 0](A^T QA + R)^{-1} A^T Q = [1 \ 0 \ \cdots \ 0]F \quad (7\text{-}23)$$

然后重复上述步骤计算 $(k+1)T$ 时刻的控制量。

这种方法的缺点是没有充分利用已取得的全部信息，受系统中随机干扰的影响大。一种改进算法是将 kT 前 M 个时刻得到的 kT 时刻的全部控制量加权平均作用于系统，即

$$\Delta u(k) \frac{\sum_{j=1}^{M} \alpha_j \Delta u[k \mid (k-j+1)]}{\sum_{j=1}^{M} \alpha_j}$$

其中，$\Delta u[k|(k-j+1)]$ 是在 $(k-j+1)T$ 时刻计算得到 kT 时刻的控制增量。为了充分利用新的信息，通常取 $\alpha_1 = 1 > \alpha_2 > \cdots > \alpha_M$。这种改进算法对控制系统的暂态和稳态性能以及控制量的振荡均有显著的改进，减少了模型误差的影响。

3. 反馈校正

kT 时刻对被控系统施加控制作用 $u(k)$ 后，在 $(k+1)T$ 时刻可采集到实际输出 $y(k+1)$。与 kT 时刻基于模型所作系统输出预测值 $\hat{y}(k+1|k)$ 相比较，由于模型误差、干扰、弱非线性及其他实际过程中存在的不确定因素，由式(7-15)给出的预测值一般会偏离实际值，即存在预测误差

$$e(k+1) = y(k+1) - \hat{y}_1(k+1 \mid k) \quad (7\text{-}24)$$

由于预测误差的存在，若不及时进行反馈校正，进一步的优化就会建立在虚假的基础

上。为此，DMC算法利用实时预测误差对未来输出误差进行预测，以对在模型预测基础上进行的系统在未来各个时刻的输出开环预测值加以校正。由于对误差的产生缺乏因果性的描述，故误差预测只能采用时间序列方法，常用的是通过对误差 $e(k+1)$ 加权的方式修正对未来输出的预测，即

$$\hat{\boldsymbol{y}}_{\text{cor}}(k+1) = \hat{\boldsymbol{y}}_{N1}(k) + \boldsymbol{h}e(k+1) \tag{7-25}$$

其中，$\hat{\boldsymbol{y}}_{\text{cor}}(k) = \begin{bmatrix} \hat{y}_{\text{cor}}(k+1|k+1) \\ \vdots \\ \hat{y}_{\text{cor}}(k+N|k+1) \end{bmatrix}$ 为 $t=(k+1)T$ 时刻经误差校正后所预测的未来系统输出；$\boldsymbol{h}^{\text{T}} = \begin{bmatrix} h_1 & h_2 & \cdots & h_N \end{bmatrix}$ 为误差校正向量，是对不同时刻的预测值进行误差校正时所加的权重系数，其中 $h_1=1$。误差校正的示意图如图 7-7 所示。

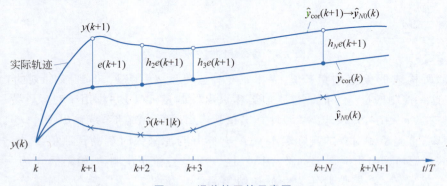

图 7-7 误差校正的示意图

经校正的 $\hat{\boldsymbol{y}}_{\text{cor}}(k+1)$ 的各分量中，除第 1 项外，其余各项分别是 $(k+1)T$ 时刻在尚无 $\Delta u(k+1)$ 等未来控制增量作用下对系统未来输出的预测值，于是它们可作为 $(k+1)T$ 时刻 $\hat{\boldsymbol{y}}_{N0}(k+1)$ 的前 $N-1$ 个分量。但由于时间基点的变动，预测的未来时间点也将移到 $k+2, k+3, \cdots, k+1+N$，因此 $\hat{\boldsymbol{y}}_{\text{cor}}(k+1)$ 的元素还需通过移位才能成为 $k+1$ 时刻的初始预测值，即

$$\hat{y}_0(k+1+i|k+1) = \hat{y}_{\text{cor}}(k+1+i|k+1), \quad i=1,2,\cdots,N-1 \tag{7-26}$$

由于模型在 $(k+N)T$ 时刻截断，$\hat{y}_0(k+1+N|k+1)$ 只能由 $\hat{y}_{\text{cor}}(k+N|k+1)$ 近似。这一初始预测值的设置可用向量形式表示为

$$\hat{\boldsymbol{y}}_{\text{cor}}(k+1) = \boldsymbol{S}\hat{\boldsymbol{y}}_{\text{cor}}(k+1) \tag{7-27}$$

其中，$\boldsymbol{S} = \begin{bmatrix} 0 & 1 & 0 & \cdots & 0 \\ 0 & 0 & 1 & \cdots & \vdots \\ \vdots & \vdots & \vdots & \cdots & 1 \\ 0 & 0 & 0 & \cdots & 1 \end{bmatrix}$ 称为移位矩阵。

在 $t=(k+1)T$ 时刻，得到 $\hat{\boldsymbol{y}}_{N0}(k+1)$ 后，又可像上述 $t=kT$ 时刻那样进行新的预测和优化计算，求出 $\Delta u(k+1)$。整个控制就是以这样结合了反馈校正的滚动优化方式反复在线推移进行的，算法结构如图 7-8 所示。

由图 7-8 可知，DMC 算法由控制、预测与校正 3 部分构成。图中的双箭头表示向量流，单线箭头表示纯量流。在每一采样时刻，未来 P 个时刻的期望输出 $\boldsymbol{w}_P(k)$ 与初始预测输出

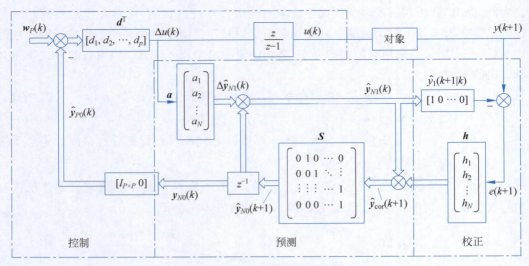

图 7-8 动态矩阵算法控制结构

值 $\hat{y}_{P0}(k)$ 所构成的偏差向量按式(7-23)与动态向量 $\boldsymbol{d}^{\mathrm{T}}$ 点乘,得到该时刻的控制增量 $\Delta u(k)$。这一控制增量一方面通过累加运算求出控制量 $u(k)$ 并作用于对象;另一方面与阶跃模型向量 $\boldsymbol{a}$ 相乘,并按式(7-25)计算出在其作用后所预测的系统输出 $\hat{y}_{N1}(k)$。等到下一采样时刻,首先检测对象的实际输出 $y(k+1)$,并与原来该时刻的预测值 $\hat{y}_1(k+1|k)$ 比较,根据式(7-24)算出预测误差 $e(k+1)$。这一误差与校正向量 $\boldsymbol{h}$ 相乘后作为预测误差,$\hat{y}_{\mathrm{cor}}(k+1)$ 按式(7-27)移位后作为新的初始预测值。在图 7-8 中,z^{-1} 是时移算子,表示与模型预测一起根据式(7-25)得到经校正的预测输出值 $\hat{y}_{\mathrm{cor}}(k+1)$。随时间的推移,表示时间基点的记号后退一步,这等于将新的时刻重新定义为 k 时刻,则预测初值 $\hat{y}_{N0}(k)$ 的前 P 个分量将与期望输出一起参与新时刻控制增量的运算。整个过程将反复地进行,以实现在线控制。在最初系统启动控制时,预测输出的初值可取为此时实际测得的系统输出值。

应该指出,DMC 算法是一种增量算法,不管是否有模型误差,它总能将系统输出调节到期望值而不产生静差。对于作用在对象输入端的阶跃形式的扰动,该算法也总能使系统输出回复到原设定状态。这是 DMC 算法的一个优点。

4. DMC 的实现与工程设计

一种控制算法的工程应用仅有算法原理是不够的,必须从实际应用的角度考虑诸多问题,下面就从工程应用的角度介绍 DMC 的一般设计步骤。

(1) 常规控制。

由于 DMC 动态矩阵算法基于线性系统的叠加原理,采用对象的阶跃响应作为预测模型,因此仅适用于渐近稳定的线性对象。对于不稳定的对象,可以先用 PID 等常规控制使其稳定。如果对象是弱非线性的,可以先在工作点处线性化。

(2) 确定采样周期。

DMC 是一种典型的计算机控制算法,其采样周期 T 的选择仍应遵循一般计算机控制系统中对 T 的选择原则。作为一种建立在非最小化模型基础之上的算法,DMC 中 T 的选择还与模型长度 N 有关,一般选择 T 使得系统的模型维数为 20~50。与其他计算机控制系统一样,从抗干扰的角度,通常希望采用较小的采样周期,以及时地抑制干扰的影响;从实时控制角度,通常又希望采用较大的采样周期,需根据具体情况进行选择。

(3) 确定动态矩阵。

实际测试被控对象的单位阶跃响应,并滤除噪声,得到模型参数$\{a_1, a_2, \cdots, a_N\}$,并由此得到动态矩阵 $\boldsymbol{A}$。

(4) 选择滚动优化参数的初值。

① 优化时域长度 P 对控制系统的稳定性和动态特性有着重要的影响。P 在 $1,2,4,8,\cdots$ 序列中挑选,应该包含对象的主要动态特性。

② 控制时域长度 M 表示所要确定的未来控制量改变的数目。由于针对未来 P 个时刻的输出误差进行优化,所以 $M \leqslant P$。M 值越小,越难保证输出在各采样点紧密跟踪期望值,控制性能越差;M 值越大,可以有许多步的控制增量变化,从而增加控制的灵活性,改善系统的动态响应,但因提高了控制的灵敏度,系统的稳定性和鲁棒性会变差。一般地,对于单调特性的对象,取 $M=1 \sim 2$;对于振荡特性的对象,取 $M=4 \sim 8$。

③ 误差权矩阵 $\boldsymbol{Q}$ 表示对 k 时刻起未来不同时刻误差项在性能指标中的重视程度。其参数 q_i 通常有下列几种选择方法。

- 等权选择:$q_1 = q_2 = \cdots = q_P$。这种选择使 P 项未来的误差在最优化准则中占有相同的比重。
- 只考虑后面几项误差的影响:$q_1 = q_2 = \cdots = q_i = 0$;$q_{i+1} = q_{i+2} = \cdots = q_P = q$。这样选择只强调从 $i+1$ 时刻到 P 时刻的未来误差,希望在相应步数内尽可能将系统引导到期望值。
- 对于具有纯滞后或非最小相位系统,当模型参数 a_i 是被控对象阶跃响应中纯滞后或反向部分(响应曲线在坐标轴下面部分)的采样值时,取对应的权重 $q_i = 0$;当 a_i 是被控对象阶跃响应中的其他部分时,则取 $q_i = 1$。

④ 控制权矩阵 $\boldsymbol{R}$ 的作用是抑制太大的控制量 Δu。过大的 $\boldsymbol{R}$ 虽然使系统稳定,但降低了系统响应的速度,所以要合适地选择 $\boldsymbol{R}$。一般先置 $\boldsymbol{R}=0$,若相应的控制系统稳定但控制量变化太大,则逐渐加大 $\boldsymbol{R}$。实际上往往只要很小的 $\boldsymbol{R}$ 就能使控制量的变化趋于平缓。

(5) 离线计算。

$$\boldsymbol{F} = (\boldsymbol{A}^{\mathrm{T}} \boldsymbol{Q} \boldsymbol{A} + \boldsymbol{R})^{-1} \boldsymbol{A}^{\mathrm{T}} \boldsymbol{Q}$$

$$\boldsymbol{d}^{\mathrm{T}} = \begin{bmatrix} 1 & 0 & \cdots & 0 \end{bmatrix} \boldsymbol{F}$$

(6) 初始化。

在实施控制的第 1 步,由于没有预测初值,也没有误差,需要进行初始化工作,其算法与在线算法略有不同,其流程如图 7-9(a)所示。

(7) 控制量的在线计算。

根据式(7-22),控制量的在线计算如下。

$$\Delta u(k) = \boldsymbol{d}^{\mathrm{T}} [\boldsymbol{w}_P(k) - \hat{\boldsymbol{y}}_{P0}(k)]$$

$$u(k) = u(k-1) + \Delta u(k)$$

可见,DMC 的在线工作量很小,容易在计算机控制系统中实现。图 7-9(b)是 DMC 在线计算程序流程图。

(8) 仿真调整优化参数。

完成上述初步设计后,可以采用仿真方法检验控制系统的动态响应,然后按照下列原则

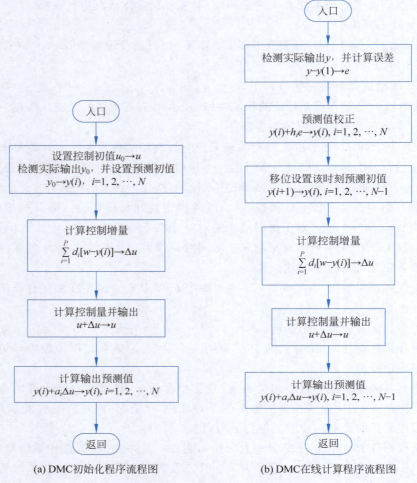

图 7-9 DMC 在线控制程序流程图

进一步调整滚动优化参数。

一般先选定 M，然后调整 P。若调整 P 不能得到满意的响应，则重选 M，然后再调整 P。若稳定性较差，则增大 P；若响应缓慢，则减小 P。M 的调整与 P 相反，若系统稳定，但控制量变化太大，可略加大 r_i。一般只要取很小的值（如 $r_i = 0.1$）就可使控制量变化趋于平缓。

反馈系数 h 一般取下列两种类型之一。

① $h_1 = 1$；$h_i = a$，$i = 2, \cdots, N$。

② $h_1 = 1$；$h_{i+1} = h_i + a_i$，$i = 1, 2, \cdots, N-1$。

其中，$0 < a \leqslant 1$。a 越趋于 0，反馈校正越弱，鲁棒性加强，抗干扰能力下降；a 趋于 1，则相反。通过仿真选择参数 a，使之兼顾鲁棒性和抗干扰性能的要求。

在图 7-9 中，设定值 w 是作为定值的，若设定值是时变的，则在程序流程图中还应编制在线计算 $w(i)(i = 1, 2, \cdots, P)$ 的模块，并以其代替 w。

5. DMC-PID 串级控制

由于 DMC 抑制干扰是通过误差校正来实现的，因此如果可以得到系统输出对于干扰的阶跃响应模型,就能容易地想到可以采用带前馈的动态矩阵控制,其目的是用前馈控制作用及时克服已知干扰的影响,用 DMC 进行反馈控制。然而,实际工业过程中存在着大量部位不确定或影响不清楚的干扰,前馈方法对这些干扰将无能为力。为了获得好的控制效果,及时克服干扰的不利影响,考虑到动态矩阵控制的采样周期一般比较大,而 PID 控制的采样周期可以取得相当小,且它对干扰有良好的抑制作用,因而借鉴串级控制系统的思想,把动态矩阵控制与 PID 结合起来构成 DMC-PID 串级控制系统。其思想是在对象干扰最多的部位后面取出信号,首先构成 PID 闭环控制,采用比 DMC 高得多的频率,以快速有效地抑制突发性干扰。这一被控回路与对象的其他部分可作为广义对象,再采用动态矩阵控制,以良好的动态性能与鲁棒性作为设计目标。这种结构如图 7-10 所示。

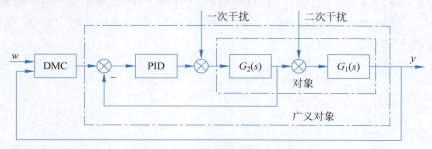

图 7-10　DMC-PID 串级控制结构

副回路的选择与设计与一般串级控制系统相似,副对象 $G_2(s)$ 应包含系统的主要干扰,并有较小的纯滞后或时间常数,采用频率较高的数字 PID 算法。参数的整定可采用前面介绍过的一些方法。为了简单起见,控制规律可采用 P 或 PI。

设计主回路时,因为主回路确定的控制输入量不是用于对象的直接控制量,而是副回路的设定值,所以测试的对象阶跃响应不再是原对象的,而是经副回路控制后的广义对象对副回路设定值的阶跃响应。在整个广义对象中,由于已有副回路的控制作用,故真正影响广义动态特性的将是主对象 $G_1(s)$,它通常具有较大的纯滞后与时间常数,因此采用 DMC 比 PID 更为有利,可获得更好地跟踪性能与鲁棒性。所以,DMC-PID 串级控制利用了串级控制的结构优点,综合了 PID 与 DMC 各自的特点,是一种很实用的控制算法。

7.2.2　模型算法控制

模型算法控制(Model Algorithm Control,MAC)又称为模型预测启发控制(Model Predictive Heuristic Control,MPHC),是产生在 20 世纪 70 年代后期的另一类用于工业过程控制的重要预测控制算法。它采用被控对象的脉冲响应采样序列作为预测模型,自提出以来,已在电力、化工等工业过程中广泛应用。MAC 由 4 部分组成,分别是预测模型、参考轨迹、闭环预测和最优控制。

1. 预测模型

类似于 DMC 算法,可通过离线或在线辨识,并经平滑得到系统的单位脉冲响应采样值 $\{g_1, g_2, \cdots, g_N\}$,如图 7-11 所示。

如果系统是渐近稳定的对象,由于 $\lim_{i \to \infty} g_i = 0$,所以总能找到一个时刻 $t_N = NT$,使得此后的脉冲响应 $g_i(i>N)$ 与测量和量化误差有相同的数量级,以致可以忽略。实际工业过

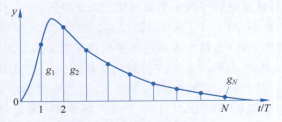

图 7-11 系统的离散脉冲响应

程虽然往往带有非线性特性,并且系统参数可能随时间缓慢变化,但只要系统基本保持线性,仍可用这一算法进行控制。对于非自衡被控对象,可通过常规控制办法(如 PID 控制)首先使之稳定,然后再应用 MAC 算法。由线性系统的比例与叠加性质,用有限个脉冲响应值可描述系统的模型输出,即

$$y_m(k) = \sum_{j=0}^{N} g_j u(k-j) = \mathbf{g}_m^T \mathbf{u}(k-1) \tag{7-28}$$

其中,

$$\mathbf{g}_m^T = [g_1 \quad g_2 \quad \cdots \quad g_N]$$

$$\mathbf{u}(k-1) = [u(k-1) \quad u(k-2) \quad \cdots \quad u(k-N)]^T$$

式(7-28)中 y 的下标 m 表示该输出是基于模型的输出,向量 $\mathbf{g}_m^T = [g_1 \quad g_2 \quad \cdots \quad g_N]$ 称作模型向量,由于该式通常放在计算机内存中,故又被称作内部模型。需要注意的是,在实际测试时,输出量 y 与控制量 u 均是针对某一静态工作点 y_0 与 u_0 的偏差值。

对于一个线性系统,如果其单位脉冲响应的采样值已知,则可根据式(7-28)预测系统未来时刻的输出值,其输入与输出间的关系为

$$y(k+i \mid k) = \sum_{j=1}^{N} g_j u(k+i-j) \quad i=1,2,\cdots,P \tag{7-29}$$

式(7-29)即为 $t=kT$ 时刻,系统对未来输出的预测模型。注意到控制时域长度 $M \leqslant$ 优化时域长度 P,因而,$u(k+i)$ 在 $i=M-1$ 后将保持不变,即

$$u(k+i) = u(k+M-1) \quad i=M,\cdots,P-1 \tag{7-30}$$

因此,对未来输出的模型预测可以写成

$$y_m(k+1 \mid k) = g_1 u(k) + g_2 u(k-1) + \cdots + g_N u(k+1-N)$$

$$\vdots$$

$$y_m(k+M \mid k) = g_1 u(k+M-1) + g_2 u(k+M-2) + \cdots +$$
$$g_m u(k) + g_{m+1} u(k-1) + \cdots + g_N u(k+M-N)$$

$$y_m(k+M+1 \mid k) = (g_1 + g_2) u(k+M-1) + g_3 u(k+M-2) + \cdots +$$
$$g_{m+1} u(k) + g_{m+2} u(k-1) + \cdots + g_N u(k+M+1-N)$$

$$\vdots$$

$$y_m(k+P \mid k) = (g_1 + g_2 + \cdots + g_{P-M+1}) u(k+M-1) + g_{P-M+2} u(k+M-2) + \cdots +$$
$$g_P u(k) + g_{P+1} u(k-1) + \cdots + g_N u(k+P-N)$$

用向量的形式简记为

$$\boldsymbol{y}_m(k\mid k) = \boldsymbol{G}_1\boldsymbol{u}_1(k) + \boldsymbol{G}_2\boldsymbol{u}_2(k) \tag{7-31}$$

其中，

$$\boldsymbol{y}_m(k\mid k) = [y_M(k+1\mid k) \quad \cdots \quad y_M(k+P\mid k)]^T$$

$$\boldsymbol{u}_1(k) = [u(k) \quad \cdots \quad u(k+M-1)]^T$$

$$\boldsymbol{u}_2(k) = [u(k-1) \quad \cdots \quad u(k-1-N)]^T$$

$$\boldsymbol{G}_1 = \begin{bmatrix} g_1 & & & & \\ g_2 & g_1 & & 0 & \\ \vdots & \vdots & & & \\ g_M & g_{M-1} & \cdots & g_2 & g_1 \\ g_{M+1} & g_M & \cdots & g_3 & g_2+g_3 \\ & & \vdots & & \\ g_P & g_{P-1} & \cdots & g_{P-M+2} & g_{P-M+1}+\cdots+g_1 \end{bmatrix}_{P\times M}$$

$$\boldsymbol{G}_2 = \begin{bmatrix} g_2 & g_3 & \cdots & \cdots & g_{N-1} & g_N \\ g_3 & g_4 & \cdots & \cdots & g_N & 0 \\ & & & \ddots & & \\ g_{P+1} & g_{P+2} & \cdots & g_N & \cdots & 0 \end{bmatrix}_{P\times(N-1)}$$

注意到，式(7-31)中 $\boldsymbol{G}_1$、$\boldsymbol{G}_2$ 是由模型参数 g_i 构成的已知矩阵，$\boldsymbol{u}_2(k)$ 在 $t=kT$ 时刻是已知的，因为它只包含该时刻以前的控制输入，而 $\boldsymbol{u}_1(k)$ 则为所要求的现在和未来的控制输入量。

2. 参考轨迹

在 MAC 中，控制的目的是使输出量 $y(t)$ 从 k 时刻的实际输出值 $y(k)$ 出发，沿着一条期望的光滑轨迹到达设定值 w，这条期望的轨迹就叫作参考轨迹。参考轨迹往往选为从实际出发的一阶曲线，如图 7-12 所示。

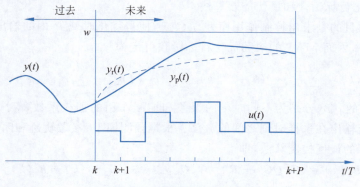

图 7-12　参考轨迹与最优化

参考轨迹在以后各时刻的值为

$$\boldsymbol{y}_r(k) = [y_r(k+1) \quad \cdots \quad y_r(k+P)]^T$$

其中，

$$y_r(k+j) = y(k) + [w-y(k)][1-\exp(-jT/T_r)], \quad j=1,2,\cdots,P \tag{7-32}$$

其中，T_r 为参考轨迹的时间常数；w 为输出设定值。如果记 $a=\exp(-jT/T_r)$，则有

$$y_r(k+j)=a^j y(k)+(1-a^j)w \tag{7-33}$$

其中，$0\leqslant a<1$。特别地，当 $a=0$ 并且 $w=0$ 时，对应 $y_r(k)=0$，即镇定问题；否则对应跟踪问题；而当 $a=0$ 但 $w\neq 0$ 时，对应 $y_r(k)=w$，即不用参考轨迹直接跟踪设定值 w 的情况。

参考轨迹也可选为高阶的，但选为一阶的特别简单。从理论上也可证明，参考轨迹中的 a（与时间常数 T_r 成正比）是 MAC 算法中的一个关键参数，对闭环系统的动态特性和鲁棒性的影响很大。a 越小，参考轨迹到达设定值越快，同时鲁棒性较差；a 越大，闭环系统的鲁棒性越好，但控制的快速性变差。因此，要选择适当的 a，使这两方面的要求都得到兼顾。

3. 闭环预测

由前面推导可知，式（7-31）预测出的输出是根据模型的预测，没有考虑系统的任何真实输出信息反馈，故称为开环预测。而实际控制过程中，不可避免地存在着干扰和噪声、模型失配、参数漂移等因素，它们或多或少地会影响到对系统输出的预测。因此，应采用闭环预测的办法，也即根据 k 时刻的实际输出值，对模型预测值进行及时的修正。这一步骤相当于 DMC 算法中的误差校正。在 $t=kT$ 时刻，输出的闭环预测记作

$$y_p(k+i\mid k)=y_m(k+i\mid k)+[y(k)-y_m(k)], \quad i=1,2,\cdots,P \tag{7-34}$$

其中，$y(k)$ 为现时刻系统的实际输出测量值；$y_m(k)$ 为现时刻的模型输出。写成向量形式，得

$$\boldsymbol{y}_p(k\mid k)=\boldsymbol{y}_m(k\mid k)+\boldsymbol{h}e(k) \tag{7-35}$$

其中，

$$\boldsymbol{y}_p(k\mid k)=\begin{bmatrix} y_p(k+1\mid k) & y_p(k+2\mid k) & \cdots & y_p(k+P\mid k) \end{bmatrix}^T$$

$$\boldsymbol{h}=\begin{bmatrix} h_1 & h_2 & \cdots & h_P \end{bmatrix}^T$$

$$e(k)=y(k)-y_m(k)=y(k)-\sum_{j=1}^{N}g_j u(k-j)$$

4. 滚动优化目标函数和最优控制算法

最优控制的目的是求出控制作用序列 $\{u(k)\}$，使得优化时域 P 内的输出预测值尽可能地接近参考轨迹，因而 MAC 的滚动优化目标函数可定为

$$\min J(k)=\sum_{i=1}^{P}q_i[y_p(k+i\mid k)-y_r(k+i)]^2+\sum_{j=1}^{M}r_j u^2(k+j-1) \tag{7-36}$$

式（7-36）中的 q、r 分别为不同时刻的误差和控制作用的加权系数，等式右边的第 2 项是为了消除系统输出在采样时刻之间的振荡。根据预测模型、参考轨迹和闭环预测，可以求出在性能指标下的最优控制算法，即

$$\boldsymbol{u}_1(k)=(\boldsymbol{G}_1^T\boldsymbol{Q}\boldsymbol{G}_1+\boldsymbol{R})^{-1}\boldsymbol{G}_1^T\boldsymbol{Q}[\boldsymbol{y}_r(k)-\boldsymbol{G}_2\boldsymbol{u}_2(k)-\boldsymbol{h}e(k)] \tag{7-37}$$

其中，

$$\boldsymbol{Q}=\text{diag}\begin{bmatrix} q_1 & \cdots & q_P \end{bmatrix}$$

$$\boldsymbol{R}=\text{diag}\begin{bmatrix} r_1 & \cdots & r_M \end{bmatrix}$$

最优即时控制量为

$$u(k)=\begin{bmatrix} 1 & 0 & \cdots & 0 \end{bmatrix}\boldsymbol{u}_1(k) \tag{7-38}$$

式(7-38)求出的 $\boldsymbol{u}_1(k)$ 中包含了从 k 时刻起到 $k+M$ 时刻的 M 步($M\leqslant P$)控制作用。实际应用时可视系统受干扰程度、模型误差大小和计算机运算速度等,针对不同的情况采取不同的实施策略。在干扰频繁、模型误差较大、计算机运算速度较快时,实施 $\boldsymbol{u}_1(k)$ 的前几步后即开始新的计算,这样做有利于克服干扰,提高输出预测的精度。模型算法控制原理如图 7-13 所示。

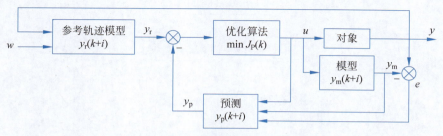

图 7-13　模型算法控制原理

特别地,每次只实施一步优化控制($P=M=1$)的算法称为一步优化模型算法控制,简称一步 MAC。此时有

预测模型:　　　$y_m(k+1) = \boldsymbol{g}^T \boldsymbol{u}(k) = g_1 u(k) + \sum_{i=2}^{N} g_i u(k-i+1)$　　(7-39)

参考轨迹:　　　　　$y_r(k+1) = ay(k) + (1-a)w$　　(7-40)

优化控制:　　　　　$\min J_1(k) = [y_p(k+1) - y_r(k+1)]^2$　　(7-41)

误差校正:　　$y_p(k+1) = y_m(k+1) + e(k)$

$$= y_m(k+1) + y(k) - \sum_{i=1}^{N} g_i u(k-i) \quad (7\text{-}42)$$

由此导出最优控制量 $u(k)$ 的显式解

$$u^*(k) = \frac{1}{g_1}\left[ay(k) + (1-a)w - y(k) + \sum_{i=1}^{N} g_i u(k-i) - \sum_{i=2}^{N} g_i u(k-i+1)\right]$$

$$= \frac{1}{g_1}\left\{ (1-a)[w - y(k)] + g_N u(k-N) + \sum_{i=1}^{N-1}(g_i - g_{i+1}) u(k-i)\right\} \quad (7\text{-}43)$$

如果对控制量存在约束条件,则按如下公式计算实际控制作用。

$$\begin{cases} u^*(k) = u_{\max}, & u^*(k) \geqslant u_{\max} \\ u^*(k) = u^*(k), & u_{\min} \leqslant u^*(k) \leqslant u_{\max} \\ u^*(k) = u_{\min}, & u^*(k) \leqslant u_{\min} \end{cases}$$

显然,在计算机内存中只需存储固定的根据模型计算得到的参数 $g_1 - g_2, g_2 - g_3, \cdots, g_N$,以及过去 N 个时刻的控制输入 $u(k-1), u(k-2), \cdots, u(k-N)$,在每个采样时刻到来时,检测 $y(k)$ 后即可由式(7-43)算出 $u(k)$。

一步 MAC 算法包括离线计算与在线计算两部分。离线部分包括测定对象的脉冲响应,并经光滑后得到 $g_1, g_2, \cdots, g_N$;选择参考轨迹的时间常数 T_r,并计算 $a = \exp(-T/T_r)$;把 $g_1 - g_2, g_2 - g_3, \cdots, g_N$,工作点参数 u_0,给定值 $w, g_1, 1-a$ 以及有关约束条件 $u_{\min}^*(k) = u_{\min} - u_0, u_{\max}^*(k) = u_{\max} - u_0$ 等几组参数放入固定的内存单元。设置初值

$u(i)=0, i=1,2,\cdots,N$,其中 $u(i)$ 为式(7-43)中的 $u(k-i)$。在线部分控制流程如图 7-14 所示。

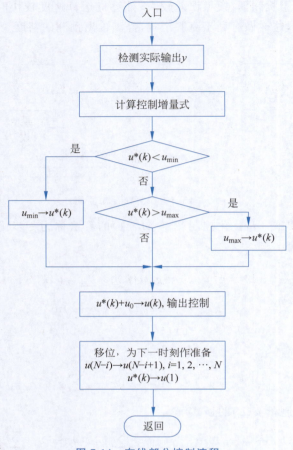

图 7-14 在线部分控制流程

由图 7-14 可知,一步 MAC 算法特别简单,且在线计算量很小。MAC 的参数整定类似于 DMC 算法,在此不再介绍。

需要指出的是,一步 MAC 不适用于时滞对象与非最小相位对象,因为前者在一步内动态响应还未表现出来,后者则出现了与其主要动态响应方向相反的初始响应。此外,即使是最小相位系统,只有当 g_1 能充分反映其动态变化时,优化才有意义。从式(7-43)可以看出,如果 g_1 太小,则很小的模型误差就有可能引起 $u^*(k)$ 偏离实际最优值,使控制效果变差。因此,一步 MAC 只能用于对控制要求不高的场合。

$P \neq 1$ 的 MAC 称为多步优化模型预测算法控制,简称多步 MAC。从前面的推导可以看出,多步 MAC 与动态矩阵控制(DMC)算法十分相似,但有些不同的地方必须引起注意。

(1) 在 MAC 的矩阵 $\boldsymbol{G}_1$ 中,并不是简单地以脉冲响应系数 g_i 取代 DMC 中动态矩阵 $\boldsymbol{A}$ 的阶跃响应系数 a_i,其最后一列必须采用脉冲响应系数之和,这与 $\boldsymbol{A}$ 中最后一列的形式是不同的。原因在于 DMC 以 Δu 为控制输入,在控制时域后 $\Delta u=0$,不再考虑其阶跃响应的影响;而在 MAC 中,则以 u 为控制输入,在控制时域后 u 不再变化,但 $u=u(k-M+1) \neq 0$,

故仍需考虑其脉冲响应的影响。

(2) 即使没有模型误差,即 $e(k)=0$ 时,多步 MAC 一般也存在静差。而由于 DMC 以 Δu 为直接控制量,其中包含了数字积分环节,即使模型失配,也能得到无静差的控制。为了消除 MAC 的静差,可以证明,若在优化性能指标式(7-37)中,选择 $R=0$,则静差不再出现。也可采用修改设定值的办法消除静差。实现多步 MAC 时会出现静差是区别于 DMC 的性质,应用时当引起注意。

MAC 在实际应用中与 DMC 类似,也应考虑系统中存在的物理约束,并根据实际问题结合不同的控制结构灵活地加以应用,在此不再介绍。

7.3 神经控制系统

20 世纪 90 年代脑科学研究的进展表明,人类的大脑是在漫长而又激烈的自然选择和生死攸关的生存竞争中演化而来的,它是高度非线性的、远离平衡的、永远开放的自适应系统。神经控制是脑科学延伸的一个积极成果。

神经网络与自动控制是两个不同的学科,它们有各自的产生背景、研究内容、历史发展以及不同的运行规律。神经控制是两门学科结合的产物,是它们发展到一定历史阶段的必然结果。

人工神经网络(Artificial Neural Network,ANN 或 AN2)是由大量而又简单的神经元按某种方式连接形成的智能仿生动态网络,它是在不停顿地向生物神经网络(Biological Neural Network,BNN 或 BN2)学习中开始自己学科生涯的。

第 25 集
微课视频

BNN 作为一门科学,兴起于 19 世纪末期。1875 年意大利解剖学家 Golgi 用染色法最先识别出单个神经细胞。1889 年西班牙解剖学家 Cajal 创立神经元学说,该学说认为神经元的形状呈两极,细胞体和树突可以接收其他神经元的冲动,轴索的功能是向远离细胞体的方向传递信号。

1943 年,法国心理学家 W. S. McCuloch 和 W. Pitts 在分析、综合神经元基本特征的基础上,提出了第 1 个神经元数学模型(MP 模型),开创了人类自然科学技术史上的一门新兴学科——ANN 的研究。从 1943 年到现在,ANN 的发展历经波折,颇具戏剧性。今天,当神经网络和神经计算机已经发展成为一门多学科领域的边缘交叉学科时,当传统的智能学科,如人工智能、知识工程、专家系统等也需要发展而把目光转向 ANN 时,如实地介绍 ANN 当前面临的难题,客观地评价 ANN 的应用成果,探讨 ANN 研究的突破口,都是极有益处的。

神经网络控制主要应用于以下领域。

(1) 非线性系统控制:学习和逼近非线性系统的动态。

(2) 自动驾驶车辆:感知环境、决策和路径规划。

(3) 机器人控制:复杂动作和环境适应性。

(4) 金融工程:预测市场趋势和风险评估。

7.3.1 生物神经元和人工神经元

生物神经元是生物神经细胞的学术名称;人工神经元是生物神经元的智能仿生模型。

1. 生物神经元

有了生物神经元,才有生物的生命。

脑神经系统是由 $10^{10} \sim 10^{12}$ 个神经元组成的结构异常复杂的永远开放的一种自适应系统。在一个三维空间内,如此众多的神经元紧密组成一个神经网络,完成大脑独有的信息处理功能。

生物神经元是形成大脑的基本元素,如同砖瓦是构成高楼大厦的基本元素一样。房屋由砖瓦构成,但一堆砖瓦胡乱堆放在一起,并不能构成房屋,必须有设计图纸,按图施工才能形成千姿百态、形状各异的建筑。生物神经元组成生物神经网络进而形成大脑也是如此。迄今为止,人们已经发现了视觉处理神经元群的纵列结构,而类似于记忆、思维等大脑神经网络独有的一些功能还不十分清楚,有待进一步研究。

不同的生物神经元有不同的功能,如味觉神经元和视觉神经元的功能就不同,形成功能不同的主要原因是它们在结构上有差异。从完成功能的角度来看,不同的神经元内部有不同的结构。

另外,无论是哪种生物神经元,从传递、记忆信息的角度看,它们都具有相同的结构。

生物神经元的基本组成如图 7-15 所示。它由 9 部分组成,分别是神经元胞体、树突、树突棘、轴突、侧支、郎飞结、髓鞘、施万细胞和轴突末梢。

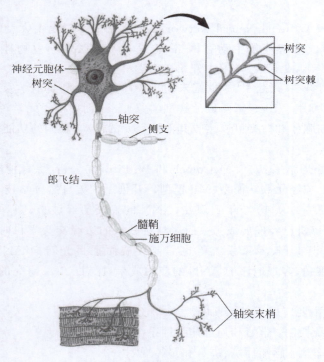

图 7-15 生物神经元的基本组成

1) 神经元胞体(Neuron Body)

神经元胞体也称为细胞体或细胞核(Soma),是神经元的主体部分,包含细胞核和大部分细胞器。胞体是神经元的代谢和遗传信息处理中心,负责合成蛋白质、维持细胞的结构和功能,并参与神经信号的生成。

2) 树突（Dendrite）

树突是神经元（神经细胞）的一种结构，它负责从其他神经元接收信号。树突是神经元的输入部分，通常呈树枝状分布，以最大化与其他神经元的突触连接。

3) 树突棘（Dendritic Spines）

树突棘是树突上的微小突起，它们是突触传递中的关键结构。树突棘的形态和数量可以根据神经网络的活动和经验而变化，它们在学习和记忆过程中起着重要作用。

4) 轴突（Axon）

轴突是神经元（神经细胞）的一个长而细的突起，其主要功能是传输神经脉冲，也就是电信号，从神经元的细胞体（或称为胞体）传递到其他神经元、肌肉细胞或腺体。

5) 侧支（Collateral）

在生物学中，侧支一词通常用于描述从主要结构或路径分支出来的次级结构。在神经系统中，侧支可以指代几种不同的结构，但最常见的是指轴突的侧支，也就是神经元的轴突在其传导路径上的分支。

6) 郎飞结（Ranvier Node）

郎飞结是指在神经纤维的髓鞘上存在的周期性间隔，它们是轴突上未被髓鞘包裹的部分。这些结节是由法国解剖学家路易-安托万·郎飞（Louis-Antoine Ranvier）在1878年首次描述的，因此得名。郎飞结在神经信号传递过程中扮演着重要的角色。

7) 髓鞘（Myelin Sheath）

许多轴突被一种称为髓鞘的绝缘物质包裹。髓鞘由胶质细胞制成，在中枢神经系统中由少突胶质细胞产生，在外周神经系统中由施万细胞产生。髓鞘的存在可以加速电信号的传播，这种加速作用称为盐跳传导。

8) 施万细胞（Schwann Cells）

施万细胞是周围神经系统中的一种胶质细胞，以德国解剖学家和生理学家西奥多·施万（Theodor Schwann）的名字命名。施万细胞的主要功能是在周围神经系统中形成髓鞘，这是一种富含脂质的绝缘物质，可以包裹在神经纤维（轴突）周围，以加速神经脉冲的传导速度。

9) 轴突末梢（Axon Terminal 或 Terminal Bouton）

轴突末梢是神经元轴突的末端部分，它与另一个神经元的树突、细胞体或轴突形成接触点，即突触（Synapse）。在这个结构中，神经信号通过化学物质（神经递质）的释放传递给下一个神经元或效应器细胞（如肌肉或腺体细胞）。

生物神经元的突触按传递信息的方式分成两种。一种是电突触，传递特征是在相邻两细胞的低电阻通道中快速交换离子，使突触后电位发生变化；另一种是化学突触，借助化学媒介传递神经冲动。

如果按动作状态划分，生物神经元的突触可呈现出兴奋性和抑制性两种状态。当突触前端接收到的输入信息能使突触膜电位超越神经冲动的阈值时，这时的生物神经元处于"兴奋"状态；如果突触膜电位不能超过引起神经冲动的阈值，生物神经元则处于"抑制"状态。

2. 人工神经元

人工神经元是生物神经元信息传递功能的数学模型。

将生物神经元的信息传递功能用数学模型描述,所能构成的数学模型是多种多样的,这是因为生物神经元传递信息的内涵极为丰富,涉及的外界和内在因素很多。在构造数学模型时,必然要舍弃一些因素,保留并突出另一些因素,从而使人工神经元的模型也有多种。

设第 j 个人工神经元在多个输入 $x_i(i=1,2,3,\cdots,n)$ 的作用下,产生了输出 y,则人工神经元输入、输出之间的关系可以记为

$$y_j = f(x_i) \tag{7-44}$$

其中,f 为作用函数或激发函数(Activation Function)。

人工神经元模型如图 7-16 所示。

$f(x_i)$ 的表达形式不同,可以构成不同的人工神经元模型,其中比较典型的有线性函数、阶跃函数和 Sigmoid 函数等。

1) 线性函数

作用函数 f 连续取值,随 x 的增加而增大,记为

$$f(x) = x$$

这种情况下的作用函数是线性加权求和的一种特例。设人工神经元的 n 个输入之间有如下关系。

$$x_1 = x_2 = \cdots = x_n = x$$

各输入的权值(突触强度)之间有

$$w_{1j} + w_{2j} + \cdots + w_{nj} = 1$$

则

$$f(x_i) = \sum_{i=1}^{n} w_{ij} x_i = x$$

线性函数 $f(x) = x$ 如图 7-17 所示。

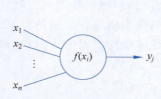

图 7-16 人工神经元模型

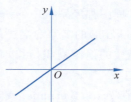

图 7-17 线性作用函数

2) 阶跃函数

MP 模型的作用函数就是阶跃函数,它有两种不同的表达形式,一种是对称硬限幅函数,即

$$f(x) = \begin{cases} 0 \\ 1 \end{cases}$$

另一种是硬限幅函数,即

$$f(x) = \begin{cases} -1 \\ +1 \end{cases}$$

它们所对应的模式都可以记为

$$y_j = f\left(\sum_{i=0}^{n} w_{ij} x_i\right)$$

3) Sigmoid 函数

Sigmoid 函数是一个将人工神经元的输出限制在两个有限值之间的连续非减函数,简称 S 形函数。它分为对称型和非对称型两种。对称型 Sigmoid 函数又称为双曲正切 S 形函数,其表达式为

$$f(x) = \frac{1-e^{-x}}{1+e^{-x}}$$

函数的渐近线为 $f(x)=\pm 1$,且函数连续可微,无间断点。在实际应用的不同场合,可选取不同的表达方式,其一般形式为

$$f(x) = \frac{1-e^{-\beta x}}{1+e^{-\beta x}}, \quad \beta > 0$$

或

$$f(x) = \frac{e^{\beta x}-e^{-\beta x}}{e^{\beta x}+e^{-\beta x}}, \quad \beta > 0$$

不同的 β 取值,引起曲线的弯曲程度不同。图 7-18 分别给出了 $\beta=1$ 和 $\beta=2$ 时的曲线。

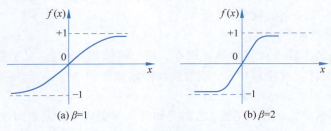

图 7-18 双曲正切 S 形函数

非对称型 Sigmoid 函数又称为单极性 S 形函数,表达式为

$$f(x) = \frac{1}{1+e^{-x}}$$

或

$$f(x) = \frac{1}{1+e^{-\beta x}}, \quad \beta > 0$$

该函数可被看作由双曲正切函数水平上移而成的,渐近线为 $f(x)=0$ 和 $f(x)=1$,且连续可微,无间断点。图 7-19 分别给出了 $\beta=1$ 和 $\beta=2$ 时的曲线。

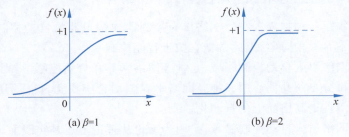

图 7-19 单极性 S 形函数

7.3.2 人工神经网络

人工神经网络既然是从工程上实现生物神经网络的功能,那么它先天具备生物神经网络的基本功能。

1. 大规模并行处理功能

由大量人工神经元以独有方式构成的人工神经网络,能同时接收多个输入信息并同时传输,多个人工神经元能以表决的形式作出响应,人工神经网络的输出是多个人工神经元同时举手表决的结果,能自动完成"少数服从多数"。

人工神经网络的大规模并行处理功能实质上最大限度地利用了空间复杂性,有效降低了时间复杂性。

2. 分布存储功能

生物神经网络利用突触连接强度的变化调整存储内容,存储的过程就是处理的过程。人工神经网络利用人工神经元之间的连接权值(又称为权值、权重或加权值)调整存储内容,使存储和处理同时通过权重来反映。这种模拟的最大优点在于:在生物神经网络中,虽然每天有大量的脑细胞死亡,但丝毫不影响存储与记忆。脑部的局部损伤可能会导致暂时丧失部分记忆,但日后完全可能恢复记忆。

3. 多输入接收功能

人工神经网络的多输入接收功能体现在:既能接收数字信息,又能接收模拟信息;既能接收精确信息,又能接收模糊信息;既能接收固定频率的信息,又能接收随机信息。

4. 以满意为准则的输出功能

人类大脑积存有丰富的经验智慧,遇到突如其来的变故或从未遇到过的情况,能够有效地在极短时间内迅速作出判断。人工神经网络对输入信息的综合以满意为准则,力求获得最优解。

5. 自组织自学习功能

人工神经网络必须具备自组织自学习功能,以期自动适应外界环境的变化。由于生物神经网络在先天遗传因素存在的条件下,后天的学习与训练能够开发出形形色色的功能,因此要求人工神经网络的学习权值能够按照一定规律改变。人工神经网络模型建立以后,使用之前应进行训练,训练就是一种学习过程,学习也应有一定的规则。

不同的人工神经网络有不同的训练方式和学习权值,也有不同的学习规则。

7.3.3 神经控制系统概述

神经控制系统是一种把人工神经网络作为控制器或辨识器的自动控制系统,由于研究对象是控制器而不是被控对象,因此常把它归于智能控制一类。

把人工神经网络引入自动控制领域,是神经网络学界和自动控制学界共同努力的结果,它反映了两个学科分支的共同心愿。神经网络学界急切希望找到自己的用武之地,自动控制领域迫切希望实现更高层面上的自动化。

把人工神经网络引入自动控制领域,是因为无论从理论上还是实践上,都已经证明神经网络具有逼近任意连续有界非线性函数的能力。非线性系统本身具有明显的不确定行为,即便是线性系统,为了改善网络的动态特性,也常常需要在线性前馈网络的隐层构造非线性单元,形成非线性前馈网络。

1. 神经控制系统的基本结构

神经控制系统的全称是人工神经网络控制系统,其主要系统形式依旧是负反馈调节,系统的基本结构依旧分为开环和闭环两类。人工神经网络控制系统的一般结构如图 7-20 所示,图中的控制器、辨识器和反馈环节均可以用神经网络构成。

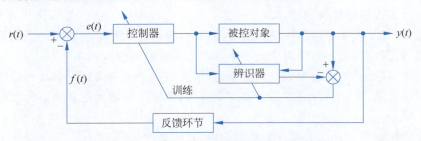

图 7-20　人工神经网络控制系统的一般结构

人工神经网络使用二元逻辑,是一种数字网络,神经控制是一种数字控制,用数字量控制被控对象。神经网络控制系统是一种数字控制系统,它具有数字控制系统的一般特征。和一般的微机系统一样,它由硬件与软件两部分组成。

2. 神经网络在神经控制系统中的作用

神经控制给非线性系统带来一种新的控制方式。在神经网络进入自控领域之前,控制系统的设计分析方法是首先建立数学模型,用数学表达式描述系统,然后对相应的数学方程求解。古典控制理论形成了一整套利用拉氏变换求解微分方程的做法;现代控制理论则是状态方程和矩阵求解。如果数学模型不正确,描述系统的数学表达式不能反映系统的真实面貌,与真实系统相差太大,设计结果就不能使用。这就是系统设计失败的原因。无论是古典控制系统还是现代控制系统,控制器的设计都与被控制器的数学模型有直接的关系。

神经网络从根本上改变了上述设计思路,因为它不需要被控制对象的数学模型。在控制系统中,神经网络是作为控制器或辨识器起作用的。

控制器具有智能行为的系统,称为智能控制系统。在智能控制系统中,有一类具有学习能力的系统,称为学习控制系统。学习的过程是一个训练并将训练结果记忆的过程,人工神经网络控制系统就是一种学习控制系统。

神经控制器与古典控制器和现代控制器相比,有优点也有缺点。最大的优点是神经控制器的设计与被控制对象的数学模型无关,这也是神经网络能够在自动控制中立足的根本原因。缺点是神经网络需要在线或离线开展学习训练,并利用训练结果进行系统设计,这种训练在很大程度上依赖训练样本的准确性,而训练样本的选取依旧带有人为的因素。

神经辨识器用于辨识被控对象的非线性和不确定性。

不同的神经控制系统有不同的配置:有的只需要神经控制器;有的只需要神经辨识器;有的既需要神经控制器,又需要神经辨识器。不同的配置按照不同的对象要求设定。

7.3.4　神经控制器的设计方法

神经控制器的设计大致可以分为两类,一类是与传统设计手法相结合;另一类是完全脱离传统手法,另行一套。无论是哪一类,目前都未有固定的模式,很多问题都还在探讨之中。究其原因,神经控制还是一门新学科,在社会上并不普及,很多人甚至连"神经控制"都还没有听说过,神经系统的研究还处于摸索探讨阶段。神经网络虽然有了一些所谓的"理论",但并不成熟,甚至连隐层节点的作用机理这一类简单的理论问题都没有搞清楚。而智能控制的"年龄"比神经网络还要年轻,现阶段的智能控制就没有理论。因此,神经控制器没有理论体系,更谈不上完善的理论体系,相应地也就不存在系统化的设计方法。

目前较为流行的神经控制器设计过程是:设计人员根据自己的经验选用神经网络,选择训练方法,确定是否需要供训练使用的导师信号,设计算法并编制程序,然后上机运行,得到仿真结果,根据结果决定是否需要进一步修改相关参数或修改网络体系。

从仿真到实际运行,还有很长一段路要走,需要解决的主要问题是仿真只是神经网络模型训练运行的结果,实际运行需要带动被控制对象,其工作环境远比实验室仿真环境恶劣且复杂得多。

由于神经控制器的设计与设计人员的素质、理解能力和经验有关,因此设计出来的产品都可以成为设计者的成果,这也是从事神经控制较容易出成果的原因之一。随着时间的推移,对设计结果的评价体系终会诞生,成果优劣将更加清晰。

简单综合起来,神经控制器的设计方法大致有以下几种:模型参考自适应方法、自校正方法、内模方法、常规控制方法、神经网络智能方法和神经网络优化设计方法。

1. 模型参考自适应方法

模型参考自适应方法设计出来的神经控制器多用于被控制对象是线性对象,但也适用于被控制对象是非线性对象。两种不同对象对神经辨识器的要求不同。这种方式设计出的系统基本结构如图 7-21 所示。可以看到,神经网络的功能是控制器,但是它的训练信号却是参考模型信号与系统输出信号之间的差值,即

$$e(t) = z(t) - y(t)$$

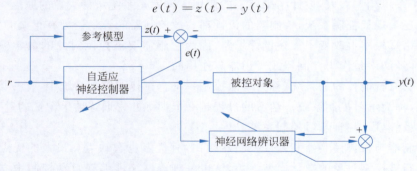

图 7-21 模型参考自适应神经控制系统

由此可以确定神经控制器的训练目标为参考模型输出与被控对象输出的差值最小。

训练之前必须先解决的问题是如何得到参考模型输出与被控对象输出,由于无法知道被控对象的数学模型,或者引入神经控制的目的就是不用知道被控对象的数学模型,因而对象的特性未知,给训练带来困难。解决办法是在被控对象的两边增加神经网络辨识器,通过辨识器具有的在线辨识功能获得被控对象的动态特性。线性被控对象和非线性被控对象的系统辨识是不同的,对比之下,非线性被控对象的系统辨识要困难得多。

2. 自校正方法

用自校正方法设计出来的神经控制系统既能用于线性对象,也能用于非线性对象。自

校正神经控制系统的基本结构如图 7-22 所示。其中自校正神经控制器由人工神经网络构成,它的输入有两部分:一部分是偏差信号,另一部分是辨识估计的输出。辨识估计器能正确估计被控对象的动态建模,在某种程度上,它是一个反馈部件。辨识估计器显然应当由神经网络构成。

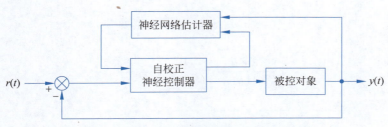

图 7-22　自校正神经控制系统的基本结构

自校正有直接控制和间接控制两类。自校正直接控制往往只需要一个自校正神经控制器,结构简单,常用于线性系统的实时控制。自校正直接控制器的设计方法有两种:有模型设计和无模型设计。在有模型设计中,通常在系统中加入白噪声信号,以获得较好的控制效果。辨识过程常常出现饱和,影响辨识结果及跟踪快慢。为了自动适应对快速变化的系统实时辨识,使用经过训练的神经网络,能及时准确提取被控对象的参数,对干扰有较强的抵抗能力,对失误有较强的容错能力。自校正间接控制器着重解决非线性系统的动态建模。

用于线性对象的控制器常采用零极点配置进行设计,这是一种常规的自适应设计。用于非线性对象的控制器常采用 I/O 线性化或采用逆模型控制等设计。

3. 内模方法

内模方法设计出来的内模神经控制系统主要用于非线性系统,内模神经控制器既要作用于被控对象,又要作用于被控对象的内部模型。内模神经控制系统结构如图 7-23 所示,其稳定的充分必要条件是控制器和被控对象都要稳定。系统中的控制器和被控对象的内部模型都由神经网络承担。

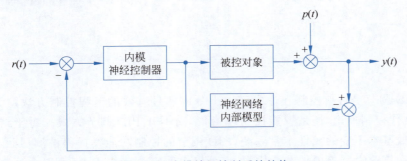

图 7-23　内模神经控制系统结构

4. 常规控制方法

常规控制方法使用古典控制理论、现代控制理论和智能控制中控制器的设计方法。这些方法较成熟,可以在设计过程中用神经网络取代设计出的控制器。取代不是简单的更换,而是确定神经网络的训练算法,做到快速衰减而又稳定。这一类系统比较多,有神经 PID 调节控制系统、神经预测控制系统和变结构控制系统等。这 3 种系统的结构分别如图 7-24～图 7-26 所示。

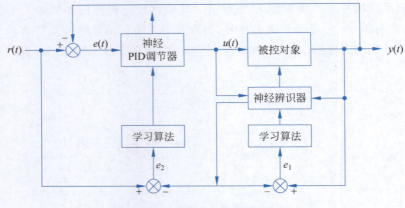

图 7-24　神经 PID 调节控制系统

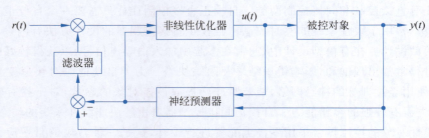

图 7-25　神经预测控制系统

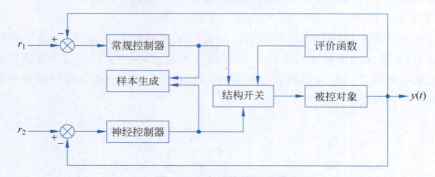

图 7-26　变结构控制系统

常规 PID 调节是古典控制理论中使用十分成熟且有效的工程控制方法。无论是古典控制理论、现代控制理论，还是智能控制理论，都离不开 PID 调节方式。对于结构明了、参数固定不变或基本不变的线性定常系统，PID 调节的控制功能发挥得淋漓尽致。PID 调节器既可以由运算放大器等模拟芯片构成，也可以由数字电路构成，还可以由计算机构成，算法简单，易于实现。

对于一些在控制过程中存在不确定性、非线性或时变的被控对象，由于数学模型不明确，常规 PID 调节器往往难以奏效，不能保证系统稳定性。目前能够想到的解决办法有两个，两个办法都离不开神经网络。一个是对被控对象使用系统辨识，PID 调节器继续使用常规调节器，系统辨识由神经网络承担；另一个是使用神经 PID 调节器。在系统中引入神经网络，相应地需要学习训练。

神经预测控制系统也是用于非线性、不确定性被控对象的系统,预测未来将要发生的事情,将来的事不可能今天就能确定下来。但是,如同今天是过去的继续一样,将来是今天的继续。利用今天的统计规律获得的知识能推导未来的发展趋势,如江河湖堤的水文分析、未来一周或下个月的天气情况、若干年后人口的出生状况、受教育状况、就业状况等。在预测中引入基于学习训练的神经网络,将不逊于基于模糊逻辑的专家系统,也不逊于基于规则的人工智能。

变结构控制系统中的神经网络需要面对变参数、变结构的被控对象,相应的控制方案要复杂一些。在这种系统中,神经控制器和常规控制器并存,由于参数经常发生变化,神经网络的主要功能将是识别参数的变化,为常规控制器决策提供依据。在传统的模糊控制或人工智能中,跟踪参数变化主要使用条件转移语句,如类似于"if…then…"或一些比较、判断语句。这类语句本身并没有什么大的问题,问题是条件带有人为主观因素,因而存在较大的系统误差。神经网络在学习跟踪系统的参数变化时,时常注意到控制参数与系统结构之间的转换,在训练过程中记忆系统参数的内在联系,系统的初始化更加易于实施,效果更加明显,控制结果更加令人满意,系统的鲁棒性明显增强。系统内有一个样本生成环节,用于生成训练样本。由于参数随时变化,需要一个样本生成的参照系,参照系由神经网络承担。变结构控制系统的不足之处是难以实施神经网络的在线训练。

5. 神经网络智能方法

神经网络的学习功能是一种智能行为,它与其他智能学科有相同或相近的设计方式。将神经网络与模糊控制、人工智能、专家系统相结合,可构成各具特色的模糊神经控制、智能神经控制、专家神经系统等,它们形成了自己的设计方法。一种典型的模糊神经控制系统的基本结构如图 7-27 所示。

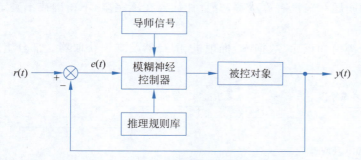

图 7-27　模糊神经控制系统的基本结构

6. 神经网络优化设计方法

神经网络能够复现各种复杂的优化运算,是因为带隐层的 3 层网络能够以任意精度逼近任何非线性函数。网络能够完成的优化运算有最优化求解、矩阵求逆、Lyapunov 方程求解、Riccati 方程求解等。神经计算目前已经演变为一门学科分支。在最优化过程中设计神经算法的好处是更接近系统实际、迭代速度快、系统结构清晰简明,尤其是对于有连续量与离散量并存的系统。具体实例有使用 Hopfield 网络对广义预测系统中的矩阵求逆问题进行求解、对被控对象的数学模型进行在线辨识等。

7.4 专家控制技术

专家控制技术是一种基于知识的控制方法,它利用专家系统的推理机制决定控制方法的灵活选用,实现解析规律与启发式逻辑的结合、知识模型与控制模型结合;模仿人的智能行为,采取有效的控制策略,从而使控制性能的满意实现成为可能。

专家控制的设计与实现关键在于复杂、多样的控制知识获取和组织方法及其实时推理的技术。一方面,专家控制的进展要引入知识工程的方法;另一方面,专家控制系统的开发与实用化要借助于专家系统辅助开发软件和快速的计算机硬件。

专家控制技术主要应用于以下领域。

(1) 故障诊断:如电力系统、机械设备的故障检测和诊断。
(2) 医疗诊断:辅助医生进行病情分析和治疗方案选择。
(3) 决策支持系统:在管理和金融领域提供决策支持。
(4) 过程控制:在制造业中用于提高产品质量和生产效率。

7.4.1 专家系统概述

第 26 集
微课视频

专家系统是一个具有大量专门知识与经验的程序系统,它应用人工智能技术,根据某个领域一个或多个人类专家提供的知识和经验进行推理和判断,模拟人类专家的决策过程,以解决那些需要专家决定的复杂问题。专家系统的主要功能取决于大量知识。设计专家系统的关键是知识表达和知识的运用。专家系统与传统的计算机程序最本质的区别在于:专家系统所要解决的问题一般没有算法解,并且往往要在不完全、不精确或不确定的信息基础上给出结论。

一般专家系统由知识库、数据库、推理机、解释器及知识获取器 5 部分组成,它的结构如图 7-28 所示。

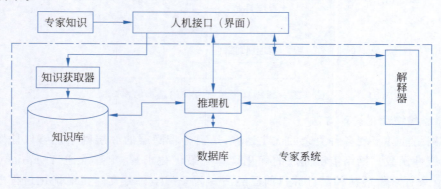

图 7-28 专家系统结构

知识库用于存取和管理所获取的专家知识和经验,供推理机利用,具有知识存储、编辑、增删、修改和扩充等功能。

数据库用于存放系统推理过程中用到的控制信息、中间假设和中间结果。

推理机利用知识进行推理,求解专门问题,具有启发推理,算法推理,正向、反向或双向推理,串行或并行推理等功能。

解释器作为专家系统与用户之间的人机接口,其功能是向用户解释系统的行为,具体如下。

(1) 咨询理解。对用户的提问进行"理解",将用户输入的提问及有关事实、数据和条件转换为推理机可接收的信息。

(2) 结论解释。向用户输出推理的结论或答案,并且根据用户需要对推理过程进行解释,给出结论的可信度估计。

为完成以上工作,通常要利用数据库中的中间结果、中间假设和知识库中的知识。

知识获取器是专家系统与专家的"界面"。知识库中的知识一般都是通过"人工移植"方法获得,"界面"就是知识工程师(专家系统的设计者),采用专题面谈、口语记录分析等方式获取知识,经过整理以后,再输入知识库。为了提高知识工程师获得专家知识的效率,知识工程师可以借助知识获取辅助工具辅助专家整理知识或辅助扩充和修改知识库。

7.4.2 专家控制系统

专家控制系统(Expert Control Systems)是一种应用专家系统技术于控制领域的智能控制系统。专家系统是人工智能的一个分支,它模仿人类专家的决策能力,通过知识库和推理机制解决特定领域的问题。当这种技术应用于控制系统时,它能够处理复杂的控制任务,特别是在模型难以获得或者系统高度非线性的情况下。

1. 专家控制系统原理

专家系统与控制理论相结合,尤其是启发式推理与反馈控制理论相结合,形成了专家控制系统。专家控制系统是智能控制的一个分支。与一般专家系统相比,专家控制系统在控制领域中特别强调实时性,要求实时控制专家系统做到:

(1) 能确切地表达与时间有关的知识;
(2) 存储可显示,能方便地在线修改基本的控制知识;
(3) 能进行时序推理、并行推理、非单调推理;
(4) 能控制任意的随时间变化的非线性过程;
(5) 具有中断处理能力,可处理可能发生的异步事件;
(6) 允许交互对话,及时获得动态和静态信息,以便实时、在线诊断;
(7) 与常规的控制器和其他应用软件有良好的接口。

实时控制专家系统的知识表示应包括时间知识、深层知识、通用知识、元知识。

虽然专家控制系统是基于专家系统建立起来的,但它与专家系统的主要区别在于,专家控制系统在实时控制时必须:

(1) 将操作人员从系统的环路中撤走(一般专家系统中操作人员是作为系统的组成部分,通过人机对话完成);

(2) 建立自动的实时数据采集子系统,需将传感器的输出信息进行预处理;

(3) 根据可利用的环境信息(对象模型),综合适当的控制算法。被控对象的模型可以是预知的,也可以在线辨识。推理机制要求做到离线和在线推理,并具有递阶结构的推理过程。

一般控制专家系统的基本结构如图 7-29 所示。

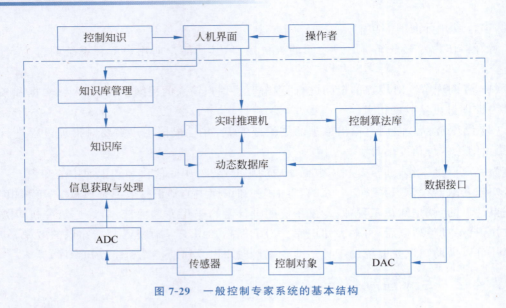

图 7-29　一般控制专家系统的基本结构

1) 知识库

知识库由事实集和经验数据、经验公式、规则等构成。事实集包括对象的有关知识,如结构、类型及特征等。控制规则有自适应、自学习、参数自调整等方面的规则。经验数据包括对象的参数变化范围、控制参数的调整范围及其限幅值、传感器特性、系统误差、执行机构特征、控制系统的性能指标,以及由控制专家给出或由实验总结出的经验公式。

2) 控制算法库

控制算法库存放控制策略及控制方法,如 PID、PI、Fuzzy、神经控制(Neurocontrol,NC)、预测控制算法等,是直接基本控制方法集。

3) 实时推理机

根据一定的推理策略(正向推理)从知识库中选择有关知识,对控制专家提供的控制算法、事实、证据以及实时采集的系统特性数据进行推理,直到得出相应的最佳控制决策,由决策的结果指导控制作用。

4) 信息获取与处理

信息获取是通过闭环控制系统的反馈信息及系统的输入信息,获取控制系统的误差及误差变化量、特征信息(如超调量、上升时间等)。信息处理包括特征识别、滤波等。

5) 动态数据库

动态数据库用来存放系统推理过程中用到的数据、中间结果、实时采集与处理的数据。

在智能控制系统中,专家控制系统有时也称为基于知识的控制系统。根据专家系统方法和原理设计的控制器称为基于知识的控制器。按照基于知识的控制器在整个智能控制系统中的作用,专家控制系统分成直接专家控制系统和间接专家控制系统两类。

不论哪种专家控制系统的设计,都必须解决以下几个问题。

(1) 用什么知识表示方法描述一个系统的特征知识?

(2) 怎样从传感器数据中获取和识别定性的知识?

(3) 如何把定性推理的结果量化成执行器定量的控制信号?

(4) 怎样分析和保证系统的稳定性?

(5) 怎样获取控制知识和学习规则?

2. 直接专家控制

在直接专家控制中,专家系统直接给出控制信号,影响被控过程。直接专家控制系统根据测量到的过程信息及知识库中的规则,导出每个采样时刻的控制信号。很明显,在这种情况下,专家系统直接包括在控制回路中,每个采样时刻必须由专家系统给出控制信号,系统方可正常运行。直接专家控制系统的结构如图 7-30 所示。

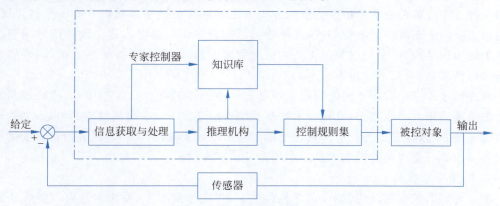

图 7-30 直接专家控制系统的结构

下面介绍设计直接专家控制系统的一般方法。

1) 知识库建立

一般根据工业控制的特点及实时控制要求,采用产生式规则描述过程的因果关系,并通过带有调整因子的模糊控制规则建立控制规则集。

直接专家控制知识模型可用如下形式表示:

$$U = f(E, K, I) \tag{7-45}$$

其中,f 为智能算子。其基本形式为

$$\text{if } E \text{ and } K \text{ then(if } O \text{ then } U)$$

其中,$E = \{e_1, e_2, \cdots, e_m\}$ 为控制器输入信息集;$K = \{k_1, k_2, \cdots, k_n\}$ 为知识库中的经验数据与事实集;$O = \{o_1, o_2, \cdots, o_p\}$ 为推理机构的输出集;$U = \{u_1, u_2, \cdots, u_n\}$ 为控制规则输出集。

智能算子 f 的含义是:根据输入信息和知识库中的经验数据与规则进行推理,然后根据推理结果 O,输出相应的控制行为 U。f 算子是可解析型和非解析型的结合。

2) 控制知识的获取

控制知识是从控制专家或专门操作人员的操作过程基础上概括、总结归纳而成的。例如,一个温度专家控制规则的获取过程如下。

系统误差曲线如图 7-31 所示。

由图 7-31 可得:

(1) $e(t)\Delta e(t) > 0, t \in (t_0, t_1)$ 或 (t_2, t_3);

(2) $e(t)\Delta e(t) < 0, t \in (t_1, t_2)$ 或 (t_3, t_4);

(3) $e(t)\Delta e(t-1) < 0$,极值点在 t_1, t_3 处;

(4) $e(t)\Delta e(t-1) > 0$,无极值点。

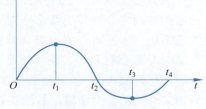

图 7-31 系统误差曲线

根据以上分析,在系统响应远离设定值区域时,可采用开关模式进行控制,使系统快速向设定值回归;在误差趋势增大时,采取比例模式,加大控制量以尽快校正偏差;在极值附近时,减小控制量,直到误差趋势减小,保持控制量,靠系统惯性回到平衡点。此外,采用强比例控制作为启动阶段的过渡。

3) 推理方法的选用

在实时控制中,必须要在有限的采样周期内将控制信号确定出来。直接专家控制可以采用一种逐步改善控制信号精度的推理方式。逐步推理是把专家知识分成一些知识层,不同的知识层用于求解不同精度的解,这样就可以随着知识层的深入逐步改善问题的解。对于简单的知识结构,可采用以数据驱动的正向推理方法,逐次判别各规则的条件,若满足条件则执行该规则,否则继续搜索。

直接专家控制一般用于高度非线性或过程描述困难的场合。这些场合,传统控制器设计方法很难适用。必须指出,直接专家控制系统目前还缺乏一些分析性能的方法,如控制回路的稳定性、一致性分析等。但只要通过基于监控专家系统的严密监控,具有可接受的控制性能和一定学习能力的直接专家控制系统是可以实现的。

3. 间接专家控制

基于知识的控制器既包含算法,又包含逻辑,在这种情况下,系统自然可以按算法和逻辑分离进行构造。系统的底层可能是简单的 PID、Fuzzy 等算法,然后将这种算法配上自校正、增益自动调度以及监控等。系统根据一些用规则实现的启发性知识,使不同功能算法都能正常运行。这种专家控制是专家系统间接地对控制信号起作用,因而称为间接专家控制系统。一个典型的间接专家控制系统如图 7-32 所示。

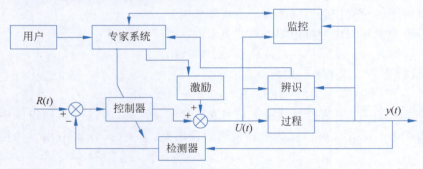

图 7-32　间接专家控制系统

图 7-32 中的控制器由一系列的控制算法和估计算法组成,如 PID、PID 校正器、极点配置自校正算法、模型参考自适应算法、Fuzzy 算法等。专家系统可用来协调所有算法,根据现场过程响应情况和环境条件,利用知识库中的专家经验规则,决定什么时候使用什么参数启动什么算法。根据知识库中的专家规则,可以调整 PID 参数及增益等,还可以调整控制器的结构。间接专家控制系统结构形式越来越多,使用范围也越来越广,下面介绍一种有代表性的系统——实时专家智能 PID 控制系统。

实时专家智能 PID 控制系统是一种采用知识表达技术建立知识模型和知识库,利用知识推理制定控制决策,知识模型与常规 PID 控制理论的数学模型相结合,模仿专家的智能行为制定有效的控制策略的智能控制器,有较强的自适应能力和鲁棒性。

用专家系统实现智能 PID 控制器,就是模拟操作人员调节 PID 参数,是将数字 PID 控制方法与专家系统融合,利用实时控制信息和系统输出信息,归纳为一系列整定规则,并分成预整定和自整定两部分。预整定运用于系统初始投入运行且无法给出 PID 初始参数的场合;自整定运用于系统正常运行时,不必辨识对象特性和控制参数,只需随对象特性的变化而进行迭代优化的场合。

整个系统分为两级控制,由推理机、知识库、数据库、模式识别、辨识过程特性、实时控制等部分组成,如图 7-33 所示。

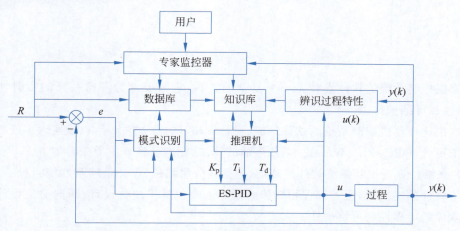

图 7-33　实时控制系统的结构

整个系统的工作过程是:系统采集输入、输出信息并传递给知识库,推理机根据知识库所得信息计算出实际性能指标,并与期望的指标相比较,判断是否需要整定,若需要整定,推理机构根据采集的信息判断对象的类型,告知知识库启用相应的参数整定算法,计算出新的 PID 参数后投入控制,使控制性能向期望的指标的逼近。

第 8 章 计算机控制系统软件设计
CHAPTER 8

计算机控制系统的软件设计是一个复杂的过程,它需要综合考虑系统的实时性、稳定性、可靠性和可维护性。

本章讲述计算机控制系统的软件组成、设计策略、功能性能指标,以及实时多任务系统、软件系统平台、OPC 技术、Web 技术、数字滤波算法、标度变换。主要内容如下。

(1) 介绍计算机控制系统软件的基础,包括其分层结构、设计策略和性能指标。分层结构确保了软件的模块化,便于管理和维护。设计策略包括模块化设计、面向对象设计等,旨在提升软件的可靠性和可维护性。

(2) 探讨实时多任务系统的关键概念,包括实时系统和实时操作系统的定义,以及任务切换与调度策略。

第 27 集
微课视频

(3) 讨论软件系统平台的选择和 μC/OS-Ⅱ 内核的调度原理。选择合适的软件平台对于确保系统的稳定性和性能至关重要。

(4) 着重讲述 OPC 技术,这是一种工业自动化领域的标准接口技术。

(5) 讲述 Web 技术在工业控制系统中的应用,包括 Web 服务端技术、客户端技术和 SCADA 系统中的 Web 应用方案设计。这些技术使得控制系统能够通过网络提供更灵活的访问和交互方式。

(6) 详细介绍常用的数字滤波算法和程序设计,包括程序判断滤波、中值滤波、算术平均滤波、加权平均滤波、低通滤波和滑动平均滤波。这些滤波算法在信号处理中非常重要,可以去除噪声并提取有用信号。

(7) 讲述标度变换方法,包括线性和非线性标度变换技术。这些技术用于改善数据的可用性和准确性,为控制决策提供支持。

本章详细讨论计算机控制系统软件设计的多个方面,展示软件在控制系统中的重要性以及如何通过不同技术实现系统的高效、稳定和灵活性。这些内容对于掌握现代工业控制系统的软件设计和实现具有重要的指导意义。

8.1 计算机控制系统软件概述

计算机控制系统软件是指在计算机硬件上运行的程序,它负责实现对工业过程、机器或设备的监控和控制。这类软件通常涉及数据采集、处理、监视、决策制定和执行控制命令的复杂功能。

计算机控制系统软件设计的一些关键方面和步骤如下。

(1) 需求分析。在软件设计之前，首先要进行需求分析，明确控制系统的目标、功能、性能指标和约束条件，通常涉及与系统用户和利益相关者的沟通，以确保软件满足所有需求。

(2) 系统架构设计。根据需求分析的结果，设计系统的高层架构，包括确定软件的模块化结构、数据流、控制流和接口。系统架构应当保证系统的灵活性和可扩展性。

(3) 控制算法设计。根据控制目标选择或开发适当的控制算法，可能包括 PID 控制、模糊控制、模型预测控制等。控制算法需要在模拟环境中进行测试和验证。

(4) 编程和实现。将设计的控制算法转化为计算机程序，通常涉及选择合适的编程语言(如 C/C++、Python、MATLAB 等)、编程环境和操作系统(如实时操作系统)。编程时需要考虑代码的效率、可读性和可维护性。

(5) 界面设计。设计用户界面(User Interface, UI)，使用户能够方便地监控和操作控制系统，可能包括图形界面、仪表板、警报系统和日志记录。

(6) 集成与测试。将各个模块集成到一起，并进行系统级测试。测试应当包括单元测试、集成测试、性能测试和压力测试，以确保软件的可靠性和稳定性。

(7) 验证。验证软件是否满足所有规定的需求，并通过实际运行验证其性能。这可能需要在实际的控制系统硬件上进行。

(8) 文档与维护。编写详细的软件文档，包括设计说明、用户手册和维护指南。软件发布后，还需要进行定期的维护和更新。

(9) 安全性。在设计的每个阶段都需要考虑到系统的安全性，包括数据保护、访问控制和防止恶意攻击等。

(10) 合规性和标准。确保软件设计遵循相关的行业标准和法规要求，如 IEC 61131-3 标准对于工业控制系统的编程语言，或者 ISO 26262 标准对于汽车行业的功能安全。

计算机控制系统的软件设计是一个不断演进的过程，随着技术的进步和项目需求的变化，设计方法和工具也在不断更新。设计人员需要紧跟技术发展，以确保控制系统的软件能够高效、稳定地运行。

8.1.1　计算机控制系统软件的分层结构

计算机控制系统软件可分为系统软件、支持软件和应用软件 3 部分。

系统软件指计算机控制系统应用软件开发平台和操作平台。

支持软件用于提供软件设计和更新接口，并为系统提供诊断和支持服务。

应用软件是计算机控制系统软件的核心部分，用于执行控制任务，按用途可划分为监控平台软件、基本控制软件、先进控制软件、局部优化软件、操作优化软件、最优调度软件和企业计划决策软件。

计算机控制系统软件的分层结构如图 8-1 所示。

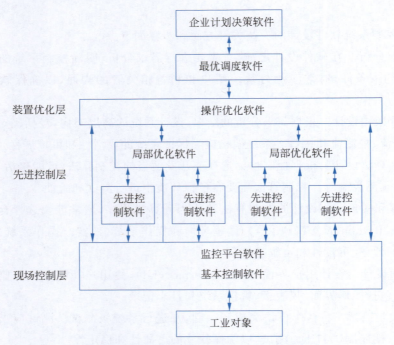

图 8-1　计算机控制系统软件的分层结构

8.1.2　计算机控制系统软件的设计策略

计算机控制系统软件的设计策略可分为软件设计规划、软件设计模式和软件设计方法 3 部分。

1. 软件设计规划

软件设计规划包括软件开发基本策略、软件开发方案和软件过程模型 3 部分。

软件开发的 3 种基本策略是复用、分而治之和优化与折中。软件开发基本策略是软件开发的基本思想和整体脉络，贯穿软件开发的整体流程中。

软件开发方案是对软件的构造和维护提出的总体设计思路和方案，经典的软件工程思想将软件开发分成需求分析、系统分析与设计、系统实现、测试、维护 5 个阶段，设计人员在进行软件开发和设计之前需要确定软件的开发策略，并明确软件的设计方案，对软件开发的 5 个阶段进行具体设计。

软件过程模型是在软件开发技术发展过程中形成的软件整体开发策略，这种策略从需求收集开始到软件寿命终止针对软件工程的各个阶段提供了一套范型，使工程的进展达到预期。常用的软件过程模型包括生存周期模型、原型实现模型、增量模型、螺旋模型和喷泉模型 5 种。

2. 软件设计模式

为增强计算机控制系统软件的代码可靠性和可复用性，增强软件的可维护性，编程人员对代码设计经验进行实践和分类编目，形成了软件设计模式。软件设计模式一般可分为创建型、结构型和行为型 3 类，所有模式都遵循开闭原则、里氏代换原则、依赖倒转原则和合成复用原则等通用原则。常用的软件设计模式包括单例模式、抽象工厂模式、代理模式、命令模式和策略模式。软件设计模式一般适用于特定的生产场景，以合适的软件设计模式指导软件的开发工作可对软件的开发起到积极的促进作用。

3. 软件设计方法

计算机控制系统中的软件设计方法主要有面向过程方法、面向数据流方法和面向对象方法，分别对应不同的应用场景。

面向过程方法是计算机控制系统软件发展早期被广泛采用的设计方法，其设计以过程为中心，以函数为单元，强调控制任务的流程性，设计的过程是分析和用函数代换的流程化过程，在流程特性较强的生产领域能够达到较高的设计效率。

面向数据流方法又称为结构化设计方法，主体思想是用数据结构描述待处理数据，用算法描述具体的操作过程，强调将系统分割为逻辑功能模块的集合，并确保模块之间的结构独立，降低了设计的复杂度，增强了代码的可重用性。

面向对象方法是计算机控制系统软件发展到一定阶段的产物，采用封装、继承、多态等方法将生产过程抽象为对象，将生产过程的属性和流程抽象为对象的变量和方法，使用类对生产过程进行描述，使代码的可复用性和可扩展性得到极大提升，降低软件的开发和维护难度。

8.1.3 计算机控制系统软件的功能和性能指标

计算机控制系统软件的技术指标分为功能指标和性能指标。功能指标是软件能提供的各种功能和用途的完整性。

1. 功能指标

计算机控制系统软件一般至少由系统组态程序、前台控制程序、后台显示、打印、管理程序以及数据库等组成。具体实现以下功能。

（1）实时数据采集：完成现场过程参数的采集与处理。

（2）控制运算：包括模拟控制、顺序控制、逻辑控制和组合控制等功能。

（3）控制输出：根据设计的控制算法所计算的结果输出控制信号，以跟踪输入信号的变化。

（4）报警监视：完成过程参数越界报警及设备故障报警等功能。

（5）画面显示和报表输出：实时显示过程参数及工艺流程，并提供操作画面、报表显示和打印功能。

（6）可靠性功能：包括故障诊断、冗余设计、备用通道切换等功能。

（7）流程画面制作功能：生成应用系统的各种工艺流程画面和报表等功能。

（8）管理功能：包括文件管理、数据库管理、趋势曲线、统计分析等功能。

（9）通信功能：包括控制单元之间、操作站之间、子系统之间的数据通信功能。

（10）OPC 接口：通过 OPC Server 实现与上层计算机的数据共享和远程数据访问功能。

2. 性能指标

软件性能指标是用来衡量软件应用程序在特定条件下的行为和效率的一系列指标。这些指标对于理解和改进软件的性能至关重要。软件性能指标如下。

（1）响应时间（Response Time）：用户请求和接收到系统响应之间所花费的时间，通常用于衡量用户界面的快速性或 Web 服务的延迟。

(2) 吞吐量(Throughput)：在单位时间内系统能够处理的事务数量或数据量，通常是衡量系统处理能力的一个重要指标。

(3) 并发用户数(Concurrency)：系统能够同时支持的用户数量。高并发能力对于多用户系统非常重要。

(4) 资源利用率(Resource Utilization)：系统运行时所消耗的计算机资源(如 CPU、内存、磁盘 I/O 和网络带宽)的百分比。

(5) 可伸缩性(Scalability)：当增加更多资源(如 CPU、内存)时，系统能够处理更多工作负载的能力。

(6) 容错性(Fault Tolerance)：系统在遇到错误或故障时，仍然能够继续运行的能力。

(7) 可靠性(Reliability)：系统在规定条件下，无故障运行的概率。

(8) 可用性(Availability)：系统在需要时可正常使用的时间比例。

(9) 恢复时间(Recovery Time)：系统从故障中恢复并重新变为可用所需要的时间。

(10) 启动时间(Startup Time)：应用程序从启动到可用所需的时间。

(11) 性能瓶颈(Performance Bottleneck)：限制系统性能的组件或部分，可能是由于代码不效率、资源限制或设计问题导致。

(12) 服务等级协议(SLA)遵守率：系统满足预定义服务质量标准的程度，通常在 SLA 中定义。

性能测试和监控是确保软件满足这些性能指标的关键活动。性能测试通常包括负载测试、压力测试、耐久性测试(也称为持续运行测试)和容量测试。通过这些测试可以发现性能问题，并在软件发布之前对其进行优化。性能监控则涉及在软件部署后实时收集性能数据，以确保软件在生产环境中持续满足性能标准。

8.2 实时多任务系统

实时多任务系统是一种计算系统，它能够同时处理多个任务，并且能够保证对于特定任务的响应时间和执行时间满足严格的时间限制。这种系统通常用于那些对时间敏感的应用领域，如工业控制、航空航天、医疗设备、汽车电子以及军事系统等。

实时多任务系统的关键特性如下。

(1) 确定性(Determinism)：系统的行为(包括响应时间和处理时间)是可以预测的，这意味着系统在给定的条件下，总是以相同的方式响应。

(2) 实时性(Real-Time)：系统能够在规定的时间内完成特定的任务或响应外部事件。实时性可以进一步分为硬实时(Hard Real-Time)和软实时(Soft Real-Time)。在硬实时系统中，必须严格遵守所有时间限制，任何时间限制的违反都可能导致灾难性的后果。在软实时系统中，虽然系统尽力满足时间限制，但偶尔违反通常不会导致严重后果。

(3) 多任务(Multitasking)：系统能够同时管理多个并发执行的任务。这通常通过任务调度实现，任务调度器根据预定义的策略(如优先级、轮转、最短作业优先等)决定哪个任务应该在何时运行。

(4) 任务调度(Task Scheduling)：实时操作系统(RTOS)提供了一种机制，以确保任务按照既定的优先级和时间要求得到调度。调度器可以是抢占式的,也可以是非抢占式的。

(5) 同步和通信(Synchronization and Communication):在多任务环境中,任务之间可能需要交换信息或协调执行。实时系统提供了互斥锁、信号量、消息队列等同步和通信机制。

(6) 资源管理(Resource Management):为了避免资源争用和优先级反转等问题,实时系统需要有效地管理 CPU、内存、I/O 等资源。

(7) 可靠性和容错(Reliability and Fault Tolerance):实时系统往往在关键应用中运行,因此它们必须能够在硬件或软件出现故障时保持运行,或者至少能够安全地关闭。

(8) 低延迟(Low Latency):系统能够快速响应外部事件,这通常需要最小化中断处理和上下文切换的开销。

实时多任务系统的设计和开发需要考虑任务的优先级、时间限制、资源分配以及系统的稳定性和可靠性。开发人员通常使用专门的实时操作系统(RTOS),如 VxWorks、QNX、FreeRTOS 等,这些系统为实时多任务处理提供了必要的框架和工具。

8.2.1 实时系统和实时操作系统

实时系统(Real-Time Systems)和实时操作系统(Real-Time Operating Systems,RTOS)是两个相关但不同的概念,都与时间敏感的任务处理有关。

1. 实时系统

实时系统是指那些对于输入数据的处理和响应必须在严格的时间限制内完成的系统。这些系统通常在嵌入式系统、工业控制、医疗设备、航空航天、军事和汽车等领域中应用。实时系统的目标是确保系统对外部事件的响应是及时的和可预测的。

实时计算机系统的定义是能够在确定的时间内运行其功能并对外部异步事件作出响应的计算机系统。

高性能的实时系统,其硬件结构应该具有计算速度快、中断处理和 I/O 通信能力强的特点,但是应该认识到,"实时"和"快速"是两个不同的概念。计算机系统处理速度的快慢,主要取决于它的硬件系统,尤其是所采用的处理器的性能。

在计算机控制系统中广泛采用实时计算机组成应用系统,实时系统通常运行两类典型的工作,一类是在预期的时间限制内,确认和响应外部的事件;另一类是处理和存储大量来自被控对象的数据。

对于第 1 类工作,任务响应时间、中断等待时间和中断处理能力是最重要的,将它称为中断型的工作;第 2 类是计算型的工作,要求有优秀的处理速度和吞吐能力。在实际应用中,经常遇到的是兼具两种要求的中断和计算混合型的实时系统。

2. 实时操作系统

实时操作系统(RTOS)是一种特别设计用于支持实时系统需求的操作系统。RTOS 管理硬件资源和应用程序,确保任务可以在预定的时间内得到及时处理。RTOS 的主要特点是提供了预测性的任务调度,这意味着系统能够保证在特定的时间内启动或完成任务。

操作系统是计算机运行以及所有资源的管理者,包括任务管理、任务间的信息传递、I/O 设备管理、内存管理和文件系统管理等。从外部来看,操作系统提供了与使用者、程序及硬件的接口。操作系统与计算机 I/O 硬件设备的接口是设备驱动器,应用程序与操作系统之间的接口是系统调用。

通用计算机系统中运行的是桌面操作系统,如 Windows、UNIX 和 Linux 等,在计算机控制系统中使用的主要是实时操作系统。大多数实时操作系统的结构仿照 UNIX 操作系统的风格,所以它们又称为"类 UNIX"操作系统。

现代的实时操作系统的内核(Kernel)通常采用客户/服务者方式,或称为微内核(Microkernel)方式,微内核操作系统如图 8-2 所示。

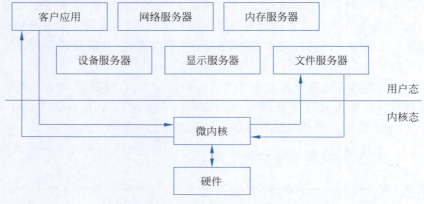

图 8-2 微内核操作系统

8.2.2 实时多任务系统的切换与调度

处理多任务的理想方法之一是采用紧耦合多处理机系统,让每个处理机各处理一个任务。这种方法真正做到了同一时刻运行多个任务,称为并行处理。

集散控制系统中的各个节点普遍使用单处理机系统。

单处理机系统在实时操作系统调度下,可以使若干任务并发地运行,构成所谓多任务系统。事实上,无论是大型的分布式系统还是小型的嵌入式系统,实时控制系统大多数是以这种方式运行的。

并发处理是指在一段时间内调度若干任务"同时"运行,其实具体到任何时刻,系统中只能有一个任务在运行,因为只有一个处理机。并发处理被看作一种伪并行机制。

1. 任务及任务切换

1) 任务

一个任务的状态转移如图 8-3 所示,分为运行态、待命态和阻塞态。

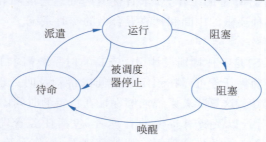

图 8-3 任务的状态转移

2）任务控制块链表

众所周知，人们在管理某种证件时，总是要按照预测的数目先印制一定数量的空白证，以后当有人申请该证件时，就可以及时拿到一个空白证并填上该申请人的相关信息，从而快速形成一个有效证件，其目的是提高办事效率。与此类似，μC/OS-Ⅱ在初始化时也要按照配置文件所设定的任务数事先定义一批空白任务控制块，这样当程序创建一个任务需要一个任务控制块时，只要拿一个空白块填上任务的属性即可。也就是说，在任务控制块的管理上 μC/OS-Ⅱ 需要两个链表：一个空任务块链表（其中所有任务控制块还未分配给任务）和一个任务块链表（其中所有任务控制块已分配给任务）。具体做法为：系统在调用 OSInit() 函数对 μC/OS-Ⅱ 系统进行初始化时，就先在 RAM 中建立一个 OS_TCB 结构类型的数组 OSTCBTb1[ ]，然后把各个元素链接成一个如图 8-4 所示的链表，从而形成一个空任务块链表。

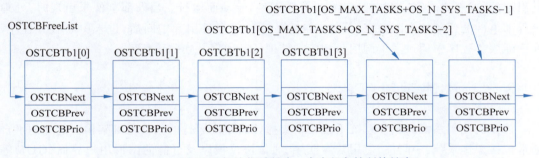

图 8-4 μC/OS-Ⅱ 初始化时创建一个空任务控制块链表

从图 8-4 中可以看到，μC/OS-Ⅱ 初始化时建立的空任务链表的元素一共是 OS_MAXTASKS+OS_N_SYS_TASKS 个。其中定义在 OS_CFG.H 文件中的常数 OS_MAXTASKS 指明了用户任务的最大数目；而定义在 UCOS_Ⅱ.H 文件中的常数 OS_N_SYS_TASKS 指明了系统任务的数目（在图 8-4 中其值为 2：一个空闲任务，一个统计任务）。

以后每当应用程序调用 OSTaskCreate() 或 OSTaskCreateExt() 系统函数创建一个任务时，系统就会将空任务控制块链表头指针 OSTCBFreeList 指向的任务控制块分配给该任务。在给任务控制块中的各成员赋值后，系统就按任务控制块链表的头指针 OSTCBList 将其加入任务控制块链表中。

2. 实时任务调度

1）实时任务的时间特征

一个实时任务有两个最基本的特征：重要性和时间特性，与任务调度有关的所有问题，都是围绕着这两个基本特征展开的。实时任务的重要性可以用优先级来确定。实时任务按时间特征可分为 3 类。

（1）周期性任务：被以固定的时间间隔发生的事件激活的任务。

（2）非周期性任务：被无规则的或随机的外部事件激活的任务。

（3）偶发任务：也可以归类为非周期性任务，只是事件发生的频率低。

任务的时间特征如下。

（1）限定时间。

(2) 最坏情况下的执行时间。
(3) 执行周期(对周期性任务而言)。
2) 任务调度器

实时应用中,根据需要可以把应用分解为强实时、弱实时和非实时等不同等级的任务,用某种调度方式安排运行。实时内核中有一个调度器,专门用于调度应用任务。实时操作系统中的任务调度方法有许多种,其中使用最广泛的是基于优先级的抢先调度方式及轮转调度方式。

调度器的基本功能是管理待命队列和阻塞队列,并负责控制每个任务在各个状态之间的切换。

3. 中断处理

在实时操作系统管理下的控制系统是事件驱动的系统,许多优先级的任务切换是由中断引起的,或者说,任务被外部事件(如 I/O 事件)驱动而运行。当外部事件未出现时,处理该外部事件的任务处在阻塞态,等待着被唤醒。外部事件引起中断后,进入中断服务程序,在中断服务程序中通过系统调用与相应的处理任务通信并唤醒该任务。

8.3 软件系统平台

计算机控制系统的软件系统平台是指支撑控制系统运行的软件基础架构。这样的平台通常包括操作系统、中间件、应用开发框架、通信协议栈以及可能的图形用户界面(GUI)等组件。在设计计算机控制系统时,软件系统平台的选择至关重要,因为它直接影响到系统的性能、稳定性、可维护性和扩展性。

以下是计算机控制系统软件系统平台的一些关键组成部分。

(1) 实时操作系统(RTOS)。实时操作系统是计算机控制系统中的核心,它提供了任务调度、中断管理、内存管理、同步机制等基础功能,确保系统可以满足实时性要求。常见的 RTOS 包括 VxWorks、RTLinux、FreeRTOS、QNX、RTOS-32 等。

(2) 中间件。中间件位于操作系统和应用程序之间,提供了一组通用服务,如消息传递、数据管理、设备抽象和服务质量保证等,以简化应用程序的开发。对于集散控制系统,中间件可能包括分布式通信框架,如 DDS(Data Distribution Service)、CORBA(Common Object Request Broker Architecture)等。

(3) 通信协议栈。控制系统需要与外部设备或其他系统通信,因此需要支持各种工业通信协议,如 Modbus、CAN、Profibus、EtherCAT、OPC UA 等。协议栈通常以库的形式集成到软件系统平台中,确保数据的正确交换和同步。

(4) 开发框架和 API。为了简化控制逻辑的开发,软件系统平台可能提供一套开发框架和应用程序接口(API),这些工具可以帮助工程师快速构建和测试控制算法。这些框架可能包括模型驱动的开发环境、仿真工具和自动代码生成工具。

(5) 图形用户界面(GUI)。控制系统可能需要一个用户界面显示系统状态、提供操作控制和进行系统配置。GUI 可以是本地的,也可以是基于 Web 的,后者允许用户通过网络远程访问控制系统。

(6) 安全性和加密。随着网络连接控制系统的增加,安全性变得越来越重要。软件系统平台需要集成安全机制，如加密通信、访问控制、安全协议和防火墙等。

（7）诊断和监控工具。为了确保系统的正常运行和快速定位问题，软件系统平台通常提供诊断和监控工具，这些工具可以收集系统日志、监测性能指标和跟踪系统状态。

计算机控制系统的软件系统平台需要根据具体的应用需求进行选择和定制。在高度安全性和可靠性要求的领域，如航空航天和汽车工业，软件系统平台还需要符合相应的行业标准，如 DO-178C、ISO 26262 等。

8.3.1 软件系统平台的选择

随着微控制器性能的不断提高，嵌入式应用越来越广泛。

目前市场上的大型商用嵌入式实时系统，如 VxWorks、pSOS、Pharlap、QNX 等，已经十分成熟，并为用户提供了强有力的开发和调试工具。但这些商用嵌入式实时系统价格昂贵而且都针对特定的硬件平台。此时，采用免费软件和开放代码不失为一种选择。

μC/OS-Ⅱ是一种免费的、源代码公开的、稳定可靠的嵌入式实时操作系统，已被广泛应用于嵌入式系统中并获得了成功，因此计算机控制系统的现场控制层采用 μC/OS-Ⅱ是完全可行的。

μC/OS-Ⅱ是专门为嵌入式应用而设计的实时操作系统，是基于静态优先级的抢占式（Preemptive）多任务实时内核。

采用 μC/OS-Ⅱ作为软件系统平台，一方面是因为它已经通过了很多严格的测试，被确认是一个安全的、高效的实时操作系统；另一方面，是因为它免费提供了内核的源代码，通过修改相关的源代码，就可以比较容易地构造用户所需要的软件环境，实现用户需要的功能。

基于计算机控制系统现场控制层实时多任务的需求以及 μC/OS-Ⅱ优点的分析，可以选用 μC/OS-Ⅱ v2.52 作为现场控制层的软件系统平台。

8.3.2 μC/OS-Ⅱ内核调度基本原理

μC/OS-Ⅱ（MicroC/OS-Ⅱ）是一个可裁剪、可移植、可伸缩的抢占式实时操作系统（RTOS）内核，广泛应用于嵌入式系统。其调度算法基于优先级，能够确保高优先级的任务获得处理器资源，从而满足实时性要求。

1. 时钟触发机制

嵌入式多任务系统中，内核提供的基本服务是任务切换，而任务切换是基于硬件定时器中断进行的。

在 80x86 PC 及其兼容机（包括很多流行的基于 x86 平台的微型嵌入式主板）中，使用 8253/54 PIT 产生时钟中断。定时器的中断周期可以由开发人员通过向 8253 输出初始化值来设定，默认情况下的周期为 54.93ms，每次中断叫作一个时钟节拍。

PC 时钟节拍的中断向量为 08H，让这个中断向量指向中断服务子程序，在定时器中断服务程序中决定已经就绪的优先级最高的任务进入可运行状态，如果该任务不是当前（被中断）的任务，就进行任务上下文切换：把当前任务的状态（包括程序代码段指针和 CPU 寄存器）推入栈区（每个任务都有独立的栈区）；同时让程序代码段指针指向已经就绪并且优先级最高的任务并恢复它的堆栈。

2. 任务管理和调度

运行在 μC/OS-Ⅱ 之上的应用程序被分成若干任务，每个任务都是一个无限循环。内核必须交替执行多个任务，在合理的响应时间范围内使处理器的使用率最大。任务的交替运行按照一定的规律，在 μC/OS-Ⅱ 中，每个任务在任何时刻都处于以下 5 种状态之一。

(1) 睡眠(Dormant)：任务代码已经存在，但还未创建任务或任务被删除。

(2) 就绪(Ready)：任务还未运行，但就绪列表中相应位已经置位，只要内核调度到就立即准备运行。

(3) 等待(Waiting)：任务在某事件发生前不能被执行，如延时或等待消息等。

(4) 运行(Running)：该任务正在被执行，且一次只能有一个任务处于这种状态。

(5) 中断服务态(Interrupted)：任务进入中断服务。

μC/OS-Ⅱ 的 5 种任务状态及其转换关系如图 8-5 所示。

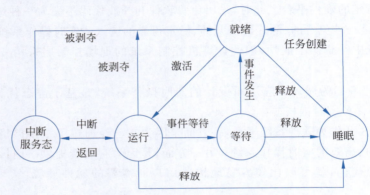

图 8-5 μC/OS-Ⅱ 任务状态转换

8.4 OPC 技术

OPC(OLE for Process Control)是一种工业通信标准，它允许不同的自动化和控制应用程序(如 PLC、DCS、HMI 和 SCADA 系统)之间进行数据交换。OPC 基于微软的 COM/DCOM 技术(组件对象模型/分布式组件对象模型)，它定义了一组标准的接口、属性和方法，使得软件开发人员无须了解底层的硬件和协议细节，就能够访问来自不同制造商的设备和应用程序。

8.4.1 OPC 技术概述

OPC 是用于过程控制的对象连接与嵌入，是用于工业控制自动化领域的信息通信接口技术。

自 OPC 提出以后，计算机控制系统的异构性和强耦合性问题就得到了解决。

OPC 在硬件供应商和软件开发商之间建立一套完整的"接口规则"。在 OPC 规范下，硬件供应商只须考虑应用程序的多种需求和硬件设备的传输协议，开发包含设备驱动的服务器程序；软件开发商也不必了解硬件的实质和操作过程，只需要访问服务器即可实现与现场设备之间的通信。

开发 OPC 的最终目标是在工业控制领域建立一套数据传输规范，现有的 OPC 规范涉及以下几个领域。

(1) 在线数据监测：实现了应用程序和工业控制设备之间高效、灵活的数据读写。

(2) 报警和事件处理：提供了 OPC 服务器发生异常及 OPC 服务器设定事件到来时，向 OPC 客户发送通知的一种机制。

(3) 历史数据访问：实现了对历史数据库的读取、操作和编辑。

(4) 远程数据访问：借助微软的 DCOM 技术，实现了高性能的远程数据访问能力。

除此之外，OPC 实现的功能还包括安全性、批处理和历史报警事件数据访问等。

OPC 的开发一般使用 ATL 和 WTL 工具，活动模板库（Active Template Library，ATL）是由微软提供的专门用于开发 COM/DCOM 组件的工具，它提供了对 COM/DCOM 组件内核的支持，自动生成 COM/DCOM 组件复杂的基本代码。因此，ATL 极大地方便了 OPC 服务器的开发，使编程人员把注意力集中到 OPC 规范的实现细节上，简化了编程，提高了开发效率。窗口模板库（Windows Template Library，WTL）是对 ATL 的拓展，其对字符串类以及界面制作的支持，使 OPC 服务器的开发更加方便。

8.4.2　OPC 关键技术

OPC 用于实现不同制造商和开发商的设备和软件系统之间的互操作性。OPC 技术使得来自各种来源的工业设备能够无缝地交换数据和信息。

OPC 的关键技术如下。

(1) OPC DA(Data Access)：提供实时数据访问的标准接口，用于读取和写入来自传感器、控制器等设备的数据。

(2) OPC HDA(Historical Data Access)：用于访问、检索和分析历史数据的标准接口，如过去的温度记录或机器运行状态。

(3) OPC A&E(Alarms & Events)：用于监控和接收来自自动化系统的报警和事件通知的标准接口。

(4) OPC UA(Unified Architecture)：最新的 OPC 规范，提供了一个跨平台的服务导向架构，不仅包括数据访问，还包括历史数据、报警和事件以及方法调用等。OPC UA 特别强调安全性，包括认证、授权、完整性和机密性，以确保数据传输的安全。OPC UA 支持跨平台通信，这意味着它可以在不同的操作系统和硬件平台上运行，从而提高了其适用性。

(5) OPC DX(Data eXchange)：用于在控制器之间直接交换数据的标准。

(6) OPC XAML(XML Data Access and Markup Language)：使通过 XML 和 Web 服务进行数据交换成为可能，便于在互联网上进行通信。

OPC 技术在工业自动化和企业级系统中至关重要，因为它提供了一种标准化的方法连接和管理工业设备，实现了数据的有效集成和通信。随着工业物联网（IIoT）和工业 4.0 的发展，OPC UA 作为一个更加灵活和安全的解决方案，其重要性和应用范围正在不断扩大。

8.4.3　工业控制领域中的 OPC 应用实例

OPC 技术在工业控制领域得到了广泛的应用，在集散控制系统、现场总线控制系统以及楼宇自动化系统中，利用 OPC 可以实现远程监控管理。OPC 服务器可以分为以下两种模式。

1. 数据采集与控制 OPC 服务器

数据采集与控制 OPC 服务器与智能仪表通信并提供数据接口，该服务器由智能仪表生产厂商提供。

智能仪表与 PC 之间通过 RS-485 或现场总线进行通信，监控系统不需要驱动程序，OPC 服务器本身集成了对智能仪表的读取与控制功能。

智能仪表数据以 COM 接口的方式呈递给用户，这样用户就可以使用统一的 OPC 规范开发相应的 OPC 客户端程序将智能仪表数据存入数据库，这时本地数据库不再局限于特定的对应于硬件厂商驱动程序的数据库。

2. 远程 OPC 服务器

用户 OPC 客户端和应用程序将智能仪表数据写入本地数据库（历史数据库和实时数据库）后，远程 OPC 服务器读取 PC 数据库并进行远程传输，或者接收远程客户端的控制命令并将控制命令传输给数据采集与控制 OPC 服务器。远程 OPC 服务器按照 OPC 规范经由 DCOM 与远程 OPC 客户端通信。这种模式的 OPC 服务器充当 PC 与远程客户端的通信媒介。

两种模式的 OPC 服务器在监控系统中的应用如图 8-6 所示，该系统实现了将智能仪表、智能传感器、智能控制器和智能变送器等不同厂商设备的数据进行远程传输和远程控制的功能。

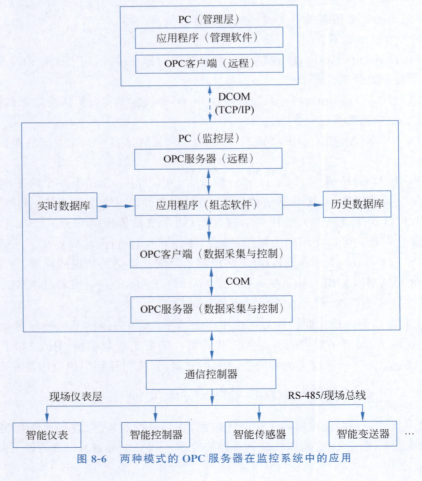

图 8-6 两种模式的 OPC 服务器在监控系统中的应用

8.5 Web 技术

Web 技术是指用于在万维网(World Wide Web)上创建、传输和呈现内容的各种技术。这些技术包括但不限于以下几方面。

(1) HTML(Hyper Text Markup Language)：用于创建网页的标准标记语言。它定义了网页的结构和内容。

(2) CSS(Cascading Style Sheets)：层叠样式表，用于设置 HTML 元素的外观和格式。CSS 允许开发者控制网页的布局、颜色、字体等。

(3) JavaScript：一种脚本语言，用于在用户的浏览器上实现复杂的功能，如交互性、动画、表单验证等。

(4) HTTP(Hyper Text Transfer Protocol)：Web 上数据通信的基础协议。它定义了客户端(如浏览器)和服务器之间数据交换的规则。

(5) HTTPS(HTTP Secure)：HTTP 的安全版本，通过使用 SSL/TLS 协议为数据传输加密，保护数据的安全性。

(6) Web 服务器：如 Apache、Nginx、IIS 等，用于托管网站内容，并在接收到用户请求时提供网页。

(7) 服务器端脚本语言：如 PHP、Ruby、Python、Node.js 等，用于在服务器上执行任务，如处理表单数据、与数据库交互、动态生成网页内容等。

(8) 数据库技术：如 MySQL、PostgreSQL、MongoDB 等，用于存储和检索数据，这些数据可以在网页上动态显示。

第 29 集
微课视频

(9) 框架和库：如 React、Angular、Vue.js(前端框架)和 Django、Ruby on Rails、Express.js(后端框架)等，它们提供了预先编写的代码组件，以帮助开发者更快地构建应用程序。

(10) API：Web 服务(如 REST、GraphQL)允许不同的系统和应用程序之间交换数据和功能，通常使用 JSON 或 XML 格式。

(11) Web 标准：如 W3C(World Wide Web Consortium)和 WHATWG(Web Hypertext Application Technology Working Group)等组织制定 Web 技术标准，以确保不同设备和浏览器之间的兼容性。

(12) 响应式设计：通过使用流体网格布局、弹性图片和媒体查询等技术，确保网站在不同大小和分辨率的设备上都能正确显示。

(13) Web 性能优化：包括减少网页加载时间的技术，如压缩文件、优化图像、使用 CDN 等。

(14) Web 安全：包括保护网站和用户数据不受攻击的措施，如 SQL 注入、跨站脚本(XSS)、跨站请求伪造(CSRF)等。

Web 技术的发展是迅速的，不断有新的工具、框架和最佳实践出现，以适应不断变化的网络环境和用户需求。随着技术的进步，Web 应用程序变得越来越复杂和强大，几乎可以与传统的桌面应用程序相媲美。

Web 技术的主要优点是支持跨平台的访问，使得用户可以通过浏览器从任何地方访问应用程序。Web 技术在工业自动化中的应用如下。

（1）远程监控和控制：用户可以通过 Web 界面远程访问控制系统，查看实时数据和操作设备。

（2）数据可视化和报告：可以使用 Web 技术开发仪表板和报告工具，以图形化的形式展示数据。

（3）系统集成：Web 服务和 API 可以帮助集成不同的应用程序和服务，实现数据交换和业务流程自动化。

在现代工业自动化解决方案中，OPC 技术和 Web 技术经常一起使用。例如，OPC UA 服务器可以通过 Web 服务提供数据，使得用户可以通过 Web 浏览器或移动应用程序访问实时和历史数据。这种结合利用了 OPC 的通用数据访问能力以及 Web 技术的易用性和可访问性，为用户提供了一个强大且灵活的监控和控制解决方案。

8.5.1 Web 服务器端技术

Web 服务器端负责响应客户端的请求，是 Web 的重要部分。

Web 服务器端技术主要包括通用网关接口、服务器端脚本技术、服务器端插件技术和 Servlet 等。

CGI 是根据服务器运行时的具体情况动态生成网页的技术，其根据请求生成动态网页返回客户端，实现两者动态交互。CGI 可以在任何平台上运行，兼容性很强，但是每次对其请求会产生新进程，限制了服务器进行多请求的能力。CGI 的编写可以采用 Perl、C、C++ 语言等完成。

服务器端脚本技术即在网页中嵌入脚本，由服务器解释执行页面请求，生成动态内容。服务器端脚本技术可采用的技术包括 ASP（动态服务器网页）、PHP（超文本预处理器）等，其执行速度和安全性均高于 CGI，但在跨平台性方面表现不佳，只能局限于某类型的产品或操作系统。PHP 编译器可以采用 NetBeans、Dreamweaver 等，ASP 编辑器可以使用 ASPMaker 等。

服务器端插件技术是遵循一定规范的 API 编写的插件，服务器可直接调用插件代码，处理特定的请求，其中最著名的 API 是 NSAPI 和 ISAPI。服务器插件可以解决多线程的问题，但是只能用 C 语言编写，并且对平台依赖性较高。

Servlet 是一种用 Java 语言编写的跨平台的 Web 组件，运行在服务器端。Servlet 可以与其他资源进行交互，从而生成动态网页返回给客户端。Servlet 只能通过服务器进行访问，其安全性较高，但对容器具有依赖性，对请求的处理有局限性。Servlet 采用 Java 编辑器进行编程和设计，如 JCreator、J2EE 等。

8.5.2 Web 客户端技术

Web 客户端的主要任务是响应用户操作，展现信息内容。Web 客户端设计技术主要包括 HTML、Java Applets 和插件技术、脚本程序、CSS 等。这几种技术具有不同的作用，用户可以综合利用几种技术，使得网页更加美观、实用。

HTML 是编写 Web 页面的主要语言。HTML 实际是一种文本，网页的本质即是经过约定规则标记的脚本文件。可采用记事本、EditPlus 以及 Dreamweaver 等文本编辑器编写网页。

Java Applets 和插件技术均可提供动画、音频和音乐等多媒体服务，丰富了浏览器的多媒体信息展示功能。两者均可被浏览器下载并运行。Java Applets 使用 Java 语言进行编写，插件（如 ActiveX 控件）可使用 C++语言进行编写。设计人员可根据应用平台选择合适的开发技术。

脚本程序是嵌入在 HTML 文档中的程序，使用脚本程序可以创建动态页面，大大提高交互性。脚本程序可采用 JavaScript 和 VBScript 等语言编写，可使用 Sublime Text、Notepad++、WebStorm 等编辑器。

CSS 通过在 HTML 文档中设立样式表，统一控制 HTML 中对象的显示属性，提高网页显示的美观度，可以使用记事本、Word、Visual CSS 和国外的 TopStyle 系列编辑器。

8.5.3 SCADA 系统中的 Web 应用方案设计

SCADA 是一种用于控制工业过程、设施的自动化系统。随着信息技术的发展，SCADA 系统越来越多地采用 Web 技术，以提供更灵活、可访问性更高的监控方案。

1. Web 的应用优势

传统的 SCADA 系统采用"主机/终端"或"客户端/服务器"的通信模式，但是该模式开放性较差，系统开发和维护工作量大，系统扩展性和伸缩性较差，已经不能适应集团企业网络化分布式管理的要求。

随着计算机、Internet/Intranet 的发展，基于 B/S（浏览器/服务器）多层架构成为 SCADA 系统流行的应用方式。

国内外著名的工控领域的软硬件制造商陆续推出了基于 Web 的 SCADA 系统，如 Siemens 公司的 WinCC V8.2、Advantech 公司的 Advantech Studio、BroadWin 公司的 WebAccess 等。

基于 Web 的 SCADA 系统与传统的 C/S 模式相比，具有以下优点。

(1) 利用浏览器实现远程监控，通过浏览器实现现场设备的图形化监控、报警以及报表等功能。

(2) 实现多用户监控，同一过程可被多个用户同时查看，同一用户也可监控多个过程，实现数据的透明化。

(3) 实现远程诊断和维护，并可以实现多方对同一问题的会诊，使得广泛的技术合作成为可能。

(4) 具有很强的扩展性和继承性，可以方便地与其他系统进行集成。

(5) 随着 Web 技术的日趋成熟，在 B/S 结构下的客户端程序简单，稳定性强。

2. Web 的应用方案设计

基于 Web 的 SCADA 系统的分层框架结构如图 8-7 所示，主要由数据库、Web 服务器、监控系统、现场设备、通信设施、浏览器等组成。监控系统通过与 PLC、PAC 等现场设备的通信，将设备的实时数据等信息存储在数据库中。远程用户通过 Internet 访问 Web 服务器查看现场设备的运行状况，对设备进行监控和管理。

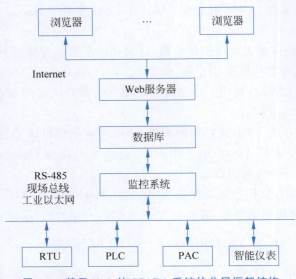

图 8-7 基于 Web 的 SCADA 系统的分层框架结构

8.6 常用数字滤波算法与程序设计

第 30 集
微课视频

由于工业对象的环境比较恶劣,干扰源比较多,如环境温度、电磁场等,当干扰作用于模拟信号之后,使模数转换结果偏离真实值。如果仅采样一次,无法确定该结果是否可信,为了减少对采样值的干扰,提高系统可靠性,在进行数据处理和 PID 调节之前,首先对采样值进行数字滤波。

所谓数字滤波,是通过一定的计算程序对采样信号进行平滑加工,提高其有用信号,消除和减少各种干扰和噪声,以保证计算机系统的可靠性。

数字滤波与模拟 RC 滤波相比,其优点如下。

(1) 不需增加任何硬件设备,只要在程序进入数据处理和控制算法之前,附加一段数字滤波程序即可。

(2) 系统可靠性高,不存在阻抗匹配问题。

(3) 模拟滤波器通常是每个通道都有,而数字滤波器则可多个通道共用,从而降低了成本。

(4) 可以对频率很低的信号进行滤波,而模拟滤波器由于受电容容量的影响,频率不能太低。

(5) 使用灵活、方便,可根据需要选择不同的滤波方法,或改变滤波器的参数。

正因为数字滤波具有上述优点,所以在计算机控制系统中得到了越来越广泛的应用。

8.6.1 程序判断滤波

当采样信号由于随机干扰和误检测或变送器不稳定而引起严重失真时,可采用程序判断滤波。

程序判断滤波的方法,是根据生产经验,确定出两次采样输出信号可能出现的最大偏差

ΔY,若超过此偏差值,则表明该输入信号是干扰信号,应该去掉;若小于此偏差值,可将信号作为本次采样值。

根据滤波方法不同,程序判断滤波可分限幅滤波和限速滤波两种。

1. 限幅滤波

限幅滤波就是把两次相邻的采样值进行相减,求出其增量(以绝对值表示),然后与两次采样允许的最大差值(由被控对象的实际情况决定)ΔY 进行比较。如果小于或等于 ΔY,则取本次采样值;如果大于 ΔY,则仍取上次采样值作为本次采样值,即

$$Y_n = \begin{cases} Y_n, & |Y_n - Y_{n-1}| \leqslant \Delta Y \\ Y_{n-1}, & |Y_n - Y_{n-1}| > \Delta Y \end{cases}$$

其中,Y_n 为第 n 次采样值;Y_{n-1} 为第 $n-1$ 次采样值;ΔY 为两次采样值所允许的最大偏差,其大小取决于采样周期 T 及被控对象对输入信号变化的响应速度。

2. 限速滤波

设顺序采样时刻 t_1, t_2, t_3 所采集的参数分别为 Y_1, Y_2, Y_3,若 $[Y_2 - Y_1] \leqslant \Delta Y$,则 Y_2 输入计算机;若 $[Y_2 - Y_1] > \Delta Y$,则 Y_2 不采用,但仍保留,再继续采样一次,得 Y_3。若 $[Y_3 - Y_2] \leqslant \Delta Y$,则 Y_3 输入计算机;若 $[Y_3 - Y_2] > \Delta Y$,则取 $(Y_3 + Y_2)/2$ 输入计算机。

这是一种折中的方法,既照顾了采样的实时性,又照顾了不采样时的连续性。

程序判断滤波算法可用于变化较缓慢的参数,如温度、液位等。

8.6.2 中值滤波

对目标参数连续进行若干次采样,然后将这些采样进行排序,选取中间位置的采样值为有效值。本算法为取中值,采样次数应为奇数,通常为 3 次或 5 次。对于变化很慢的参数,有时也可增加次数,如 15 次。对于变化较为剧烈的参数,此法不宜采用。

中值滤波算法对于滤除脉动性质的干扰比较有效,但对快速变化过程的参数,如流量,则不宜采用。

关于中值滤波程序设计,可参考由小到大排序程序的设计方法。

8.6.3 算术平均滤波

对目标参数进行连续采样,然后求其算术平均值作为有效采样值。计算公式为

$$Y_n = \frac{1}{n} \sum_{i=1}^{n} X_i \tag{8-1}$$

其中,Y_n 为 n 次采样值的算术平均值;X_i 为第 i 次采样值;n 为采样次数。

该算法主要对压力、流量等周期脉动的采样值进行平滑加工,但对脉冲性干扰的平滑尚不理想,因此不适用于脉冲性干扰比较严重的场合。采样次数 n 取决于平滑度和灵敏度。随着 n 值的增大,平滑度提高,灵敏度降低,通常对于流量取 12 次,对于压力取 4 次,对于温度如无噪声可不平均。

8.6.4 加权平均滤波

在算术平均滤波中,对于 n 次采样所得的采样值,各结果的比重是均等的,但有时为了改善滤波效果,将各次采样值取不同的比例,然后再相加,此方法称为加权平均法。一个 n

项加权平均式为

$$Y_n = \sum_{i=1}^{n} C_i X_i \tag{8-2}$$

其中，$C_1, C_2, \cdots, C_n$ 均为常数项，应满足

$$\sum_{i=1}^{n} C_i = 1 \tag{8-3}$$

$C_1, C_2, \cdots, C_n$ 为各次采样值的系数，可根据具体情况而定，一般采样越靠后，取的比例越大，这样可以增大新的采样值在平均值中的比重，其目的是突出信号的某一部分，抑制信号的另一部分。

8.6.5 低通滤波

上述几种滤波算法基本上属于静态滤波，主要适用于变化过程比较快的参数，如压力、流量等。但对于慢速随机变化，采用在短时间内连续采样求平均值的方法，其滤波效果是不太好的。为了提高滤波效果，通常可采用动态滤波方法，即一阶滞后滤波方法，其表达式为

$$Y_n = (1-\alpha)X_n + \alpha Y_{n-1} \tag{8-4}$$

其中，X_n 为第 n 次采样值；Y_{n-1} 为第 $n-1$ 次采样后滤波结果输出值；Y_n 为第 n 次采样后滤波结果输出值；α 为滤波平滑系数，$\alpha = \dfrac{\tau}{\tau + T}$，$\tau$ 为滤波环节的时间常数，T 为采样周期。

通常采样周期远小于滤波环节的时间常数，也就是输入信号的频率快，而滤波环节时间常数相对大，这是一般滤波器的概念，所以这种滤波方法相当于 RC 滤波器。τ 和 T 的选择可根据具体情况确定。

8.6.6 滑动平均滤波

以上介绍的各种平均滤波算法有一个共同点，即每取得一个有效采样值必须连续进行若干次采样，当采样速度较慢（如双积分型模数转换）或目标参数变化较快时，系统的实时性不能得到保证。滑动平均滤波算法只采样一次，将这一次采样值和过去的若干次采样值一起求平均，得到的有效采样值即可投入使用。如果取 n 个采样值求平均，RAM 中必须开辟 n 个数据的暂存区，每新采集一个数据便存入暂存区，同时去掉一个最老的数据，保持这 n 个数据始终是最近的数据。这种数据存储方式可以用环形队列结构方便地实现，每存入一个新数据便自动冲去一个最老的数据。

8.7 标度变换

被测物理参数，如温度、压力、流量、液位、气体成分等，通过传感器或变送器转换为模拟量，送往 ADC，由计算机采样并转换为数字量，该数字量必须再转换为操作人员所熟悉的工程量，这是因为被测参数的各种数据的量纲与 ADC 的输入值是不一样的。例如，温度的单位为℃，压力的单位为 Pa 或 MPa 等。这些数字量并不一定等于原来带有量纲的参数值，它仅对应参数值的大小，故必须把它转换为带有量纲的数值后才能运算、显示、记录和打印，这

种转换称为标度变换。标度变换有各种类型,它取决于被测参数的传感器或变送器的类型,应根据实际情况选用适当的标度变换方法。

8.7.1 线性标度变换

线性标度变换是一种在数学、图像处理和信号处理等领域广泛使用的技术,它通过一个简单的线性方程调整数据的范围,使之适应特定的应用或显示需求。

1. 线性标度变换原理

这种标度变换的前提是参数值与模数转换结果之间为线性关系,是最常用的标度变换方法。标度变换公式为

$$A_x = A_0 + (A_m - A_0)\frac{N_x - N_0}{N_m - N_0} \tag{8-5}$$

其中,A_0 为一次测量仪表的下限;A_m 为一次测量仪表的上限;A_x 为实际测量值(工程量);N_0 为仪表下限所对应的数字量;N_m 为仪表上限所对应的数字量;N_x 为测量值所对应的数字量。

对于某一个固定的被测参数,A_0、A_m、N_0、N_m 是常数,不同的参数有着不同的值。

为了使程序简单,一般被测参数的起点 A_0(输入信号为 0)所对应的模数转换值为 0,即 $N_0=0$,这样式(8-5)又变为

$$A_x = \frac{N_x}{N_m}(A_m - A_0) + A_0 \tag{8-6}$$

式(8-5)和式(8-6)即为参量标度变换的公式。

【例 8-1】 某热处理炉温测量仪的量程为 200~1300℃。在某一时刻计算机采样并经数字滤波后的数字量为 2860,求此时的温度值是多少?设该仪表的量程是线性的,ADC 的位数为 12 位。

解 已知 $A_0=200℃$,$A_m=1300℃$,$N_x=2860℃$,$N_m=4095$。所以此时的温度为

$$A_x = \frac{N_x}{N_m}(A_m - A_0) + A_0 = \frac{2860}{4095} \times (1300 - 200) + 200℃ = 968℃$$

在计算机控制系统中,为了实现上述转换,可把它们设计成专门的子程序,把各个不同参数所对应的 A_0、A_m、N_0、N_m 存放在存储器中,然后当某一参数需要进行标度变换时,只调用标度变换子程序即可。

2. 标度变换子程序

被转换参量的常数 A_0、A_m、N_0、N_m 分别存放于以 ALOWER、AUPPER、NLOWER、NUPPER 为首地址的单元中(为提高转换精度以及更带有普遍性,本程序采用双字节运算)。

被转换后的参量经数字滤波后的数值 N_x 存放在 DBUFFER 单元,标度变换结果存放在 ENBUF 单元。

式(8-5)适用于下限不为零点的参数,一般参数采用量程压缩后,可用式(8-6)进行标度变换。

8.7.2 非线性标度变换

必须指出,上面介绍的标度变换子程序只适用于具有线性刻度的参量。与被测量为非线性刻度时,应具体问题具体分析,首先求出它所对应的标度变换公式,然后再进行设计。

例如，在流量测量中，流量与压差的关系式为

$$Q = K\sqrt{\Delta P} \tag{8-7}$$

其中，Q 为流量；K 为刻度系数，与流体的性质及节流装置的尺寸有关；ΔP 为节流装置的压差。

根据式(8-7)，流体的流量与流体流过节流装置时前后的压力差的平方根成正比，于是得到测量流量时的标度变换公式为

$$\frac{Q_x - Q_0}{Q_m - Q_0} = \frac{K\sqrt{N_x} - K\sqrt{N_0}}{K\sqrt{N_m} - K\sqrt{N_0}}$$

$$Q_x = \frac{\sqrt{N_x} - \sqrt{N_0}}{\sqrt{N_m} - \sqrt{N_0}}(Q_m - Q_0) + Q_0 \tag{8-8}$$

其中，Q_x 为被测量的流量值；Q_m 为流量仪表的上限值；Q_0 为流量仪表的下限值；N_x 为差压变送器所测得的差压值(数字量)；N_m 为差压变送器上限所对应的数字量；N_0 为差压变送器下限所对应的数字量。

式(8-8)则为流量测量中标度变换的通用表达式。

对于流量测量仪表，一般下限均取零，所以此时 $Q_0 = 0$，$N_0 = 0$，故式(8-8)变为

$$Q_x = Q_m \sqrt{\frac{N_x}{N_m}}$$

第 9 章 工业控制网络技术

CHAPTER 9

工业控制网络技术是指用于监控和控制工业生产过程的网络技术。它包括一系列的硬件和软件工具，用于实现对生产线、机器和设备的实时控制和数据交换。工业控制网络为自动化系统提供了通信基础，使得工业设备能够相互通信并与控制系统交换信息。

工业控制网络技术是现代工业自动化和智能制造的核心组成部分。本章讲述工业控制网络技术，主要内容如下。

(1) 现场总线概述。现场总线的特点包括开放性、互操作性、灵活性和可扩展性。这些特点带来了众多优势，如成本降低、安装简化、维护方便和数据交换效率提升。

(2) 现场总线简介。介绍几种主要的现场总线技术，包括 FF（Foundation Fieldbus）、CAN（Controller Area Network）、CAN FD（CAN with Flexible Data-Rate）、LonWorks 和 PROFIBUS。每种技术都有其独特的特性和应用领域，从简单的传感器/执行器网络到复杂的工业控制系统。

(3) 工业以太网概述。工业以太网是在传统以太网技术的基础上发展起来的，针对工业环境中的特殊需求进行了优化。它继承了以太网的通用性和高带宽优势，同时增加了对实时性和可靠性的支持。工业以太网通信模型提供了多种数据传输机制，以适应不同的工业应用场景。

(4) 工业以太网简介。工业以太网的发展产生了多种基于以太网的工业协议，如 EtherCAT、PROFINET 和 EPA。这些协议针对工业应用中的高速、实时通信进行了优化，并提供了与传统以太网设备的兼容性。

(5) 工业互联网技术。工业互联网是指通过智能化的网络技术将所有工业设备连接起来，实现数据的高效交换和处理。它不仅包括硬件和软件，还包括服务和平台，以支持整个工业生态系统。

(6) 无线传感器网络（Wireless Sensor Networks，WSN）与物联网（IoT）。无线传感器网络和物联网是两个紧密相关但有区别的概念，它们都是现代信息技术的重要组成部分，广泛应用于智能城市、智能家居、工业自动化、环境监测等领域。

本章通过对工业控制网络技术的深入分析，揭示这些技术如何支持现代工业自动化的需求。现场总线为设备间提供了高效的通信手段，而工业以太网则利用其高带宽和实时性优势为工业控制系统提供强大的网络支持。工业互联网的出现预示着一个更加智能化和互联的工业未来，这些技术的综合应用将进一步推动工业自动化和智能制造的发展。

9.1 现场总线概述

现场总线(Fieldbus)自产生以来,一直是自动化领域技术发展的热点之一,被誉为自动化领域的计算机局域网,各自动化厂商纷纷推出自己的现场总线产品,并在不同的领域和行业得到了越来越广泛的应用,现在已处于稳定发展期。近几年,无线传感网络与物联网(IoT)技术也融入工业测控系统中。

按照 IEC 对现场总线一词的定义,现场总线是一种应用于生产现场,在现场设备之间、现场设备与控制装置之间实行双向、串行、多节点数字通信的技术。这是由 IEC/TC65 负责测量和控制系统数据通信部分国际标准化工作的 SC65/WG6 定义的。

现场总线作为工业数据通信网络的基础,沟通了生产过程现场级控制设备之间及其与更高控制管理层之间的联系。它不仅是一个基层网络,还是一种开放式、新型全集散控制系统。这项以智能传感、控制、计算机、数据通信为主要内容的综合技术,已受到世界范围的关注而成为自动化技术发展的热点,并将导致自动化系统结构与设备的深刻变革。

9.1.1 现场总线的产生

在过程控制领域中,从 20 世纪 50 年代至今一直都在使用着一种信号标准,那就是 4~20mA 模拟信号标准。

20 世纪 70 年代,数字式计算机引入测控系统,而此时的计算机提供的是集中式控制处理。

第 31 集
微课视频

20 世纪 80 年代,微处理器在控制领域得到应用,微处理器被嵌入各种仪器设备,形成了集散控制系统。在集散控制系统中,各微处理器被指定一组特定任务,通信则由一个带有附属"网关"的专有网络提供,网关的程序大部分是由用户编写的。

随着微处理器的发展和广泛应用,产生了以集成电路代替常规电子线路,以微处理器为核心,实现信息采集、显示、处理、传输及优化控制等功能的智能设备。

一些具有专家辅助推断分析与决策能力的数字式智能化仪表产品,其本身具备了诸如自动量程转换、自动调零、自校正、自诊断等功能,还能提供故障诊断、历史信息报告、状态报告、趋势图等功能。

通信技术的发展,促使传输数字化信息的网络技术开始广泛应用。

与此同时,基于质量分析的维护管理、与安全相关系统的测试的记录、环境监视需求的增加,都要求仪表能在当地处理信息,并在必要时允许被管理和访问,这些也使现场仪表与上级控制系统的通信量大增。另外,从实际应用的角度,控制界也不断在控制精度、可操作性、可维护性、可移植性等方面提出新需求。由此,导致了现场总线的产生。

9.1.2 现场总线的特点和优点

现场总线(Fieldbus)是一种用于工业自动化的数字通信网络,它连接控制系统(如 PLC)与现场设备(如传感器、执行器和工业仪表)。现场总线技术是传统模拟控制系统的替代方案,提供了更高效、智能和灵活的通信方式。

1. 现场总线的结构特点

现场总线打破了传统控制系统的结构形式。

传统模拟控制系统采用一对一的设备连线,按控制回路分别进行连接。位于现场的测量变送器与位于控制室的控制器之间,控制器与位于现场的执行器、开关、马达之间均为一对一的物理连接。

现场总线控制系统由于采用了智能现场设备,能够把原先 DCS 中处于控制室的控制模块、各输入/输出模块置入现场设备,加上现场设备具有通信能力,现场的测量变送仪表可以与阀门等执行机构直接传输信号,因而控制系统功能能够不依赖控制室的计算机或控制仪表,直接在现场完成,实现了彻底的分散控制。

现场总线控制系统(FCS)与传统控制系统(如 DCS)结构对比如图 9-1 所示。

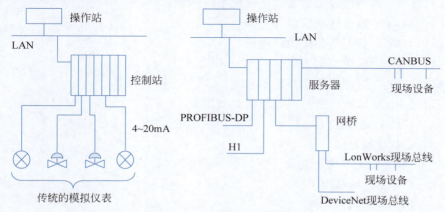

图 9-1　FCS 与 DCS 结构对比

由于采用数字信号替代模拟信号,因而可实现一对电线上传输多个信号,如运行参数值、多个设备状态、故障信息等,同时又为多个设备提供电源,现场设备以外不再需要模数、数模转换器件。这样就为简化系统结构、节约硬件设备、节约连接电缆与各种安装维护费用创造了条件。

2. 现场总线的技术特点

(1) 系统的开放性。

(2) 互操作性与互用性。

(3) 现场设备的智能化与功能自治性。

(4) 系统结构的高度分散性。

(5) 对现场环境的适应性。

3. 现场总线的优点

由于现场总线的以上特点,特别是现场总线系统结构的简化,使控制系统从设计、安装、投运到正常生产运行及检修维护,都体现出优越性。

(1) 节省硬件数量与投资。

(2) 节省安装费用。

(3) 节约维护开销。

(4) 用户具有高度的系统集成主动权。

(5) 提高了系统的准确性与可靠性。

9.1.3　现场总线标准的制定

数字技术的发展完全不同于模拟技术,数字技术标准的制定往往早于产品的开发,标准决定着新兴产业的健康发展。

IEC TC65(负责工业测量和控制的第 65 标准化技术委员会)于 1999 年底通过的 8 种类型的现场总线作为 IEC 61158 最早的国际标准。

IEC 61158 Ed.4 标准于 2007 年 7 月出版。

IEC 61158 Ed.4 标准由多个部分组成,主要包括以下内容。

IEC 61158-1　　总论与导则

IEC 61158-2　　物理层服务定义与协议规范

IEC 61158-300　数据链路层服务定义

IEC 61158-400　数据链路层协议规范

IEC 61158-500　应用层服务定义

IEC 61158-600　应用层协议规范

IEC 61158 Ed.4 标准包括的现场总线类型如下。

Type 1　　IEC 61158(FF 的 H1)

Type 2　　CIP 现场总线

Type 3　　PROFIBUS 现场总线

Type 4　　P-Net 现场总线

Type 5　　FF HSE 现场总线

Type 6　　SwiftNet 被撤销

Type 7　　WorldFIP 现场总线

Type 8　　INTERBUS 现场总线

Type 9　　FF H1 以太网

Type10　　PROFINET 实时以太网

Type11　　TCnet 实时以太网

Type12　　EtherCAT 实时以太网

Type13　　Ethernet Powerlink 实时以太网

Type14　　EPA 实时以太网

Type15　　Modbus-RTPS 实时以太网

Type16　　SERCOS Ⅰ,Ⅱ现场总线

Type17　　VNET/IP 实时以太网

Type18　　CC-Link 现场总线

Type19　　SERCOS Ⅲ现场总线

Type20　　HART 现场总线

9.1.4　现场总线网络的实现

现场总线的基础是数字通信,通信就必须有协议,从这个意义上讲,现场总线就是一个定义了硬件接口和通信协议的标准。

国际标准化组织(ISO)的开放系统互联(OSI)协议,是为计算机互联网而制定的7层参考模型,它对任何网络都是适用的,只要网络中所要处理的要素是通过共同的路径进行通信。

目前,各个公司生产的现场总线产品没有统一的协议标准,但是各公司在制定自己的通信协议时,都参考OSI 7层协议标准,且大都采用了其中的第1层、第2层和第7层,即物理层、数据链路层和应用层,并增设了第8层,即用户层。

1. 物理层

物理层定义了信号的编码与传输方式、传输介质、接口的电气及机械特性、信号传输速率等。现场总线有两种编码方式：Manchester和NRZ,前者同步性好,但频带利用率低,后者刚好相反。Manchester编码采用基带传输,而NRZ编码采用频带传输。调制方式主要有CPFSK和COFSK。现场总线传输介质主要有有线电缆、光纤和无线介质。

2. 数据链路层

数据链路层又分为两个子层,即介质访问控制层(MAC)和逻辑链路控制层(LLC)。MAC层对介质传输的信号进行发送和接收控制,而LLC层则是对数据链进行控制,保证数据传输到指定的设备上。现场总线网络中的设备可以是主站,也可以是从站,主站有控制收发数据的权利,而从站则只有响应主站访问的权利。

关于MAC层,目前有3种协议。

(1) 集中式轮询协议：基本原理是网络中有主站,主站周期性地轮询各个节点,被轮询的节点允许与其他节点通信。

(2) 令牌总线协议：这是一种多主站协议,主站之间以令牌传输协议进行工作,持有令牌的站可以轮询其他站。

(3) 总线仲裁协议：其机理类似于多机系统中并行总线的管理机制。

3. 应用层

应用层可以分为两个子层,上层是应用服务层(FMS层),为用户提供服务；下层是现场总线存取层(FAS层),实现数据链路层的连接。

应用层的功能是进行现场设备数据的传输及现场总线变量的访问。它为用户应用提供接口,定义了如何应用读、写、中断和操作信息及命令,同时定义了信息、句法(包括请求、执行及响应信息)的格式和内容。应用层的管理功能在初始化期间初始化网络,指定标记和地址；同时按计划配置应用层,也对网络进行控制,统计失败和检测新加入或退出网络的装置。

4. 用户层

用户层是现场总线标准在OSI模型之外新增加的一层,是使现场总线控制系统开放与可互操作性的关键。

用户层定义了从现场装置中读、写信息和向网络中其他装置分派信息的方法,即规定了供用户组态的标准"功能模块"。事实上,各厂家生产的产品实现功能块的程序可能完全不同,但对功能块特性描述、参数设定及相互连接的方法是公开统一的。信息在功能块内经过处理后输出,用户对功能块的工作就是选择设定特征及设定参数,并将其连接起来。功能块除了输入、输出信号外,还输出表征该信号状态的信号。

9.2 现场总线简介

由于技术和利益的原因,目前国际上存在着几十种现场总线标准,比较流行的有 FF、CAN、DeviceNet、LonWorks、PROFIBUS、HART、INTERBUS、CC-Link、ControlNet、WorldFIP、P-Net、SwiftNet 等现场总线。

9.2.1 FF

基金会现场总线(Foundation Fieldbus,FF)是在过程自动化领域得到广泛支持和具有良好发展前景的技术。其前身是以美国 Fisher-Rousemount 公司为首,联合 Foxboro、横河、ABB、西门子等 80 家公司制定的 ISP 和以 Honeywell 公司为首,联合欧洲等地的 150 家公司制定的 WorldFIP。迫于用户的压力,这两大集团于 1994 年 9 月合并,成立了现场总线基金会,致力于开发出国际上统一的现场总线协议。它以 ISO/OSI 模型为基础,取其物理层、数据链路层、应用层为 FF 通信模型的相应层次,并在应用层上增加了用户层。

基金会现场总线分为低速 H1 和高速 H2 两种通信速率。H1 的传输速率为 31.25kb/s,通信距离可达 1900m(可加中继器延长),可支持总线供电,支持本质安全防爆环境。H2 的传输速率有 1Mb/s 和 2.5Mb/s 两种,其通信距离为 750m 和 500m。物理传输介质支持双绞线、光缆和无线发射,协议符合 IEC 1159-2 标准。

9.2.2 CAN 和 CAN FD

CAN 是控制器局域网(Controller Area Network)的简称,最早由德国 BOSCH 公司提出,用于汽车内部测量与执行部件之间的数据通信。其总线规范现已被 ISO 指定为国际标准,得到了 Motorola、Intel、Philips、Siemens、NEC 等公司的支持,已广泛应用在离散控制领域。

CAN 协议也是建立在 OSI 模型基础上的,不过其模型结构只有 3 层,只取 OSI 的物理层、数据链路层和应用层。其信号传输介质为双绞线,通信速率最高可达 1Mb/s/40m,直接传输距离最远可达 10km/5kb/s,最多可挂接设备 110 个。

CAN 的信号传输采用短帧结构,每帧的有效字节数为 8 个,因而传输时间短,受干扰的概率低。当节点严重错误时,具有自动关闭的功能以切断该节点与总线的联系,使总线上的其他节点及其通信不受影响,具有较强的抗干扰能力。

CAN 支持多主方式工作,网络上任何节点均可在任意时刻主动向其他节点发送信息,支持点对点、一点对多点和全局广播方式接收/发送数据。CAN 采用总线仲裁技术,当出现几个节点同时在网络上传输信息时,优先级高的节点可继续传输数据,优先级低的节点则主动停止发送,从而避免了总线冲突。

已有多家公司开发生产了符合 CAN 协议的通信控制器,如 NXP 公司的 SJA1000、Mirochip 公司的 MCP2515、内嵌 CAN 通信控制器的 ARM 和 DSP 等。还有插在 PC 上的 CAN 总线适配器,具有接口简单、编程方便、开发系统价格便宜等优点。

在汽车领域,随着人们对数据传输带宽要求的增加,传统的 CAN 总线由于带宽的限制难以满足这种增加的需求。

当今社会,汽车已经成为生活中不可缺少的一部分,人们希望汽车不仅仅是一种代步工具,更希望汽车是生活及工作范围的一种延伸。因此,汽车制造商为了提高产品竞争力,将越来越多的功能集成到了汽车上。ECU(电子控制单元)大量增加使总线负载率急剧增大,传统的 CAN 总线越来越显得力不从心。

此外,为了缩小 CAN(最大 1Mb/s)与 FlexRay(最大 10Mb/s)网络的带宽差距,BOSCH 公司于 2011 年推出了 CAN FD(CAN with Flexible Data-Rate)方案。

9.2.3 LonWorks

美国的埃施朗(Echelon)公司是全分布智能控制网络技术 LonWorks 平台的创立者,LonWorks 控制网络技术可用于各主要工业领域,如工厂厂房自动化、生产过程控制、楼宇及家庭自动化、农业、医疗和运输业等,为实现智能控制网络提供完整的解决方案。

Echelon 公司于 1992 年成功推出了 LonWorks 智能控制网络。LON(Local Operating Networks)总线是该公司推出的局部操作网络,Echelon 公司开发了 LonWorks 技术,为 LON 总线设计和成品化提供了一套完整的开发平台。其通信协议 LonTalk 支持 OSI/RM 的所有 7 层模型,这是 LON 总线最突出的特点。LonTalk 协议通过神经元芯片(Neuron Chip)上的硬件和固件(Firmware)实现,提供介质存取、事务确认和点对点通信服务;还有认证、优先级传输、单一/广播/组播消息发送等高级服务。网络拓扑结构可以是总线型、星形、环形和混合型,可实现自由组合。另外,通信介质支持双绞线、同轴电缆、光纤、射频、红外线和电力线等。应用程序采用面向对象的设计方法,通过网络变量把网络通信的设计简化为参数设置,大大缩短了产品开发周期。

2005 年之前,LonWorks 技术的核心是神经元芯片(Neuron Chip)。神经元芯片主要有 3120 和 3150 两大系列,最早的生产厂家有 Motorola 和 TOSHIBA 公司,后来生产神经元芯片的厂家是 TOSHIBA 公司和美国的 Cypress 公司。TOSHIBA 公司生产的神经元芯片有 TMPN3120 和 TMPN3150 两个系列。TMPN3120 不支持外部存储器,它本身带有 EEPROM;TMPN3150 支持外部存储器,适合功能较为复杂的应用场合。Cypress 公司生产的神经元芯片有 CY7C53120 和 CY7C53150 两个系列。

2005 年之后,上述神经元芯片不再给用户供货,Echelon 公司主推 FT 智能收发器和 Neuron 处理器。

2018 年 9 月,总部位于美国加州的 Adesto(阿德斯托技术)公司收购了 Echelon 公司。Adesto Technologies 公司推出的 FT 6050 智能收发器和 Neuron 6050 处理器是用于现代化和整合智能控制网络的片上系统。

9.2.4 PROFIBUS

PROFIBUS 是作为德国国家标准 DIN 19245 和欧洲标准 EN 50170 的现场总线,ISO/OSI 模型也是它的参考模型。PROFIBUS-DP、PROFIBUS-FMS、PROFIBUS-PA 组成了 PROFIBUS 系列。

DP 型用于分散外设间的高速传输,适合于加工自动化领域的应用。

FMS 意为现场信息规范,适用于纺织、楼宇自动化、可编程控制器、低压开关等一般自动化。

PA 型则是用于过程自动化的总线类型,它符合 IEC 1159-2 标准。

PROFIBUS 是由西门子公司为主的十几家德国公司、研究所共同推出的。

PROFIBUS 采用了 OSI 模型的物理层、数据链路层,由这两部分形成了标准第一部分的子集。DP 型隐去了第 3~7 层,而增加了直接数据连接拟合作为用户接口;FMS 型只隐去第 3~6 层,采用了应用层,作为标准的第二部分;PA 型的标准目前还处于制定过程之中,其传输技术符合 IEC 1159-2(H1)标准,可实现总线供电与本质安全防爆。

PROFIBUS 支持主-从系统、纯主站系统、多主多从混合系统等几种传输方式。

主站具有对总线的控制权,可主动发送信息。PROFIBUS 的传输速率为 9.6kb/s~12Mb/s,最大传输距离在 9.6kb/s 时为 1200m,在 1.5Mb/s 时为 200m,可用中继器延长至 10km。传输介质可以是双绞线,也可以是光缆,最多可挂接 127 个站点。

9.3 工业以太网概述

工业以太网是基于传统以太网技术的一种工业通信标准,它被设计用于满足工业自动化环境中的苛刻要求。工业以太网继承了以太网技术的高速度、灵活性和广泛应用的优点,并对其进行了改进以适应工业环境的特殊性,如更高的可靠性、实时性和抗干扰能力。

第 32 集
微课视频

9.3.1 以太网技术

20 世纪 70 年代早期,国际上公认的第 1 个以太网系统出现于 Xerox 公司的 Palo Alto Research Center(PARC),它以无源电缆作为总线传输数据,在 1000m 的电缆上连接了 100 多台计算机,并以曾经在历史上表示传播电磁波的以太(Ether)来命名,这就是如今以太网的鼻祖。

9.3.2 工业以太网技术

人们习惯将用于工业控制系统的以太网统称为工业以太网。

如果仔细划分,按照国际电工委员会 SC65C 的定义,工业以太网是用于工业自动化环境,符合 IEEE 802.3 标准,按照 IEEE 802.1D"介质访问控制(MAC)网桥"规范和 IEEE 802.1Q"局域网虚拟网桥"规范,对其没有进行任何实时扩展(Extension)而实现的以太网。

工业以太网即应用于工业控制领域的以太网技术,它在技术上与商用以太网兼容,但又必须满足工业控制网络通信的需求。在产品设计时,在材质的选用、产品的强度、可靠性、抗干扰能力、实时性等方面满足工业现场环境的应用。

一般而言,工业以太网应满足以下要求。

(1) 具有较好的响应实时性。
(2) 可靠性和容错性要求。
(3) 力求简洁。
(4) 环境适应性要求。
(5) 开放性好。

(6) 安全性要求。
(7) 总线供电要求。
(8) 安装方便。

9.3.3　工业以太网通信模型

工业以太网协议在本质上仍基于以太网技术，在物理层和数据链路层均采用了 IEEE 802.3 标准，在网络层和传输层则采用被称为以太网"事实上的标准"的 TCP/IP 协议簇（包括 UDP、TCP、IP、ICMP、IGMP 等协议），它们构成了工业以太网的低 4 层。

在高层协议上，工业以太网协议通常都省略了会话层、表示层，而定义了应用层，有的工业以太网协议还定义了用户层（如 HSE）。工业以太网通信模型如图 9-2 所示。

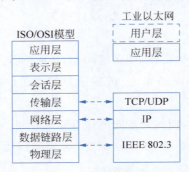

图 9-2　工业以太网通信模型

工业以太网与商用以太网相比，具有以下特征。
(1) 通信实时性。
(2) 环境适应性和安全性。
(3) 产品可靠性设计。
(4) 网络可用性。

9.3.4　工业以太网的优势

以太网发展到工业以太网，从技术方面来看，与现场总线相比，工业以太网具有以下优势。
(1) 应用广泛。
(2) 成本低廉。
(3) 通信速率高。
(4) 开放性和兼容性好，易于信息集成。
(5) 控制算法简单。
(6) 软硬件资源丰富。
(7) 不需要中央控制站。
(8) 可持续发展潜力大。
(9) 易于与 Internet 连接。

9.3.5 实时以太网

工业以太网一般应用于通信实时性要求不高的场合。对于响应时间小于 5ms 的应用，工业以太网已不能胜任。

为了满足高实时性能应用的需要，各大公司和标准组织纷纷提出各种提升工业以太网实时性的技术解决方案。这些方案建立在 IEEE 802.3 标准的基础上，通过对其和相关标准的实时扩展提高实时性，并且做到与标准以太网的无缝连接，这就是实时以太网（Realtime Ethernet，RTE）。

根据 IEC 61784-2-2010 标准的定义，所谓实时以太网，就是根据工业数据通信的要求和特点，在 ISO/IEC 8802-3 协议基础上，通过增加一些必要的措施，使之具有实时通信能力：

（1）网络通信在时间上的确定性，即在时间上，任务的行为可以预测；

（2）实时响应适应外部环境的变化，包括任务的变化、网络节点的增/减、网络失效诊断等；

（3）减少通信处理延迟，使现场设备间的信息交互在极小的通信延迟时间内完成。

IEC 61158 现场总线国际标准和 IEC 61784-2 实时以太网应用国际标准收录了以下 10 种实时以太网技术和协议，如表 9-1 所示。

表 9-1 IEC 国际标准收录的实时以太网技术和协议

技术名称	技术来源	应用领域
Ethernet/IP	美国 Rockwell 公司	过程控制
PROFINET	德国 Siemens 公司	过程控制、运动控制
P-NET	丹麦 Process-Data A/S 公司	过程控制
Vnet/IP	日本 Yokogawa 横河	过程控制
TC-net	日本东芝公司	过程控制
EtherCAT	德国 Beckhoff 公司	运动控制
Ethernet Powerlink	奥地利 B&R 公司	运动控制
EPA	浙江大学、浙江中控公司等	过程控制、运动控制
Modbus/TCP	法国 Schneider-Electric 公司	过程控制
SERCOS-III	德国 Hilscher 公司	运动控制

9.3.6 实时工业以太网模型分析

实时工业以太网采用不同的实时策略提高实时性能，根据其提高实时性策略的不同，实现模型可分为 3 种。实时工业以太网实现模型如图 9-3 所示。

工业以太网的 3 种实现如表 9-2 所示。

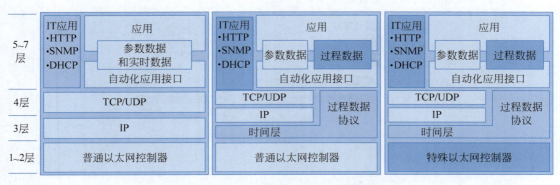

图 9-3 实时工业以太网实现模型

表 9-2 工业以太网的 3 种实现

序号	技术特点	说明	应用实例
1	基于 TCP/IP 实现	特殊部分在应用层	Modbus/TCP Ethernet/IP
2	基于以太网实现	不仅实现了应用层,而且在网络层和传输层做了修改	Ethernet Powerlink PROFINET RT
3	修改以太网实现	不仅在网络层和传输层做了修改,而且改进了底下两层,需要特殊的网络控制器	EtherCAT SERCOS-Ⅲ PROFINET IRT

9.3.7 几种实时工业以太网的对比

几种实时工业以太网的对比如表 9-3 所示。

表 9-3 几种实时工业以太网的对比

对比内容	EtherCAT	SERCOS-Ⅲ	PROFINET IRT	Powerlink	EPA	Ethernet/IP
管理组织	ETG	IGS	PNO	EPG	EPA 俱乐部	ODVA
通信机构	主/从	主/从	主/从	主/从	C/S	C/S
传输模式	全双工	全双工	半双工	半双工	全双工	全双工
实时特性	100 轴,响应时间 100μs	8 轴,响应时间 32.5μs	100 轴,响应时间 1ms	100 轴,响应时间 1ms		1~5ms
拓扑结构	星形、线形、环形、树状、总线型	线形、环形	星形、线形	星形、树状、总线型	树状、星形	星形、树状
同步方法	时间片 + IEEE 1588	主节点 + 循环周期	时间槽调度 + IEEE 1588	时间片 + IEEE 1588	IEEE 1588	IEEE 1588
同步精度	100ns	<1μs	1μs	1μs	500ns	1μs

几种实时工业以太网数据传输速率对比如图9-4所示。

图9-4 几种实时工业以太网数据传输速率对比

9.4 工业以太网简介

工业以太网有多种不同的实现和标准,它们被设计用于满足特定的工业通信需求。

9.4.1 EtherCAT

EtherCAT是由德国BECKHOFF公司开发的,并且在2003年底成立了ETG工作组(Ethernet Technology Group)。EtherCAT是一个可用于现场级的超高速I/O网络,它使用标准的以太网物理层和常规的以太网卡,介质为双绞线或光纤。

1. 以太网的实时能力

目前,有许多方案力求实现以太网的实时能力。

例如,CSMA/CD介质存取过程方案,即禁止高层协议访问过程,而是由时间片或轮循方式所取代的一种解决方案。

另一种解决方案则是通过专用交换机精确控制时间的方式分配以太网包。

这些方案虽然可以在某种程度上快速准确地将数据包传输给所连接的以太网节点,但是输出或驱动控制器重定向所需要的时间以及读取输入数据所需要的时间都要受制于具体的实现方式。

一般常规的工业以太网的传输方法都采用先接收通信帧,进行分析后作为数据送入网络中各个模块的通信方式,而EtherCAT的以太网协议帧中已经包含了网络中各个模块的数据。

数据的传输采用移位同步的方法进行,即在网络的模块中得到其相应地址数据的同时,数据帧可以传输到下一个设备,相当于数据帧通过一个模块时输出相应的数据后,立即转入下一个模块。由于这种数据帧的传输从一个设备到另一个设备延迟时间仅为微秒级,所以与其他以太网解决方法相比,性能比得到了提高。在网络段的最后一个模块结束了整个数据传输的工作,形成了一个逻辑和物理环形结构。所有传输数据与以太网的协议相兼容,同时采用双工传输,提高了传输的效率。

2. EtherCAT的运行原理

EtherCAT技术突破了其他以太网解决方案的系统限制。通过该项技术,无须接收以太网数据包,将其解码,之后再将过程数据复制到各个设备。

EtherCAT从站设备在报文经过其节点时读取相应的编址数据,同样,输入数据也是在报文经过时插入报文中。整个过程中,报文只有几纳秒的延迟。

由于发送和接收的以太网帧压缩了大量的设备数据，所以有效数据率可达90%以上。100Mb/s TX的全双工特性完全得以利用，因此有效数据率可大于100Mb/s。

符合IEEE 802.3标准的以太网协议无须附加任何总线即可访问各个设备。耦合设备中的物理层可以将双绞线或光纤转换为LVDS，以满足电子端子块等模块化设备的需求。这样，就可以非常经济地对模块化设备进行扩展。

EtherCAT通信协议模型如图9-5所示。

图9-5　EtherCAT通信协议模型

3. EtherCAT的实施

EtherCAT技术是面向经济的设备而开发的，如I/O端子、传感器和嵌入式控制器等。EtherCAT使用遵循IEEE 802.3标准的以太网帧。这些帧由主站设备发送，从站设备只是在以太网帧经过其所在位置时才提取和/或插入数据。因此，EtherCAT使用标准的以太网MAC，这正是其在主站设备方面智能化的表现。

同样，EtherCAT从站控制器采用ASIC芯片，在硬件中处理过程数据协议，确保提供最佳实时性能。

EtherCAT拥有多种机制，支持主站到从站、从站到从站以及主站到主站之间的通信。它实现了安全功能，采用技术可行且经济实用的方法，使以太网技术可以向下延伸至I/O级。EtherCAT功能优越，可以完全兼容以太网，可将因特网技术嵌入简单设备中，并最大化地利用以太网所提供的巨大带宽，是一种实时性能优越且成本低廉的网络技术。

4. EtherCAT的应用

EtherCAT广泛应用于机器人、机床、包装机械、印刷机、冲压机、半导体制造机器、试验台、电厂、变电站、自动化装配系统、纸浆和造纸机、隧道控制、焊接机、起重机和升降机、楼宇控制、钢铁厂、风机和称重等系统。

9.4.2　PROFINET

PROFINET是由PROFIBUS国际组织（PROFIBUS International，PI）提出的基于实时以太网技术的自动化总线标准，将工厂自动化和企业信息管理层信息技术有机地融为一体，同时又完全保留了PROFIBUS现有的开放性。

PROFINET支持除星形、总线型和环形之外的拓扑结构。

PROFINET满足实时通信的要求，可应用于运动控制。

PROFINET提供标准化的独立于制造商的工程接口。它能够方便地把各个制造商的设备和组件集成到单一系统中。设备之间的通信连接以图形形式组态，无须编程。PROFINET 最早建立自动化工程系统与微软操作系统及其软件的接口标准，使得自动化行业的工程应用能够被 Windows NT/2000 所接受，将工程系统、实时系统以及 Windows 操作系统结合为一个整体。PROFINET 的系统结构如图 9-6 所示。

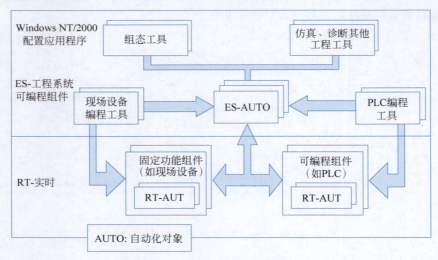

图 9-6　PROFINET 的系统结构

PROFINET 是一个整体的解决方案，PROFINET 通信协议模型如图 9-7 所示。

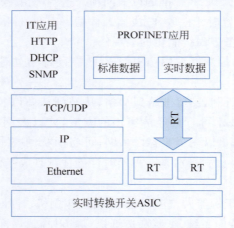

图 9-7　PROFINET 通信协议模型

9.4.3　EPA

2004 年 5 月，由浙江大学牵头，重庆邮电大学作为第 4 核心成员制定的新一代现场总线标准 EPA(Ethernet for Plant Automation)成为我国第 1 个拥有自主知识产权并被 IEC 认可的工业自动化领域国际标准(IEC/PAS 62409)。

EPA 系统是一种分布式系统，它是利用 ISO/IEC 8802-3、IEEE 802.11、IEEE 802.15 等协议定义的网络，将分布在现场的若干个设备、小系统以及控制、监视设备连接起来，使所有设备一起运作，共同完成工业生产过程和操作过程中的测量和控制。EPA 系统可以用于工业自动化控制环境。

EPA 标准定义了基于 ISO/IEC 8802-3、IEEE 802.11、IEEE 802.15 以及 RFC 791、RFC 768 和 RFC 793 等协议的 EPA 系统结构、数据链路层协议、应用层服务定义与协议规范以及基于 XML 的设备描述规范。

1. EPA 技术与标准

EPA 根据 IEC 61784-2 的定义，在 ISO/IEC 8802-3 协议基础上进行了针对通信确定性和实时性的技术改造，其通信协议模型如图 9-8 所示。

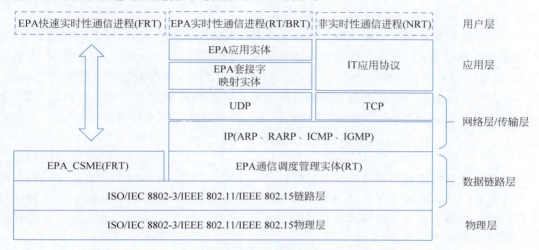

图 9-8　EPA 通信协议模型

除了 ISO/IEC 8802-3/IEEE 802.11/IEEE 802.15、TCP(UDP)/IP 以及 IT 应用协议等组件外，EPA 通信协议还包括 EPA 实时性通信进程、EPA 快速实时性通信进程、EPA 应用实体和 EPA 通信调度管理实体。针对不同的应用需求，EPA 确定性通信协议簇包含以下几部分。

(1) 非实时性通信协议(N-Real-Time，NRT)。

(2) 实时性通信协议(Real-Time，RT)。

(3) 快速实时性通信协议(Fast Real-Time，FRT)。

(4) 块状数据实时性通信协议(Block Real-Time，BRT)。

EPA 标准体系包括 EPA 国际标准和 EPA 国家标准两部分。EPA 国际标准包括一个核心技术国际标准和 4 个 EPA 应用技术标准。以 EPA 为核心的系列国际标准为新一代控制系统提供了高性能现场总线完整解决方案，可广泛应用于过程自动化、工厂自动化（包括数控系统、机器人系统运动控制等）、汽车电子等领域，可将工业企业综合自动化系统网络平台统一到开放的以太网技术上来。

2. EPA 的技术特点

EPA 具有以下技术特点。

(1) 确定性通信。

(2) E 网到底。

(3) 互操作性。

(4) 开放性。

(5) 分层的安全策略。
(6) 冗余。

9.5 工业互联网技术

工业互联网技术与实践是全球范围内正在进行的人与机器、机器与机器连接的新一轮技术革命。工业互联网技术在美国、德国和中国三大主要制造业国家依据各自产业技术优势沿着不同的演进路径迅速扩散。

工业互联网实践则以全面互联与定制化为共性特点形成制造范式,深刻影响着研发、生产和服务等各个环节。工业互联网的内涵日渐丰富,传感器互联(物联)与综合集成、虚拟化技术、大规模海量数据挖掘预测等信息技术应用呈现出更为多样的工业系统智能化特征。基于工业互联网的商业与管理创新所集聚形成的产业生态将构建新型的生产组织方式,也将改变产品的技术品质和生产效率,进而从根本上颠覆制造业的发展模式和进程。

9.5.1 工业互联网概述

工业互联网是指利用先进的信息通信技术和工业大数据,将各种工业设备、机器、生产线和系统通过互联网连接起来,实现资源共享、过程优化、效率提升和智能决策的一种新型工业系统。它是工业 4.0 战略的核心组成部分,旨在通过数字化转型推动传统工业向智能化、网络化、服务化发展。

第 33 集
微课视频

1. 工业互联网的诞生

2012 年以来,美国政府将重塑先进制造业核心竞争力上升为国家战略。美国政府、企业及相关组织发布了《先进制造业国家战略计划》《高端制造业合作伙伴计划》(Advanced Manufacturing Partnership,AMP)等一系列纲领性政策文件,旨在推动建立本土创新机构网络,借助新型信息技术和自动化技术,促进本国企业研发活动和制造技术方面的创新与升级。

在此背景下,深耕美国高端制造业多年的美国通用电气公司(GE)提出了"工业互联网"的新概念。GE 将工业互联网视为物联网之上的全球性行业开放式应用,是优化工业设施和机器的运行和维护、提升资产运营绩效、实现降低成本目标的重要资产。

工业互联网不仅连接人、数据、智能资产和设备,而且融合了远程控制和大数据分析等模型算法,同时建立针对传统工业设备制造业提供增值服务的完整体系,有着应用工业大数据降低运营成本、提高运营回报等清晰的业务逻辑。

应用工业互联网的企业,正在开始新一轮的工业革命。纵观装备制造行业,建立工业知识储备和软件分析能力已经成为核心技术路径,提供分析和预测服务获得新业务市场则是战略转型的新模式。

2. 工业互联网的发展

工业互联网源自 GE 航空发动机预测性维护模式。在美国政府及企业的推动下,GE 为航空、医疗、生物制药、半导体芯片、材料等先进制造领域演绎了提高制造业效率,进行资产和运营优化的各种典型范例。其中的基础支撑和动力,正是 GE 整合 AT&T、思科、IBM、Intel 等信息龙头企业资源,联手组建了带有鲜明"跨界融合"特色的工业互联网联盟,随后吸引了全球制造、通信、软件等行业的企业加入。这些企业资源覆盖了电信服务、通信设备、工业制造、数据分析和芯片技术领域的产品和服务。

工业互联网联盟利用新一代信息通信技术的通用标准激活传统工业过程，突破了 GE 一家公司的业务局限，内涵拓宽至整个工业领域。

2013 年 4 月，德国在汉诺威工业博览会上发布《实施"工业 4.0"战略建议书》，正式将工业 4.0 作为强化国家优势的战略选择。

2015 年，中国政府工作报告提出"互联网＋"和"中国制造 2025"战略，进一步丰富了工业互联网的概念。

作为当今世界上制造业三大主体的中国、美国和德国，几乎在相同时间提出的三大战略，无论在具体做法和关注点上有何区别，其整体目标是一致的，都是在平台上将人、机器、设备信息进行有效结合，并且通过工业生产力和信息生产力的融合，最终创造新的生产力，推进工业革命发展进程。

9.5.2 工业互联网的内涵与特征

工业互联网的内涵与特征体现了其作为工业发展新阶段的核心特性，旨在通过高度的数字化和网络化驱动传统工业向更智能、高效、绿色的方向转型。

工业互联网为工业企业提供了一个全新的生产和运营模式，使得企业能够在全球范围内更加高效、灵活地响应市场变化，推动工业的持续创新和发展。

1. 工业互联网的内涵

可以从构成要素、核心技术和产业应用 3 个层面认识工业互联网的内涵。

从构成要素角度，工业互联网是机器、数据和人的融合。工业生产中，各种机器、设备组和设施通过传感器、嵌入式控制器和应用系统与网络连接，构建形成基于"云-网-端"的新型复杂体系架构。随着生产的推进，数据在体系架构内源源不断地产生和流动，通过采集、传输和分析处理，实现向信息资产的转换和商业化应用。人既包括企业内部的技术工人、领导者和远程协同的研究人员等，也包括企业之外的消费者，人员彼此间建立网络连接并频繁交互，完成设计、操作、维护以及高质量的服务。

从核心技术角度，贯穿工业互联网始终的是大数据。从原始的杂乱无章到最有价值的决策信息，经历了产生、收集、传输、分析、整合、管理、决策等阶段，需要集成应用各类技术和各类软硬件，完成感知识别、远近距离通信、数据挖掘、分布式处理、智能算法、系统集成、平台应用等连续性任务。简而言之，工业互联网技术是实现数据价值的技术集成。

从产业应用角度，工业互联网构建了庞大复杂的网络制造生态系统，为企业提供了全面的感知、移动的应用、云端的资源和大数据分析，实现各类制造要素和资源的信息交互和数据集成，释放数据价值。这有效驱动了企业在技术研发、开发制造、组织管理、生产经营等方面开展全向度创新，实现产业间的融合与产业生态的协同发展。这个生态系统为企业发展智能制造构筑了先进的组织形态，为社会化大协作生产搭建了深度互联的信息网络，为其他行业智慧应用提供了可以支撑多类信息服务的基础平台。

2. 工业互联网的特征

工业互联网具有以下特征。

(1) 基于互联互通的综合集成。

(2) 海量工业数据的挖掘与运用。

(3) 商业模式和管理的广义创新。

9.5.3 工业互联网技术体系

工业互联网是融合工业技术与信息技术的系统工程,随着近几年的快速发展,已逐步形成包括总体技术、基础技术与应用技术等在内的技术体系。工业互联网技术体系如图 9-9 所示。

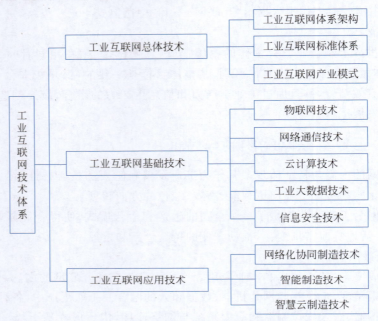

图 9-9 工业互联网技术体系

9.5.4 工业互联网平台

工业互联网平台是工业领域的新兴事物,是两化深度融合的产物。

工业互联网平台是面向制造业数字化、网络化、智能化需求,构建基于海量数据采集、汇聚、分析的服务体系,支撑制造资源泛在连接、弹性供给和高效配置的工业云平台。

工业互联网平台的本质是通过构建精准、实时、高效的数据采集互联体系,建立面向工业大数据存储、集成、访问、分析和管理的开发环境,实现工业技术、经验、知识的模型化、标准化、软件化和复用化,不断优化研发设计、生产制造和运营管理等资源配置效率,形成资源富集、多方参与、合作共赢和协同演进的制造业新生态。工业互联网平台功能结构如图 9-10 所示。

第一层是边缘层,通过大范围、深层次的海量数据采集,以及异构数据的协议转换与边缘计算处理,构建工业互联网平台的数据基础。

第二层是平台层,基于通用 PaaS 叠加大数据处理、工业数据分析、工业微服务等创新功能,实现传统工业软件和既有工业技术知识的解构与重构,构建可扩展的开放式云操作系统。

第三层是应用层,根据平台层提供的微服务,开发基于角色的、满足不同行业和不同场景的工业 App,形成工业互联网平台的"基于功能的服务",为企业创造价值。

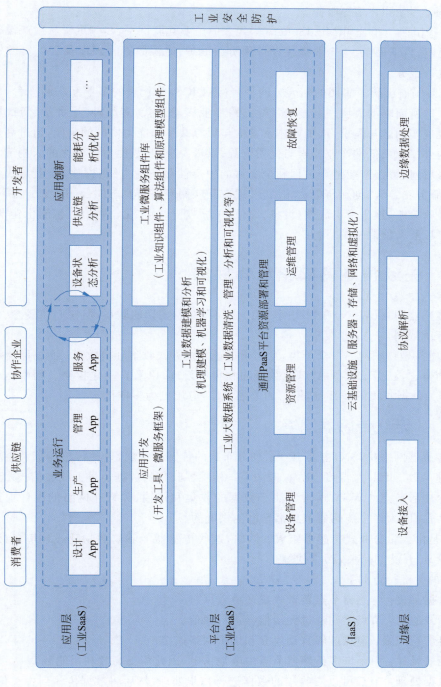

图 9-10 工业互联网平台功能结构

当前，国内外主流工业互联网平台大致可以分为3类。

（1）以美国GE公司Predix为代表的工业互联网平台，侧重于从产品维护与运营的角度，自上而下，实现人机、物和流程的互联互通，基于工业大数据技术，为用户提供核心资产的监控、检测、诊断和评估等服务。

（2）以德国西门子公司MindSphere为代表的工业互联网平台，侧重于从生产设备维护与运营的角度，自下而上，为企业提供设备预防性维护、能源数据管理以及工厂资源优化等智能工厂改造服务。

（3）以我国航天科工集团的航天云网平台（INDICS）为代表的工业互联网平台，是针对复杂产品制造所面临的大协作配套，多学科、跨专业多轮迭代，多品种、小批量、变批量柔性生产等重大现实问题与需求，从工业体系重构与资源共享和能力协同的角度，通过高效整合和共享国内外高、中、低端产业要素与优质资源，以资源虚拟化、能力服务化的云制造为核心业务模式，以提供覆盖产业链全过程和全要素的生产性服务为主线，构建"线上与线下相结合、制造与服务相结合、创新与创业相结合"适应互联网经济新业态的云端生态；自下而上，结合企业经营策略，逐步牵引底端（设备、岗位、工厂）进行数字化、网络化、智能化建设，最终达到智能工厂和智能制造的目标。

9.6 无线传感器网络与物联网

第34集
微课视频

无线传感器网络（WSN）和物联网（IoT）之间存在着密切的联系，但它们在概念、范围和应用方面有所区别。

WSN通常是物联网的一个子集，专注于通过无线方式收集环境数据；而物联网则是一个更广泛的概念，涵盖了设备的互联、数据的收集和处理，以及自动化控制。物联网可以利用WSN作为数据收集的一部分，但它的范围更广，应用更为多样化。

9.6.1 无线传感器网络

无线传感器网络（WSN）主要由一系列分布式的传感器组成，这些传感器能够感知周围环境的物理参数，如温度、湿度、压力、振动等。传感器收集的数据通过无线通信技术发送到一个或多个中心节点。WSN通常专注于数据的收集和传输，并且在网络的设计上注重能效和系统寿命，因为许多传感器节点都是电池供电的。

WSN是由大量分布式传感器组成的网络，这些传感器能够监测物理或环境条件，如温度、声音、振动、压力、运动或污染物等。

WSN的关键特点如下。

（1）数据采集：传感器节点负责收集环境数据。

（2）无线通信：节点之间通过无线信号进行通信。

（3）自组织网络：节点能够自动建立和维护网络连接。

（4）能效设计：由于许多传感器节点由电池供电，因此需要高效利用能源。

（5）数据处理：节点可以对收集的数据进行初步处理，然后将数据传输到中央位置（如网关）。

WSN通常用于特定的应用领域，如环境监测、农业、健康监护、工业自动化和军事应用。

WSN 由大量分布式传感器组成,这些传感器用于监测和记录环境中的物理条件,然后将收集的数据通过无线网络传输到一个中心位置进行处理。

WSN 通常使用以下通信技术。

(1) ZigBee:基于 IEEE 802.15.4 标准,ZigBee 是一种低功耗、低数据速率、短距离的无线通信技术。它支持点对点、点对多点和网状网络拓扑结构,适合构建大型传感器网络。

(2) Bluetooth 和 Bluetooth Low Energy(BLE):蓝牙是一种短距离无线通信技术,而 BLE 专为低功耗设计,适用于需要较长电池寿命的应用场景。

(3) Wi-Fi:虽然 Wi-Fi 通常用于高数据速率的通信,但它也可以用于 WSN,尤其是在传感器可以连接到电源或不需要特别低的功耗时。

(4) LoRa:一种长距离、低功耗的无线传输技术,非常适合覆盖范围广、部署密度低的传感器网络。

(5) Sigfox:Sigfox 提供了一种低功耗广域网(Low-Power Wide-Area Network,LPWAN)通信解决方案,专注于小数据量的传输,适合简单消息的传感器网络。

(6) NB-IoT:一种基于蜂窝网络的 LPWAN 技术,它具有良好的穿透能力和覆盖范围,适合分布广泛的传感器网络。

(7) LTE-M:另一种基于蜂窝网络的 LPWAN 技术,它支持更高的数据速率和低延迟,适用于需要较高性能的无线传感器网络。

(8) 6LoWPAN(IPv6 over Low-Power Wireless Personal Area Networks):一种用于小型设备的网络协议,允许这些设备通过 IPv6 直接连接到互联网。

(9) Thread:一种基于 IPv6 的无线网络协议,专为家庭自动化、楼宇自动化和物联网设备设计,支持网状拓扑结构。

(10) Z-Wave:一种为家庭自动化设计的低功耗无线通信技术,支持小型网状网络,常用于智能家居设备。

(11) WirelessHART 和 ISA100.11a:这两种工业无线通信标准专为满足工业环境中的无线传感器网络需求设计,提供可靠的数据传输和网络安全。

选择合适的无线通信技术时,需要考虑传感器网络的特定需求,包括通信距离、数据速率、能耗、网络拓扑、成本和环境因素。不同的应用场景可能需要不同的通信技术或它们的组合。

WSN 是由大量传感器节点组成的网络,这些节点能够感知、采集并处理环境中的信息,然后通过无线信号将数据传输到指定位置。

WSN 在很多领域都有广泛的应用,主要应用领域如下。

(1) 环境监测:无线传感网络可以部署在森林、河流、湖泊、海洋等自然环境中,用于监测温度、湿度、土壤成分、水质、气体成分等参数。

(2) 农业:在农业领域,无线传感网络可以用于土壤湿度监测、作物生长状况监测、害虫侵害预警等,帮助农民进行精准农业管理。

(3) 智能家居:无线传感网络可以集成到家庭自动化系统中,用于监测和控制室内温度、湿度、光照、安全等参数。

(4) 工业监测:在工业制造领域,无线传感网络可以用来监测机器的工作状态、环境条件等，以预防事故发生并提高生产效率。

（5）健康监护：无线传感网络可以应用于远程医疗和健康监护，如监测病人的心率、血压、体温等生理参数。

（6）结构健康监测：无线传感网络可以部署在桥梁、建筑物、隧道等结构中，用于监测结构的应力、裂缝、振动等，以提前发现潜在的结构问题。

（7）军事应用：在军事领域，无线传感网络可以用于战场监视、边界监控、目标跟踪等。

（8）智能交通：无线传感网络可以应用于道路交通监控、智能停车、车辆追踪等，提高交通效率和安全性。

（9）灾害预警：无线传感网络可以用于地震、山体滑坡、洪水等自然灾害的早期预警系统。

（10）能源管理：在能源领域，无线传感网络可以用于电网监测、智能电表读取、能源消耗分析等。

无线传感器网络的应用正随着技术的发展不断扩展，其低功耗、高灵活性和易部署的特点使其在未来的信息社会中扮演着越来越重要的角色。

9.6.2 物联网

物联网（IoT）通过互联网将各种物品（"事物"）连接起来的网络，使它们能够收集和交换数据。这些事物可以是传感器、设备、机器甚至是普通的日用品，只要它们内嵌电子设备、软件、传感器和网络连接，就能实现数据的收集和交换。

物联网是一个更广泛的概念，它不仅包括传感器，还包括各种设备和系统，这些设备和系统能够通过互联网连接和交换数据。IoT 设备可以是任何具有网络连接能力的物体，如智能手表、家庭自动化系统、智能农业设备、工业机器人等。

IoT 的关键特点如下。

（1）设备互联：各种设备，不仅限于传感器，包括家用电器、汽车、机器人等，都可以连接到网络。

（2）远程访问和控制：设备可以通过互联网远程监控和控制。

（3）数据分析和应用：收集的数据可以在云平台或边缘计算设备上进行高级分析，以提供洞察力和智能决策支持。

（4）多样化的通信技术：IoT 设备使用各种通信协议和网络技术，包括 Wi-Fi、蜂窝网络、蓝牙、NFC、LoRaWAN、Sigfox 等。

（5）安全和隐私：由于连接到互联网，IoT 设备面临更多的安全和隐私挑战。

无线传感器网络可以被视为物联网的一个组成部分或基础设施。在很多 IoT 应用中，WSN 提供了数据采集的基础，而 IoT 则扩展了这些数据的使用范围，通过互联网实现了数据的远程访问、分析和集成。

例如，在智能农业中，WSN 可以用来监测作物的生长条件，而 IoT 平台则可以用来分析数据、自动调节灌溉系统、预测产量并将信息传递给农民或决策者。

WSN 专注于局部网络内的数据采集和传输，而 IoT 则将这些数据整合到全球互联网中，提供更加复杂和全面的服务和应用。

物联网（IoT）涉及各种设备和传感器的网络连接，这些设备通过不同的通信技术收集和交换数据。物联网通信技术可以根据其通信范围、数据传输速率、功耗和应用场景分类。

以下是一些常用的物联网通信技术。

1) 短距离无线通信技术

(1) 蓝牙(Bluetooth)：特别是蓝牙低功耗(Bluetooth Low Energy，BLE)，用于近距离通信，适用于低功耗设备。

(2) Wi-Fi：用于中距离通信，适合高数据传输速率，但功耗相对较高。

(3) ZigBee：基于 IEEE 802.15.4 标准，用于创建低功耗的个人区域网络。

(4) Z-Wave：主要用于家居自动化，如智能灯泡和智能锁。

(5) NFC(Near Field Communication)：用于非常近的距离(几厘米)，常用于移动支付和简单的数据交换。

(6) RFID(Radio-Frequency Identification)：用于自动识别和跟踪带有 RFID 标签的物体。

2) 长距离无线通信技术

(1) LoRa(Long Range)：用于长距离传输，低功耗，适合传感器网络和智能城市应用。

(2) Sigfox：专门为物联网设计的低功耗广域网(LPWAN)技术，适合发送小数据包。

(3) NB-IoT：利用现有的蜂窝网络基础设施提供低功耗广域网连接。

(4) LTE-M(Long Term Evolution for Machines)：也是一种利用蜂窝网络的 LPWAN 技术，支持更高的数据传输速率和移动性。

(5) 5G：下一代蜂窝技术，提供高速率、低延迟和大规模设备连接，适合需求高的物联网应用。

3) 有线通信技术

(1) 以太网(Ethernet)：用于有线连接，适合数据中心、办公自动化和某些工业应用。

(2) PLC(Power Line Communication)：利用电力线进行数据传输，适合家庭和建筑自动化。

4) 其他通信技术

(1) 卫星通信：适用于偏远地区的物联网应用，可以覆盖广阔的地理区域。

(2) Mesh 网络：通过设备之间的互联形成网状结构，提高网络的覆盖范围和可靠性。

选择物联网通信技术时，需要考虑设备的功耗、通信距离、数据传输速率、网络覆盖范围、成本和应用场景等因素。不同的应用可能需要不同的通信解决方案，或者结合使用多种技术以满足特定需求。

物联网通过互联网将各种信息感知设备和智能设备相互连接起来的一个网络，这些设备可以是传感器、终端、机器等，它们能够自主交换数据和信息。物联网的应用非常广泛，涉及生活的方方面面。主要的应用领域如下。

(1) 智能家居：通过物联网技术实现家庭设备的智能控制，如智能照明、温度控制、安全监控、智能电器等。

(2) 智能穿戴：智能手表、健康监测手环等穿戴设备可以收集用户的健康数据，并通过物联网技术进行数据分析和远程医疗服务。

(3) 智慧城市：物联网技术在城市管理中的应用，包括智能交通系统、环境监测、公共安全、城市照明、垃圾处理等。

(4) 工业物联网(IIoT)：在制造业中，物联网可以实现机器的远程监控和维护、生产流程优化、供应链管理、能源管理等。

(5) 农业：物联网技术可用于精准农业，如土壤湿度监测、作物生长情况分析、自动灌溉系统、害虫控制等。

(6) 智能交通：物联网技术应用在车辆管理、智能停车、交通流量监控、车联网等领域，提高交通效率并减少事故。

(7) 医疗健康：物联网在医疗领域的应用包括远程病人监护、智能药品管理、医疗设备维护、病历数据共享等。

(8) 能源管理：通过物联网技术实现智能电网、远程能源监测、能源消耗优化等。

(9) 零售业：物联网技术可以用于库存管理、供应链跟踪、客户购物体验改善、智能支付系统等。

(10) 环境监测：物联网设备可以用于监测空气质量、水质、辐射水平等环境指标。

(11) 灾害预防与响应：物联网可以用于监测自然灾害的预兆，如地震、洪水、火灾等，并及时发出预警。

(12) 智能物流：物联网技术可以用于货物追踪、仓库管理、运输优化等。

随着技术的不断进步，物联网的应用将会更加深入和广泛，其潜力在于能够将现实世界与数字世界无缝连接，提高效率，节省成本，并创造新的业务机会。

WSN 和 IoT 技术能够提供实时数据，使计算机控制系统能够自动化地作出响应和调整。通过分析收集到的数据，系统可以优化操作，提高效率，降低成本，并在必要时预测和预防潜在问题。此外，这些技术的应用还可以改善用户体验，提供定制化的服务，并加强安全性。随着技术的进步和成本的降低，WSN 和 IoT 在网络控制系统中的应用将会更加广泛和深入。

第 10 章 计算机控制系统的电磁兼容与抗干扰设计

CHAPTER 10

在实验室运行良好的一个实际计算机控制系统(特别是计算机控制系统)安装到工业现场,由于强大干扰等原因,会导致系统不能正常运行,严重者造成不良后果,因此对计算机控制系统采取抗干扰措施是必不可少的。

干扰可以沿各种线路侵入计算机控制系统,也可以以场的形式从空间侵入计算机控制系统,供电线路是电网中各种浪涌电压入侵的主要途径。系统的接地装置不良或不合理,也是引入干扰的重要途径。各类传感器、输入输出线路的绝缘不良,均有可能引入干扰,以场的形式入侵的干扰主要发生在高电压、大电流、高频电磁场(包括电火花激发的电磁辐射)附近。它们可以通过静电感应、电磁感应等方式在控制系统中形成干扰,表现为过压、欠压、浪涌、下陷、尖峰电压、射频干扰、电气噪声、天电干扰、控制部件的漏电阻、漏电容、漏电感、漏磁辐射等。

本章讲述计算机控制系统在面对电磁环境挑战时的电磁兼容(EMC)和抗干扰设计,核心是理解和实施有效的策略,以确保系统的稳定运行,即使在高度电磁干扰(EMI)的环境中也能如此。主要内容如下。

第 35 集
微课视频

(1) 电磁兼容技术与抗干扰设计概述,包括电磁兼容技术的发展、电磁噪声干扰、电磁噪声的分类、构成电磁干扰问题的三要素、电磁兼容与抗干扰设计研究的内容。

(2) 抗干扰的硬件措施,包括抗串模干扰的措施、抗共模干扰的措施、采用双绞线、地线连接方式与 PCB 布线原则。

(3) 抗干扰的软件措施,包括数字信号输入/输出中的软件抗干扰措施、CPU 的抗干扰技术。

本章全面覆盖电磁兼容和抗干扰设计的理论和实践。从电磁噪声的基础知识到具体的硬件和软件抗干扰措施,这些内容为工程师提供了一套综合的工具和方法,以确保计算机控制系统在复杂的电磁环境中的可靠性和稳定性。通过对这些原则的理解和应用,可以显著提高系统的性能和抗干扰能力。

10.1 电磁兼容技术与抗干扰设计概述

电磁兼容技术是一种研究如何使电子设备、系统和系统在预期的电磁环境中正常工作的技术。它涉及 3 个主要方面:电磁发射、电磁抗扰度和电磁耦合。

电磁发射关注的是如何控制和减少设备或系统产生的电磁能量,以避免对其他设备或系统造成干扰。电磁抗扰度则关注设备或系统在存在电磁干扰的情况下,如何保持其正常运行。电磁耦合则涉及电磁干扰是如何通过导线、空间辐射等途径传播到受害者的。

电磁兼容技术的一个重要目标是确保使用或响应电磁现象的不同设备在相同的电磁环境中正确运行,并避免任何干扰影响。这需要解决包括控制制度、设计和测量等在内的各种应对措施。

此外,电磁兼容技术也应用于无线和射频传输领域,在这些领域中,电磁干扰和电磁抗扰度的问题尤其重要。

10.1.1 电磁兼容技术的发展

电磁兼容是通过控制电磁干扰来实现的,因此电磁兼容学是在认识电磁干扰、研究电磁干扰、对抗电磁干扰和管理电磁干扰的过程中发展起来的。

电磁干扰是一个人们早已发现的古老问题,1881 年英国科学家希维塞德发表了《论干扰》一文,从此拉开了电磁干扰问题研究的序幕。此后,随着电磁辐射、电磁波传播的深入研究以及无线电技术的发展,电磁干扰控制和抑制技术也有了很大的发展。

显而易见,干扰与抗干扰问题贯穿于无线电技术发展的始终。电磁干扰问题虽然由来已久,但电磁兼容这一新的学科却是到近代才形成的。在干扰问题的长期研究中,人们从理论上认识了电磁干扰产生的问题,明确了干扰的性质及其数学物理模型,逐渐完善了干扰传输及耦合的计算方法,提出了抑制干扰的一系列技术措施,建立了电磁兼容的各种组织及电磁兼容系列标准和规范,解决了电磁兼容分析、预测设计及测量等方面一系列理论问题和技术问题,逐渐形成了一门新的分支学科——电磁兼容学。

早在 1993 年,IEC 就成立了国际无线电干扰特别委员会(International Special Committee on Radio Interference,CISPR),后来又成立了电磁兼容技术委员会(TC77)和电磁兼容咨询委员会(Electromagnetic Compatibility Advisory Committee,ACEC)。

电磁兼容性(EMC)包括以下两方面的含义。

(1) 电子设备或系统内部的各个部件和子系统、一个系统内部的各台设备乃至相邻几个系统,在它们自己所产生的电磁环境及它们所处的外界电磁环境中,能按原设计要求正常运行。换句话说,它们应具有一定的电磁敏感度,以保证对电磁干扰具有一定的抗扰度(Immunity to a Disturbance)。

(2) 该设备或系统自己产生的电磁噪声(Electromagnetic Noise,EMN)必须限制在一定的电平,使由它所造成的电磁干扰不致对它周围的电磁环境造成严重的污染和影响其他设备或系统的正常运行。

10.1.2 电磁噪声干扰

有用信号以外的所有电子信号总称为电磁噪声。

当电磁噪声电压(或电流)足够大时,足以在接收中造成骚扰使一个电路产生误操作,就形成了一个干扰。

电磁噪声是一种电子信号,它是无法消除干净的,而只能在量级上尽量减小直到不再引起干扰。而干扰是指某种效应,是电磁噪声对电路造成的一种不良反应。所以,电路中存在着电磁噪声,但不一定形成干扰。"抗干扰技术"就是将影响到控制系统正常工作的干扰减少到最小的一种方法。

决定电磁噪声严酷度大小的三要素如下。

(1) 电磁噪声频率。频率越高,意味着电流、电压、电场和磁场的强度的变化率越高,则由此而产生的感应电压与感应电流也越大。

(2) 观测点离噪声源的距离(相对于电磁波的波长)。

(3) 噪声源本身功率。

10.1.3 电磁噪声的分类

电磁噪声有许多种分类的方法。例如,电磁噪声按来源可以分为以下三大类。

(1) 内部噪声源,来源于控制系统内部的随机波动,如热噪声(导体中自由电子的无规则运动)、交流声和时钟电路产生的高频振荡等。

(2) 外部噪声源,如电机、开关、数字电子设备和无线电发射装置等在运行过程中对外部计算机控制系统所产生的噪声。

(3) 自然界干扰引起的噪声,如雷击、宇宙线和太阳的黑子活动等。

其中,外部噪声源又可分成主动发射噪声源和被动发射噪声源。所谓主动发射噪声源,是一种专用于辐射电磁能的设备,如广播、电视、通信等发射设备,它们是通过向空间发射有用信号的电磁能量工作的,会对不需要这些信号的控制系统构成干扰。但也有许多装置被动地在发射电磁能量,如汽车的点火系统、电焊机钠灯和日光灯等照明设备以及电机设备等。它们可能通过传导、辐射向控制系统发射电磁能以干扰控制系统的正常运行。

若按电磁噪声的频率范围,可以将其分成工频和音频噪声、甚低频噪声、载频噪声、射频和视频噪声以及微波噪声五大类。

10.1.4 构成电磁干扰问题的三要素

典型的电磁干扰路径如图 10-1 所示。

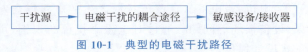

图 10-1 典型的电磁干扰路径

一个干扰源通过电磁干扰的耦合途径(或称传播途径)干扰敏感设备/接收器。由此可见,一个干扰问题,它包括干扰源、电磁干扰的耦合途径和敏感设备/接收器 3 个要素。

处理某个控制系统的抗干扰问题,首先要定义以下 3 个问题。

(1) 产生电磁干扰的源头是什么?

(2) 哪些是电磁干扰的敏感设备/接收器(要细化到某个电路乃至元器件)?

(3) 干扰源将能量传输到敏感设备/接收器的耦合途径是什么?

一般而言,抑制电磁干扰有 3 种基本方法。

(1) 尽量将客观存在的干扰源的强度在发生处进行抑制乃至消除,这是最有效的方法。但是,大多数的干扰源都是无法消除的,如雷击、无线电天线的发射、汽车发动机的点火等。不能为了某台电子设备的正常运行而停止影响它正常工作的其他设备。

(2) 提高控制系统本身的抗电磁干扰能力。这取决于控制系统的抗扰度,在设计控制系统本体的总体结构、电子线路以及编制软件时应考虑各种抗电磁干扰措施。控制系统的抗扰度越高，其经济成本也越大，所以我们只能要求控制系统具备一定的抗扰度，而不可能将控制系统的抗电磁干扰功能完全交给控制系统本身去承担。

（3）减小或拦截通过耦合路径传输的电磁噪声能量，即减少耦合路径上电磁噪声的传输量。这是控制系统在工程应用中所面临的一大问题，也是在工程中抑制电磁干扰最有效的措施。这就要求在接地/等电位连接、屏蔽、布线、控制室设计、信号的处理和隔离、供源等多方面采取措施。

工程中抑制电磁干扰的基本方法如图 10-2 所示。

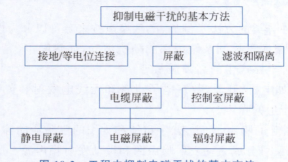

图 10-2　工程中抑制电磁干扰的基本方法

10.1.5　电磁兼容与抗干扰设计研究的内容

计算机控制系统的电磁兼容与抗干扰设计主要研究以下内容。

（1）电磁环境分析。在计算机控制系统的设计和开发过程中，电磁环境分析是至关重要的环节。电磁环境包括自然电磁场（如地磁场、太阳辐射等）和人为电磁场（如无线电信号、电力设备等）。在进行电磁兼容与抗干扰设计之前，需要对目标系统的电磁环境进行详细分析，以便了解干扰源、干扰途径和敏感设备的情况。

（2）电磁干扰源识别。识别电磁干扰源是电磁兼容与抗干扰设计的第 1 步。常见的电磁干扰源包括电源、开关、电机、雷电等。这些干扰源产生的电磁场会对计算机控制系统产生影响，导致数据错误、设备损坏等问题。通过对电磁干扰源的识别，可以确定干扰的类型和强度，为后续的抗干扰设计提供依据。

（3）电磁传播途径控制。电磁干扰的传播途径主要包括辐射、传导和感应。辐射是指电磁干扰通过空间传播，传导是指电磁干扰通过线路传播，感应是指电磁干扰通过磁场变化产生。通过对电磁传播途径的控制，可以有效地降低电磁干扰对计算机控制系统的影响。

（4）电磁敏感度评估。不同设备对电磁干扰的敏感度不同。有些设备在受到电磁干扰时可能会出现数据错误或设备故障，而有些设备则可能不受影响。因此，在电磁兼容与抗干扰设计中，需要对计算机控制系统的电磁敏感度进行评估，以便确定哪些设备需要采取抗干扰措施。

（5）抗干扰措施制定。根据电磁环境分析、电磁干扰源识别、电磁传播途径控制和电磁敏感度评估的结果，制定相应的抗干扰措施。常见的抗干扰措施包括滤波、屏蔽、接地、隔离等。这些措施可以单独或组合使用，以有效地提高计算机控制系统的抗干扰能力。

（6）电源干扰抑制。电源是计算机控制系统中最大的干扰源之一。电源干扰抑制是电磁兼容与抗干扰设计的重要环节。常见的电源干扰抑制措施包括采用稳压电源、加装电源滤波器、使用隔离变压器等。这些措施可以有效地抑制电源干扰，提高计算机控制系统的稳定性。

（7）信号线抗干扰。信号线是计算机控制系统中重要的传输线之一，也是容易受到干扰的环节。信号线抗干扰措施包括采用屏蔽线缆、加装滤波器、使用差分信号等。这些措施可以有效地减小信号线上的干扰，保证信号的稳定传输。

（8）接地设计优化。接地是计算机控制系统中重要的技术之一，它可以有效地提高计算机控制系统的抗干扰能力。接地设计优化的目的是在保证安全的前提下，最大限度地减小接地阻抗和地环路电流对计算机控制系统的影响。常见的接地设计优化措施包括多点接地、优化地线布局、使用低阻抗地线等。

（9）滤波技术应用。滤波技术是一种重要的抗干扰措施，它可以有效地减小信号中的噪声和干扰。常见的滤波技术包括陷波滤波器、带通滤波器、高通滤波器等。根据需要选择合适的滤波器，可以有效地提高信号的质量和稳定性。

（10）电磁屏蔽实施。电磁屏蔽是一种有效的抗干扰措施，它可以防止电磁场穿过屏蔽体而对计算机控制系统产生影响。常见的电磁屏蔽措施包括采用金属外壳、使用导电材料等。这些措施可以有效地减小电磁干扰对计算机控制系统的影响。

（11）软件抗干扰设计。除了硬件抗干扰措施外，软件抗干扰设计也是必不可少的。常见的软件抗干扰措施包括数据备份与恢复、异常情况处理、冗余设计等。这些措施可以有效地提高计算机控制系统的可靠性和稳定性。

（12）测试与验证。在完成电磁兼容与抗干扰设计后，需要对计算机控制系统进行测试和验证，以确保其符合相关标准和规范的要求。测试和验证的内容包括电磁环境测试、电磁干扰测试、电磁敏感度测试等。通过测试和验证可以发现并解决可能存在的问题，提高计算机控制系统的可靠性和稳定性。

10.2 抗干扰的硬件措施

抗干扰的硬件措施是在计算机控制系统设计中采取的一系列方法，以减少外部干扰对系统性能的影响。

硬件措施可以有效地降低外部干扰对计算机控制系统的影响，提高系统的可靠性和稳定性。在计算机控制系统设计中，通常会综合考虑这些措施，以确保系统具有良好的抗干扰性能。

干扰对计算机控制系统的作用可以分布在以下部位。

（1）输入系统：使模拟信号失真，数字信号出错，控制系统根据这种输入信息作出的反应必然是错误的。

（2）输出系统：使各输出信号混乱，不能正常反映控制系统的真实输出量，从而导致一系列严重后果。如果是检测系统，则其输出的信息不可靠，人们据此信息作出的决策也必然出差错。如果是控制系统，其输出将控制一批执行机构，使其做出一些不正确的动作，轻者造成一批废次产品，重者引起严重事故。

（3）控制系统的内核：使三总线上的数字信号错乱，从而引发一系列后果。CPU得到错误的数据信息，使运算操作数失真，导致结果出错，并将这个错误一直传递下去，形成一系列错误。CPU得到错误的地址信息后,引起程序计数器(PC)出错,使程序运行离开正常轨道,导致程序失控。

在与干扰作斗争的过程中,人们积累了很多经验,有硬件措施,有软件措施,也有软硬结合的措施。硬件措施如果得当,可将绝大多数干扰拒之门外,但仍然有少数干扰窜入控制系统,引起不良后果。因此,软件抗干扰措施作为第二道防线是必不可少的。由于软件抗干扰措施是以CPU的开销为代价的,如果没有硬件抗干扰措施消除绝大多数干扰,CPU将疲于奔命,没有时间来干正经工作,严重影响到系统的工作效率和实时性。因此,一个成功的抗干扰系统是由硬件和软件相结合构成的。硬件抗干扰有效率高的优点,但要增大系统的投资和设备的体积。软件抗干扰有投资低的优点,但要降低系统的工作效率。

10.2.1 抗串模干扰的措施

在计算机控制系统中,串模干扰是一种常见的电磁干扰,它是由信号线上不同位置的电压或电流所产生的。这种干扰会导致信号失真、减弱或消失,从而影响系统的稳定性和可靠性。

串模干扰是指在信号传输过程中,由于外部电磁场或其他干扰源的影响,导致信号线路之间或信号线路与地之间产生的电压干扰。这种干扰是通过共模(即线对线)传输的,通常会影响整个信号线路,引起信号质量的恶化。

串模干扰的来源包括电磁辐射、电源线干扰、邻近信号线路的干扰等。这些干扰信号会以串联的方式影响信号线路,导致信号失真、噪声增加,甚至系统性能下降。

串模干扰是指叠加在被测信号上的干扰噪声。这里的被测信号是指有用的直流信号或变化缓慢的交变信号,而干扰噪声是指无用的变化较快的杂乱交变信号,如图10-3和图10-4所示。

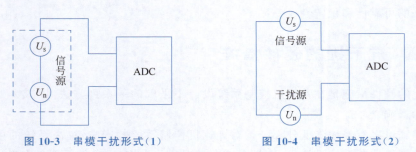

图10-3　串模干扰形式(1)　　　图10-4　串模干扰形式(2)

由图10-3和图10-4可知,串模干扰和被测信号在回路中所处的地位是相同的,总是以两者之和作为输入信号。

为了抵抗串模干扰,可以采取以下措施。

1. 屏蔽干扰源

使用金属屏蔽层将干扰源包裹起来,以减少干扰源对外部的干扰。在传输线中,可以使用屏蔽电缆或光纤等具有屏蔽层的传输线来减少串模干扰。

2. 接地

良好的接地设计可以有效地降低串模干扰。在电路板中,可以将模拟电路和数字电路分开,并使用单独的电源和地线。此外,大面积的接地层可以减少信号线上的电压波动和噪声。

3. 隔离

采用隔离变压器、光耦等隔离元件可以将信号在不同电路之间进行隔离,以减少不同电路之间的耦合和干扰。

4. 平衡电路

采用平衡电路可以抵抗串模干扰。平衡电路是指两个具有相同幅度和相位但方向相反的信号电路,它们可以相互抵消串模干扰,从而减小其对信号的影响。

5. 高频滤波

采用高频滤波器可以减少信号线上高频成分的干扰。高频滤波器可以是由电阻、电容、电感等元件组成的电路,用于吸收或抑制高频噪声。

6. 布线隔离

合理布线,满足抗干扰技术的要求。控制系统中产生干扰的电路主要如下。

(1) 指示灯、继电器和各种电动机的驱动电路,电源线路、晶闸管整流电路、大功率放大电路等。

(2) 连接变压器、蜂鸣器、开关电源、大功率晶体管、开关器件等的线路。

(3) 供电线路、高压大电流模拟信号的传输线路、驱动计算机外部设备的线路和穿越噪声污染区域的传输线路等。

将微弱信号电路与易产生噪声污染的电路分开布线,最基本的要求是信号线路必须和强电控制线路、电源线路分开走线,而且相互间要保持一定距离。配线时应区分开交流线、直流稳压电源线、数字信号线、模拟信号线、感性负载驱动线等。配线间隔越大,离地面越近,配线越短,则噪声影响越小。但是,实际设备的内外空间是有限的,配线间隔不可能太大,只要能够维持最低限度的间隔距离便可。

7. 硬件滤波电路

在信号线上添加滤波器,以减小不同位置的电压或电流的幅度和频率。滤波器可以是由电阻、电容、电感等元件组成的电路,用于吸收或抑制串模干扰。

滤波是为了抑制噪声干扰,在数字电路中,当电路从一个状态转换为另一个状态时,就会在电源线上产生一个很大的尖峰电流,形成瞬变的噪声电压。当电路接通与断开电感负载时,产生的瞬变噪声干扰往往严重妨害系统的正常工作。所以在电源变压器的进线端加入电源滤波器,以削弱瞬变噪声的干扰。

滤波器按结构分为无源滤波器和有源滤波器。由无源元件电阻、电容和电感组成的滤波器为无源滤波器;由电阻、电容、电感和有源元件(如运算放大器)组成的滤波器为有源滤波器。

在抗干扰技术中,使用最多的是低通滤波器,其主要元件是电容和电感。

采用电容的无源低通滤波器如图 10-5 所示。

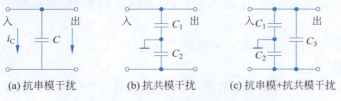

(a) 抗串模干扰　　(b) 抗共模干扰　　(c) 抗串模+抗共模干扰

图 10-5　采用电容的无源低通滤波器

图 10-5(a)结构可抗串模干扰；图 10-5(b)结构可抗共模干扰；图 10-5(c)结构既可抗串模干扰，又可抗共模干扰。

8. 过压保护电路

如果没有采用光电隔离措施，在输入/输出通道上应采用一定的过压保护措施，以防引入过高电压，侵害控制系统。过压保护电路由限流电阻和稳压管组成，限流电阻选择要适宜，太大会引起信号衰减，太小起不到保护稳压管的作用。稳压管的选择也要适宜，其稳压值以略高于最高传输信号电压为宜，太低了对有效信号起限幅效果，使信号失真。对于微弱信号(0.2V 以下)，通常用两只反并联的二极管代替稳压管，同样也可以起到电压保护作用。

9. 软件抗干扰

在数字系统中，可以使用软件算法对信号进行处理，以减小串模干扰的影响。例如，可以采用数字滤波器、傅里叶变换等技术消除串模干扰。

抗串模干扰的措施有很多种，可以根据实际情况选择合适的方法提高系统的稳定性和可靠性。同时，还需要注意各措施之间的协调和配合，以达到最佳的抗干扰效果。

10.2.2 抗共模干扰的措施

共模干扰是指外部电磁场或其他干扰源对信号线路和地之间产生的电压干扰。这种干扰会导致信号线路上的噪声增加，从而影响系统的性能和可靠性。

被控制和被测试的参量可能很多，并且分散在生产现场的各个地方，一般都用很长的导线把计算机发出的控制信号传输到现场中的某个控制对象，或者把安装在某个装置中的传感器所产生的被测信号传输到计算机的 ADC。因此，被测信号 U_s 的参考接地点和计算机输入端信号的参考接地点之间往往存在着一定的电位差 U_{cm}，如图 10-6 所示。

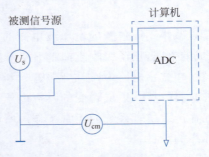

图 10-6 共模干扰

由图 10-6 可见，对于转换器的两个输入端，分别有 U_s+U_{cm} 和 U_{cm} 两个输入信号。显然，U_{cm} 是转换器输入端上共有的干扰电压，故称为共模干扰。

在计算机控制系统中，共模干扰是一种常见的电磁干扰，它是由信号线和电源线上的共模电压所产生的。这种干扰会导致信号失真、减弱或消失，从而影响系统的稳定性和可靠性。

为了抵抗共模干扰，可以采取以下措施。

1. 屏蔽干扰源

使用金属屏蔽层将干扰源包裹起来，以减少干扰源对外部的干扰。在传输线中，可以使用屏蔽电缆或光纤等具有屏蔽层的传输线减少共模干扰。

2. 滤波处理

在信号线和电源线上添加滤波器,以减小共模电压的幅度和频率。滤波器可以是由电阻、电容、电感等元件组成的电路,用于吸收或抑制共模干扰。

3. 接地设计

良好的接地设计可以有效地降低共模干扰。在电路板中,可以将模拟电路和数字电路分开,并使用单独的电源和地线。此外,大面积的接地层可以减少共模电压对电路的影响。

4. 线路布局

合理的线路布局可以减少电路之间的耦合和干扰。在电路板中,可以将信号线和电源线放置在不同的层面上,并尽量缩短它们的长度和降低弯曲程度。

5. 差分信号传输方式

采用差分信号传输方式可以有效地抵抗共模干扰。差分信号是两个具有相反极性的信号,它们之间的差值表示信号的幅度和相位。当差分信号传输时,共模干扰会被抵消,从而减少对电路的影响。

6. 电源设计

良好的电源设计可以减少电源波动和噪声对电路的影响。可以使用稳压电源或开关电源等具有噪声抑制功能的电源,并添加去耦电容减少电源噪声对电路的干扰。

7. 软件处理

在数字系统中,可以使用软件算法对信号进行处理,以减小共模干扰的影响。例如,可以采用数字滤波器、傅里叶变换等技术消除共模干扰。

8. 其他措施

还有其他一些措施可以减少共模干扰的影响,如使用低通滤波器、增大信号强度、使用屏蔽材料等。

抗共模干扰的措施有很多种,可以根据实际情况选择合适的方法提高系统的稳定性和可靠性。同时,还需要注意各措施之间的协调和配合,以达到最佳的抗干扰效果。

10.2.3 采用双绞线

双绞线是一种常见的传输介质,广泛应用于各种计算机网络中。它是由两根相互绝缘的铜导线组成的,这两根导线拧在一起,可以减少邻近线对电气的干扰。双绞线既可以用于传输模拟信号,也可以用于传输数字信号。其传输距离和速度取决于铜线的直径和传输距离。

双绞线可以分为屏蔽双绞线和非屏蔽双绞线。屏蔽双绞线在双绞线与外层绝缘封套之间有一个金属屏蔽层,可以屏蔽电磁干扰。非屏蔽双绞线则没有金属屏蔽层。

双绞线有许多类型,不同类型的双绞线所支持的传输速率也不同。

对来自现场信号开关输出的开关信号,或从传感器输出的微弱模拟信号,最简单的办法是采用塑料绝缘的双平行软线。但由于平行线间分布电容较大,抗干扰能力差,不仅静电感应容易通过分布电容耦合,而且磁场干扰也会在信号线上感应出干扰电流。因此,在干扰严重的场合,一般不简单使用这种双平行导线传输信号,而是将信号线加以屏蔽,以提高抗干扰能力。

屏蔽信号线的办法,一种是采用双绞线,其中一根用作屏蔽线,另一根用作信号传输线;

另一种是采用金属网状编织的屏蔽线,金属编织网作屏蔽外层,芯线用来传输信号。一般原则是:采用金属网的屏蔽线抑制静电感应干扰,采用双绞线抑制电磁感应干扰。

10.2.4 地线连接方式与 PCB 布线原则

在计算机控制系统设计中,连接模拟地(AGND)和数字地(DGND)是一个需要特别注意的问题,因为不当的处理可能会导致噪声干扰和信号完整性问题。以下是一些关于正确连接模拟地和数字地的指导原则。

(1) 物理分离。在 PCB 设计中,应该物理分离模拟和数字部分的地平面。这有助于减少数字电路的高频切换噪声对模拟电路的干扰。

(2) 单点连接。模拟地和数字地应该在一个单点连接,这样可以防止形成地环路,减少电磁干扰。这个连接点通常在电源接入点附近。

(3) 星形接地。在单点连接的基础上,可以采用星形接地布局,所有地线都从这个单点发散出去,进一步减少地线之间的相互干扰。

(4) 分隔电源管理。为模拟和数字部分分别提供电源,并在电源部分使用去耦电容,以减少电源噪声。

(5) 信号路径规划。在设计信号路径时,避免让模拟信号线越过数字地区域,或让数字信号线越过模拟地区域。

(6) 共模噪声处理。如果系统中有共模噪声的问题,可以考虑使用共模滤波器减少干扰。

(7) 屏蔽和隔离。对于敏感的模拟信号,可以使用屏蔽层或屏蔽盒隔离干扰,特别是在高频或高速数字电路附近。

(8) 谨慎布局。将模拟和数字部分的元件布局在印制电路板(Printed-Circuit Board,PCB)的不同区域,并确保它们的地平面在 PCB 上正确分离。

(9) 阻抗控制。在连接模拟地和数字地的单点上,可以考虑使用小电感或零欧姆电阻,以控制地之间的阻抗。

(10) 测试和调整。在原型机阶段进行充分测试,必要时调整地平面的连接方式,以优化性能。

在不同的设计中,这些原则可以根据具体的需求和情况进行调整。关键在于理解模拟和数字电路之间的相互作用,以及如何有效地使用地平面最小化噪声和干扰。

1. 地线连接方式

模数、数模转换电路要特别注意地线的正确连接,否则干扰影响将很严重。模数、数模芯片及采样保持芯片均提供了独立的数字地和模拟地,分别有相应的管脚。在线路设计中,必须将所有器件的数字地和模拟地分别相连,但数字地与模拟地仅在一点上相连。应特别注意,在全部电路中的数字地和模拟地仅仅连在一点上,在芯片和其他电路中不可再有公共点。地线的正确连接方法如图 10-7 所示。

模数、数模转换电路中,供电电源电压的不稳定性要影响转换结果。一般要求纹波电压小于 1%。可采用钽电容或电解电容滤波。为了改善高频特性,还应使用高频滤波电容。在布线时,每个芯片的电源线与地线间要加旁路电容,并应尽量靠近模数、数模芯片,一般选用 $0.01 \sim 0.1 \mu F$。

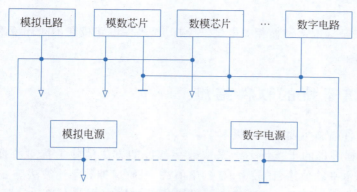

图 10-7 地线的正确连接方法

模数、数模转换电路是模拟信号与数字信号的典型混合体。在数字信号前沿很陡、频率较高的情况下,数字信号可通过 PCB 间的分布电容和漏电耦合到模拟信号输入端而引起干扰。PCB 布线时应使数字信号和模拟信号远离,或者将模拟信号输入端用地线包围起来,以降低分布电容耦合和隔断漏电通路。

2. PCB 布线原则

在电子设计中,PCB 布线是一个非常重要的步骤,它关系到电路的性能和可靠性。以下是一些基本的 PCB 布线原则。

(1) 最短路径原则。尽可能缩短信号路径,以减少信号延迟和干扰。

(2) 宽度与电流匹配。根据通过导线的电流大小选择合适的导线宽度,以避免过热和降低电压降。

(3) 单点接地。尽量使用单点接地或星形接地,减少接地回路,避免地环干扰。

(4) 分离模拟与数字。将模拟信号和数字信号的走线分开,以免数字信号的高频噪声干扰模拟信号。

(5) 避免平行走线。避免不同信号的导线长时间平行走线,以减少串扰。

(6) 防止环路。尽量避免信号线形成大的环路,以减少天线效应和电磁干扰。

(7) 差分信号配对。对于差分信号,确保两根线的长度、宽度和间距匹配,以保持信号的完整性。

(8) 高速信号处理。高速信号要注意阻抗匹配、终端处理和信号反射等问题,必要时使用屏蔽或走线技术,如微带线或带状线。

(9) 电源和地平面。尽可能使用电源和地平面,以提供良好的电源分配和低阻抗的接地。

(10) 热点管理。避免高功率元件造成局部过热,必要时进行散热设计。

(11) 避免急转弯。尽量使用 45°转弯或圆弧转弯,避免 90°直角转弯,以减少信号反射和阻抗不连续。

(12) 滤波和去耦。在电源进入芯片前使用去耦电容和滤波器,以提供干净的电源。

(13) 考虑机械结构。布线时要考虑 PCB 的机械强度和装配要求,以及未来的维护和测试需要。

(14) 测试点布置。在设计时考虑添加测试点,便于生产和维护时的电气测试。

(15) 符合制造要求。遵守 PCB 制造商的规格和容差要求,确保布线设计可以顺利生产。

（16）符合安全标准。遵循相关电气安全标准，确保电路板在不同环境下的安全性和可靠性。

10.3 抗干扰的软件措施

抗干扰的软件措施主要有以下几种。

（1）消除数据采集的干扰误差。采取数字滤波的方法消除干扰对数据采集带来的误差。常用的有算术平均值法、比较舍取法、中值法、一阶递推数字滤波法等。

（2）确保正常控制状态。为了解决因受干扰而使控制状态失常的问题，可以采取一些软件延时措施，如开关量输入时，可以用软件延时 20ms，同样的信号可以读入两次以上，只有结果一致，才能确认输入有效。

（3）程序运行失常后的恢复。系统受到干扰导致 PC（程序计数器）值改变后，PC 值可能指向操作数或指令码中间单元，这将导致程序运行失常。此时，可以采取措施使 PC 值恢复正常，如封锁干扰，在干扰容易发生的时间内，一些输入信号可以被软件阻断，然后在干扰易发期过去后可以取消阻断。

（4）软件过滤。对于模拟信号，可以采取软件滤波措施。大部分大型 PLC 编程都支持 SFC 和结构化文本编程，这使得编译更复杂的程序和完成相应的功能变得非常方便。

（5）故障检测和诊断。可编程逻辑控制器具有完善的自诊断功能，如果可编程逻辑控制器出现故障，可以借助自诊断程序找到故障零部件并更换后即可恢复正常工作。这些资源可用于故障检测。

10.3.1 数字信号输入/输出中的软件抗干扰措施

在数字信号输入/输出（I/O）中，软件抗干扰措施是为了确保信号的准确性和完整性。如果 CPU 工作正常，干扰只作用在系统的 I/O 通道上，可用以下方法减少干扰对数字信号的输入/输出影响。

（1）去抖动（Debouncing）。对于数字输入，特别是来自开关或按钮的信号，软件可以实现去抖动算法滤除由于机械接触不良造成的噪声。

（2）滤波。对输入信号实施软件滤波，如使用移动平均滤波器或中值滤波器减少噪声和瞬变干扰。

（3）信号量和互斥锁。在多线程或多任务环境中，使用信号量和互斥锁同步对共享资源的访问，防止静态条件和数据冲突。

（4）超时检测。对输入信号实施超时检测，如果在预定时间内没有收到期望的信号，则采取错误处理措施。

（5）状态机。使用状态机管理输入信号的处理流程，确保系统在每个状态下的行为是确定的，并能够妥善处理异常情况。

（6）冗余输入。如果条件允许，可以使用多个传感器或输入源来获取相同的信号，并通过软件比较或投票机制确定最可信的输入值。

（7）软件冗余。在系统中部署多个独立的软件实例处理相同的输入输出任务，通过比较它们的输出提高可靠性。

(8) 异常处理。实现详细的异常处理逻辑,以便在遇到意外的输入或输出条件时,软件能够优雅地处理异常并维持系统稳定。

这些措施可以帮助减少外部干扰对数字信号输入输出的影响,提高系统的可靠性和抗干扰能力。选择合适的抗干扰措施时,应考虑系统的具体需求、性能要求和成本限制。

10.3.2 CPU 软件抗干扰技术

CPU 软件抗干扰技术所要考虑的内容有以下方面。

(1) 当干扰使运行程序发生混乱,导致程序乱飞或陷入死循环时,采取使程序重新纳入正规的措施,如软件冗余、软件陷阱和看门狗等技术。

(2) 采取软件的方法抑制叠加在模拟输入信号上噪声的影响,如数字滤波技术。

(3) 主动发现错误,及时报告,有条件时可自动纠正,这就是开机自检、错误检测和故障诊断。

在计算机控制系统中的计算机存储空间一般可分为程序区和数据区,程序区中一般存放的是固化的程序和常数,具体可分为复位中断入口、中断服务程序、主程序、子程序、常数区等。数据区一般为可读写的数据,数据存储器还可能通过串行接口与 CPU 相连接。

1. 硬复位和软复位

硬复位是指上电后或通过复位电路提供复位信号使 CPU 强制进入复位状态,而软复位是指通过执行特定的指令或由专门的复位电路使 CPU 进入特定的复位状态。后者与前者的一个重要区别是不对一些专用的数据区进行初始化,这样后者可作为抗干扰的软件陷阱。

当"跑飞"程序进入非程序区或表格区时,采用冗余指令使程序引向软复位入口,当计算机系统有多个 CPU 时可相互监视,对只有一个 CPU 的情况,可由中断程序和主程序相互监督,一旦发现有异常情况,可由硬件发出软复位信号,使异常的 CPU 进入软复位状态,使程序纳入正轨。由于软复位不初始化专用的数据区,因此多次进入软复位状态,不影响系统的整体功能。当然,为了可靠,一般在软复位这样的软件陷阱的入口程序中,先要检验特定数据区的正确性,如有异常,则需进入硬复位重新初始化。

2. 软件层面上的抗干扰技术

在计算机控制系统中,对于响应时间较慢的输入数据,应在有效时间内多次采集并比较,对于控制外部设备的输出数据,有时则需要多次重复执行,以确保有关信号的可靠性,这是通过软件冗余来达到的。有时,甚至可把重要的指令设计成定时扫描模块,使其在整个程序的循环运行过程中反复执行。

软件陷阱是通过执行某个指令进入特定的程序处理模块,相当于由外部中断信号引起的中断响应,一般软件陷阱有现场保护功能。软件陷阱用于抗干扰时,首先检查是否是干扰引起的,并判断造成影响的程度,如不能恢复则强制进入复位状态,若干扰已撤销,则可立即恢复执行原来的程序。

在计算机控制系统中,CPU 软件抗干扰技术是确保系统稳定运行和数据完整性的重要组成部分。以下是一些针对计算机控制系统中 CPU 的软件层面上的抗干扰技术。

(1) 错误检测与纠正(Error Detection and Correction,EDAC)。使用内存中的 EDAC 技术,如 ECC(Error-Correcting Code)内存,可以在软件层面上进行配置和管理,以检测和纠正内存错误。

(2) 冗余计算与比较。对关键计算进行冗余执行,然后比较结果以确保正确性。这可以通过软件控制同一任务在不同的处理器上执行,或者在同一处理器上多次执行。

(3) 软件看门狗(Watchdog Timer,WDT)。通过软件实现看门狗功能,监控系统的运行状态,并在系统未按预期响应时触发重置或其他恢复动作。

(4) 异常和错误处理。在软件中实现鲁棒的异常处理逻辑,确保在遇到非预期的错误或异常时能够安全地恢复或退出。

(5) 任务监控与重启。对关键任务实施监控,如果任务失败或响应超时,可以自动重启该任务。

(6) 内存保护。利用操作系统提供的内存保护机制,如内存分页和访问权限设置,防止非法访问和缓冲区溢出攻击。

(7) 代码完整性检查。在软件启动或运行时进行代码完整性检查,确保代码未被篡改。

(8) 周期性自检。设计软件以定期执行自我诊断,检查关键系统参数和状态,确保系统运行在预定的正常范围内。

(9) 数据备份与恢复。对关键数据进行周期性备份,并在数据损坏时提供恢复机制。

(10) 随机化技术。使用地址空间布局随机化(Address Space Layout Randomization,ASLR)等技术,增加攻击者成功利用软件漏洞的难度。

(11) 软件冗余。在系统中部署多个软件版本或多个独立实现的相同功能,以提高系统的容错能力。

(12) 定期软件更新。保持软件的更新,及时修补已知漏洞,减少安全风险。

这些技术可以帮助确保 CPU 在软件层面对各种潜在干扰有更好的抵抗能力,从而提高整个计算机控制系统的稳定性和可靠性。在设计阶段,需要综合考虑这些技术的实施成本、性能影响以及系统的安全要求。

第 11 章　计算机控制系统设计实例

CHAPTER 11

　　计算机控制系统的设计是一个综合性的工程任务,旨在创建一个能够自动管理和控制机器、设备或过程的系统。这些系统通常要求高度的可靠性、效率和精确性。计算机控制系统广泛应用于制造业、交通运输、能源管理、建筑自动化等领域。

　　本章首先对集散控制系统进行概述,强调其在现代工业自动化中的重要性,介绍现场控制站的组成元素,包括控制器、I/O 模块和人机界面。通信网络的设计对于实现系统的高效运行至关重要,因此也对通信协议和网络拓扑进行探讨。控制卡的硬件和软件设计是系统实现功能的核心,而控制算法的设计则确保了系统可以处理复杂的控制任务。然后讲述工业自动化系统的核心——用于精确的测量与控制的智能测控板卡。这些模块负责从现场传感器收集数据、执行命令以及与中央处理单元进行通信。智能测控板卡的设计是一个复杂但至关重要的工程任务,它需要综合考虑电子电路设计、信号处理、软件编程和系统集成。这些模块的设计和实现确保了工业自动化系统能够高效、准确和可靠地运行。

　　在设计集散控制系统的控制卡时,硬件和软件的设计是至关重要的。

　　集散控制系统控制卡的硬件设计涉及以下几个关键方面:处理器选择、内存管理、通信接口、电源设计、安全和冗余、为关键组件设计冗余和故障转移机制,以提高系统的可靠性和安全性。

　　集散控制系统控制卡的软件设计通常包括固件/操作系统、驱动程序、通信协议、应用层软件、用户界面、软件测试。

　　控制算法的设计是集散控制系统控制卡的核心,其设计通常包括需求分析、控制策略、模型建立、算法实现、仿真与测试、优化和调整、文档和维护。

　　在设计集散控制系统的控制卡时,硬件和软件的设计必须紧密协作,确保控制算法能够有效地执行,并且系统整体能够可靠地运行。

　　本章详细介绍不同类型的智能测控板卡的设计,这些模块包括模拟量输入/输出、数字量输入/输出、热电偶、热电阻和脉冲量输入模块。

　　本章讲述的计算机控制系统设计的实际案例,尤其是基于现场总线与工业以太网的集散控制系统被广泛应用于工业自动化领域,提高了过程控制的精度和效率。

11.1 基于现场总线与工业以太网的集散控制系统的总体设计

集散控制系统(DCS)是网络进入控制领域后出现的新型控制系统,它将整个系统的检测、计算和控制功能安排给若干台不同的计算机完成,各计算机之间通过网络实现相互之间的协调和系统之间的集成,网络使得控制系统实现在功能和范围上的"分布"成为可能。

单元式组合仪表的控制系统和直接数字控制计算机系统是集散控制系统的两个主要技术来源;或者说,直接数字控制系统(DDC)的数字技术和单元式组合仪表的分布式体系结构是 DCS 的核心,而这样的核心之所以能够在实际上形成并达到实用的程度,有赖于计算机网络技术的产生和发展。

计算机控制系统设计包括以下几个关键步骤。

(1) 需求分析与规划。与利益相关者协作,明确控制系统的目标和要求;确定系统的功能性和非功能性需求;进行风险评估和成本效益分析。

(2) 系统架构设计。设计系统的硬件和软件架构,确定所需的传感器、执行器、控制器和其他硬件组件,规划网络通信和数据传输方式,确定控制算法和数据处理流程。

(3) 硬件选择和集成。根据性能要求选择合适的传感器、执行器和计算平台,设计或选择适当的接口电路以确保硬件组件之间的兼容性。

(4) 软件开发。编写控制算法和应用程序,开发用户界面,以便操作人员能够监控和干预控制过程,实现数据记录和管理功能。

(5) 模拟和仿真。在计算机上模拟控制系统以验证控制策略和性能,使用仿真工具进行系统分析和调试。

(6) 系统集成和测试。将硬件和软件组件集成到一个完整的系统中,进行实地测试以验证系统的实际性能,调整参数以优化系统响应。

(7) 部署和维护。在实际环境中安装和配置控制系统,对系统进行定期维护和更新,以确保长期稳定运行。

(8) 文档和培训。编写详细的系统文档,包括设计细节、操作手册和维护指南,对操作人员和维护人员进行培训。

在设计过程中,还需要考虑系统的可扩展性、灵活性、安全性和符合相关行业标准的要求。设计人员需要具备跨学科的知识和技能,以便能够理解和解决控制系统设计中遇到的各种挑战。

11.1.1 集散控制系统概述

集散控制系统通过分布式的控制元素对整个生产过程进行集中监控和管理,实现了对生产过程的高效、精确控制。集散控制系统特别适用于连续或批量生产过程,如石油炼制、化工、电力、制药、食品加工等行业。

集散控制系统总体结构如图 11-1 所示。

1. 通信网络的要求

(1) 控制卡与监控管理层之间的通信。控制卡与监控管理层之间通信的下行数据包括

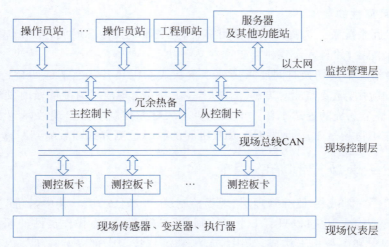

图 11-1 集散控制系统总体结构

测控板卡及通道的配置信息、直接控制输出信息、控制算法的新建及修改信息等，以及上行数据包括测控板卡的采样信息、控制算法的执行信息以及控制卡和测控板卡的故障信息等。

（2）控制卡与测控板卡之间的通信。控制卡与测控板卡之间的通信信息包括测控板卡及通道的组态信息、通道的采样信息、来自上位机和控制卡控制算法的输出控制信息，以及测控板卡的状态和故障信息等。

控制站内的测控板卡间的通信采用现场总线 CAN 通信。

2. 控制功能的要求

（1）系统的点容量。为满足系统的通用性要求，系统必须允许接入多种类型的信号，目前的测控板卡类型共有 7 种，分别是 8 通道模拟量输入板卡、4 通道模拟量输出板卡、8 通道热电阻输入板卡、8 通道热电偶输入板卡、16 通道开关量输入板卡、16 通道开关量输出板卡、8 通道脉冲量输入板卡。

这 7 种类型测控板卡的信号可以概括为 4 类：模拟量输入信号（AI）、数字量输入信号（DI）、模拟量输出信号（AO）、数字量输出信号（DO）。

在板卡数量方面，本系统要求可以支持 4 个机笼，64 个测控板卡。

（2）系统的控制回路容量。自动控制功能由控制站控制卡执行由控制回路构成的控制算法来实现。设计要求本系统可以支持 255 个由功能框图编译产生的控制回路，包括 PID、串级控制等复杂控制回路。控制回路的容量同样直接影响到本系统的运算速度和存储空间。

（3）控制算法的解析及存储。以功能框图形式表示的控制算法（即控制回路）通过以太网下载到控制卡时，并不是一种可以直接执行的状态，需要控制卡对其进行解析，并且能够以有效的形式对控制算法进行存储。

（4）系统的控制周期。系统要在一个控制周期内完成现场采样信号的索要和控制算法的执行。本系统要满足 1s 的控制周期要求，这要求本系统的处理器要有足够快的运算速度，与底层测控板卡间的通信要有足够高的通信速率和高效的通信算法。

3. 系统可靠性的要求

（1）双机冗余配置。为提高系统的可靠性，延长平均无故障时间，要求本系统的控制装置要做到冗余配置，并且冗余双机要工作在热备状态。

（2）故障情况下的切换时间要求。处于主从式双机热备状态下的两台控制装置，不但要运行自己的应用，还要监测对方的工作状态，在对方出现故障时能够及时发现并接管对方的工作，保证整个系统的连续工作。本系统要求从对方控制装置出现故障到发现故障和接管对方的工作不得超过 1s。此要求涉及双机间的故障检测方式和故障判断算法。

11.1.2 现场控制站的组成

新型 DCS 分为 3 层：监控管理层、现场控制层、现场仪表层。其中，监控管理层由工程师站和操作员站构成，也可以只有一个工程师站，工程师站兼有操作员站的职能；现场控制层由主从控制卡和测控板卡构成，其中控制卡和测控板卡全部安装在机笼内部；现场仪表层由配电板和提供各种信号的仪表构成。控制站包括现场控制层和现场仪表层。一套 DCS 可以包含几个控制站，包含两个控制站的 DCS 结构如图 11-2 所示。

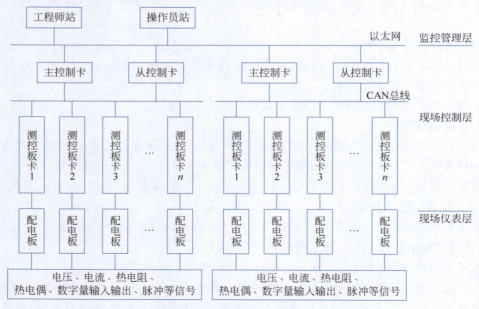

图 11-2　包含两个控制站的 DCS 结构

每种类型的测控板卡都有相对应的配电板，配电板不可混用。各种测控板卡允许输入和输出信号类型如表 11-1 所示。

表 11-1　各种测控板卡允许输入和输出信号类型

板卡类型	信号类型	测量范围	备 注
8 通道模拟量输入板卡（8AI）	电压	0～5V	需要根据信号的电压、电流类型设置配电板的相应跳线
	电压	1～5V	
	Ⅱ型电流	0～10mA	
	Ⅲ型电流	4～20mA	

续表

板卡类型	信号类型	测量范围	备注
8通道热电阻输入板卡 (8RTD)	Pt100 热电阻	−200～850℃	无
	Cu100 热电阻	−50～150℃	
	Cu50 热电阻	−50～150℃	
8通道热电偶输入板卡 (8TC)	B 型热电偶	500～1800℃	无
	E 型热电偶	−200～900℃	
	J 型热电偶	−200～750℃	
	K 型热电偶	−200～1300℃	
	R 型热电偶	0～1750℃	
	S 型热电偶	0～1750℃	
	T 型热电偶	−200～350℃	
8通道脉冲量输入板卡 (8PI)	计数/频率型	0～5V	需要根据信号的量程范围设置配电板的跳线
	计数/频率型	0～12V	
	计数/频率型	0～24V	
4通道模拟量输出板卡 (4AO)	Ⅱ型电流	0～10mA	无
	Ⅲ型电流	4～20mA	
16通道数字量输入板卡(16DI)	干接点开关	闭合、断开	需要根据外接信号的供电类型设置板卡上的跳线帽
16通道数字量输出板卡(16DO)	24V 继电器	闭合、断开	无

11.1.3 集散控制系统通信网络

集散控制系统(DCS)的通信网络是连接系统各个组成部分,如控制器、操作员站、工程师站、历史数据服务器等的关键基础设施。这个网络确保了数据和控制命令在系统各组件之间的有效、安全和实时传输。随着技术的发展,DCS 通信网络从早期的专用网络逐渐演进为基于标准化、开放式通信协议的网络,提高了系统的互操作性、灵活性和扩展性。

DCS 通信网络如图 11-3 所示。

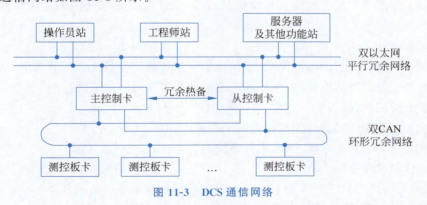

图 11-3　DCS 通信网络

双 CAN 组建的非闭合环形通信网络主要是为了应对通信线断线对系统通信造成的影响。

11.1.4 集散控制系统控制卡的硬件设计

控制卡的主要功能是通信中转和控制算法运算，是整个 DCS 现场控制站的核心。控制卡可以作为通信中转设备实现上位机对底层信号的检测和控制，也可以脱离上位机独立运行，执行上位机之前下载的控制方法。当然，在上位机存在时控制卡也可以自动执行控制方案。

通信方面，控制卡通过现场总线 CAN 实现与底层测控板卡的通信，通过以太网实现与上层工程师站、操作员的通信。

系统规模方面，控制卡默认采用最大系统规模运行，即 4 个机笼，64 个测控板卡和 255 个控制回路。系统以最大规模运行，除了会占用一定的 RAM 空间外，并不会影响系统的速度和性能。255 个控制回路运行所需 RAM 空间大约为 500KB，外扩的 SRAM 有 4MB 的空间，控制回路仍有一定的扩充裕量。

集散控制系统控制卡的硬件设计是一个复杂的工程，它需要综合考虑信号处理、通信、控制算法、系统稳定性和可扩展性等多个方面。以下是一些基本的硬件设计考虑因素。

（1）处理器选择。

性能需求：选择足够强大的 CPU 以满足控制算法和通信处理的需求。

实时性：选择能够保证实时操作的处理器，通常是具有实时操作系统（RTOS）支持的微控制器或者工业级处理器。

（2）内存配置。

RAM：确保有足够的 RAM 空间处理 64 个测控板卡和 255 个控制回路的数据，以及运行时的临时数据和缓冲区。

外扩 SRAM：4MB 的外部 SRAM 为控制回路提供了扩展空间，确保了系统的可扩展性。

（3）通信接口设计。

CAN 总线：用于与底层测控板卡通信，需要设计稳定的 CAN 通信接口和协议。

以太网：用于与上层工程师站和操作员通信，设计时要考虑网络的稳定性和数据传输速度。

（4）电源设计。

稳定供电：设计稳定的电源模块，确保控制卡在各种工作条件下都能稳定工作。

隔离保护：电源隔离设计，减少外部电源波动和干扰对控制卡的影响。

（5）系统监控与保护。

温度监控：温度传感器监控控制卡的工作温度。

看门狗定时器：防止系统死锁，提高系统的可靠性。

（6）固件和软件支持。

引导程序：设计引导程序（Bootloader）以支持远程或本地更新固件。

操作系统：如果需要，选择合适的操作系统，如实时操作系统（RTOS）。

在硬件设计阶段，还需要考虑未来的升级和维护，以及与其他系统的兼容性。硬件设计完成后，还需要进行多轮的测试和验证，确保控制卡在实际应用中的可靠性和效率。

1. 控制卡的硬件组成

控制卡以 ST 公司生产的 ARM Cortex-M4 微控制器 STM32F407ZG 为核心,搭载相应外围电路构成。控制卡的构成大致可以划分为 6 个模块,分别为供电模块、双机冗余模块、CAN 通信模块、以太网通信模块、控制算法模块和人机接口模块。控制卡的硬件组成如图 11-4 所示。

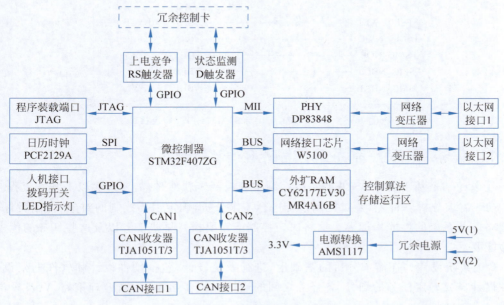

图 11-4 控制卡的硬件组成

2. 双机冗余的设计

为提高系统的可靠性,控制卡采用冗余配置,并工作于主从模式的热备状态。两个控制卡具有完全相同的软硬件配置,上电时同时运行,并且一个作为主控制卡,另一个作为从控制卡。主控制卡可以对测控板卡发送通信命令,并接收测控板卡的回送数据;而从控制卡处于只接收状态,不得对测控板卡发送通信命令。

在工作过程中,两个控制卡互为热备。

3. 存储器扩展电路的设计

由于控制算法运行所需的 RAM 空间已经远远超出 STM32F407ZG 所能提供的用户 RAM 空间,而且控制算法也需要额外的空间进行存储,所以需要在系统设计时做一定的 RAM 空间扩展。

在电路设计中扩展了两片 RAM,一片 SRAM 为 CY62177EV30,一片 MRAM 为 MR4A16B。设计之初,将 SRAM 用于控制算法运行,将 MRAM 用于控制算法存储。但后期通过将控制算法的存储态与运行态结合后,要求外扩的 RAM 要兼有控制算法的运行与存储功能,所以,必须对外扩的 SRAM 做一定的处理,使其也具有数据存储的功能。

CY62177EV30 与 STM32F407ZG 连接图如图 11-5 所示。

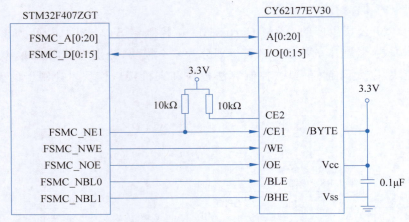

图 11-5　CY62177EV30 与 STM32F407ZG 连接图

11.1.5　集散控制系统控制卡的软件设计

在设计一个基于 μC/OS-Ⅱ 的集散控制系统控制卡软件时,需要遵循以下开发流程。

(1) 需求分析。首先,要对控制系统进行需求分析,确定需要控制的对象、控制目标、控制策略以及系统的性能指标等。这将决定控制卡需要执行哪些任务以及这些任务的优先级和性能要求。

(2) 系统设计。在需求分析的基础上,进行系统设计,包括硬件设计和软件框架设计。软件设计需要确定任务的划分、各任务之间的通信和同步机制、中断处理策略,以及异常处理等。

(3) 任务设计。在 μC/OS-Ⅱ 中,软件通常被组织为多个任务。每个任务都有其特定的功能,如数据采集、数据处理、控制算法执行、通信等。设计时要定义每个任务的优先级、堆栈大小、任务启动条件等。

(4) 编码实现。根据设计好的框架和任务设计,进行编码实现。在 μC/OS-Ⅱ 中,通常需要初始化操作系统、创建任务、创建同步和通信机制等。编码时要遵循良好的编程规范和风格,确保代码的可读性和可维护性。

(5) 系统集成。将编写的代码在硬件平台上进行集成测试。确保各个模块能够协同工作,完成预定的功能。

(6) 系统测试。在系统集成之后,进行系统测试,包括功能测试、性能测试、压力测试等。测试的目的是验证系统是否满足设计要求,并确保系统的稳定性和可靠性。

(7) 调试优化。根据测试结果对系统进行调试和优化,解决发现的问题,提高系统的性能和稳定性。

(8) 部署与维护。将调试优化后的系统部署到实际的控制环境中,并进行后续的维护和升级。

1. 控制卡软件的框架设计

控制卡采用嵌入式操作系统 μC/OS-Ⅱ,该软件的开发具有确定的开发流程。软件的开发流程甚至与任务的多少、任务的功能无关。μC/OS-Ⅱ 环境下软件的开发流程如图 11-6 所示。

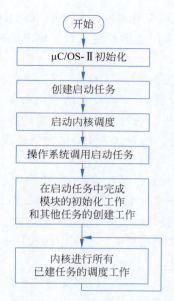

图 11-6　μC/OS-Ⅱ环境下软件的开发流程

控制卡软件中涉及的内容除操作系统 μC/OS-Ⅱ外，应用程序大致可分为 4 个主要模块，分别为双机热备、CAN 通信、以太网通信、控制算法。控制卡软件涉及的主要模块如图 11-7 所示。

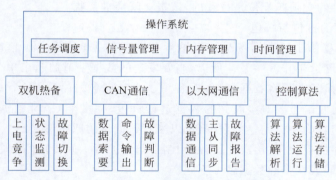

图 11-7　控制卡软件涉及的主要模块

嵌入式操作系统 μC/OS-Ⅱ中程序的执行顺序与程序代码的位置无关，只与程序代码所在任务的优先级有关。所以，在嵌入式操作系统 μC/OS-Ⅱ环境下的软件框架设计，实际上就是确定各个任务的优先级安排。

2. 双机热备程序的设计

双机热备可有效提高系统的可靠性，保证系统的连续稳定工作。双机热备的可靠实现需要两个控制卡协同工作，共同实现。本系统中的两个控制卡工作于主从模式的双机热备状态中，实现过程涉及控制卡的主从身份识别，工作中两个控制卡间的状态监测、数据同步，故障情况下的故障处理，以及故障修复后的数据恢复等方面。

（1）控制卡主从身份识别。主从配置的两个控制卡必须保证在任何时刻、任何情况下都只有一个主控制卡与一个从控制卡，所以必须在所有可能的情况下对控制卡的主从身份作出识别或限定。

（2）状态监测与故障切换。处于热备状态的两个控制卡必须不断地监测对方控制卡的工作状态，以便在对方控制卡故障时能够及时发现并作出故障处理。

3. CAN 通信程序的设计

控制卡与测控板卡间的通信通过 CAN 总线进行，通信内容包括将上位机发送的板卡及通道配置信息下发到测控板卡、将上位机发送的输出命令或控制算法运算后需执行的输出命令下发到测控板卡、将上位机发送的累积型通道的计数值清零命令下发到测控板卡、周期性向测控板卡索要采样数据等。此外，CAN 通信网络还肩负着主从控制卡间控制算法同步信号的传输任务。

CAN 通信程序的设计需要充分利用双 CAN 构建的环形通信网络，实现正常情况下的高效、快速的数据通信，实现故障情况下的及时、准确的故障性质确定和故障定位。

STM32F407ZG 中的 CAN 模块具有一个 CAN 2.0B 内核，既支持 11 位标识符的标准格式帧，也支持 29 位标识符的扩展格式帧。控制卡的设计中采用的是 11 位标准格式帧。

1）CAN 数据帧的过滤机制

STM32F407ZG 中的 CAN 标识符过滤机制支持两种模式的标识符过滤：列表模式和屏蔽位模式。

在列表模式下，只有 CAN 报文中的标识符与过滤器设定的标识符完全匹配时报文才会被接收。

在屏蔽位模式下，可以设置必需匹配位与不关心位，只要 CAN 报文中的标识符与过滤器设定的标识符中的必须匹配位是一致的，该报文就会被接收。

2）CAN 数据的打包与解包

每个 CAN 数据帧中的数据场最多容纳 8 字节的数据，而在控制卡的 CAN 通信过程中，有些命令的长度远不止 8 字节。所以，当要发送的数据字节数超出单个 CAN 数据帧所能容纳的 8 字节时，就需要将数据打包，拆解为多个数据包，并使用多个 CAN 数据帧将数据发送出去。在接收端也要对接收到的数据进行解包，将多个 CAN 数据帧中的有效数据提取出来并重新组合为一个完整的数据包，以恢复数据包的原有形式。

为了实现程序的模块化、层次化设计，控制卡与测控板卡间传输的命令或数据具有统一的格式，只是命令码或携带的数据多少不同。

3）双 CAN 环路通信工作机制

在只有一个 CAN 收发器的情况下，当通信线出现断线时，便失去了与断线处后方测控板卡的联系。但两个 CAN 收发器组建的环形通信网络可以在通信线断线情况下保持与断线处后方测控板卡的通信。

在使用两个 CAN 收发器组建的环形通信网络的环境中，当通信线出现断线时，CAN1 只能与断线处前方测控板卡进行通信，失去与断线处后方测控板卡的联系；而此时，CAN2 仍然保持与断线处后方测控板卡的连接，仍然可以通过 CAN2 实现与断线处后方测控板卡的通信。从而消除了通信线断线造成的影响，提高了通信的可靠性。

4）CAN 通信中的数据收发任务

在应用嵌入式操作系统 μC/OS-Ⅱ 的软件设计中，应用程序将以任务的形式体现。

控制卡共有 4 个任务和两个接收中断完成 CAN 通信功能。它们分别为 TaskCardUpload、TaskPIClear、TaskAODOOut、TaskCANReceive、IRQ_CAN1_RX、IRQ_CAN2_RX。

4. 以太网通信程序的设计

在控制卡中,以太网通信已经构成双以太网的平行冗余通信网络,两路以太网处于平行工作状态,相互独立。上位机既可以通过网络 1 与控制卡通信,也可以通过网络 2 与控制卡通信。第 1 路以太网在硬件上采用 STM32F407ZG 内部的 MAC 与外部 PHY 构建,在程序设计上采用了一个小型的嵌入式 TCP/IP 协议栈 uIP。第 2 路以太网采用的是内嵌硬件 TCP/IP 协议栈的 W5100,采用端口编程,程序设计要相对简单。

1) 第 1 路以太网通信程序设计及嵌入式 TCP/IP 协议栈 uIP

第 1 路以太网通信程序设计,采用了一个小型的嵌入式 TCP/IP 协议栈 uIP,用于网络事件的处理和网络数据的收发。

uIP 是由瑞典计算机科学学院的 Adam Dunkels 开发的,其源代码完全由 C 语言编写,并且是完全公开和免费的,用户可以根据需要对其进行一定的修改,并可以容易地将其移植到嵌入式系统中。

在设计上,uIP 简化了通信流程,裁剪掉了 TCP/IP 中不常用的功能,仅保留了网络通信中必须使用的基本协议,包括 IP、ARP、ICMP、TCP、UDP,以保证其代码具有良好的通用性和稳定的结构。

uIP 与系统底层硬件驱动和上层应用程序的关系如图 11-8 所示。

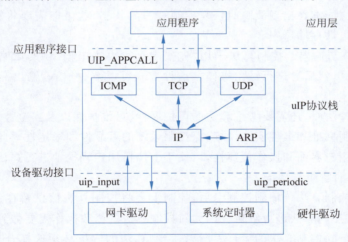

图 11-8　uIP 与系统底层硬件驱动和上层应用程序的关系

2) 第 2 路以太网通信程序设计及 W5100 的 Socket 编程

W5100 内嵌硬件 TCP/IP 协议栈,支持 TCP、UDP、IPv4、ARP、ICMP 等。W5100 还在内部集成了 16KB 的存储器作为网络数据收发的缓冲区。W5100 的高度集成特性使得以太网控制和协议栈运作对用户应用程序是透明的,应用程序直接进行端口编程即可,而不必考虑细节的实现问题。

在完成了 W5100 的初始化操作之后,即可以开始基于 W5100 的以太网应用程序的开发。W5100 中的应用程序开发是基于端口的,所有网络事件和数据收发都以端口为基础。启用某一端口前需要对该端口进行相应设置,包括端口上使用的协议类型、端口号等。

3) 网络事件处理

以太网通信程序主要用于实现控制卡与上位机间的通信,及主从控制卡间的数据同步操作。

11.1.6 控制算法的设计

通信与控制是 DCS 控制站控制卡的两大核心功能，在控制方面，本系统要提供对上位机基于功能框图的控制算法的支持，包括控制算法的解析、运行、存储与恢复。

在设计 DCS 控制站控制卡的控制算法时，我们需要考虑几个关键步骤，包括算法的接收（通信）、解析、执行、存储和恢复。以下是这些步骤的详细描述。

（1）通信。上位机通过以太网与控制卡通信，将控制算法传输到控制卡。通信协议需要保证数据的完整性和正确性，可能需要包含错误检测和纠正机制。

（2）解析。控制卡接收到上位机发送的控制算法后，需要对算法进行解析，解析过程包括将算法从一种表示形式转换为控制卡可以理解和执行的形式，还包括对算法进行新建、修改和删除的管理，这些操作应该能够在线进行，即在系统运行时不中断当前的控制过程。

（3）执行。解析完成后，控制算法按照设定的周期（如 1s）运行。控制算法的执行可能需要实时操作系统的支持，以确保严格的时序和周期性。执行过程中，控制算法的各个步骤应该按照确定的顺序进行，以保证控制逻辑的正确性。

（4）存储与恢复。控制算法在执行过程中可能需要对中间结果进行暂存，这可能涉及内存管理。系统应能够在出现故障时恢复控制算法的状态，这可能需要将算法的关键状态信息保存在非易失性存储器中。

（5）集中运算与输出。控制算法采用"先集中运算再集中输出"的策略，即首先完成所有控制算法的计算，然后再进行输出操作。这种方式可以减少输入/输出操作的次数，提高系统的效率。

在设计控制算法时，还需要考虑算法的可扩展性、可维护性以及安全性。控制算法设计应当遵循工业控制标准和最佳实践，以确保控制系统的可靠性和稳定性。此外，设计人员还需要考虑系统的用户界面和操作便捷性，以便于上位机用户轻松地进行算法的上传和管理。

1. 控制算法的解析与运行

在上位机将控制算法传输到控制卡后，控制卡会将控制算法信息暂存到控制算法缓冲区，并不会立即对控制算法进行解析。因为对控制算法的修改操作需要做到在线执行，并且不能影响正在执行的控制算法的运行。所以，控制算法的解析必须选择合适的时机。本系统将控制算法的解析操作放在本周期的控制算法运算结束后执行，这样不会对本周期内的控制算法运行产生影响，新的控制算法将在下一周期得到执行。

本系统中的控制算法以回路的形式体现，一个控制算法方案一般包含多个回路。在基于功能框图的算法组态环境下，一个回路又由多个模块组成。一个回路的典型组成是输入模块＋功能模块＋输出模块。其中，功能模块包括基本的算术运算（加、减、乘、除）、数学运算（指数运算、开方运算、三角函数等）、逻辑运算（逻辑与、或、非等）和先进的控制运算（PID等）等。功能框图组态环境下一个基本 PID 回路如图 11-9 所示。

控制算法的解析过程中涉及最多的操作就是内存块的获取、释放，以及链表操作。理解了这两个操作的实现机制就理解了控制算法的解析过程。其中内存块的获取与释放由 μC/OS-Ⅱ 的内存管理模块负责，需要时就向相应的内存池申请内存块，释放时就将内存块交还给所属的内存池。

一个新建回路的解析过程如图 11-10 所示。

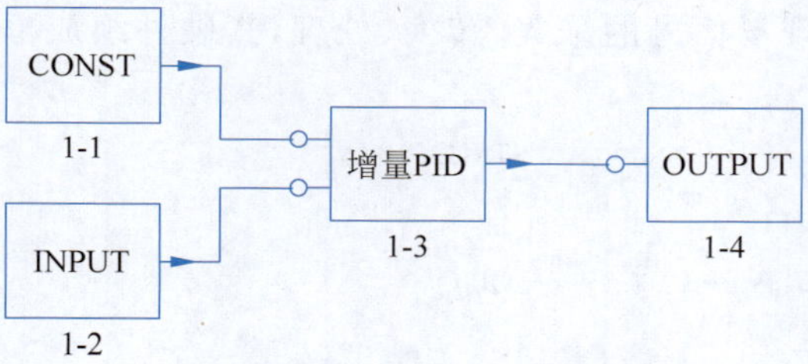

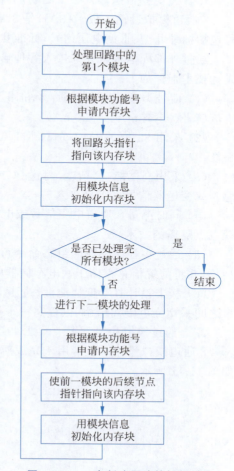

图 11-9　功能框图组态环境下一个基本 PID 回路

图 11-10　一个新建回路的解析过程

2. 控制算法的存储与恢复

在系统的需求分析中曾经提到，系统要求对控制算法的信息进行存储，做到掉电不丢失，重新上电后可以重新加载原有的控制算法。

11.2　集散控制系统的测控板卡设计

集散控制系统由多个控制单元组成，这些单元分布在整个工厂中，通过网络互相通信。测控板卡是 DCS 的重要组成部分，它们负责收集现场传感器的数据，执行控制算法，并输出控制信号到执行器。

11.2.1　8 通道模拟量输入板卡（8AI）的设计

设计一个 DCS 的 8 通道模拟量输入板卡（8AI）需要综合考虑电路设计、软件编程和系统集成。

1. 8通道模拟量输入板卡的功能概述

8通道模拟量输入板卡(8AI)是8路点点隔离的标准电压、电流输入板卡。可采样的信号包括标准Ⅱ型、Ⅲ型电压信号,标准Ⅱ型、Ⅲ型电流信号。

通过外部配电板可允许接入各种输出标准电压、电流信号的仪表、传感器等。该板卡的设计技术指标如下。

(1) 信号类型及输入范围:标准Ⅱ型、Ⅲ型电压信号(0～5V、1～5V)及标准Ⅱ型、Ⅲ型电流信号(0～10mA、4～20mA)。

(2) 采用32位ARM Cortex M3微控制器,提高了板卡设计的集成度、运算速度和可靠性。

(3) 采用高性能、高精度、内置PGA的具有24位分辨率的$\Sigma\text{-}\Delta$ ADC进行测量转换,传感器或变送器信号可直接接入。

(4) 同时测量8通道电压信号或电流信号,各采样通道之间采用PhotoMOS继电器,实现点点隔离的技术。

(5) 通过主控站模块的组态命令可配置通道信息,每个通道可选择输入信号范围和类型等,并将配置信息存储于铁电存储器中,掉电重启时,自动恢复到正常工作状态。

(6) 板卡设计具有低通滤波、过压保护及信号断线检测功能,ARM与现场模拟信号测量之间采用光电隔离措施,以提高抗干扰能力。

2. 8通道模拟量输入板卡的硬件组成

8通道模拟量输入板卡用于完成对工业现场信号的采集、转换、处理,其硬件组成框图如图11-11所示。

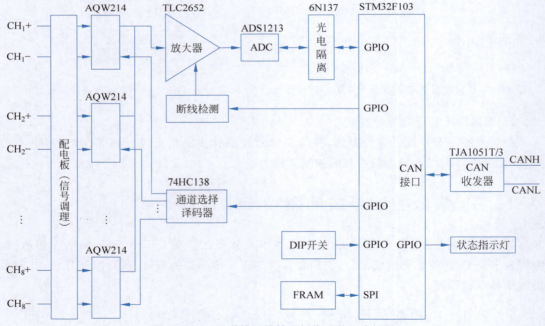

图 11-11 8通道模拟量输入板卡硬件组成框图

硬件电路主要由ARM Cortex M3微控制器、信号处理电路(滤波、放大)、通道选择电路、模数转换电路、故障检测电路、DIP开关、铁电存储器FRAM、LED状态指示灯和CAN

通信接口电路组成。

板卡故障检测中的一个重要的工作就是断线检测。除此以外,故障检测还包括超量程检测、欠量程检测、信号跳变检测等。

3. 8 通道模拟量输入板卡的程序设计

8 通道模拟量输入智能测控板卡的程序主要包括 ARM 控制器的初始化程序、模数采样程序、数字滤波程序、量程变换程序、故障检测程序、CAN 通信程序、WDT 程序等。

设计一个 8 通道模拟量输入智能测控板卡的程序需要考虑将模拟信号准确地转换为数字信号,并确保这些信号能够通过适当的通信协议传输给其他设备或控制系统。以下是各个程序模块的基本功能和设计要点。

(1) ARM 控制器的初始化程序。设置系统时钟和电源管理;初始化内存和外设接口;配置 GPIO 端口,定义输入输出模式;初始化中断系统,确保系统对事件能够及时响应。

(2) 模数采样程序。配置 ADC 模块,选择合适的采样率、分辨率和输入通道;启动并同步 ADC 采样过程;读取 ADC 转换结果,并将其存储在内存中。

(3) 数字滤波程序。应用数字滤波算法(如卡尔曼滤波、平均滤波等)以减少信号噪声。

(4) 量程变换程序。根据传感器的特性和所需测量的物理量,将 ADC 的数字输出转换为实际的物理量(如温度、压力、电流等);实现量程的标定和校准。

(5) 故障检测程序。监测输入信号是否在预定的范围内;检测硬件故障,如 ADC 损坏、传感器断线等;实施适当的错误处理机制,如警报、通知或系统保护措施。

(6) CAN 通信程序。实现控制器局域网(CAN)通信协议,用于与其他设备或控制系统的数据交换;管理消息队列,处理发送和接收的数据包。

(7) WDT 程序(看门狗定时器)。防止程序运行死锁,提升系统的可靠性。定时器溢出时,执行系统重置或错误恢复程序。

在设计这些程序时,要确保程序代码的可读性和可维护性。此外,程序应该具有良好的错误处理机制,能够应对各种异常情况。最后,确保程序符合工业控制系统的安全和性能标准。

11.2.2 8 通道热电偶输入板卡(8TC)的设计

设计一个 DCS 的 8 通道热电偶输入板卡(8TC)需要考虑多个关键方面,以确保其可靠性和准确性。

1. 8 通道热电偶输入板卡的功能概述

8 通道热电偶输入板卡是一种高精度、智能型的、带有模拟量信号调理的 8 路热电偶信号采集卡。该板卡可对 7 种毫伏级热电偶信号进行采集,检测温度最低为 −200℃,最高可达 1800℃。

通过外部配电板可允许接入各种热电偶信号和毫伏电压信号。该板卡的设计技术指标如下。

(1) 热电偶板卡可允许 8 通道热电偶信号输入,支持的热电偶类型为 K、E、B、S、J、R、T,并带有热电偶冷端补偿。

(2) 采用 32 位 ARM Cortex M3 微控制器,提高了板卡设计的集成度、运算速度和可靠性。

(3) 采用高性能、高精度、内置 PGA 的具有 24 位分辨率的 Σ-Δ ADC 进行测量转换,传感器或变送器信号可直接接入。

(4) 同时测量 8 通道电压信号或电流信号,各采样通道之间采用 PhotoMOS 继电器,实现点点隔离的技术。

(5) 通过主控站模块的组态命令可配置通道信息,每个通道可选择输入信号范围和类型等,并将配置信息存储于铁电存储器中,掉电重启时,自动恢复到正常工作状态。

(6) 板卡设计具有低通滤波、过压保护及热电偶断线检测功能,ARM 与现场模拟信号测量之间采用光电隔离措施,以提高抗干扰能力。

2. 8 通道热电偶输入板卡的硬件组成

8 通道热电偶输入板卡用于完成对工业现场热电偶和毫伏信号的采集、转换、处理,其硬件组成框图如图 11-12 所示。

硬件电路主要由 ARM Cortex M3 微控制器、信号处理电路(滤波、放大)、通道选择电路、模数转换电路、断偶检测电路、热电偶冷端补偿电路、DIP 开关、铁电存储器 FRAM、LED 状态指示灯和 CAN 通信接口电路组成。

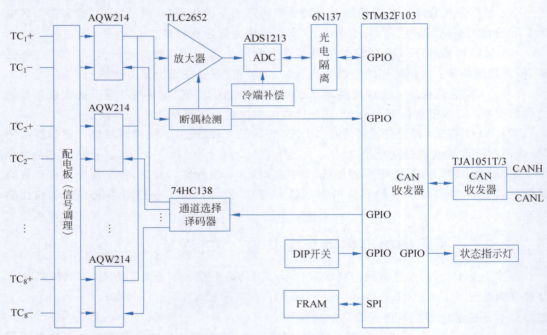

图 11-12 8 通道热电偶输入板卡硬件组成框图

3. 8 通道热电偶输入板卡的程序设计

8 通道热电偶输入智能测控板卡的程序主要包括 ARM 控制器的初始化程序、模数采样程序、数字滤波程序、热电偶线性化程序、冷端补偿程序、量程变换程序、断偶检测程序、CAN 通信程序、WDT 程序等。

设计一个 8 通道热电偶输入智能测控板卡的程序需要特别考虑热电偶的特性,包括它们的非线性响应以及对冷端温度的依赖。下面是针对这些特性的程序模块设计概要。

(1) ARM 控制器的初始化程序、模数采样程序、数字滤波程序、CAN 通信程序和 WDT

程序同 11.2.1 节。

(2) 热电偶线性化程序。实现热电偶的非线性校正，通常通过查找表或多项式近似；确保线性化过程的准确性，以便准确测量温度。

(3) 冷端补偿程序。由于热电偶的测量依赖于冷端的温度，需要实现冷端温度的测量和补偿。可以使用内置或外部传感器来测量冷端温度，并根据该温度调整测量结果。

(4) 量程变换程序。将热电偶的电压转换为温度读数，考虑到已经应用的线性化和冷端补偿，实现量程的标定和用户配置功能。

(5) 断偶检测程序。监测热电偶的完整性，检测是否有断偶情况发生。在断偶发生时提供报警并采取适当的措施，如切换到安全模式。

在编写程序时，确保代码的鲁棒性和可靠性。考虑到热电偶信号可能的微弱和噪声问题，滤波和线性化算法需要精心设计。此外，程序应该有一个用户友好的接口，允许用户配置量程、校准和报警设置。最终，确保所有安全和性能标准都得到满足，以便模块能够在各种工业环境中稳定运行。

11.2.3　8 通道热电阻输入板卡(8RTD)的设计

设计一个 8 通道热电阻输入板卡(8RTD)，将热电阻传感器的阻值转换为可供 DCS 处理的数字信号。

1. 8 通道热电阻输入板卡的功能概述

8 通道热电阻输入板卡是一种高精度、智能型、带有模拟量信号调理的 8 路热电阻信号采集卡。该板卡可对 3 种热电阻信号进行采集，热电阻采用三线制接线。

通过外部配电板可允许接入各种热电偶信号和毫伏电压信号。该板卡的设计技术指标如下。

(1) 热电阻板卡可允许 8 通道三线制热电阻信号输入，支持热电阻类型为 Cu100、Cu50 和 Pt100。

(2) 采用 32 位 ARM Cortex M3 微控制器，提高了板卡设计的集成度、运算速度和可靠性。

(3) 采用高性能、高精度、内置 PGA 的具有 24 位分辨率的 $\Sigma\text{-}\Delta$ ADC 进行测量转换，传感器或变送器信号可直接接入。

(4) 同时测量 8 通道热电阻信号，各采样通道之间采用 PhotoMOS 继电器，实现点点隔离的技术。

(5) 通过主控站模块的组态命令可配置通道信息，每个通道可选择输入信号范围和类型等，并将配置信息存储于铁电存储器中，掉电重启时，自动恢复到正常工作状态。

(6) 板卡设计具有低通滤波、过压保护及热电阻断线检测功能，ARM 与现场模拟信号测量之间采用光电隔离措施，以提高抗干扰能力。

2. 8 通道热电阻输入板卡的硬件组成

8 通道热电阻输入板卡用于完成对工业现场热电阻信号的采集、转换、处理，其硬件组成框图如图 11-13 所示。

硬件电路主要由 ARM Cortex M3 微控制器、信号处理电路(滤波、放大)、通道选择电路、模数转换电路、断线检测电路、热电阻测量恒流源电路、DIP 开关、铁电存储器 FRAM、

LED 状态指示灯和 CAN 通信接口电路组成。

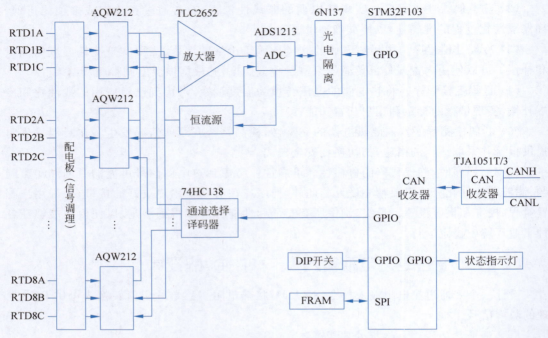

图 11-13　8 通道热电阻输入板卡硬件组成框图

3. 8 通道热电阻输入板卡的程序设计

8 通道热电阻输入智能测控板卡的程序主要包括 ARM 控制器的初始化程序、模数采样程序、数字滤波程序、热电阻线性化程序、断线检测程序、量程变换程序、CAN 通信程序、WDT 程序等。

设计一个 8 通道热电阻输入智能测控板卡的程序,需要注意的是热电阻(如 PT100 或 PT1000)与热电偶相比,它们的信号更加线性,但是依然需要精确的测量和处理。以下是这些程序模块的设计概要。

(1) ARM 控制器的初始化程序、模数采样程序、数字滤波程序、CAN 通信程序和 WDT 程序同 11.2.1 节。

(2) 热电阻线性化程序。尽管热电阻的输出相对线性,但在整个温度范围内可能仍需要轻微的线性化校正。使用查找表或多项式近似方法,确保在整个温度范围内的准确度。

(3) 断线检测程序。监测热电阻的连接状态,确保没有断线或接触不良的情况。在检测到断线时提供适当的报警,并采取预定义的措施,如切换到安全模式。

(4) 量程变换程序。将 ADC 读数转换为温度值,考虑到热电阻的特性和所用的激励电流/电压,实现用户可配置的量程和校准功能。

在编写程序时,要特别注意算法的效率和精度,确保系统能够快速响应并提供准确的温度读数。此外,模块的程序应该能够处理异常情况,如断线或过热,并提供适当的用户反馈。最终,模块的程序需要满足工业应用的可靠性和稳定性要求。

11.2.4 4通道模拟量输出板卡(4AO)的设计

设计一个 4 通道模拟量输出板卡(4AO)的目的是将数字信号转换成模拟信号,如电流或电压,以便控制各种工业过程。

1. 4通道模拟量输出板卡的功能概述

4 通道模拟量输出板卡为点点隔离型电流(Ⅱ型或Ⅲ型)信号输出卡。ARM 与输出通道之间通过独立的接口传输信息,转换速度快,工作可靠,即使某一输出通道发生故障,也不会影响到其他通道的工作。由于 ARM 内部集成了 PWM 功能模块,所以该板卡实际是采用 ARM 的 PWM 模块实现数模转换功能。此外,模板为高精度智能化卡件,具有实时检测实际输出的电流值,以保证输出正确的电流信号。

通过外部配电板可输出Ⅱ型或Ⅲ型电流信号。该板卡的设计技术指标如下。

(1) 模拟量输出板卡可允许 4 通道电流信号,电流信号输出范围为 0~10mA(Ⅱ型)、4~20mA(Ⅲ型)。

(2) 采用 32 位 ARM Cortex M3 微控制器,提高了板卡设计的集成度、运算速度和可靠性。

(3) 采用 ARM 内嵌的 16 位高精度 PWM 构成 DAC,通过两级一阶有源低通滤波电路,实现信号输出。

(4) 同时可检测每个通道的电流信号输出,各采样通道之间采用 PhotoMOS 继电器,实现点点隔离的技术。

(5) 通过主控站模块的组态命令可配置通道信息,将配置通道信息存储于铁电存储器中,掉电重启时,自动恢复到正常工作状态。

(6) 板卡计具有低通滤波、断线检测功能,ARM 与现场模拟信号测量之间采用光电隔离措施,以提高抗干扰能力。

2. 4通道模拟量输出板卡的硬件组成

4 通道模拟量输出板卡用于完成对工业现场阀门的自动控制,其硬件组成框图如图 11-14 所示。

硬件电路主要由 ARM Cortex M3 微控制器、两级一阶有源低通滤波电路、V/I 转换电路、输出电流信号反馈与模数转换电路、断线检测电路、DIP 开关、铁电存储器 FRAM、LED 状态指示灯和 CAN 通信接口电路组成。

3. 4通道模拟量板卡的程序设计

4 通道模拟量输出智能测控板卡的程序主要包括 ARM 控制器的初始化程序、PWM 输出程序、电流输出值检测程序、断线检测程序、CAN 通信程序、WDT 程序等。

设计一个 4 通道模拟量输出智能测控板卡的程序通常涉及以下几个关键部分。

(1) ARM 控制器的初始化程序、数字滤波程序、CAN 通信程序和 WDT 程序同 11.2.1 节。

(2) PWM 输出程序。配置定时器以生成 PWM 信号;设定 PWM 频率和占空比,以适配不同的模拟输出需求;实现通道之间的同步,确保多通道输出的一致性。

(3) 电流输出值检测程序。使用 ADC 采样反馈电路的电压,以监测输出电流;实现电流环路校准,确保输出电流的准确性;提供电流输出的实时监控和故障诊断。

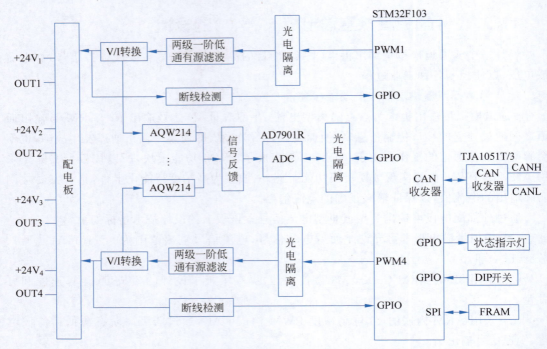

图 11-14 4 通道模拟量输出板卡硬件组成框图

（4）断线检测程序。监测输出回路，检测是否存在断线或负载脱落的情况。在断线情况下，触发报警并采取安全措施，如输出关闭或进入保护状态。

11.2.5 16 通道数字量输入板卡（16DI）的设计

设计一个 16 通道数字量输入板卡（16DI）主要是为了将外部的二进制信号（通常是开关状态，如开或关）转换为计算机或控制系统可以识别的数字信号。

1. 16 通道数字量输入板卡的功能概述

16 通道数字量信号输入板卡能够快速响应有源开关信号（湿接点）和无源开关信号（干接点）的输入，实现数字信号的准确采集，主要用于采集工业现场的开关量状态。

通过外部配电板可允许接入无源输入和有源输入的开关量信号。该板卡的设计技术指标如下。

（1）信号类型及输入范围：外部装置或生产过程的有源开关信号（湿接点）和无源开关信号（干接点）。

（2）采用 32 位 ARM Cortex M3 微控制器，提高了板卡设计的集成度、运算速度和可靠性。

（3）同时测量 16 通道数字量输入信号，各采样通道之间采用光耦合器，实现点点隔离的技术。

（4）通过主控站模块的组态命令可配置通道信息，并将配置信息存储于铁电存储器中，掉电重启时，自动恢复到正常工作状态。

（5）板卡设计具有低通滤波、通道故障自检功能，可以保证板卡的可靠运行。当非正常状态出现时，可现场及远程监控，同时报警提示。

2. 16 通道数字量输入板卡的硬件组成

16 通道数字量输入板卡用于完成对工业现场数字量信号的采集,其硬件组成框图如图 11-15 所示。

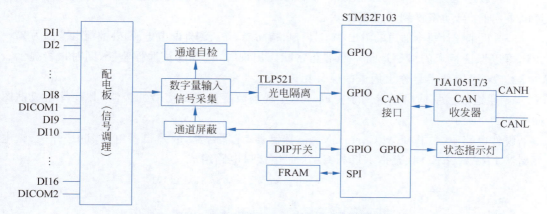

图 11-15　16 通道数字量输入板卡硬件组成框图

硬件电路主要由 ARM Cortex M3 微控制器、数字量信号低通滤波电路、输入通道自检电路、DIP 开关、铁电存储器 FRAM、LED 状态指示灯和 CAN 通信接口电路组成。

3. 16 通道数字量输入板卡的程序设计

16 通道数字量输入智能测控板卡的程序主要包括 ARM 控制器的初始化程序、数字量状态采集程序、数字量输入通道自检程序、CAN 通信程序、WDT 程序等。

针对 16 通道数字量输入智能测控板卡的程序设计,以下是各个部分的详细说明和可能的实现方法。

(1) ARM 控制器的初始化程序、CAN 通信程序和 WDT 程序同 11.2.1 节。

(2) 数字量状态采集程序。定期或通过中断方式读取 GPIO 端口的状态,获取数字量输入的当前状态。对于有防抖需求的输入,实现软件防抖逻辑,以确保信号的稳定性。

(3) 数字量输入通道自检程序。在系统启动或定期进行自检,验证输入通道的功能完整性;检测输入通道是否存在开路、短路或其他硬件故障;对于检测到的故障,记录错误信息并通过通信接口报告给上位机。

11.2.6　16 通道数字量输出板卡(16DO)的设计

设计一个 16 通道数字量输出板卡(16DO)的目的是控制外部设备,如继电器、电磁阀或指示灯。板卡能够提供开/关信号操控这些设备。

1. 16 通道数字量输出板卡的功能概述

16 通道数字量信号输出板卡,能够快速响应控制卡输出的开关信号命令,驱动配电板上独立供电的中间继电器,并驱动现场仪表层的设备或装置。

该板卡的设计技术指标如下。

(1) 信号输出类型:带有一常开和一常闭的继电器。

(2) 采用 32 位 ARM Cortex M3 微控制器,提高了板卡设计的集成度、运算速度和可靠性。

(3) 具有16通道数字量输出信号,各采样通道之间采用光耦合器,实现点点隔离的技术。

(4) 通过主控站模块的组态命令可配置通道信息,并将配置信息存储于铁电存储器中,掉电重启时,自动恢复到正常工作状态。

(5) 板卡设计每个通道的输出状态具有自检功能,并监测外配电电源,外部配电范围为22～28V,可以保证板卡的可靠运行。当非正常状态出现时,可现场及远程监控,同时报警提示。

2. 16通道数字量输出板卡的硬件组成

16通道数字量输出板卡用于完成对工业现场数字量输出信号的控制,其硬件组成框图如图11-16所示。

硬件电路主要由ARM Cortex M3微控制器、光耦合器、故障自检电路、DIP开关、铁电存储器FRAM、LED状态指示灯和CAN通信接口电路组成。

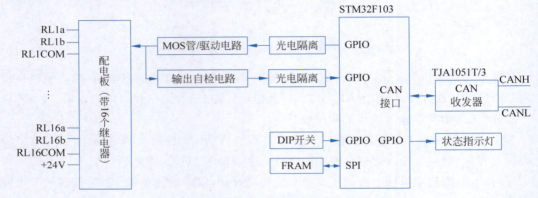

图11-16 16通道数字量输出板卡硬件组成框图

3. 16通道数字量输出板卡的程序设计

16通道数字量输出智能测控板卡的程序主要包括ARM控制器的初始化程序、数字量状态控制程序、数字量输出通道自检程序、CAN通信程序、WDT程序等。

对于16通道数字量输出智能测控板卡的程序设计,可以参考以下各个部分的说明和实现方法。

(1) ARM控制器的初始化程序、CAN通信程序和WDT程序同11.2.1节。

(2) 数字量状态控制程序。实现控制接口,允许上位机或其他系统模块通过程序设置各个输出通道的状态;保证输出状态的准确性和及时性,确保在接收到控制指令后能够快速响应;提供状态查询功能,允许上位机检查当前输出通道的状态。

(3) 数字量输出通道自检程序。系统启动或特定自检指令下执行,检查输出通道是否正常工作;可以通过循环测试每个通道,确保能够正常输出预期信号;发现故障时记录并报告错误信息,可能包括通道无法设置或保持输出状态。

11.2.7 8通道脉冲量输入板卡(8PI)的设计

设计一个8通道脉冲量输入板卡(8PI)的目的是接收外部脉冲信号,通常用于计数任务、频率测量或定时控制。板卡可以处理来自编码器、流量计或其他脉冲发生设备的信号。

1. 8 通道脉冲量输入板卡的功能概述

8 通道脉冲量信号输入板卡,能够输入 8 通道阈值电压在 0～5V、0～12V、0～24V 的脉冲量信号,并可以进行频率型和累积型信号的计算。当对累积精度要求较高时使用累积型组态,而当对瞬时流量精度要求较高时使用频率型组态。每个通道都可以根据现场要求通过跳线设置为 0～5V、0～12V、0～24V 电平的脉冲信号。

通过外部配电板可允许接入 3 种阈值电压的脉冲量信号。该板卡的设计技术指标如下。

(1) 信号类型及输入范围:阈值电压为 0～5V、0～12V、0～24V 的脉冲量信号。

(2) 采用 32 位 ARM Cortex M3 微控制器,提高了板卡设计的集成度、运算速度和可靠性。

(3) 同时测量 8 通道脉冲量输入信号,各采样通道之间采用光耦合器,实现点点隔离的技术。

(4) 通过主控站模块的组态命令可配置通道信息,并将配置信息存储于铁电存储器中,掉电重启时,自动恢复到正常工作状态。

(5) 板卡设计具有低通滤波。

2. 8 通道脉冲量输入板卡的硬件组成

8 通道脉冲量输入板卡用于完成对工业现场脉冲量信号的采集,其硬件组成框图如图 11-17 所示。

硬件电路主要由 ARM Cortex M3 微控制器、数字量信号低通滤波电路、输入通道自检电路、DIP 开关、铁电存储器 FRAM、LED 状态指示灯和 CAN 通信接口电路组成。

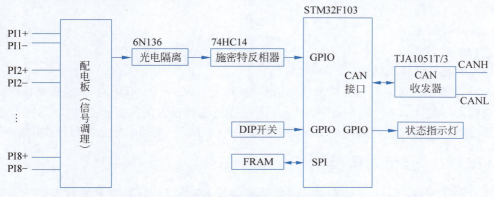

图 11-17 8 通道脉冲量输入板卡硬件组成框图

3. 8 通道脉冲量输入板卡的程序设计

8 通道脉冲量输入智能测控板卡的程序主要包括 ARM 控制器的初始化程序、脉冲量计数程序、数字量输入通道自检程序、CAN 通信程序、WDT 程序等。

在设计一个 8 通道脉冲量输入智能测控板卡时,程序的主要组成部分需要确保模块能够准确地读取脉冲信号,并通过 CAN 总线与其他设备通信。以下是这些程序组件的详细描述及其在系统中的作用。

(1) ARM 控制器的初始化程序、CAN 通信程序和 WDT 程序同 11.2.6 节。

(2) 脉冲量计数程序。这个程序用于处理来自外部源的脉冲信号,通常需要配置和使用控制器上的定时器/计数器外设；负责准确计数接收到的脉冲数量，并可能需要处理脉冲的频率、周期等信息；计数程序可能还包括去抖动处理，以确保在噪声环境中也能准确计数。

（3）数字量输入通道自检程序。自检程序用于检测和验证数字量输入通道的正常工作状态；可以通过执行诊断测试检查硬件故障或异常情况，如短路、开路或其他电气问题。

11.3 集散控制系统软件系统的关键技术

集散控制系统(DCS)的软件系统是其核心组成部分之一，负责实现对工业过程的控制、监视、数据采集、分析及管理等功能。

11.3.1 集散控制系统的图形用户界面

图形用户界面是 DCS 监控软件的主要外部应用窗口，也是监控软件功能的集中体现。一般 DCS 中都可根据应用规模和专业范围配置若干台操作员站，用于操作员集中监视工业现场的状态和有关参数。

操作员站的监视页面一般提供以下功能。
（1）模拟流程图显示。
（2）报警监视。
（3）变量趋势跟踪和历史显示。
（4）变量列表显示。
（5）日志跟踪和历史显示。
（6）表格监视。
（7）SOE 显示。
（8）事故追忆监视功能。

人机界面是数据采集和监控系统的信息窗口。不同的厂家、不同的 DCS 所提供的人机界面功能不尽相同，即使是同样的功能，其表现特征也有很大的差异。一个 DCS 的功能是否足够、设计是否合理、使用是否方便，都可通过人机界面提供的画面和操作体现出来。

11.3.2 分布对象技术

在自动化领域广泛采用分布对象技术实现多任务间通信，特别是共享数据访问。分布对象技术是随着网络和面向对象技术的发展而不断成熟与完善起来的，它采用面向对象的多层客户端/服务器计算模型，该模型将分布在网络上的全部资源都按照对象的概念来组织，每个对象都有定义明晰的访问接口。创建和维护分布对象实体的应用称为服务器，按照接口访问该对象的应用称为客户端。服务器中的分布对象不仅能够被访问，而且自身也可能作为其他对象的客户。

因此，在分布对象技术中，分布对象往往又被称为组件，组件既可以扮演服务器的角色，又可以作为其他组件的客户端。组件是具有预制性、封装性、透明性、互操作性及通用性的软件单元，使用与实现语言无关的接口定义语言(Interface Definition Language，IDL)定义接口。

IDL 文件描述了数据类型、操作和对象,客户通过它来构造一个请求,服务器则为一个指定对象的实现提供这些数据类型、操作和对象。支持客户端访问异地分布对象的核心机制称为对象请求代理(Object Request Broker,ORB),如同一根总线把分布式系统中的各类对象和应用连接成相互作用的整体。

采用组件技术或组件技术与面向对象有机结合,可以实现灵活的接口定义语言,执行代码运行时刻的联编/载入及通信网络协议,支持异构分布应用程序间的互操作性及独立于平台和编程语言的对象重用,以这种技术构造的软件系统在体系结构上具有极大的灵活性和可扩展性。

在自动化领域普遍采用的分布式对象技术是 COM/DCOM 和 COBRA。

1. COM/DCOM

COM 通过屏蔽底层的跨进程通信细节,提供了对客户程序和组件对象的进程透明性。在 DCOM 中,这种进程透明性得到了进一步扩展,虽然客户程序和组件对象运行在不同的计算机上,但 DCOM 用网络协议代替了本地跨进程通信协议,扩展实现了不同机器上的进程透明性。DCOM 组件对象和客户程序之间的通信如图 11-18 所示。

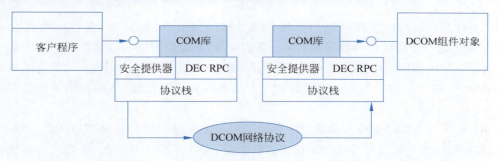

图 11-18 DCOM 组件对象和客户程序之间的通信

COM 对象的定位是依靠 128 位的全局标识符 CLSID,DCOM 对象通过计算机的 IP 地址+组件对象的 CLSID 唯一定位。

DCOM 本身已经提供了分布式环境所需的各种支持,把与环境有关的要素同组件代码隔离开来,建立了分布式应用系统的基础结构。

2. CORBA 在实时系统中的应用

由对象管理组织(Object Management Group,OMG)推出的公共对象请求代理 CORBA(Common Object Request Broker Architecture)是国际上一个最主要的应用的分布式软件组件对象标准。应用 CORBA 对象所提供的数据库系统可以在多平台上移植,并可以被其他的 CORBA 对象调用,具有开放性和可重用性,而且具有良好的可扩充性,增加一个服务功能,只需增加一个接口。

CORBA 中间件技术广泛用于大型分布式系统,特别是以 UNIX 服务器为中心的系统中,组件被封装到 CORBA 中。

一个典型的 SCADA 系统,采用 CORBA 中间技术的数据访问方案如图 11-19 所示。

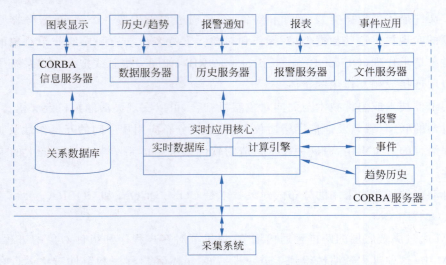

图 11-19　采用 CORBA 中间件技术的数据访问方案

11.3.3　集散控制系统监控软件中的开放式数据库接口技术

ODBC 是开放式数据库互联（Open Data Base Connect）的简称，它是由微软公司于 1991 年提出的一个用于访问数据库的统一界面标准，是应用程序和数据库系统之间的中间件。它通过使用相应应用平台上和所需数据库对应的驱动程序与应用程序的交互实现对数据库的操作，避免了在应用程序中直接调用与数据库相关的操作，从而提供了数据库的独立性。

ODBC 主要由驱动程序和驱动程序管理器组成。驱动程序是一个用以支持 ODBC 函数调用的模块，每个驱动程序对应于相应的数据库，当应用程序从基于一个数据库系统移植到另一个时，只需更改应用程序中由 ODBC 管理程序设定的与相应数据库系统对应的别名即可。驱动程序管理器可链接到所有 ODBC 应用程序中，它负责管理应用程序中 ODBC 函数与 DLL 中函数的绑定。

应用程序要访问一个数据库，首先必须用 ODBC 管理器注册一个数据源，管理器根据数据源提供的数据库位置、数据库类型及 ODBC 与具体数据库的联系。这样，只要应用程序将数据源名提供给 ODBC，ODBC 就能建立起与相应数据库的连接。

为了保证标准性和开放性，ODBC 的结构分为 4 层：应用程序（Application）、驱动程序管理器（Driver Management）、驱动程序（Driver）和数据源（Data Source）。

驱动程序管理器与驱动程序对于应用程序来说都表现为一个单元，它处理 ODBC 函数调用。基于客户端/服务器的 ODBC 体系结构如图 11-20 所示。

图 11-20　基于客户端/服务器的 ODBC 体系结构

应用程序本身不直接与数据库打交道,主要负责处理并调用 ODBC 函数,发送对数据库的 SQL 请求及取得结果。

驱动程序管理器是一个带有输入程序的动态链接库(DLL),主要目的是加载驱动程序,处理 ODBC 调用的初始化调用,提供 ODBC 调用的参数有效性和序列有效性。

驱动程序是一个完成 ODBC 函数调用并与数据之间相互影响的 DLL,当应用程序调用 SQL Browse Connect()、SQL Connect()或 SQL Driver Connect()函数时,驱动程序管理器装入驱动程序。

数据源包括用户想访问的数据及与其相关的操作系统、DBMS 和用于访问 DBMS 的网络平台。

DCS 软件是否支持 ODBC 标准的数据库访问机制,是系统开放性的一个重要方面。支持的程度主要体现在两方面。一方面,提供支持 ODBC 标准的数据库驱动程序的动态链接库(DLL),允许外部应用软件通过 ODBC 标准访问 DCS 的数据库;另一方面,DCS 本身也可以通过 ODBC API 获取外部支持 ODBC 标准的数据库信息。

11.3.4　B/S 体系结构的监控软件

B/S 结构,即 Browser/Server(浏览器/服务器)结构,是随着 Internet 技术的兴起,对 C/S 结构的一种变化或改进的结构。在这种结构下,用户界面完全通过网络浏览器实现,一部分事务逻辑在前端实现,但是主要事务逻辑在服务器端实现。B/S 结构主要是利用了不断成熟的网络浏览器技术,结合浏览器的多种 Script 语言(VBScript、JavaScript 等)和 ActiveX 技术,用通用浏览器就实现了原来需要复杂的专用软件才能实现的强大功能,并节约了开发成本,是一种全新的软件系统构造技术。

DCS 开发商已经推出了 B/S 结构的 DCS 监控软件,这种结构的监控软件是一种运行在 Web 服务器上的瘦客户端软件,它并不需要在客户端安装应用软件。而是开发一个 Web 服务器,然后通过网络浏览器进行监控,这种结构的 DCS 监控软件,即使远离工厂现场,仍可实时浏览 DCS 的过程图形,了解工厂的生产情况,诊断问题的所在,联络工厂技术人员并提供可能的解决方案。

1. B/S 结构的监控系统的具体实现方法

基于 B/S 结构的监控系统如图 11-21 所示。

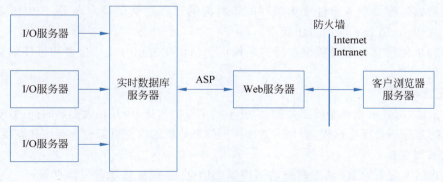

图 11-21　基于 B/S 结构的监控系统

该体系结构中的关键模块是在传统的 C/S 结构的中间加上一层,把原来客户端所负责的功能交给中间层来实现,这个中间层即为 Web 服务器。这样,客户端就不负责原来的数据存取,只需在客户端安装浏览器就可以了。

B/S 结构为 Internet 客户通过互联网提供了全部的系统监控功能,作为显示客户从远方位置访问系统的一个强大而方便的途径,可以显示实时数据、曲线,甚至在远方改变设定点进行确认报警。

2. B/S 结构的安全性

Internet 服务器使用防火墙和密码保护加密技术,确保在互联网上操作的安全。Internet 客户访问在没有得到密码的确认,或者多个 Internet 客户访问超过 Web 服务器的许可用户的数目时,访问都会被拒绝。

3. 自动同步

B/S 结构的监控系统会自动比较在高速缓存和服务器中的文件的日期,如果服务器的文件改变了,那么新的文件会自动下载到客户端。

11.3.5 实时数据库系统

DCS 实时数据库系统是 DCS 软件架构中的一个关键组成部分,它负责高效地管理和存储实时数据,确保系统能够快速响应并处理控制逻辑和用户操作。实时数据库系统在工业自动化和过程控制领域发挥着至关重要的作用。

实时数据库系统是 DCS 中不可或缺的部分,它通过高效、可靠地管理实时数据,为工业自动化和过程控制提供了坚实的数据支持。随着技术的发展,实时数据库系统也在不断地引入新技术和功能,如云存储、大数据分析等,以满足未来工业应用的需求。

1. DCS 数据库管理的数据范围

DCS 数据库管理和处理的数据分为动态数据和配置数据两类。

1) 动态数据

动态数据包括实时数据、历史数据及报警和事件信息。

实时数据是外部信号在计算机内的映像或快照(Snapshot),当然也包括以这些外部信号为基础产生的内部信号。为使实时数据尽可能与外部数据源的真实状态一致,实时数据库需要与通信或 I/O 紧密配合。

历史数据是按周期或事件变化保存的带时标的过程数据记录。在 DCS 中历史数据库的存储形式很多,适合不同的应用要求。

报警和事件信息是实时数据在特定条件下的结构化表示方式。报警和事件信息也分为实时和历史。

2) 配置数据

一般来讲,配置数据属于静态数据,但并不是不变的数据,而是在大多数时间内不变,并且引起变化的源头不是现场过程,而是人工操作。静态数据的改变可以分为离线和在线两种。

配置数据包括:

(1) 数据库配置,包含动态数据的结构描述信息、参数信息及索引信息等;

(2) 通信配置;

(3) 控制方案配置;

(4) 应用配置。

可配置项的多少及在线可重配置项的多少是衡量一个 DCS 功能和可用性的重要标志。配置数据在工程师站离线产生,装载到控制器和操作站上。

2. DCS 实时数据库的逻辑结构

DCS 实时数据库与其他数据库一样,由一组结构和结构化数据组成,当可以以分布式形式存在多个网络节点时,还可能有一个"路由表",存储实时数据库分布的路径信息。

不同厂家开发的 DCS 或监控配置软件,数据库组织的逻辑视图其实都差不多,但物理结构则有很大差别,除对上述 DCS 应用特征理解程度和角度不同外,还有应用背景、开发难度、适应性和开放性等多方面的考虑。

总体来说,DCS 数据库都是基于"点"的,在不同的系统中,点也叫"变量""标签"或"工位号"。在逻辑上,一个点结构很像关系数据库中的一条记录,一个点由若干参数项组成,每个参数项都是点的一个属性。一个数据库就是一系列点记录组成的表。一个点至少应存在点标识和过程值,这两项属性称为元属性,其余属性一般都是配置属性。

点实际代表了外部信号在计算机内的存储映像,信号类型不同,则点的类型也不同。一个点就是点类型的实例对象。

在 DCS 中,最基本的点类型是模拟量和开关量,当然也有很多内部点(或称为虚拟点),表示外部点的信号经过运算后产生的中间结果或导出值。根据处理性质的不同,可以有模拟量输入/输出点、开关量输入/输出点、内部模拟量及内部开关量等多种类型,即使对相同的点类型,还可以存储为不同的值类型,如模拟量值类型有整数型、实数型、BCD 表示,甚至字符串表示等。

逻辑上一个数据库就像由点记录组成的关系表,一种点类型一张表。物理实现上某些软件将各种点类型进行精简和适度的抽象后形成定长记录,只组织成一张线性表,通过一定的空间损失使查询过程简化,也是一种很好的办法。

一个 DCS 产品的离线配置工具,可以完全展现数据库逻辑结构的总貌,如有多少种点类型、每种点类型有哪些属性项等。

3. DCS 监控软件的数据处理流程

DCS 监控层一般都是采用基于 Windows 平台基础的监控软件。典型的监控软件数据处理流程如图 11-22 所示。

所有软件部件在 Windows 操作系统下挂到一根软件总线上,成熟和最常用的软件总线是 COM/DCOM,各部件通过 COM 接口进行进程间通信和数据交互。

实时数据源来自 I/O 服务器,I/O 服务器实际是一个软件进程,将 DCS 控制器、PLC、智能仪表和其他工控设备看作外部设备,驱动程序和这些外部设备交换数据,包括采集数据和发送数据/指令。

流行的组态软件一般都提供一组现成的基于工业标准协议的驱动程序,如 MODBUS、PROFIBUS-DP 等,并提供一套用户编写新的协议驱动程序的方法和接口,每个驱动程序以 DLL 的形式连接到 I/O 服务器进程中。

I/O 服务器还有另外一种实现形式,即每个驱动程序都是一个 COM 对象,实际把 I/O 服务器的职能分散到各个驱动程序中。这种方式的典型应用是设备厂商或第三方提供 OPC 服务器,组态软件作为 OPC 客户。

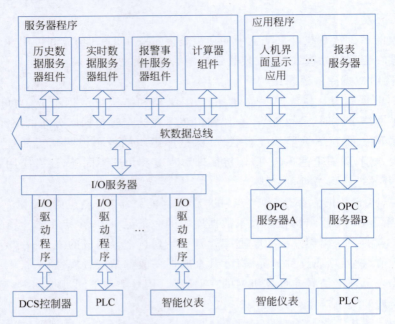

图 11-22　典型的监控软件数据处理流程

由于 DCS 是面向过程的系统,因此有一种观点认为,DCS 总应该被连接到它的数据源,因此不需要维持一个"当前值"的数据库。当应用实时数据时,就把请求发给 I/O 服务器,从而获取最新的现场数据。但这种方式比较依赖于操作站与外部设备的通信,容易做应用与通信发生耦合。例如,显示一幅画面,如果不能及时取得动态数据,显示就会出现停滞。因此在一般监控软件中还是有实时数据库的,区别只是在于作为一个单独的软件部件存在还是实现在 I/O 服务器中。

11.3.6　历史数据库系统

在 DCS 中,历史数据库也是数据库系统的一个重要组成部分。早期的 DCS 由于机器性能、磁盘容量等限制,只对部分关键数据保存历史记录,用于观看这些数据的变化趋势,这时历史数据库的作用就像一个趋势记录仪,不同的时期可能记录不同的数据。例如,电厂机组启停时,预先设置有关的参数到历史数据库中,最后能得到完整的机组启停曲线。目前 DCS 使用的机器性能都比较高,同时对过程完整记录和对这些基础数据分析再利用的要求越来越高,历史数据库的品种和记录的内容都大大丰富了。

历史数据,由于保存价值的不同,访问的实时性和开放性及操作习惯等应用要求的不同,历史数据库在 DCS 中有不同的种类。

(1) 趋势历史库。趋势历史库是为支持趋势显示曲线用的。在某些行业,趋势曲线作为对受控过程的主要监视手段。

(2) 统计历史库。统计历史库记录的是过程量在一段时间内的统计结果,用于生成报表等统计类应用。典型的实例是记录所有模拟量在 1min 内的最大值、最小值和平均值。

(3) 日志(事件记录)。日志用于记录系统中各种事件变化,典型的有开关量变位、过程报警、人工操作记录、通信故障、设备故障及系统内部产生的各类事件信息。

(4) 特殊事件记录。特殊事件记录保存一个特定的事件发生序列,用于记录单个事故的发生过程,典型的如电力应用上的 SOE 和事故追忆。特殊事件记录强调真实记录事件发生的前后顺序。

参 考 文 献

[1] 李正军. 计算机控制系统[M]. 4 版. 北京：机械工业出版社，2022.
[2] 李正军. 计算机控制技术[M]. 北京：机械工业出版社，2021.
[3] 李正军. 现场总线与工业以太网应用教程[M]. 北京：机械工业出版社，2021.
[4] 李正军. EtherCAT 工业以太网应用技术[M]. 北京：机械工业出版社，2020.
[5] 李正军，李潇然. 现场总线及其应用技术[M]. 2 版. 北京：机械工业出版社，2017.
[6] 李正军，李潇然. 现场总线与工业以太网[M]. 北京：中国电力出版社，2018.
[7] 李正军. 现场总线与工业以太网及其应用技术[M]. 北京：机械工业出版社，2011.
[8] 李正军，李潇然. 基于 STM32Cube 的嵌入式系统应用教程[M]. 北京：机械工业出版社，2023.
[9] 李正军，李潇然. STM32 嵌入式单片机原理与应用[M]. 北京：机械工业出版社，2024.
[10] 李正军，李潇然. STM32 嵌入式系统设计与应用[M]. 北京：机械工业出版社，2023.
[11] 李正军，李潇然. 嵌入式系统设计与全案例实践[M]. 北京：机械工业出版社，2024.
[12] 李正军. 零基础学电子系统设计：从元器件、工具仪表、电路仿真到综合系统设计[M]. 北京：清华大学出版社，2024.
[13] 李正军. 智能产品设计[M]. 北京：清华大学出版社，2024.
[14] 吴伟国. 工业机器人系统设计[M]. 北京：化学工业出版社，2019.
[15] 刘河，杨艺. 智能系统[M]. 北京：电子工业出版社，2020.
[16] 黄海燕，余昭旭，何衍庆. 集散控制系统[M]. 北京：化学工业出版社，2021.
[17] RUSSELL S J，NORVIG P. 人工智能—种现代的方法[M]. 殷建平，祝恩，刘越，等译. 3 版. 北京：清华大学出版社，2017.
[18] 王建，徐国艳，陈竞凯，等. 自动驾驶技术概论[M]. 北京：清华大学出版社，2019.
[19] 杨世春，曹耀光，陶吉，等. 自动驾驶汽车决策与控制[M]. 北京：清华大学出版社，2020.
[20] 王泉. 从车联网到自动驾驶汽车交通网联化、智能化之路[M]. 北京：人民邮电出版社，2020.
[21] 陈卫新. 面向中国制造 2025 的智能工厂[M]. 北京：中国电力出版社，2018.
[22] 顾炯炯. 云计算架构技术与实践[M]. 2 版. 北京：清华大学出版社，2019.
[23] 王黎明，闫晓玲，夏立，等. 嵌入式系统开发与应用[M]. 北京：清华大学出版社，2013.
[24] 张俊. 边缘计算方法与工程实践[M]. 北京：电子工业出版社，2020.
[25] 施巍松，刘芳，孙辉，等. 边缘计算[M]. 北京：电子工业出版社，2019.
[26] 吕云翔，陈志成，柏燕峥，等. 云计算导论[M]. 北京：清华大学出版社，2017.
[27] 魏毅寅，柴旭东. 工业互联网技术与实践[M]. 北京：电子工业出版社，2019.
[28] 刘金琨. 智能控制理论基础、算法设计与应用[M]. 北京：清华大学出版社，2020.
[29] 蔡自兴. 智能控制原理与应用[M]. 2 版. 北京：清华大学出版社，2019.
[30] 喻宗泉，喻晗. 神经网络控制[M]. 北京：机械工业出版社，2009.
[31] 王耀南，孙炜. 智能控制理论及应用[M]. 2 版. 北京：机械工业出版社，2008.
[32] 李鸿君. 大话软件工程需求分析与软件设计[M]. 北京：清华大学出版社，2020.
[33] LYNCH K M，PARK F C. 现代机器人学机构、规划与控制[M]. 于靖军，贾振中，译. 北京：机械工业出版社，2020.
[34] 陈根. 数字孪生[M]. 北京：电子工业出版社，2020.
[35] WIEGERS K，BEATTY J. 人机需求[M]. 李忠利，李淳，霍金键，等译. 3 版. 北京：清华大学出版社，2012.
[36] 陈鹏. 5G 移动通信网络：从标准到实践[M]. 北京：机械工业出版社，2020.

[37] 李宇翔,刘涛.认识5G+[M].北京:机械工业出版社,2020.
[38] 施战备,秦成,张锦存,等.数物融合:工业互联网重构数字企业[M].北京:人民邮电出版社,2020.
[39] CHAPMAN S J.MATLAB编程:英文[M].4版.北京:科学出版社,2016.
[40] 徐义亨.控制工程中的电磁兼容[M].上海:上海科学技术出版社,2017.
[41] 李士勇.模糊控制[M].天津:河北工业大学出版社,2011.
[42] 曹胜男,朱冬,祖建国.工业机器人设计与实例详解[M].北京:化学工业出版社,2020.